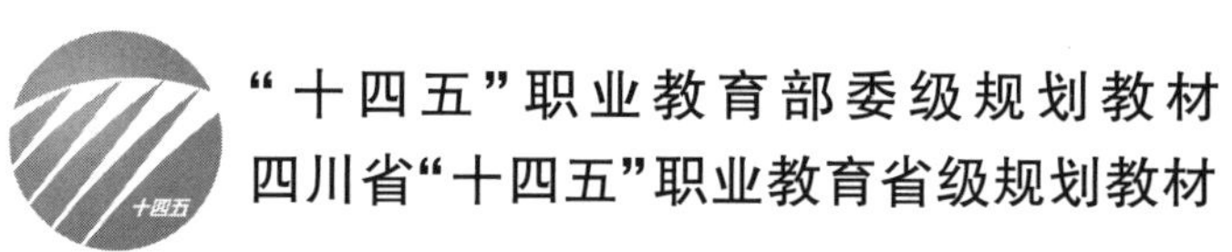

"十四五"职业教育部委级规划教材

四川省"十四五"职业教育省级规划教材

针织概论（第5版）

陈绍芳　贺庆玉◎主　编

中国纺织出版社有限公司

内 容 提 要

本书主要介绍了针织原料、针织准备、纬编针织、经编针织和袜品、无缝内衣以及羊毛衫等成形产品的编织，详述了常用针织物的组织结构及其特性、针织物染整和针织成衣等内容。同时，还对针织工业的发展概况、主要针织机的编织机构及其编织原理作了简单介绍。

本书可作为高等职业院校纺织、服装、染整、管理等专业的教材，同时也可供纺织企业相关技术人员、营销人员、管理人员参考。

图书在版编目（CIP）数据

针织概论／陈绍芳，贺庆玉主编．--5版．--北京：中国纺织出版社有限公司，2025．8．--（“十四五”职业教育部委级规划教材）（四川省“十四五”职业教育省级规划教材）．--ISBN 978-7-5229-2968-2

Ⅰ．TS18

中国国家版本馆CIP数据核字第2025JQ8208号

责任编辑：沈 靖　　责任校对：高 涵　　责任印制：王艳丽

中国纺织出版社有限公司出版发行
地址：北京市朝阳区百子湾东里A407号楼　邮政编码：100124
销售电话：010—67004422　传真：010—87155801
http://www.c-textilep.com
中国纺织出版社天猫旗舰店
官方微博 http://weibo.com/2119887771
三河市宏盛印务有限公司印刷　各地新华书店经销
1991年6月第1版　2003年5月第2版
2012年4月第3版　2018年4月第4版
2025年8月第5版第1次印刷
开本：787×1092　1/16　印张：16.5
字数：392千字　定价：58.00元

凡购本书，如有缺页、倒页、脱页，由本社图书营销中心调换

前　言（第5版）

在科技浪潮的推动下，现代针织科学与针织工业技术正以前所未有的速度蓬勃发展，其中新材料层出不穷、新设备不断迭代、新工艺持续革新、新产品日益丰富。与此同时，纺织高等职业教育教学改革也在不断走向深入，对教材内容的时效性和实用性提出了更高要求。

自《针织概论》出版以来，它陪伴着纺织行业走过了许多重要阶段。第4版教材出版后，受到了纺织类各专业学生和针织企业的广泛好评，在纺织、服装、印染、管理等专业的学生了解针织专业基础知识、拓展专业视野方面发挥了积极作用。如今，为了更好地适应数字化时代的学习需求，我们对《针织概论(第4版)》进行了修订。本次修订的一大亮点是增加了丰富的数字化资源，如视频、动画、思政园地、课件等。这些数字化资源将抽象的针织原理、复杂的编织过程以直观生动的形式呈现出来，帮助读者更轻松地理解和掌握相关知识，极大地提升了学习体验和效果。

根据职业教育类型特征，本版教材组建了“校企多元混编”的编写团队，有从事针织专业教学多年的专职老师，也有在企业一线专门从事针织技术工作的工程师。

本版教材由陈绍芳负责统筹修订全书，陈绍芳、贺庆玉任主编。成都纺织高等专科学校杨晴、福建泉州凹凸精密机械有限公司(福建泉州凹凸纺织科技有限公司)李日东参与修订。编写团队的全体成员齐心协力，力求将最新、最准确的知识呈现给读者。

由于编写人员水平有限，书中难免存在不足之处，敬请广大读者批评指正。

编者

2025年6月

前 言(第4版)

随着现代针织科学和针织工业技术的快速发展,针织新材料、新设备、新工艺、新产品的不断开发和应用,以及纺织高职高专教育教学改革的逐步深入,纺织高等职业技术教育的教材内容急需更新。受中国纺织出版社委托,我们对《针织概论》(第3版)教材进行了修订。《针织概论》出版16年以来,已经过16次印刷,受到纺织各专业学生和针织企业的好评,对纺织、印染、服装、企管等专业的学生了解针织专业基础知识,扩大专业覆盖面起到了积极作用。

这次修订,内容上增加了"十二五"以来针织工业的新原料、新产品、新设备和新技术等内容,删除了较陈旧的设备、工艺等方面的内容,对纬编花色组织、圆型纬编技术最新进展、经编花色组织、经编技术最新进展、圆机成形产品、电脑横机及其最新技术进展、针织物染整工艺技术的最新进展等内容进行了补充和更新。为使读者更加方便了解各章重点,本次修订保留了各章知识点和思考与练习题栏目,并更新了相应内容。在教材内容的掌握上,主要针对纺织高职、高专院校的学校进行编写。

此次第4版由陈绍芳负责修订全书,贺庆玉任主编,陈绍芳任副主编。

希望本教材修订后能受到广大读者的欢迎。由于编写人员水平所限,书中难免有不足和错误,敬请广大读者批评指正。

编者

2017年11月

前　言（第3版）

《针织概论》(第2版)自2003年出版以来已多次印刷,受到纺织高等职业技术院校各专业学生和针纺织企业的普遍好评。对纺织、印染、服装、纺织品贸易专业的学生了解针织基础知识,扩大专业覆盖面起到了积极作用。针织品、针织服装深受消费者喜爱,针织工业的产业优势明显,发展很快,特别是进入新世纪以来,我国针织工业无论是生产规模、产品花色品种与质量,还是设备、技术都有了质的飞跃。针织产品、针织设备都由中低档不断向高档化方向发展,加上为新型能源、清洁能源建设服务的针织新原料、新技术,使得教材内容急需更新,受中国纺织出版社委托,近期对《针织概论》(第2版)教材进行了修订。

这次修订,对教材内容和结构都作了很大修改。内容上增加了"十五"以来针织工业的新原料、新产品、新设备和新技术,删除了较陈旧的设备、工艺等方面的内容;结构上增加了圆机成形产品与编织、横机产品与编织等章节;增加了针织成衣章节的分量;各章中都安排了专门反映该章新知识点的内容,如我国针织工业发展概况及展望、针织新原料、纬编技术的最新进展、经编技术的最新进展、新型袜机的特点、电脑横机的最新技术进展、针织物染整工艺及技术的最新进展等。同时本教材新增了课程设置指导、各章知识点和思考练习题,以更好地帮助读者掌握所学内容。

参加本书编写的人员及编写章节如下:

第一~第六章,第八章第二~第十节由贺庆玉编写;第七章,第八章第一节由杨晴编写。

希望本教材修订后能继续受到广大读者的欢迎。由于编写人员水平所限,不足与错误之处难免,欢迎读者批评指正。

编者

2012年1月

前　言（第2版）

随着世界纺织科技的不断进步，纺织职业技术教育的教材内容也急需更新。受中国纺织出版社委托，近期对原《针织概论》教材进行了修订。《针织概论》出版10年以来，已经过7次印刷，受到纺织各专业学生和针织企业的好评，对纺织、印染、丝绸、服装、企管等专业的学生了解针织专业基础知识，扩大专业覆盖面起到了积极作用。

但是随着针织工业新原料、新技术、新工艺、新设备的不断应用和各类新标准的实施，原《针织概论》教材的内容已显得陈旧。这次重版，是在原书的基础上，对教材内容和结构都做了很大修改。内容上增加了近10年来针织工业的新原料、新产品、新设备和新技术，删除了较陈旧的设备、工艺等内容；结构上增加了专门的新章节，如第六章：针织物染整，第七章第五节：针织品使用、保养常识；各章中都安排了专门反映该章新知识点的内容，如现代的针织工业、针织新原料、花式纱线、现代圆型纬编针织机的特点、现代经编机的种类及特点、新型袜机的特点、新型电脑横机、染整新技术、现代成衣生产的特点等；在教材水平标准的掌握上，主要针对纺织院校高专、高职的学生进行编写。

重版的《针织概论》一书，及时反映了针织工业的发展进步，在有关章节中也增加了对针织品所需的一些日常生活知识。

希望本教材修订后能受到广大读者的欢迎。由于编写人员水平所限，书中难免有不足和错误之处，恳切地希望得到读者的批评指正。

作者

2002年7月

前　言 (第1版)

《针织概论》教材是根据1987年3月纺织部教育司召开的中等纺织专业学校教材选题规划会议的决定和1986年11月纺织部中等专业学校针织专业委员会第二次会议决定的精神进行编写的。本书包括针织原料、针织物组织、针织成形产品的编织、针织成衣及常用针织设备等内容。

传统的梭织物、迅速发展的针织物和正在露头的无纺织物构成了丰富多彩的纺织品世界，美化着人们的生活。各种织物具有各自的特色；各种编织工艺在相互“接触”，取长补短，完善充实；纺织方面的各行各业也在相互渗透。如国内不少棉纺厂、麻纺厂、丝厂、绸厂相继搞起了棉针织、麻针织和真丝针织。随着纺织工业的发展，对纺织各专业学生提出了知识面要广、专业覆盖面要宽的要求，以适应“大纺织”生产的需要。编写这本书的目的就是为了加强纺织各专业之间的横向联系，使非针织专业的学生能初步了解针织物、针织设备、针织生产等方面的一些常识。

此教材由成都纺织工业学校主编，主编人贺庆玉；主审人是全国中等纺织专业学校针织专业委员会主任谢谨文和武汉纺织工业学校高级讲师孙忠诚。该书在编写过程中得到了武汉、山东、南通、安徽、上海、河北、广州等纺织工业学校的支持和帮助；初稿写成后，曾两次在针织专业委员会会议上进行审稿，到会的9所纺织中等专业学校的同志对初稿进行了认真讨论，并提出了不少修改意见，谨在此表示衷心的感谢。

由于编写人员水平所限，本书在内容和形式上难免存在一些缺点，热忱希望读者批评指正。

作者

1991年6月

课程设置指导

本课程设置意义 本课程是纺织类高等职业院校纺织专业、服装专业、染整专业、纺织品贸易专业和纺织企管专业的专业基础课程之一。通过本课程的学习，学生可系统地了解针织和针织物的基本概念、针织机的基础知识、针织原料和针织产品；通过学习针织物的基本组织及主要花色组织的结构和性能、常用针织机的主要机构及编织原理等内容，学生可了解针织物特殊的服用性能、染整要求、缝制特性以及针织服装款式造型、结构设计特点；通过了解常用针织面料的生产工艺流程及生产设备，学生将对针织企业有一定的了解，拓宽专业知识面。

本课程教学建议 本课程建议教学时数为 40~50 学时，每学时讲授字数建议控制在 4500~5000 字。

各学校可根据地区产业背景和学生培养目标不同，重点选择学习其中某些章节。

本课程实践性较强，教学中应注重理论联系实际，密切结合参观、认识实习，并通过对针织面料、针织产品的实物感性认知来进行教学，以加深对所学理论知识的理解，达到认识针织常用面料，了解其服用性能和生产常识的目的。

本课程教学目的 通过本课程的学习，学生应重点掌握以下知识和具备相应能力。

1. 针织和针织物的基本概念、针织机的基础知识、常用针织原料的性能和选用。

2. 针织物的基本组织和主要花色组织的结构、性能及适用场合。

3. 典型针织机的主要机构及编织原理。

4. 针织面料的服用性能、染整技术和缝制特性。

5. 针织服装款式造型和结构设计的特点，针织服装规格设计、样板设计常识和排料用料计算方法。

目　录

项目一　概述

[课件]项目一

知识点

1. 针织工业的主要产品。
2. 针织工业的发展概况。
3. 我国针织工业的发展概况及展望。
4. 针织物与其他织物基本结构及性能比较。

任务一　针织工业的发展概况

将纱线转变为织物有四种主要方法：机织、针织、编织和非织造。

针织是利用织针将纱线编织成线圈并相互串套而形成织物的一种方法。针织工业就是用针织的方法来形成产品的一种工业。

根据编织方法的不同，针织生产可分为纬编和经编两大类；针织机也相应地分为纬编针织机和经编针织机两大类。纬编针织机主要有各种圆纬机、横机、袜机等；经编针织机主要有各种高速经编机、贾卡经编机、花边机、双针床经编机、缝编机等。

一、针织工业的主要产品

针织生产分为纬编和经编。用纬编方法生产的织物称为纬编针织物，用经编方法生产的织物称为经编针织物。

[动画]针织成圈原理

在纬编成圈过程中，纱线顺序地垫放在纬编针织机的工作织针上，形成一个线圈横列，纱线纬向编织成纬编针织物，纬编针织图如图 1－1 所示，图中 1 是织针，2 是纬纱。

在经编成圈过程中，一组或几组平行排列的纱线于经向喂入经编针织机的工作针上，同时进行成圈而形成经编针织物，经编针织图如图 1－2 所示，图中 1 是导纱针，2 是织针，3 是经纱。由于编织方法不同，因而两者在结构和特性等方面也有一些差异。纬编针织物手感柔软，弹性、延伸性好，但容易脱散，织物尺寸稳定性较差；经编针织物尺寸稳定性较好，不易脱散，但延伸性、弹性较小，手感较差。

针织物品种繁多，其产品在服用、装饰用和产业用三大领域中都得到了广泛的应用，深受消费者喜爱。

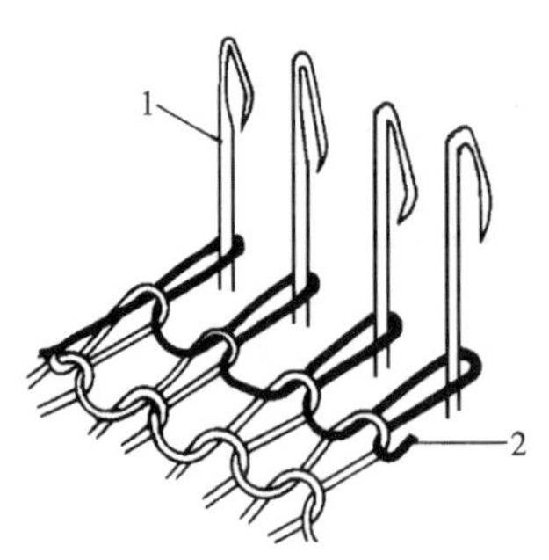

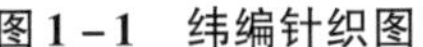

图1-1　纬编针织图

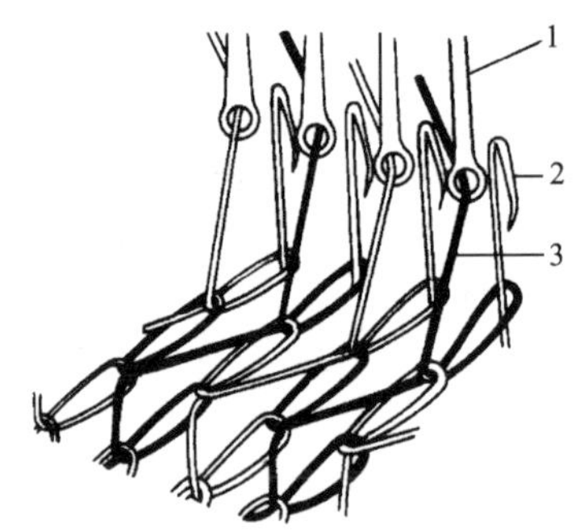

图1-2　经编针织图

1. 服用针织物　服用针织物按用途可分为外衣类、内衣类、毛衫类、运动衫类和袜子、手套等。在针织机上可采用各种不同原料、不同粗细的纱线编织各种外观、性能和厚薄不同的坯布，有的轻薄如蝉翼（如透明的长筒丝袜、镂空花纹的花边等），而有的重如皮毛（如各种毛织物、防寒夹层织物、仿毛皮织物等），也可以编织成富有特色的提花布、彩横条布、毛圈布、天鹅绒、提花人造毛皮、人造麂皮、化纤仿绸、仿呢、仿毛等坯布。用针织物制作的内衣（包括汗衫、背心、棉毛衫裤、绒衣绒裤、三角裤、睡衣、胸罩等）、外衣（包括便装、时装、套装等纯外衣产品和内衣外穿的文化衫、T恤衫、紧身衫裤等）、大衣、工作服、运动服、领带等产品，琳琅满目。

除此以外，还可利用其成形机构直接编织各种款式的羊毛衫、袜子、手套、帽子、围巾、头巾、披肩、护膝护肘、鞋面等成形产品。图1-3为成形产品，图1-3(a)为电脑横机编织的用于运动鞋的针织鞋面，图1-3(b)为圆机编织的护膝。

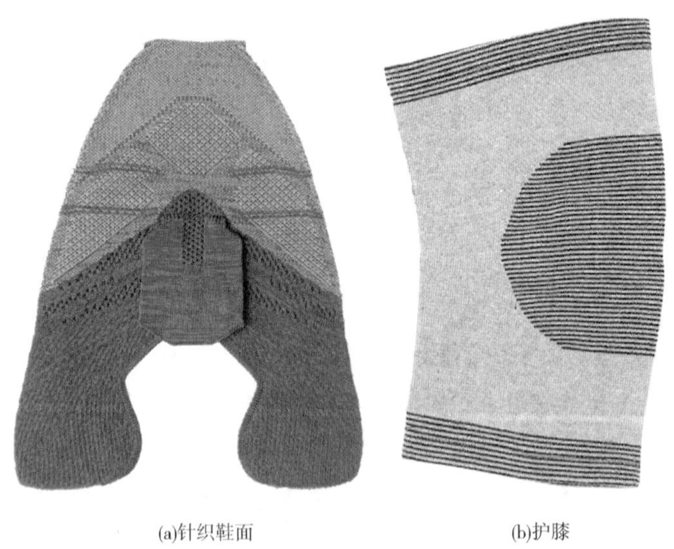

(a)针织鞋面　　(b)护膝

图1-3　成形产品

2. 装饰用针织物　针织装饰织物品种多样，从家庭和办公室铺用品（如精美的提花窗帘、台布、床单、枕套、沙发巾、餐巾、床罩、坐垫套，华贵的毛毯、地毯、软体玩具，优雅的蚊帐、铺地、贴墙织物），到廉价的擦布、包装布、盖布及火车、飞机及汽车内部的坐垫、地面铺设、窗帘、顶篷等都属装饰织物。它们不但以色泽、组织结构、外观等美化人们的生活空间，同时还具有隔热、吸音、隔离甚至防火的功能。各种类型的经编机在装饰织物的织制上特别占优势，目前有越来越丰富多彩的针织品充盈着这一领域，美化着人们的生活。经编装饰织物有精美的提花窗帘和台布等，如图1－4所示。

图1－4　经编装饰织物

3. 产业用针织物　这是一个十分广阔的领域，由于化学纤维工业的发展，具有超高强度的高性能纤维的问世，在过去的40多年中，产业用织物已渗透到非纺织的各行各业，如农业、车船（包括自行车、汽车、帆船等）制造业、航空业、航天业等。而且在未来的人类社会进程中，它们还将扮演更加重要的角色。与其他工程材料相比，产业用纺织品需要同时具备优良的柔韧性、挺括性、弹性，还要求质轻而高强。目前，应用较广的有各种土工建筑用纺织品（如路基、跑道、堤坝、隧道等工程用以排水、滤清、分离、加固用的铺地材料，混凝土增强材料，屋顶防水材料，帐篷，隔冷、隔热、隔音用纺织品）、各种网制品（如体育用品、银幕、建筑用网、渔网、伪装网及庄稼防护网、水源防护网、遮光网、防滑网、集装箱安全用网等）、各种袋类制品、各种工农业用材料（如滤布、防雨布、屋顶覆盖用织物、农作物大棚用材、水龙带、输送带、排水通气管道、行李箱、航天航海用材料等交通运输用纺织品）、安全防护用品（如防弹背心、防护帽、救生衣、盔甲、降落伞、隔热、防冻、防辐射用品等）、运动及娱乐纺织品（如体育场篷顶及地表材料、高透气性的运动鞋鞋面、睡袋、滑雪器具、运动充气建筑物）以及交通运输用和军事、国防、航空航天用纺织品等。利用良好的针织成形加工，可以使用某些特种纤维（如改性玻璃纤维、碳纤维、芳族聚酰胺纤维等）织制出各种形态的纺织预制件，再经特种树脂整理制成机场牵拉结构的棚面屋顶、汽车和汽船的外壳、导弹、各种压力容器、张力设施、玻璃钢板、玻璃槽钢、防弹服、防火服等产品。这样制得的安全防护用纺织品可以通过恰当的纤维排列，使之与载荷方向、载荷大小相一致，从而制成各向异性结构，显著减轻制成品的重量。

图1－5为用多轴向经编针织物加工成的储气膜、帆船和篷顶。

(a)多轴向经编织物用于储气膜

(b)多轴向经编织物用于帆船

(c)多轴向经编织物用于篷顶

图1－5　经编产业用织物

医用、保健用和化妆品用针织物是针织物在产业领域的又一用途。如用来生产人造血管、人造心脏瓣膜、人造皮肤、人造骨骼、器脏修补的针织物，透析用布、胶布、绷带、护腰、护膝等产品的基础材料，取代外科用的特种橡胶长袜的特殊弹性锦纶袜，负氧离子远红外内衣、功能性调温服装、保健功能面膜、防菌、抗冻、治冻产品等。

针织产品的应用范围越来越广，针织工业新技术、新产品仍在不断涌现，针织产品呈现多元化、高档化和功能化的发展趋势令人期待。

二、针织工业的发展概况

1. 早期的针织 现代针织是由早期的手工编织演变而来的。早期的手工编织是用竹制的棒针或骨质棒针、钩针将纱线编结成一个个互相串套的线圈，最后形成针织物，如图1－6所示。手工编织法一直沿用至今。各种各样精美的手工针织品丰富着人们的生活。早期手工针织品主要是简单的披肩、围巾、长筒袜、帽子、手套等，后来手工也逐渐能编织出较复杂的毛衣等制品。

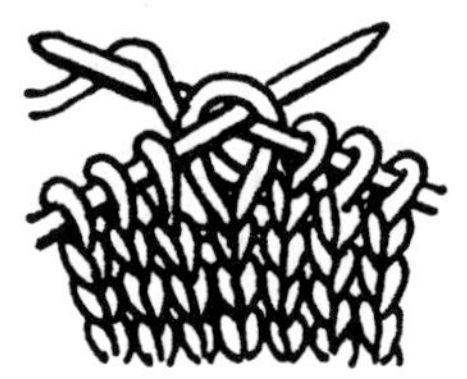

图1－6 针织物的手工编织

2. 针织机械的发明 世界上第一台针织机是由英国人威廉·李（William Lea）于1589年发明的，这是一台8针/25.4mm（8针/英寸）的粗针距钩针手摇袜机，可用毛纱织出粗劣的成形袜片。1598年，他在该机的基础上又研制出了一台很细密的、结构更完美的袜机，机号为20针/25.4mm，此机速度为500线圈/min，其产量是当时最灵巧的女工手编产量的5倍。这台手摇袜机的动作原理为近代针织机的发展奠定了基础。到1727年止，这种型号的袜机已达8000台。第一台袜机发明后100多年，又陆续发明了一些新型机种。1758年，一个名叫Jedeiah Strutt的人在李氏袜机的基础上加装了另一组织针而制成了罗纹机；1775年，一个叫Crane的人模仿李氏袜机制出了第一台使用钩针的特里科（Tricot）型经编机；1849年，英国人Mellor发明了台车；1847～1855年，英国人又相继发明了舌针，并制造出了双针床舌针经编机；1863年，美国人W. Lamb发明了舌针式罗纹平机；1908年，世界上出现了第一台棉毛机。

从1589年第一台手动式粗针距袜机发明以来，针织机械在400余年间，经历了从无到有、从简单到复杂、从单一机种到近代各种针织机种的雏形的缓慢发展过程。

3. 现代针织工业 针织工业是纺织行业中起步比较晚的行业。针织由家庭手工编织转入正式工业化生产是在近百年内实现的，由于针织生产工艺流程短、占地面积少、经济效益比较高，加之原料适应性强、产品使用范围广、机器噪声小等优点，20世纪50年代以来，针织工业在世界范围内得到迅猛发展。针织工业的飞速发展表现在以下几个方面。

（1）针织设备的进步。20世纪50年代末，特别是60年代以后，随着化学纤维工业的飞速发展，针织产品由传统的内衣向外衣发展具备了原料方面的条件，迫切需要能编织化学纤维原料的新型针织设备。这一形势促进了针织机械的飞速发展，国际上出现了各种非常先进的新型圆纬机、经编机、横机和袜机。20世纪70年代以后，在各种针织设备上开始引用近代科学技术的成就，如气流、光电和微电子技术。进入20世纪80年代，计算机、气流等现代科技成果在先进的针织设备上得到了迅速广泛的应用，针织企业目前大都拥有外形精美、制造精密且织造能力和提花能力较强的针织设备。20世纪90年代以后，现代计算机和通信技术更深刻地影响着包括针织在内的纺织企业，如使用计算机辅助设计系统（CAD）设计针织产品的花型、款式，进行产品分析、工艺设计和排料；使用计算机辅助制造系统（CAM）帮助自动化裁剪，进行原料、半成品、成品的合理储存，适时运送，使企业能在最短时间内，花最小的成本，达到最优空间利用、最高劳动生产率和最大利润；依据网络系统的电子数据交换、电子邮件和电子商务系统，使针织企业能拥有高速处理信息流量的能力和通过计算机接受和处理订单，对订单的生产、加工过程进行跟踪和监控，及时了解位于世界各地的供应链上的存供货信息，从而使企业在计划、生产、控制和销售方面具有较强的竞争优势。一些发达的工业国家已拥有完全计算机化的生产系统（CIM），利用计算机将各工艺环节、管理控制环节联系起来，实现智能化生产，其生产全过程的自动化程度高达70%。进入21世纪，特别是近几年来，针织设备更进一步向智能化、高效节能方面进展。针织机械的生产效率进一步提高，针织机机号进一步提高，普通机型的针织圆纬机向细针距、大筒径、多路的方向发展。传统经编机向高速、高性能、宽幅和细针距的方向发展，机速最高可达4000r/min，梳栉数高达95把，多轴向产业用经编机也向高性能方向发展。电脑横机则向多功能方向迈进，如多针距、四针床、“织可穿”全成形技术等。

图1-7是一个典型的CAD系统，它由计算机、监视器、扫描仪、绘图仪、打印机和数字转换器构成。

图1-7 典型的CAD系统

图1-8是用CAD开发的织物花纹图案，图1-9是一个CIM针织车间的中央控制室。

图1-8 用CAD开发的织物花纹图案

图1-9　CIM针织车间的中央控制室

（2）新原料的使用。化学纤维工业的发展，各种新型纤维和新型花式纱线的涌现，为针织新产品的开发提供了多种多样的原料，也为针织工业的发展开辟了广阔的天地。

在20世纪20年代以前，针织原料主要是棉，其次是毛和丝；随着30～40年代锦纶、涤纶、腈纶和氨纶的相继出现，针织设备和针织产品飞跃发展；70年代后，各种特色纤维的研制成功，更使针织产品锦上添花；进入90年代以后，以产业、环保和加强人体舒适、安全、保健为主要方向，研究开发了各种高科技的针织原料。原料结构的重大变革，为纺织、针织工业的发展增添了前所未有的动力源泉。目前，针织原料包括所有的天然纤维和化学纤维。天然纤维方面，除传统的棉、羊毛外，大力开发了丝、麻、兔毛、驼毛和牦牛毛、绵羊绒、羊驼绒等新品种。化学纤维原料方面，涤纶长丝、涤纶低弹丝和涤纶短纤维、锦纶长丝和锦纶高弹丝、腈纶短纤维和膨体纱、丙纶、氨纶、氯纶及各种混纺原料广泛应用于针织外衣、紧身衣、人造毛皮和各种装饰用布、产业用布中。各种具有优良性能的特色纤维织制的针织品也相继出现；各种改性天然纤维针织品，如用不需要染色的“绿色”纤维彩色棉、不施化学药剂而能抗虫害的生态棉生产的针织内衣、T恤衫、婴儿用品，深受消费者欢迎。轻薄保暖、防缩防蛀、可揉搓的精纺细纱羊毛针织内衣，仿羊绒超柔软棉针织品，仿凉爽麻棉针织品，牛奶丝针织内衣裤、大豆纤维、竹纤维、木纤维、陶瓷纤维、甲壳纤维、珍珠纤维、VC纤维等新开发的纱线、面料及针织内衣、保健产品和床上用品等，也极大地丰富了针织物的品种；各种新型化学纤维针织品也是服装市场的热销品，如莱赛尔纤维（我国称天丝，Tencel），其干、湿强度分别为普通黏胶纤维的1.7倍和3倍，具有良好的吸湿透气性，染色性能好，悬垂性好，尺寸稳定；各种异形纤维，如三叶形、三角形、新型中空长丝等异形纤维针织品具有蓬松、保暖性好、抗起毛起球等特点；新型复合纤维针织品具有滑爽、高吸湿性、棉质手感等性能，穿着特别舒适，抗静电性能良好，不易沾污；光泽、截面、取向度和收缩率均不同的异型混纺纤维可织制优良的仿乔其纱和仿呢绒产品；用超细纤维织制的人造麂皮、人造毛皮、仿丝绸产品达到了以假乱真的程度；以氨纶为芯外包聚酯纤维、聚酰胺纤维或棉、毛纤维的高弹性包芯纱，是弹力针织品，如游泳衣、紧身衣、运动衣和弹力袜等的最好原料；各种具有特殊功能如阻燃、防虫、防水、防腐、高强、难熔、耐寒、隔热、反光、保健等性能的特种纤维也扩展了针织品的应用领域。除前面提到的应用于产业用品的改性纤维、玻璃纤维、芳香族聚酰胺纤维等特种纤维外，应用于医疗保健的特种纤维也在开发利用中，如远红外线纤维以其良好的保暖性和保健功能在针织产品中得到广泛应用；防紫外线纤维可以生产不怕阳光辐射的、高附加值的夏令服装；含有多种微量元素的微元素纤维织物可以改善人体微循环，并对心脑血管疾病和关节炎、肩周炎等疾病具有辅助治疗和消炎镇痛的作用；利用微胶囊技术、涂层技术和液晶材料制成的智能型服装材料，能懂得人体语言，服装功能（如自动调节温度、色彩等）能根据人体与环境的变化而变化。

(3)印染后整理新技术的应用。化学整理新助剂的问世,印染整理新技术的开发,如染色、印花新工艺、丝光、烧毛、定形、轧光、拉毛、割绒、磨绒、压花、轧纹、烂花、静电植绒、涂层热复合、多色处理等新工艺及各种防缩、防皱、防污、防菌、防水、免烫、阻燃、抗静电和柔软、带香味处理、抗菌处理以及改善吸湿、导湿性、透气性、保健性等高级整理手段的应用,不但丰富了针织品的花色品种,美化了针织物外观,而且进一步改善了针织物的服用性能,极大地提高了实物质量,赋予了针织物各种特异的功能。同一种坯布经不同的染色、印花、整理,可产生千百种具有截然不同外观的织物。针织物的整理过程越完善,其性能就越好。一些特殊功能整理手段如涂层和层压加工,使交通运输、建筑、安全防护、救生等产业领域的产品得到广泛开发。

(4)针织物产量、品种的增加。针织工业的迅猛发展突出表现在其产量和品种等方面。

从产量方面看,发展很快,以针织服装为例,由于近30年针织外衣化发展的结果,针织服装已成为服装领域发展最快的一个重要分支,在产销量上已与机织服装并驾齐驱,甚至超出机织服装。而且越是经济发达的国家和地区,对针织服装的消费也越多。目前在很多国家和地区,毛衣、绒衣、T恤衫、运动衫裤已成为日常的穿着,有的已成为上班和参加非正式活动及闲暇时间的主要穿着,从世界范围和贸易总量来看,今后针织服装仍将继续快速发展。

从品种方面看,前面已谈到,现代的针织品不仅冲破了袜子、内衣、手套三类产品的限制,也超越了衣着用物的范畴,扩展到室内装饰、产业用品等各方面。近年来,仅从针织服装方面看,针织内衣可细分为普通内衣、补整内衣和装饰内衣。既讲求保暖、舒适,更讲究装饰、美观和美化人体曲线。花色款式多姿多彩,同时向外衣化、时装化、便装化、高档化、系列化方向发展。外衣可分为日常生活装、休闲装、时装、运动装和毛衫类。其花色款式新颖,风格独特,设计严谨,做工考究,规格齐全,内外衣、上下装、衣帽袜等系列配套。针织面料特有的服用舒适性、休闲性,加上印、镶、拼、嵌、滚、绣和各种配件等多种装饰手段,使之深受消费者喜爱,得以蓬勃发展。

总之,针织工业有着广阔的发展前景,针织新技术、新产品将不断涌现,针织设备也将向更合理、更有效的方向发展。随着现代科技的进步,针织工业将产生新的飞跃。

三、我国针织工业的发展概况及展望

1.我国针织工业的发展概况　针织行业是我国纺织行业中起步较晚、基础较差的一个行业。1896年在上海出现了全国第一家内衣针织厂,这以后的50多年中发展一直很缓慢,并且针织厂主要集中在沿海城市,设备简陋杂乱,技术落后。到1949年,全国主要针织内衣设备不到1000台,主机中手摇袜机等设备的比重较大,且生产效率极低。织造、染色、缝纫各工序大部分是繁重的体力劳动。产品品种单调,主要是内衣、袜子、手套三大类,而内衣主要是汗衫、背心和棉毛衫裤。在行业结构上主要是棉针织内衣行业。织袜、手套仍处于手工业阶段,尚未形成一个行业。

中华人民共和国成立以后,随着人民生活水平的提高,城乡市场针织品消费量迅速增加,为针织工业的发展开辟了广阔的天地。各地相继建立和扩大了针织企业,产值成倍增加,设备、原料和产品结构发生了质和量的变化。加工不断深化、工艺不断创新、产品不断进步,缩小了与国外的差距。

从工厂的分布看,针织行业是我国纺织行业中分布广泛分布的行业。其产品除满足国内人民的需求外,还大量出口。目前行业结构也发生了巨大的变化,主要针织厂有以棉针织内衣、T

恤衫、休闲装、运动装和化纤外衣为主的纬编厂，也有以装饰织物、产业用布和涤纶服装面料为主的经编厂，还有以成形产品为主的袜厂、手套厂和羊毛衫厂等。工业规模、工艺技术水平、管理水平、产品水平都已日益接近工业现代化的要求。

从针织设备来看，机种、机型越来越多，新设备、新工艺不断引进和研究开发，针织机械和针织器材制造业也得到了相应的发展。我国自己设计制造的数以百计的针织机种，基本上满足了国内中高档常规针织产品生产的需要。最近30多年，我国针织企业引进和消化了国外许多先进的针织设备。特别是近10年来我国针织工业更是进入了快速发展的通道，针织行业的技术装备水平显著改善。20世纪80年代末，我国有大圆机5000余台，纬编生产主体是台车和棉毛机，现在各种先进的大圆机已成为纬编生产主体。仅2005～2009年，我国新增自己生产的大圆机有10多万台。国产针织圆纬机已经缩小了与国际先进圆纬机的差距，在机械功能性和质量稳定性方面已有了长足的进步；国产经编机设备生产企业也不断提高自主研发水平，正进入一个新的历史发展阶段，整经机、高速经编机、贾卡经编机和双针床经编机已可以满足国内针织物生产要求，近几年研制的全电脑控制花边机、双轴向和多轴向经编机、全电脑控制双针床连体衣机、氨纶整经机等已达到国际先进水平。现在除织制一些特种产品的机型外，我国针织工业已具备了国际上比较先进的一些主要机种和机型。

从针织物的品种看，目前，针织产品门类齐全，品种多样。既有各种纬编单面和双面印花、提花、彩横条坯布，真丝织品，针织仿绸、仿呢、仿毛产品，毛巾布，天鹅绒，提花人造毛皮，针织绒布，衬经衬纬产品等，也有各种经编涤纶面料、蚊帐、提花窗帘、台布、衬纬经编烂花织物、经编绒类织物、腈纶编织毯等，还有各种提花袜、毛巾袜、运动袜、长筒袜、连裤袜、异形丝袜等。针织服装的种类更是繁多：针织内衣、衬衣、外衣、便服、工作服、运动服、羊毛衫、手套、帽子、头巾、围巾、披肩、领带……随着人民生活水平的提高，各种深精加工的品牌针织产品及各种功能型、保健型针织产品相继开发，不但针织服装的品种款式不断更新、深受消费者喜爱，一些新型纤维、改性纤维针织品，如细特（高支）棉、细特（高支）羊毛产品、竹纤维等生态环保型针织产品，牛奶丝、大豆丝内衣，弹性、装饰、调整体形内衣，空气层、柔软棉及复合保暖内衣等品种持续引导消费。与此同时，产业用针织品，如汽车内饰布、篷盖布、屋顶材料、膜结构材料、遮阳帐篷、轻型建筑用材、灯箱布、防水材料、土工布、防护网、骨架材料等也进入规模开发的阶段。我国针织行业已进入针织服装、装饰产品及产业用针织品同时开发生产的局面。

在“十二五”期间，在全球化和科技进步的不断推动下，针织行业稳步发展，转型升级成效明显。行业规模以上企业连续五年实现增长，在纺织工业中的作用日趋重要。根据国家统计局数据，2015年，全国规模以上针织企业户数为5739户，其主营业务收入为7172.58亿元，与2011年相比累计增长24.42%，年均复合增长率为5.61%；利润总额为398.36亿元，比2011年增长38.25%，年均复合增长率为8.43%；此外，我国针织产业“大企业化”格局逐步形成。2015年，全行业规模以上企业户数为5739家，较2011年累计增长5.71%；主营业务收入完成7172.58亿元，较2011年累计增长24.42%，年均复合增长率为5.61%；出口交货值完成1963.55亿元，占针织行业出口总额约30%；利润总额实现398.36亿元，较2011年累计增长110.21亿元，年均复合增长率为8.43%，远远高于纺织行业6.90%的年均复合增长率；销售利润率为5.55%，也高于纺织行业利润率平均水平。

随着民营经济的快速发展，针织行业已形成39个独具特色、产业链配套的产业集群地，主要分布在江苏、浙江、福建、山东、广东等省，特色产品主要包括内衣、文胸、T恤衫、文化衫、休闲装、运动装、居家服、经编和纬编面料、袜子、手套等。近年来产业有向湖北、河南、江西、安徽等中部地区转移的趋势。

2.我国针织工业的发展展望　“十五”以来,我国针织工业抓住国内外需求稳步扩大的有利时机,依靠结构调整和产业升级取得了长足的进步,迎来了中华人民共和国成立以来的最好发展时期。但与国际先进水平相比,无论在产品品种、质量方面,还是在设备、技术水平和企业管理方面都还有一定的差距。我国针织企业要在加速行业结构调整、推动技术进步、调整产品结构、自主创新、实施品牌战略、加快产业转移的升级步伐、节能环保、不断开拓国内外市场等方面更加奋发努力,迎头赶上国际先进水平。

(1)提高国产针织设备自主研发能力和加工制造水平,向高精密、智能化迈进。目前,我国生产的圆纬机的最高机号与国外先进水平相比还有较大的差距,这与针织机械加工技术水平有关。此外,计算机与信息技术在针织机的制造、针织品的设计和加工领域有着越来越多的应用,如对整机各部分的计算机控制,编织过程的在线监测与控制等。目前我国圆纬机在电子选针器的研发方面,一些技术参数的可靠性和稳定性与国外先进水平相比尚有一定差距;高速经编机的运转稳定性有待进一步提高;经编机电子梳栉横移装置的研制,用于生产花边和装饰织物的贾卡拉舍尔经编机,用于生产连体女内衣、长筒袜、手套等的贾卡提花双针床拉舍尔经编机、多梳栉拉舍尔花边机的研制方面与国际先进水平相比还有一定差距。提高国产针织设备的自主研发能力,着力制造高端针织设备,减少对进口针织设备的依赖是摆在中国针织装备制造业面前的一项重要任务。

(2)提高高档针织面料生产和加工技术水平。就提高产品附加价值和不断开发高档面料新品种而言,需要加大研究高机号的单面、双面圆纬机,采用细特(高支)棉纱、毛纱及化纤长丝编织轻薄类针织面料的关键技术,这一方面需要高精度的细针距针织圆纬机,另一方面需要能生产新型细特(高支)微细纤维高质量的纱线;进一步研究针织过程中产生张力波动的原因和消除的途径,改进织针、沉降片、三角等机件的设计和运动配合,以及影响面料品质的疵点问题;通过后整理工艺技术的配合,开发出超薄轻柔、不会脱散的高档针织面料;对纯棉、麻/棉等细特(高支)针织面料,通过纱线丝光、坯布丝光和液氨整理,开发具有手感滑爽、抗皱、形态稳定的高档时尚外衣类面料;研究在经编机上采用天然纤维或混纺短纤纱线的可编织性以及线圈均匀性问题;开发差别化纤维、高性能纤维等新型原料在高档经编面料中的应用。

(3)提高成形编织及功能内衣加工技术水平。研究纬编、经编成形编织工艺和技术,研究在不同部位使用不同原料和组织结构以产生不同弹性、满足人体穿着运动最佳压力舒适性的内衣,研究内衣对人体生理性能的影响和作用;利用多种功能性新原料和功能性整理开发有益于身体健康的各种功能内衣;利用先进的传感技术,自动监测人体特定部位病变以及自动调温、自动调湿,内衣与人体之间微生态可控的智能型内衣。

(4)提高针织物节能减排印染加工技术水平。改进印染工艺和设备,采用节能减排新技术,如研究将煮、漂合二为一,只需浸轧一次处理液后在室温下堆置8~12h的高效短流程的针织圆筒布冷轧堆漂白、连续煮漂生产线的关键技术,同时能更好地解决坯布平整、边痕和前后均匀性问题;研究平幅针织布冷轧堆漂白、连续煮漂生产线、冷轧堆染色、平幅丝光等关键技术,解决低张力均匀控制,单面织物卷边及坯布横向和前后均匀性等问题,这些是针织印染业持续发展的必由之路,也是对节能减排、绿色环保、低碳经济的重大贡献。

任务二　针织物与其他织物的比较

一、针织物的基本结构

针织物的基本结构单元为线圈，它是一条三度弯曲的空间曲线。线圈模型的几何形状如图1－10所示。

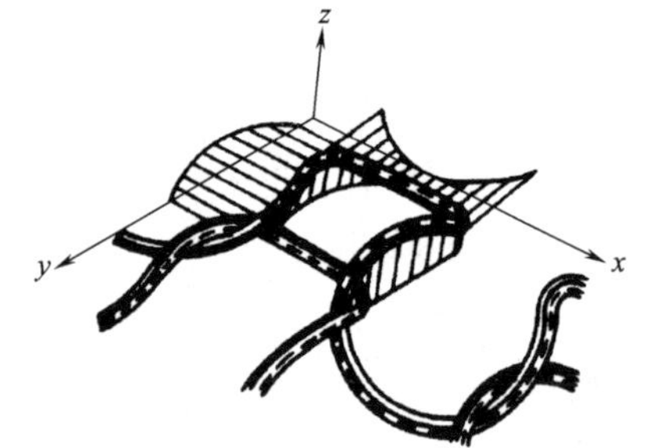

图1－10　线圈模型的几何形状

图1－11所示是纬编织物中最简单的纬平针组织的线圈结构图，纬编针织物的线圈由圈干1—2—3—4—5和延展线5—6—7组成。圈干的直线部段1—2与4—5称为圈柱，弧线部段2—3—4称为针编弧，延展线5—6—7又称为沉降弧，由它来连接横向两个相邻的线圈。图1－12所示是经编织物中最简单的经平组织的线圈结构图。经编织物的线圈也由圈干1—2—3—4—5和延展线5—6组成，圈干中1—2和4—5称为圈柱，弧线2—3—4称为针编弧。线圈在横向的组合称为横列，如图1－11和图1－12中的 *a*—*a* 横列；线圈在纵向的组合称为纵行，如图1－11和图1－12中的 *b*—*b* 纵行所示。同一横列中相邻两线圈对应点之间的距离称为圈距，一般以 *A* 表示；同一纵行中相邻两线圈对应点之间的距离称为圈高，一般以 *B* 表示。

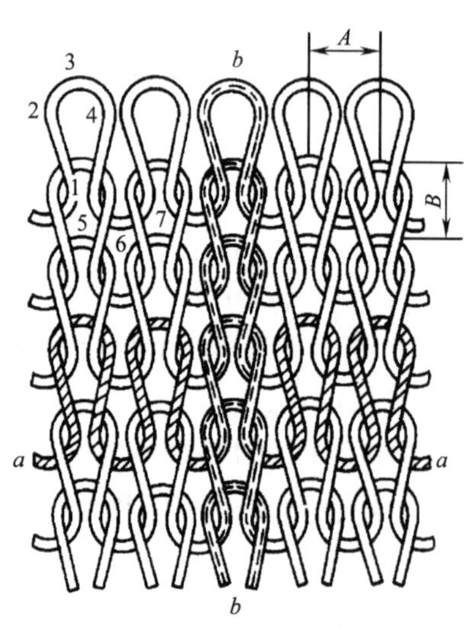

图1－11　纬平针组织线圈结构图

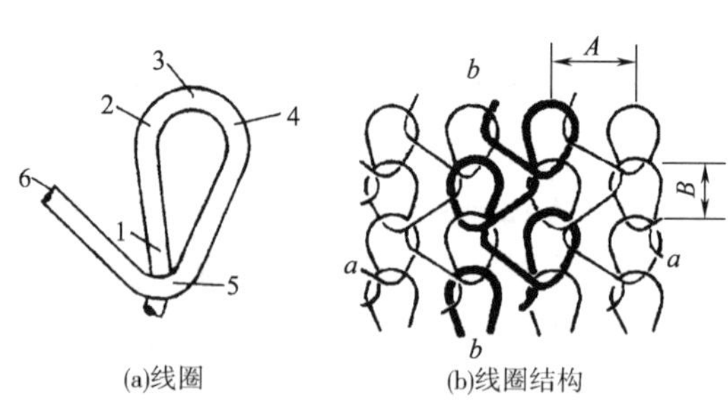

图1－12　经平组织线圈结构图

单面针织物的外观，有正面和反面之分。线圈圈柱覆盖于线圈圈弧上的一面称正面，线圈圈弧覆盖于线圈圈柱上的一面称为反面。线圈圈柱或线圈圈弧集中分布在针织物的一个面上称为单面针织物；如分布在针织物的两面时则称为双面针织物。

[视频]机织生产

[动画]机织编织

二、机织物及其形成

机织物是利用两组互相垂直的纱线纵横交错来形成的织物。机织物中最简单的平纹织物组织如图 1－13 所示,纵向为经纱,横向为纬纱,经纬纱之间的每一个相交点称为组织点,在上称上浮,在下称下沉。组织点是机织物的最小结构单元。平纹组织是经纬纱 1 隔 1 地上浮下沉;其他组织如斜纹、缎纹等的成布原理相同,只是经纬纱上浮下沉的数量与排列规律不同。

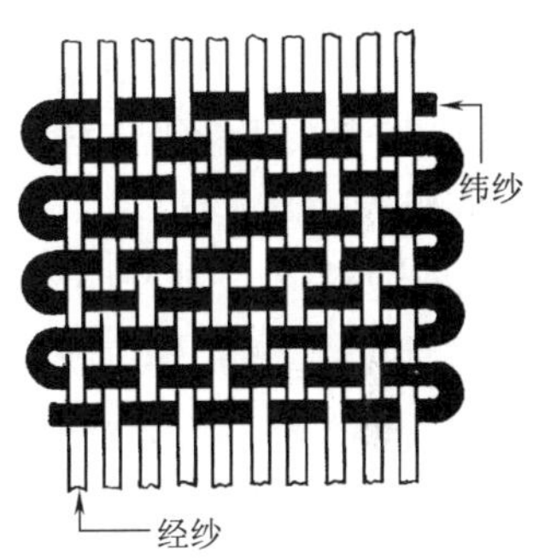

图 1－13 平纹织物组织

图 1－14 所示是最简单的平纹织物的形成方法。经纱 1 隔 1 地穿入两页综框的棕眼中,纬纱由梭子中的纬纱管提供。为了形成图 1－13 所示的平纹织物,两页综框需不停地做升降运动,把经纱分成两片,形成一个菱形梭口,这在织布运动中称为开口。在经纱开口后,梭子从一侧的梭箱中投出,横穿菱形梭口,进入另一侧的梭箱,这样就横铺入一根纬纱,纬纱在梭口内达到和经纱交织目的,这个过程称为投梭。每次投梭后需用筘座上的钢筘把梭口内的纬纱平行打紧,否则纱线会因结构松散而打滑,造成坯布损坏,这称为打纬。在传统的有梭织机上,整个织布过程中综框不断地交替上升下降,梭子不断地往复投梭铺纬,筘座不断地前后运动打纬。为了使各机构周期地往复运动,必须使用强大的开口力、投梭力、制梭力和筘座打纬力,使整个工艺周期地处于强大的冲击负荷状态中。这种机器织布的发明时间比针织机早很多年,称为织机。传统的织机有梭,现在已有很多种无梭织机,习惯称这种形成织物的方式为机织(梭织),形成的织物称为机织物。

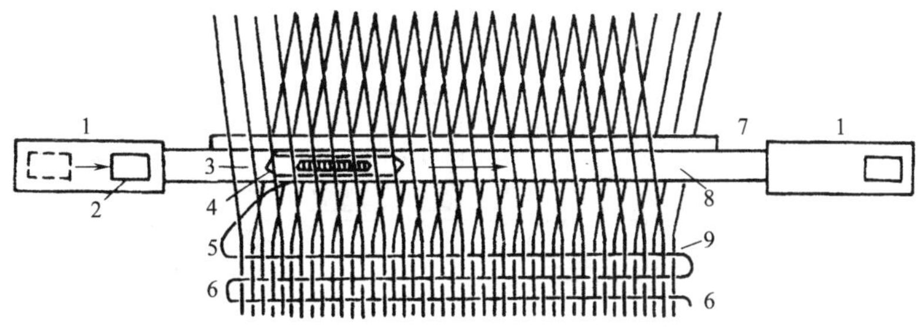

图 1－14 平纹织物的形成

1—梭箱 2—皮结 3—梭道 4—梭子 5—纬纱 6—布边
7—钢筘 8—梭口 9—织入点

三、非织造布及其形成

[动画]非织造生产

非织造布又称无纺布、不织布,它是定向或随机排列的纤维,通过摩擦、抱合或黏合,或者这些方法的组合而相互结合制成的片状物、纤网或絮垫,不包括纸、机织物、针织物、簇绒织物、带有缠编纱线的续编织物以及湿法缩绒的毡制品。所用纤维可以是天然纤维或化学纤维，可以是短纤维、长丝或当场形成的纤维状物。其形态如图1－15所示。

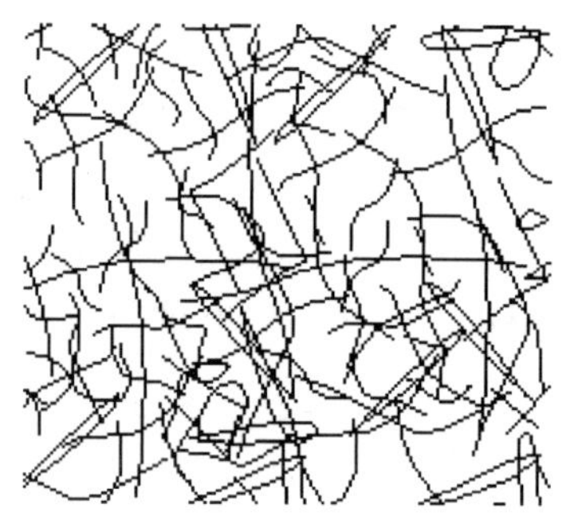

图1－15　非织造布

非织造布与传统的机织物和针织物有较大的差异。非织造布工艺的基本要求是力求避免或减少将纤维形成纱线这样的纤维集合体，再将纱线组合成一定的几何结构，而是让纤维呈单纤维分布状态后形成纤维网的集合体。典型的非织造布都是由纤维组成的网络状结构形成的，如图1－15所示。同时为了进一步增加其强力，达到结构的稳定性，所形成的纤网还必须通过施加黏合剂、热黏合、纤维与纤维的缠结、外加纱线缠结等方法予以加固。因此，大多数非织造布的结构就是由纤维网与加固系统所共同组成的基本结构。

针刺法是生产非织造布的一种机械加工方法。在针刺机生产非织造布的过程中，纤网需要经过预针刺加固，其工艺过程如图1－16所示。针刺机主传动通过曲柄连杆机构驱动针梁、针板和刺针一起作上下往复运动。蓬松的纤网在喂给帘夹持下送入针刺区。当针板向下运动时，刺针刺入纤网，纤网紧靠托网板。当针板向上运动时，纤网与刺针之间的摩擦使纤网和刺针一起向上运动，纤网紧靠剥网板。喂入和输出速度相配合，可以间歇步进，也可连续运动。纤网通过针刺区后，具备一定的强力、密度和厚度，然后再送至主针刺或花纹针刺加工。

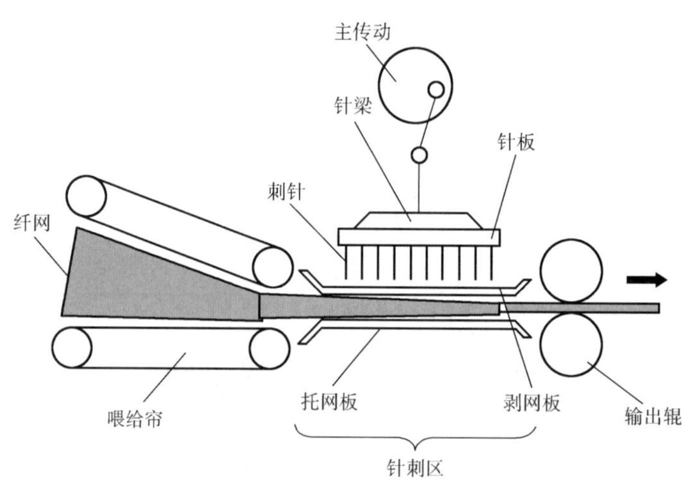

图1－16　预针刺加固工艺过程

针刺法非织造工艺原理如图1－17所示，它是利用三角截面（或其他截面）棱边带倒钩的刺针对纤网进行反复穿刺。倒钩穿过纤网时，将纤网表面和局部里层纤维强迫刺入纤网内部。由于纤维之间的摩擦作用，原来蓬松的纤网被压缩。刺针退出纤网时，刺入的纤维束脱离倒钩而留在纤网中，这样，许多纤维束纠缠住纤网使其不能再恢复原来的蓬松状态。经过许多次的针刺，相当多的纤维束被刺入纤网，使纤网中纤维互相缠结，从而形成具有一定强力和厚度的针刺法非织造材料。

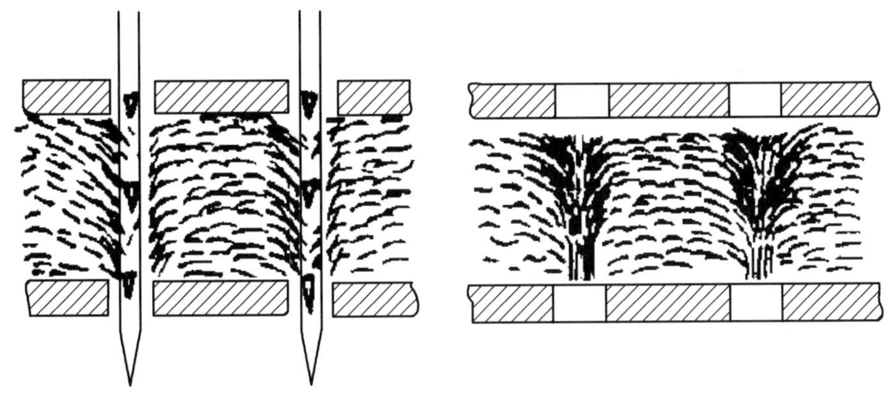

图1－17　针刺法非织造工艺原理

四、针织生产的特点

与机织和非织造生产方式相比较，针织生产方式具有许多明显的特点。

1.针织机的产量高　编织针织坯布的主要机器是圆纬机和经编机。针织圆纬机的产量决定于机器转速的高低、进线路数的多少和针筒直径的大小。圆纬机的针筒为等速回转运动，由于没有不合理的往复运动、笨重机件及强大冲击负荷等因素的影响，车速轻快且平稳。一般大圆机的针筒直径都达762mm（30英寸）以上，坯布幅宽可达150cm以上，加上多路成圈，机器每一转可喂入几十根甚至一百多根纬纱，形成几十到一百多个线圈横列。目前筒径为838mm（33英寸）、864mm（34英寸）、965mm（38英寸）的圆纬机也逐渐增多，甚至出现了1524mm（60英寸）的大筒径圆纬机，每分钟可编织4000多个横列，成品幅宽可达3.8m。经编机的产量取决于主轴转速和成品幅宽，但主轴一转是织出一个线圈横列，而不是仅仅铺入一根纬纱，一个线圈横列的布长相当于一根纬纱布长的2～2.5倍。同时各个成圈机件的质量轻、动程小（只有10～20mm）、机构简单，机速可高达800～3300r/min；现代经编机的幅宽达4267mm（168英寸），最宽可达5334mm（210英寸），加上大卷装、停台时间少，故产量十分可观。一台直径为762mm（30英寸）的单面圆纬机或一台幅宽为4267mm（168英寸）的单针床经编机，其编织速度为400万～800万个线圈/min，其产量一般经编机可达$100m^2/h$，圆纬机可达$100 \sim 250m^2/h$，而一般有梭织机的最高产量仅为$10m^2/h$。

2.针织生产方式对纱线的损伤较少，对纱线的适应范围广　针织物在形成过程中要求送纱机构、坯布牵拉卷取装置给予纱线一定的张力，以使编织顺利进行；织针将纱线弯曲成线圈时有一定的工艺阻力；线圈与线圈相互串套时也有一定的摩擦力。与针织相比，现有梭织机的成布方式对纱线质量的影响就比较大，打纬运动中每段经纱与筘齿要接触几百次，开口过程中经纱相互摩擦一千多次，加上络纱、整经、浆纱等织前准备工程的疲劳及织机上各种不利因素的影响，使经纱损伤较大，因而常常断头；而铺纬时纬纱退绕受梭子飞行速度和梭子在织口中位置、换梭箱等多种因素的影响，张力波动范围很大，使得纬纱也是在不利的条件下工作。为了抵抗钢筘的强力摩擦、开口时的强大张力和投梭时的拖拽张力，经、纬纱必须要有一定的线密度和强力，经纱还必须上浆。而针织编织过程中纱线所受张力较小，不需要浆纱，而且可以根据使用目的的不同，选用一些低强度的或较小线密度的纱线。

3. 针织生产工艺流程比较短，经济效益比较高 机织生产的织前准备工序较多，经纱要络纱、整经、浆纱、穿经；纬纱要卷纬、给湿或热定形。而针织纬编生产织前只需络纱，经编生产则只需整经、穿纱，而且一般说来针织生产有纬纱则无须经纱，有经纱则无须纬纱。可见针织的准备工序比机织简单得多。准备工序的减少，可大量节省人力、物力和浆料等物料消耗，减少准备工序设备的购置，减少厂房占地面积。在节能方面，据计算以生产相同重量的14tex（40英支）府绸与18tex（32英支）汗布做比较，后者比前者节能达30多倍。这在倡导低碳环保，减少能源消耗的今天具有重要意义。厂房面积的减小也意味着投资、厂房保养、运输、清扫、空调、照明费用的减少。由于投资少（针织的单位投资仅为棉纺织的1/2左右）、产量高（单位面积产量比装备自动织机的织布厂高9～11倍）、日常生产消耗少、成本低，因此针织厂的经济效益比机织布厂高。

4. 针织机可以织制许多成形产品 针织机可以织袜子、手套、羊毛衫等成形产品。羊毛衫等成形衣片不仅可以在横机上编织，还可以在半成形大圆机上编织。近年来甚至可以在计件圆纬机上编织棉毛衫、棉毛裤、裙子、婴儿衣服等，下机后不需裁剪或只需少量裁剪即可缝制成衣。这是十分优越的。因为用坯布裁剪、缝制的过程劳动繁重、用工多，裁剪边角余料多达25%～27%，而半成形衣片的裁剪边角余料只有2%～4%，大大节省了原料，降低了产品成本。对贵重的羊毛、真丝等原料更是如此。

5. 各种现代科学技术成就能迅速、广泛地应用于针织机上 如前面已提及的气流、光电和微电子技术，这对针织产品的升级换代，适应多品种、小批量的要求提供了良好条件。例如，提花机构方面，针织机的提花机构早已突破了贾卡纹板的局限，发展成多种类型的机械式或电子式提花选针装置，直接或间接地选取织针，并且结构简单精巧，花型变换容易。还可以建立由中心室进行电子群控的自动针织车间，对多台针织机进行遥控，使每台机器编织不同的花纹，并能自动进行花纹校正。

此外，针织生产的劳动条件也比较好，车间噪声小，生产的连续性和自动化程度较高，工人的劳动强度较小。

鉴于针织生产具有以上所述的特点，所以针织工业得以迅速发展。

五、针织物与其他织物基本性能的比较

针织物和机织物成布方式的不同，使其具有各自不同的特点。

从图1-11和图1-12所示针织物的线圈结构图上可以看出，针织物是由孔状线圈形成的，结构比较松散，因而针织物具有透气性好、蓬松、柔软、轻便的特点。而且线圈是三度弯曲的空间曲线，当针织物受力时，弯曲的纱线会变直，圈柱和圈弧部段的纱线可以互相转移。因此，针织物的延伸性大、弹性好，这是针织物区别于机织物最显著的特点。这一特点使得针织衣物穿着时既合体又能随着人体各部位的运动而自行扩张或收缩，给人体以舒适的感觉。根据不同的用途，可以用不同的原料和组织结构形成不同伸缩性的针织物，以满足不同的需要。例如，对于衬衣、内衣、夹克衫、运动服等，一般提供25%～30%的延伸度，回复时拉力损失不超过2%～5%，称为织物的舒服伸缩度；而对于长筒袜、游泳衣、舞衣、紧身衣等高弹性服用织物，则可提供30%～50%的延伸度，回复时拉力损失不超过5%～6%，称为织物的强力伸缩度。

同时，针织物还具有抗皱性好、抗撕裂强力高等特点，并且纬编针织物还具有良好的悬垂性。

机织物结构中经纬纱必须紧密排列，否则就会因纱线之间抱合不牢而发生滑丝现象，破坏织物的外观和性能。观察图 1－13 中平纹织物的横截面图，可以看到机织物中只是在经纱与纬纱交织的地方纱线有少许弯曲，而且只在垂直于织物平面的方向内弯曲。当织物受力时，纱线仅有的一点弯曲减少，织物在受力方向略微伸长，而对应方向略微缩短，延伸性很小。机织的成布方式使织物具有质地硬挺、结构紧密、布面稳定、平整光滑、坚牢耐磨的特点，但透气性、弹性和延伸性差，易撕裂、易折皱。

在非织造布中，纤网的组成及形成方法决定了非织造布的结构，而不同结构的非织造布具有不同的性能。黏合剂黏合的非织造布具有较好的透气性，但手感较硬，多用于墙布和用即弃产品中。热熔黏结非织造布具有较好的过滤性能、弹性和蓬松度，以及较好的透气性、吸湿性，适于制作冬季服装的絮填料、被褥料、过滤布、汽车用布及簇绒地毯基布。射流喷网法非织造布具有较高的强力、丰满的手感和良好的透通性，适用于服装的衬里、垫肩等。纺粘法非织造布具有通气性、透水性等优点，大量用于农业和畜牧业的保温材料。

根据以上对织物特性的分析，可知针织物最适合用于要求松软、轻薄质地的产品，例如服装中的内衣、T 恤衫、运动衣、羊毛衫、袜子、手套、围巾等，而且由于针织物的适体、舒服、抗折皱、花色与款式轻松活泼、易于翻新、容易适应服饰流行的瞬息变化等特点，特别适合制作各种旅游服、休闲服和时装，还有花边、窗帘、台布等网孔装饰织物。针织物无论是在生产速度、花纹的变化能力方面，还是在外观的精美、华丽、结构的稳定性方面都是得天独厚的。

但是针织物的线圈结构也造成了其尺寸稳定性差，受力后易变形，质地不硬挺，容易脱散，易于起毛、起球等弱点。尽管这些不足之处正设法从原料选用、后整理加工、织物组织结构等各个方面加以克服，如采用衬经、衬纬针织物，加大织物密度，采用树脂整理等，但目前仍难以在大衣、西装等服装方面与机织物竞争，在某些需要质地紧密、硬挺、厚实、坚牢耐磨、稳定性好的特定用途上仍逊色于机织物。

总之，由于成布方式的不同，针织物与机织物和非织造布具有各自不同的服用性能和风格特征，有着能最好地发挥自己特性的应用领域。

☞ 思考与练习题

1. 针织产品按用途可以分为哪几类？请列举一些具体品种的例子。
2. 我国针织工业持续发展还有哪些主要技术水平需要提高？
3. 简述针织物的主要服用性能，针织物与机织物和非织造布的性能差异及原因。
4. 简述针织生产的特点。

思政园地

纺织强国之路：创新驱动筑根基，链韧业兴写新篇

项目二　针织生产的一般知识

[课件]项目二

知识点

1. 针织原料的分类。
2. 天然纤维、再生纤维、合成纤维的服用性能及发展方向。
3. 针织用纱的分类、选用及其新发展。
4. 针织用纱的基本要求。
5. 针织生产工艺流程。
6. 针织物的主要物理性能指标。
7. 针织物的品质要求及质量控制与检测。
8. 针织机的分类及一般结构。
9. 机号的概念与表示方法,机号与可加工纱线线密度的关系。

任务一　针织原料和针织纱线

针织原料和针织纱线的种类很多,它们在很大程度上决定了针织物的服用性能。人们根据针织物用途和要求的不同,选用不同的原料和各种类型的针织纱线,致力于开发各种新纤维和新型纱线,使针织品外观更加漂亮、穿着更加舒适,功能更加多样,风格更加别致。

一、针织原料的分类与选用

(一)针织原料的分类

针织原料按纤维可分为天然纤维和化学纤维两大类(图 2－1)。

(二)针织新原料

天然纤维以其优良的服用性能(如良好的吸湿透气性、卫生性、热传递和热绝缘性、柔软性等)深受人们喜爱,在针织物中一直占有相当大的比重。化学纤维也被广泛使用。但是普通天然纤维和普通黏胶纤维与合成纤维相比较,存在着强力较低,尺寸稳定性较差,容易折皱、霉变,洗涤、收藏较麻烦等缺点;而普通合成纤维又普遍存在吸湿透气性差、手感较硬、蜡状感、穿着不舒适、极光等感官上的不足,以及废弃时难以处理等缺点。特别是针织服装,许多是贴身穿着,对舒适性、卫生性、功能性要求更高。因此,人们一直在探索天然纤维合成化、合成纤维天然化的途径。近 30 年来,随着高新技术的发展和生产设备的不断完善,已经在天然纤维改性、再生纤维素纤维和合成纤维新品种的研究开发上取得了丰硕的成果。

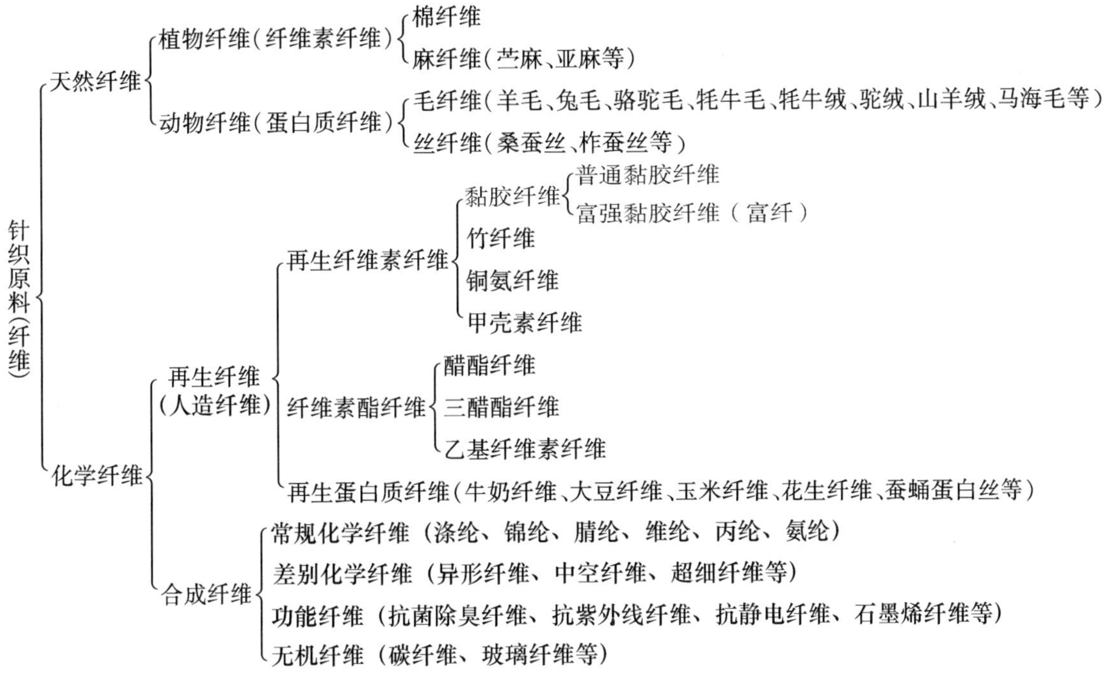

图2-1 针织原料的分类

1.新型天然纤维 近些年来人们积极探索天然纤维的变性、改性技术,对棉花、羊毛、蚕丝等天然纤维的品种进行改良,以使天然纤维能具备合成纤维特有的某些优良性能,使之穿着更舒适,更美观,洗涤、收藏更方便,能满足现代生活快节奏的需求;同时研究新型环保原料,以使穿着更有利于人体健康,生产加工过程减少对环境的污染。

棉纤维方面,开发了长绒棉,利用长绒棉开发细特(高支)、超细特(超高支)棉纱,生产高新针织产品;利用现代育种技术培育了天然彩色棉花,当棉桃长成时,就已具有了蓝色、棕色、橙色、绿色、黄色、灰色、紫粉色、铁锈色等色彩。以这种棉纤维纺织的棉织物不但色泽自然柔和、古朴典雅,且越洗越鲜明,经久不褪色,织物柔软而有弹性,穿着十分舒适。特别适合于制作针织内衣和婴儿服装、袜子、帽子、毛巾等。为了环保和防止农药对人体产生过敏反应,科学家还培育出不施化学药剂就能抗虫害的生态棉花,为服装提供了纯棉生态服装材料。通过对棉织物进行新型后整理,可使棉织物具有免烫功能,服装形态尺寸稳定,水洗晾干后仍然平整,并能保持衣裤的褶裥线条,即具有"形态记忆"功能。精梳、细特(高支)、丝光、烧毛、免烫等手段已为高档棉针织物提供了保证。

麻织物以其粗犷、挺括的独特风格和舒适凉爽的穿着性能受到喜爱,为了克服其抗皱性和耐磨性差,接触皮肤有刺痒感的缺点,不但在棉麻、毛麻、涤麻、黏麻混纺等综合各种纤维原料的性能方面下功夫,也对其进行了改性的尝试。生物酶后处理能使麻纤维手感更柔软、光泽好、抗皱,是作为夏季服装和运动服的好原料。除原有的亚麻、苎麻外,近年来还开发了汉麻纤维、罗布麻纤维等新品种,它们都已作为保健服装材料被人们选用。

毛纤维以其优良的保暖性、吸湿性、抗皱性、弹性在针织物中大量使用。过去主要局限在羊毛纤维，如羊毛衫、羊毛针织大衣、羊毛外衣、羊毛围巾、羊毛手套、羊毛袜子等。近年来不但开发了羊绒、驼绒、牦牛绒、兔绒、马海毛等新品种，大大增加了毛针织物的品种，提高了毛针织物的性能、档次，还致力于开发新的毛纤维整理工艺，如耐机洗、防缩绒羊毛整理、防虫蛀羊毛整理、柔软有光羊毛整理、用于夏季轻薄面料冷色系干燥凉爽羊毛整理、芳香羊毛整理等。这些手段更加优化了羊毛织物的性能，满足了各种针织服装的需要。

随着真丝精练技术、针织技术和针织设备性能的提高，真丝针织品越来越多。真丝织物以其优良的光泽、手感、吸湿、透气和悬垂飘逸等性能受到人们的珍爱，为了克服其易缩、易皱的弱点，除了让真丝与棉、毛等天然纤维混纺、交织，与新型再生纤维、合成纤维交织生产出各种品质优良的交织、混纺丝绸外，目前还开发出了用新型工艺制作和复合的柔软生丝、蓬松丝、包缠或包覆的复合丝、防缩免烫真丝绸。

此外，随着彩色棉花的开发，天然彩色蚕茧也应运而生。彩色蚕丝主要是通过向人工饲料或桑叶中添加色素，改变蚕绢丝腺的着色性能来获得的。天然彩色蚕丝色彩自然，色调柔和，色泽丰富而艳丽。由于天然彩色蚕茧不需要染色，避免了环境污染，也避免了染整加工中残留的化学药剂对人体健康的危害，是绿色环保纤维材料。目前天然彩色茧丝主要有黄红茧系和绿茧系两大类。天然彩色茧丝是一种多孔蛋白质纤维，轻盈飘逸，吸湿性优良，透气性好，穿着舒适，有较好的紫外线吸收能力，对 UV－B 透过率小于0.5%，对于 UV－A 和 UV－C 透过率不足2%。彩色茧丝分解产生自由基的能力远远高于白茧丝，抗氧化性能好。天然彩色茧的色素里面含有类胡萝卜素和类黄酮，具有良好的抑菌性能、抗紫外线的作用和抗氧化性能。天然彩色茧丝面料主要用作高档男女服装、内衣、床上用品、领带、披肩、丝巾、丝绵被、丝绒毯、医用纱布等。

2. 新型再生纤维 再生纤维（俗称人造纤维）的主要品种是再生纤维素纤维。我国目前生产的再生纤维素纤维的主要产品是黏胶纤维，它的原料来源广泛，手感柔软，光泽好，吸湿透气性良好，染色性能好。最大的缺点是湿强差，织物易皱、不耐磨，而且生产过程对环境的污染较大。目前国际上已研究开发出莱赛尔纤维，不但是一种新型绿色环保型纤维，而且用它们开发出许多针织新产品。这种新纤维不但手感特别柔软，悬垂性好，具有真丝的外观，吸湿性强，穿着舒适，而且具有强度高（与涤纶相仿），干湿强度相近，缩率小的特点。其生产原料可再生（由木浆中提取，国际林业界已解决了3年成材的速生林的种植技术，其来源较丰富），生产过程无污染，废弃后可自然降解。它们若与其他纤维混纺，可相互改善其性能，获得更好的服用性能。如与棉混纺，可改善棉织物手感；加入少量涤纶，可改善其织物的洗涤性能；加入少量羊毛，可使其织物更加丰满；与亚麻混纺，可使织物具有亚麻质感。这项技术被称为黏胶纤维生产技术上的一次革命。近年来开发的新型再生竹纤维也是很好的针织原料，它具有良好的吸湿、透气、抗菌性能，穿着凉爽、细腻、滑爽，原料丰富，但易起皱，保形性差。实际生产中往往要和其他纤维混纺、交织，更能发挥其优良性能。如棉/竹纤维、涤纶/竹纤维等。

人们还开发了以大豆、牛奶、玉米、花生等为原料的再生蛋白质纤维，它们是制作针织内衣和婴儿服装的好原料。但目前纤维强度较差，原料来源也受到一定限制。

取自多种物质的新型再生纤维层出不穷。我国研制的保健陶瓷内衣是将陶瓷颗粒做成纳米级，包上一层有机膜后再熔融在棉、麻等有机纤维材料上，从而织制出纳米陶瓷复合功能面料，它能促进血液循环，使人体吸收更多能量。我国还研制出从蟹壳、虾壳提取壳聚糖纤维，再和棉、莫代尔、黏胶纤维等混纺制成甲壳素纤维，这种海洋动物性再生纤维既具有与植物纤维素相似的结构，又具有类似人体骨胶原组织的结构。这种双重结构赋予了它极好的生物特性，使之具有吸湿、抑菌、消炎、止血、镇痛、促进伤口愈合、除异味、调节皮肤微生态平衡的保健功能。现已用于高档针织面料、幼儿用品、运动衣、内衣、裤袜和床上用品等保健用品的生产中。美国一家公司甚至从火山灰中提取喷发物经过纳米高温处理后聚合在纺织纤维中制得火山灰纤维，其功能主要是吸湿、透气、凉爽。

3. 新型合成纤维　20 世纪 90 年代以来，各种新型合成纤维相继开发和产业化，新型合成纤维以其优异的功能和性能，不仅弥补了天然纤维在性能方面的局限和不足，而且也推动了纺织业由传统的消费领域向生产资料领域拓展。新型合成纤维在发展方向上主要有差别化纤维和高功能纤维两大类。

（1）差别化纤维。它是指有别于常规合成纤维的各种纤维材料。这些纤维在形态、表面特征、内部结构、物理性能、机械性能和化学性能方面与常规合成纤维有显著的不同，可以获得新的、更好的效果。20 世纪 80 年代末 90 年代初，差别化纤维从仿天然纤维阶段进入超天然纤维阶段。通过对合成纤维的改性可以使它们克服其固有的吸湿性差、静电强等缺点，同时具有多种附加功能。用于服装和装饰品的功能型新纤维材料，与抗菌、除臭、弹性、透湿防水、保湿、抗静电、防紫外线、导电等健康、安全、舒适、美观有关的功能纤维新材料已有数百种。如抗紫外线涤纶织物的紫外线屏蔽率高达 96.8%，用其与棉纱交织制成的针织双纱珠滴面料风格独特，手感舒适，织造性能良好。差别化纤维主要有以下几种。

①微细和超细纤维。一般来说，单丝细度接近或低于天然纤维（如蚕丝）的化学纤维都可以叫作微细纤维或超细纤维。通常微细和超细纤维是指单丝线密度分别为 0.5 ~ 1.2dtex（0.44 ~ 1.11 旦）和 0.012 ~ 0.5dtex（0.011 ~ 0.44 旦）的纤维。它们特别柔软，具有优良的吸湿性能，悬垂性好，光泽柔和，质感细腻。广泛用于细特（高支）高密织物、防水透气织物、浅色薄而不透织物以及仿真丝、仿麂皮、人造毛皮等织物的织制，但织物的抗皱性较差。

②异形截面纤维。目前异形截面纤维有数十种，如三角形、多叶形、十字形、哑铃形、菊花形、异形中空等。异形纤维不仅是截面形状的改变，实际上它的直径、密度、抗弯刚度、覆盖能力、热性能、光性能、吸湿透气性能等都发生了改变，从而使织物具有吸湿透气性好、穿着舒适、抗起毛起球、抗皱、闪光、保暖、毛感、丝绸感等多种效果，广泛用于仿生织物的织制中。

③微孔型与多孔型纤维。利用纤维表面微细凹凸形成的沟槽孔隙，借助芯吸、扩散、传递作用迅速把水分由织物内侧转移到织物外侧，达到吸湿排汗功能，同时可使面料光泽柔和，提高染色深度，改善面料吸湿透气性。

④多组分复合型纤维。它是指纺丝时单纤维由两种以上的聚合物构成的纤维。这种纤维兼有两种以上纤维的特点，又可获得高卷曲、高弹性、易染性、难燃性、抗静电性等功能。

⑤差别化可染纤维。改善纤维的染色性能，简化染色加工工序，还可获得多色效应。

⑥高收缩纤维。收缩率可达 30% ~ 60%。这种纤维可获得蓬松、弹性、厚实、轻暖、仿毛及花式效应等功能，从而改变产品的风格。在膨体纱、仿毛织物、仿毛皮织物、仿竹节纱、毛圈织物、簇绒织物、起绒织物中广为应用。

（2）高功能纤维。它是指具有特殊的物理化学结构，某些性能指标显著地高于常规合成纤维的高技术纤维。它们或者质量轻、强度高、模量高、耐磨和耐疲劳性能好、耐高温，或者高保暖、防静电等，主要用于工业、军事等特殊领域和保健医疗领域。如芳族聚酰胺纤维（俗称芳纶），它不仅强度为钢铁的 8 倍，而且韧性远远超过碳纤维；又如 PBO 纤维，是目前性能最优的有机高性能纤维，其强力、模量和耐热性能均超过芳纶。目前许多工业化国家都在将这种轻质高强新型合成纤维用于开发新一代的汽车和飞机结构零部件、火箭发动机、轮船推进器、赛车和赛艇构件、装甲、头盔、防弹服、高压气瓶和运动器件、建筑物篷顶等。

新型合成纤维和其他纺织新材料的开发和产业化，已成为新的历史时期纺织工业科技发展的一个显著标志，同时也将对世界经济的发展产生深远的影响。

二、针织纱线

纱线是从纤维到织物的中间环节，纱线的性能和特点直接影响织物的外观和特性，最终影响服装的外观和穿着性能。因此，纱线是针织物设计生产中不可忽视的环节。

（一）针织纱线的分类

针织纱线按纤维形态和加工方法可分为短纤纱、长丝和变形纱三大类（图2－2）。

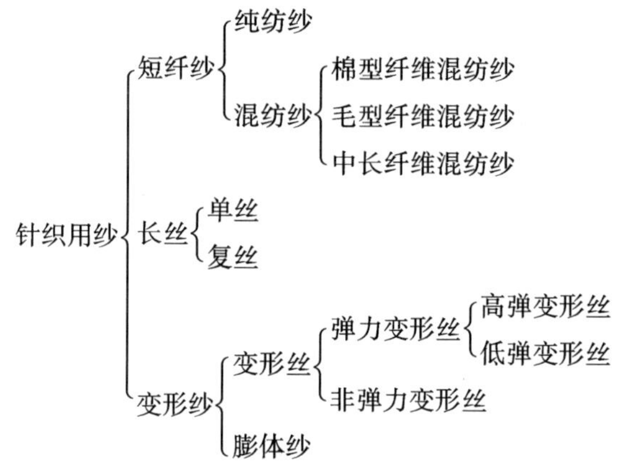

图2－2　针织用纱分类

针织用纱中短纤纱占有很大的比重，短纤纱分纯纺和混纺两类，它们按使用纤维的长度、细度和纺纱设备等不同又分为棉型、中长型和毛型三类。棉型、中长型和毛型纤维的长度、细度范围见表2－1。

表2－1　棉型、中长型和毛型纤维的长度、细度规格表

项　目		棉　型	中长型	毛　型
长度	mm	33～38	51～76	76～102
细度	旦	1.2～1.5	2～3	3～5
	dtex	1.32～1.65	2.2～3.3	3.3～5.5

注　纱线的线密度是表示纱线粗细的指标，法定计量单位为特克斯（tex，1tex＝10dtex，分特）。但针织生产中传统计量单位是棉及其混纺纱用英制支数（英支）、毛及其混纺纱用公制支数（公支）、各种长丝用旦数表示。

棉和棉型纱线细而柔软，吸湿性好，宜用于内衣；毛型纱线较粗，蓬松而富有弹性，毛感强，宜用于外衣；中长型纤维纱线虽然也较细，但具有毛感，而且加工工序短、生产率高、成本低，可代替毛纱作为针织原料。

长丝有单丝、复丝两种。只由一根丝组成的长丝称单丝；由数根或数十根单丝组成的长丝

称复丝。单丝用于织制丝巾、透明袜等轻薄型针织品,复丝广泛用于各种经编与纬编坯布的编织中。

变形纱是一种新型纱线,常用的有腈纶膨体纱和变形丝。变形丝主要有涤纶低弹丝和锦纶高弹丝两种。变形纱具有较好的弹性和蓬松性,其织物丰满,手感柔软,弹性、保暖性好。涤纶低弹丝常用于衬衫、外衣等面料的编织中;锦纶高弹丝常用于袜类、手套、游泳衣裤、弹力内衣等织物中。腈纶膨体纱多用于腈纶衫、裤的生产中。

此外,还有各种异形纤维和利用新型纺纱工艺生产的各种花色纱、包芯纱等,为针织用纱开辟了新的领域。

(二)花式纱线

花式纱线是在纱线加工中通过强捻、超喂、混色、切割、拉毛等各种方法,使纱线获得特殊外观、色彩、手感、结构和质地的纱线。它有较强的个性和装饰效果,可使织物产生多种花色效应。

目前常见的花式纱线有以下三类。

(1)强捻纱。可对纯棉纱、黏胶纱、羊毛纱以及各种合纤长丝、短纤维纱等加强捻,并通过一定手段对它们做定形处理,用这种强捻纱织造的针织物可具有麻纱感和绉效应。

(2)特殊形态花式纱线。如竹节纱、大肚纱、毛虫线、结子线、波形线、珠圈线、辫子线、毛巾线、雪尼尔纱、金银丝线等。用它们可织制仿麻织物、仿毛织物、毛圈织物、丝绒织物、簇绒织物等,可使织物具有较强的立体感。

(3)花色纱线。指纱线通过色彩和外形的特殊变化,使织物获得装饰效果。如混入彩色短纤维的彩芯纱,混入白色、灰色、黑色短纤维的色芯纱,用断丝工艺制得的彩色断丝纱,混入不同色彩、不同粗细、不同截面、不同光泽效应的彩抢纱、银抢纱等。它们为织物带来丰富的色彩和特殊的外观。

各种花式纱线极大地丰富了针织物的花色品种,可织制出各种风格的针织物。图2-3为一些花式纱线的例子。图2-4为用花式纱线织制的针织物。

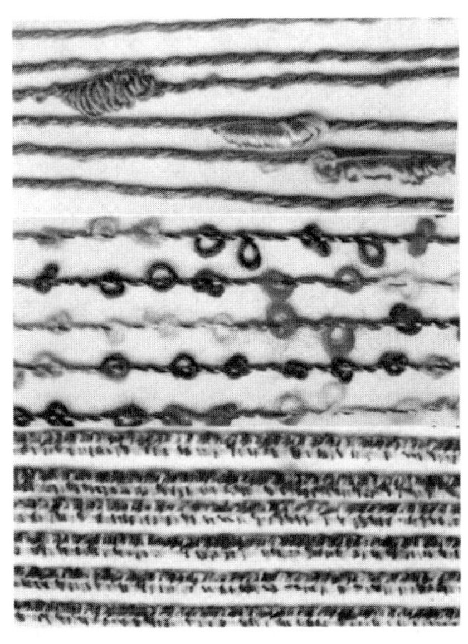

图2-3　花式纱线

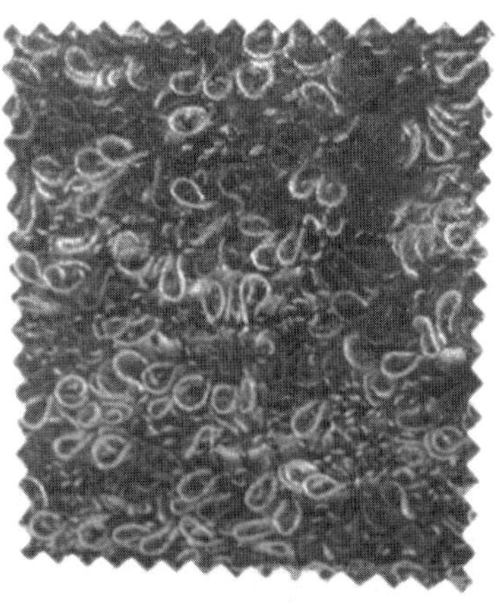

图2-4　用花式纱线织制的针织物

三、针织用纱的品质要求

一般说来，针织用纱的质量标准较机织为高，在纺纱厂选用原料及纺纱工艺中都应考虑针织用纱所具有的特点。这不仅是为了适应针织物的品质要求，而且因为针织物在形成过程中纱线要受到复杂的机械作用——成圈时要受到一定的载荷，产生拉伸、弯曲和扭转变形；纱线在通过成圈机件及线圈相互串套时还要受到一定的摩擦。同时，由于针织物成布的特殊方式及容易脱散的特点，纱线质量差会使坯布产生破洞、脱套等现象，甚至使整个编织无法顺利进行，严重地影响产品的质量和产量。某些针织物从一定意义上说具有工艺品的性质，因而对纱线品质也有相应的要求，为保证针织品的质量和编织的顺利进行，对针织用纱有如下一些要求。

1. 纱线要有一定的强力和延伸性　由于纱线在针织准备和织造过程中要经受一定的张力和反复负荷的作用，因此针织用纱必须具有较高的强力，才能使编织顺利进行。

纱线在拉伸力作用下会产生伸长，延伸性较好的纱线在加工过程中可以减少断头，而且可以增加针织物的延伸性，但编织时应严格控制纱线张力的均匀性，否则，会造成织物线圈长度的不匀。延伸性好的纱线其织物手感柔软，也可以提高织物的服用性能，即耐磨、耐冲击、耐疲劳性能。

2. 纱线要有一定的捻度，而且捻度要均匀　捻度对纱线的性能和织物风格有较大的影响。捻度过小，对一般低强度纱线来说，会使其强力不足，造成断头多；化纤短纤纱会由于纤维间摩擦阻力小、容易滑动而影响强力，变形丝在捻度过小时容易起毛、起球和勾丝。捻度过大，则纱线在编织过程中易于扭结，从而造成大量织疵和坏针，同时，捻度过大会使纱线体积重量增加，产品发硬，影响织物手感，并且产品成本提高，在某些织物组织中还会造成线圈纵行的严重歪斜。一般说来，针织用纱要求柔软光滑，捻度应低于机织用纱，特别对需起绒和缩绒整理的绒布、羊毛衫等产品，纱线捻度更要求偏低。

3. 纱线要有一定的条干均匀度和光洁度　针织用纱的条干均匀度要求较高，应控制在一定的范围内，条干不匀将直接影响针织物的质量。机织物中由于其经纱和纬纱的直铺方式，不匀的纱条在布面上较为分散，而针织物由于其特殊的线圈排列、串套成布方式，过粗或过细的纱条在织物中分布较集中，会在织物表面形成明显的云斑，影响其外观和内在质量。条干不匀还会使纱线强力降低，织造时断头增加，过粗处还会损坏织针。

针织用纱还要有一定的光洁度，否则不但影响产品的内在、外观质量，还会造成大量坏针，使编织无法正常进行。如棉纱的棉结杂质、过大的结头；毛纱的抢毛、草屑、杂粒、油渍、表面纱疵；蚕丝中的丝胶等都会影响纱线的弯曲和线圈大小的均匀，甚至损坏成圈机件，在织物上造成破洞。

4. 纱线要有一定的吸湿性和回潮率　吸湿性和回潮率的大小不仅关系到服装的舒适性、卫生性，而且对纱线质量（柔软性、导电性、摩擦性等）、生产能否顺利进行产生影响。回潮率过低，纱线脆硬，化纤纱还会产生明显的静电现象，使编织难以顺利进行；回潮率过高，则使纱线强力降低，织造中与机件间摩擦力增大，损伤纱线。为了减少纱线的摩擦系数，化纤丝表面要有一定含量的除静电剂和润滑剂，短纤纱要上蜡。

根据针织物用途的不同对纱线还应有不同的要求。如汗布希望吸湿、坚牢、轻薄、滑爽、质地细密、纹路清晰，布面疵点如阴影、云斑、棉结杂质尽量少，因此要求原纱比较细，纱线的条干与捻度比较均匀。在纺纱过程中应采用精梳工艺，以提高原棉中纤维的整齐度，减少短绒与棉结杂质，使纱线的条干均匀度和强力提高，在成纱过程中应适当提高捻度，使织物手感滑爽。秋冬用棉毛衫、裤要求柔软,保暖性和弹性好,而且棉毛布是双面针织物,故用纱要求在强力、条干均匀度等方面较汗布为低,一般用单纱,不采用精梳,适当降低捻度,使织物手感更柔软。而对绒衣、绒裤用纱则应选用长度较短、成熟度好、细度较粗的原棉,适当降低捻度,使其易于拉绒。对外衣则要求纱线坚牢耐磨,有一定弹性、蓬松性,条干均匀,有毛型感或丝绸感,易洗、快干、免烫、不皱。

任务二　针织生产工艺流程

针织厂的生产工艺流程根据出厂产品的不同而有所不同。

一、纬编针织生产工艺流程

多数纬编针织厂是纱线进厂,服装成衣出厂。其工艺流程如下:

纱线进厂→络纱→织造→毛坯检验、称重、打印→半成品入库→染整、定形→光坯检验→配料复核及对色检验→裁剪、成衣→成品检验→包装入库

在纬编厂,短纤维纱通常先要经过络纱工序再上机织造,而化纤长丝筒子纱一般可直接上机织造。有的纬编厂只生产毛坯布,而没有染整与成衣工序。

二、经编针织生产工艺流程

经编厂纱线先要经过整经工序,将纱线平行排列卷绕到经轴上,再上机织造。

经编生产工艺流程如下:

纱线进厂→检验→整经→织造→毛坯布检验、称重、打印→半成品入库→染整、定形→成品布检验→打卷、称重、包装→成品布入库或进入缝制车间

任务三　针织物的主要物理性能指标及质量控制

一、针织物的主要物理性能指标

1. 线圈长度　针织物的线圈长度是指每一个线圈的纱线长度,它由线圈的圈干和延展线组成,一般用 l 表示,如图 1－11 的 1—2—3—4—5—6—7 所示。线圈长度一般以毫米(mm)为单位。

线圈长度决定了针织物的密度,而且对针织物的脱散性、延伸性、耐磨性、弹性、强力及抗起毛、起球和勾丝性等有影响,故为针织物的一项重要物理指标。

2. 密度　针织物的密度是指针织物在规定长度内的线圈数,因此它表示了在纱线线密度一定条件下针织物的稀密程度。通常以横密和纵密表示。

横向密度是指沿线圈横列方向在规定长度(50mm)内的线圈数。以下式计算:

$$P_{\mathrm{A}} = \frac{50}{A}$$

式中：P_A——横向密度，线圈数/50mm；

A——圈距，mm。

纵向密度是指沿线圈纵行方向在规定长度（50mm）内的线圈数。以下式计算：

$$P_B = \frac{50}{B}$$

式中：P_B——纵向密度，线圈数/50mm；

B——圈高，mm。

密度是考核针织物的一项重要物理指标。横密主要用于控制织物幅宽，因为针织机的针筒直径和机号确定后，总针数便确定了，织物的线圈纵行数是不会变更的。因此生产中主要测定的是织物的纵密，以便及时调整线圈长度，使织物达到规定的纵向密度。由于针织物在加工过程中容易产生变形，密度的测量分为机上密度、毛坯密度、光坯密度三种。其中光坯密度是成品质量考核指标，而机上密度、毛坯密度是生产过程中的控制参数。机上测量织物纵密时，其测量部位是在卷布架的撑档圆铁与卷布辊的中间部位。机下测量织物在自由状态下的密度，应在织物放置一段时间（一般为24h），待其充分回复趋于平衡稳定状态后再进行。测量部位在离布头150cm，离布边5cm处。

3. 未充满系数 针织物的稀密程度受两个因素的影响：密度和纱线线密度。密度仅仅反映了一定面积范围内线圈数目多少对织物稀密的影响。为了反映在相同密度条件下纱线线密度对织物稀密程度的影响，则用未充满系数δ来表示。未充满系数δ为线圈长度l（mm）和纱线直径f（mm）的比值，见下式：

$$\delta = \frac{l}{f}$$

l值越大，f值越小，δ值就越大，表明织物中未被纱线充满的空间越大，织物越是稀松。

4. 单位面积的干燥重量 单位面积的干燥重量是指每平方米干燥针织物的克重（g/m^2）。它是国家考核针织物质量的重要物理、经济指标。

当已知针织物线圈长度l、纱线线密度Tt（tex）、横密P_A、纵密P_B时，可用下式求得公定回潮率条件下织物单位面积的重量Q'（g/m^2）：

$$Q' = 0.0004 \times P_A \times P_B \times l \times \mathrm{Tt}(1 - y)$$

式中：y——加工时的损耗率。

如已知所用纱线的公定回潮率为W（%）时，则针织物单位面积的干燥重量Q：

$$Q = \frac{Q'}{1 + W}$$

单位面积干燥重量也可用称重法求得：在织物上剪取10cm×10cm的样布，放入已预热到105～110℃的烘箱中，烘至恒重后在天平上称出样布的干重Q''，则每平方米坯布干重Q（g/m^2）为：

$$Q = \frac{\text{样布干重}}{\text{样布面积}} \times 10000 = \frac{Q''}{10 \times 10} \times 10000 = 100Q''$$

这是针织厂物理实验室常用的方法。

5. 厚度 针织物的厚度取决于它的组织结构、线圈长度和纱线粗细等因素，一般以厚度方向上有几根纱线直径来表示。

6. 脱散性 针织物的脱散性是指当针织物中的纱线断裂或线圈失去串套联系后，线圈与线圈分离的现象。针织物的脱散性与它的组织结构、纱线的摩擦系数、未充满系数和纱线的抗弯刚度等因素有关。

7. 卷边性　某些组织的针织物在自由状态下其布边会发生包卷,这种现象称为卷边。这是由于线圈中弯曲线段所具有的内应力试图使线段伸直而引起的。卷边性与针织物的组织结构及纱线弹性、细度、捻度和线圈长度等因素有关。

8. 延伸性　针织物的延伸性是指针织物在受到外力拉伸时,其尺寸伸长的特性。针织物具有横向与纵向、单向与双向延伸的特性。它与针织物的组织结构、线圈长度、纱线性质和细度有关。

9. 弹性　针织物的弹性是指当引起针织物变形的外力去除后,针织物形状回复的能力。它取决于针织物的组织结构、纱线的弹性、摩擦系数和针织物的未充满系数。

10. 断裂强力与断裂伸长率　针织物在连续增加的负荷作用下至断裂时所能承受的最大负荷称为断裂强力,用千克(kg)表示。布样断裂时的伸长量与原来长度之比称为针织物的断裂伸长率,用百分比表示。

11. 收缩率　针织物的收缩率是指针织物在使用、加工过程中长度和宽度的变化。它可由下式求得:

$$Y = \frac{H_1 - H_2}{H_1} \times 100\%$$

式中:Y——针织物的收缩率;

H_1——针织物在加工或使用前的尺寸;

H_2——针织物在加工或使用后的尺寸。

针织物的收缩率可有正值和负值,如在横向收缩而纵向伸长时,则横向收缩率为正,纵向收缩率为负。

12. 勾丝与起毛、起球　针织物在使用过程中碰到尖硬的物体,织物中纤维或纱线就会被勾出,在织物表面形成丝环,这种现象称为勾丝。当织物在穿着、洗涤中不断经受摩擦,纱线表面的纤维端露出织物,就使织物表面起毛,称为起毛。若这些起毛的纤维端在以后的穿着中不能及时脱落,就相互纠缠在一起被揉成许多球形小粒,称为起球。

起毛、起球和勾丝的现象主要在化纤产品中较突出。它与原料种类、纱线结构、针织物组织结构、后整理加工及成品的服用条件等因素有关。

二、针织物的品质要求及质量控制

针织物的品种繁多,用途甚广,不同用途的织物对其性能有着不同的要求。因此,对针织物的品质要求是与织物的用途紧密相连的。

(一)对针织物的品质要求

对于各种衣着用织物,在外在质量上普遍有光泽好、颜色正、图案美丽、精致、布面条干均匀的审美要求;在内在质量上要求耐穿、耐用、尺寸稳定、手感好,有一定伸缩性,安全卫生,容易洗涤、收藏。随着使用情况的不同,对织物性能的需求还有所区别与侧重。例如,夏季用织物要求轻薄滑爽、穿着舒适、不闷热、有丝绸感,外观上要求布面光洁、纹路清晰、阴影短碎、质地细密;贴身穿的内衣还要求有良好的吸湿性与透气性;秋冬季用的棉毛衣裤、绒衣裤则要求轻柔保暖、弹性好、收缩率小,外观上布面平整、手感厚实、绒毛丰满;针织外衣则要求尺寸稳定、收缩率小、伸长恢复性和弹性好、撕裂强力高、耐磨、耐冲击、耐疲劳,有挺括、厚实、丰满的毛型感,不易起毛、起球和勾丝,有良好的染色牢度,具有免烫、洗可穿等特点,外观上要求图案新颖大方、花纹明显清晰、色泽鲜艳协调，手感柔软有弹性。

对产业用织物及军用织物，常根据使用场合的不同提出不同的要求。如过滤布应有一定的强度和透气性；化工用织物还需考虑其耐酸碱腐蚀性；军用织物要求坚牢、耐磨、耐日晒，有良好的耐高温、阻燃等特性。

对装饰织物主要是涉及其使用性能和经济价值的有关物理指标。

（二）针织物的品质评定方法

针织物品质评定通常采用感官检验的方法，必要时还可采用仪器检验与穿着试验方法。

仪器检验有以下几个测试项目。

1. 测试针织物的结构特征与几何特性 如测试纱线线密度、织物幅宽、横密、纵密、单位面积的干燥重量、厚度、不同纤维混纺比等。

2. 测试织物的物理机械性能 如测试织物的回潮率、断裂强度、断裂伸长率、顶破强度、缩水率、抗皱性、耐磨性、抗起毛起球与勾丝性、抗弯性、悬垂性、弹性、延伸性、防水性、吸湿性、阻燃性、抗熔孔性等。

3. 测试织物的染色性能 如测试织物的色调、染色牢度（包括耐日晒牢度、耐皂洗牢度、耐汗渍牢度和耐摩擦牢度）等。

4. 安全卫生性能 随着人们安全、卫生、保健、环保意识的加强，增加了对衣物上残留农药和染整加工中所使用的对人体健康有危害的化学物质（如甲醛等）的检测项目，凡有规定化学成分超标的物品不得进出口和上市销售。

其中，一部分测试项目是各类织物都应测试的内容；另一部分测试项目则只分别适用于不同品种和具有不同特点的织物。一般说来外衣织物应重视外观和耐用性，以缩水率、抗皱性、耐磨性、抗起毛起球和勾丝性等为主要测试项目；内衣织物除外观和耐用性外，还要考虑吸湿性、透气性、缩水率。对某种织物的单个测试项目，一般是根据传统沿用的或合约协商规定的内容来进行检验的。

感官检验是指目测及手感。目测着重在产品外观，如尺寸规格、布面光洁、平整、丰满、挺括、纹路的清晰、云斑阴影、外观疵点（如油渍、染斑、补痕）等情况；手感是皮肤直接接触织物而得一种触感的检验，主要利用手指、手掌、面部皮肤检验商品的软硬、厚度、光滑、精粗及干湿等。织物的手感是织物某些力学性能和表面性能的综合反应，它与织物的弯曲性、延伸性、回弹性、压缩性（压缩时的柔软或坚实）、体积重量、表面平整滑糙、传热情况（爽、凉、温、暖）等有关。织物的手感在不同程度上反映了织物的外观与舒适感，常用于对比织物的毛型感、棉型感、丝绸感、折皱回复性、免烫性、悬垂性、刚柔性等，以便决定其相对优劣。

进行感官检验时，往往以工厂建立的实物样品或客商提供的实物样品为标准，并由具有实践经验和判断能力的人来进行评定。

（三）针织物的质量标准及质量控制

针织物视产品品种不同制定相应的质量标准。标准中的项目有标准名称；标准适用范围；规格系列（含号型设置、成品主要部位规格、应测量的部位和方法等）；材料规定；技术要求；分等依据和规定（如成品质量分等标准、产品计算单位等）；检验规则（如检验项目、检验工具、抽样或取样方法、检验方法、检验结果评定等）；包装及标志、运输、储存的规定；其他及附加说明。

织造部门和染整部门的品质监控对成衣质量起着重要的作用。品质控制一方面重在生产过程，另一方面也高度重视通过检测发现问题，及时纠正问题。因此，针织毛坯布在进入染整车间练漂、染整前以及光坯布在进入成衣车间裁剪前都应按规定进行测试与检验。一部分检测在试验室进行，一部分检测在成衣车间进行，通常由企业的品质检测管理部门进行。品质检测管理部门的检测内容包括毛坯检验、光坯检验和成衣检验，检测目的是对坯布质量以匹为单位进行定等。而成衣车间进行的项目主要是外观疵点检测，检测时对有疵点的地方做上明显标记，以便通过裁剪除去疵点。

1. 针织毛坯布检测　针织毛坯布的检测项目、检测方法、检验规格按中华人民共和国国家标准 GB/T 22847—2009 执行。

针织毛坯布以匹为单位，按内在质量和外观质量最低一项评等，分为优等品、一等品、合格品。

(1)内在质量。内在质量要求包括纤维含量、平方米干燥重量偏差、顶破强力三项，按批以三项最低一项评等，详见表 2－2。

表 2－2　毛坯布内在质量要求

项目		优等品	一等品	合格品
纤维含量(%)		按 FZ/T 01053 规定		
平方米干燥重量偏差(%)		±4.0	±5.0	
顶破强力(N)≥	单面、罗纹、绒织物	180		
	双面织物	240		

注　镂空织物和氨纶织物不考核顶破强力。

(2)外在质量。外观质量以匹为单位，外观质量要求包括线状疵点、条块状疵点、破损性疵点、散布性疵点和局部性疵点，允许疵点评分见表 2－3。散布性疵点、接缝和长度大于 60cm 的局部性疵点，每匹超过 3 个 4 分者，顺降一等。

表 2－3　毛坯布外在质量要求　单位：分/100m²

优等品	一等品	合格品
≤16	≤20	≤24

2. 针织光坯布(成品布)检测　经过印染和后整理的坯布为光坯布。针织光坯布的检测项目、检测方法、检验规格按中华人民共和国国家标准 GB/T 22848—2009 执行。

针织光坯布以匹为单位，按内在质量和外观质量最低一项评等，分为优等品、一等品、合格品。

(1)内容质量。内在质量要求包括 pH、甲醛含量、异味、可分解芳香胺染料、纤维含量、平方米干燥重量偏差、顶破强力、起球、水洗后扭曲率、水洗尺寸变化率、染色牢度 11 项，按批以 11 项最低一项评等，详见表 2－4。

表 2－4　光坯布内在质量要求

项目	优等品	一等品	合格品
pH	按 GB 18401 规定		
甲醛含量			
异味			
可分解芳香胺染料			

续表

项目			优等品	一等品	合格品
纤维含量(%)			按 FZ/T 01053 规定		
平方米干燥重量偏差(%)			±4.0	±5.0	
顶破强力(N) ≥	单面、罗纹、绒织物		150		
	双面织物		220		
起球(级) ≥			≥3.5	≥3.0	
水洗后扭曲率(%) ≤			4.0	5.0	6.0
水洗尺寸变化率(%)	纤维素纤维总含量50%及以上	直向	-5.0～+2.0	-7.0～+3.0	
		横向	-7.0～+2.0	-9.0～+2.0	
	纤维素纤维总含量50%及以下	直向	-4.0～+2.0	-5.0～+3.0	
		横向	-5.0～+2.0	-6.0～+2.0	
染色牢度(级) ≥	耐皂洗	变色	4	3-4	3
		沾色	4	3-4	3
	耐汗渍	变色	4	3-4	3(婴幼儿3-4)
		沾色	4	3-4	3(婴幼儿3-4)
	耐水	变色	4	3-4	3(婴幼儿3-4)
		沾色	4	3-4	3(婴幼儿3-4)
	耐摩擦	干摩	4	3-4(婴幼儿4)	3(婴幼儿4)
		湿摩	3-4	3(深色2-3)	2-3(深色2)
	耐唾液	变色	4		
		沾色	4		

注 (1)色别分档按 GSB 16-2159—2007，>1/12 标准深度为深色，≤1/12 标准深度为浅色。

(2)镂空织物和氨纶织物不考核顶破强力。

(3)耐唾液色牢度只考虑婴幼儿类产品用途的面料。

(4)顶破强力、水洗尺寸变化率和染色牢度指标，根据用途执行其成衣标准相应的等级要求，用途不明确或无成衣标准，执行该标准。

(2)外在质量。外观质量以匹为单位，外观质量要求包括线状疵点、条块状疵点、破损性疵点、散布性疵点和局部性疵点，允许疵点评分见表2-5。散布性疵点、接缝和长度大于60cm的局部性疵点，每匹超过3个4分者，顺降一等。

表2-5　光坯布外在质量要求　　单位：分/100m^2

优等品	一等品	合格品
≤20	≤24	≤28

检测时要注意做好原始记录，为坯布定等作依据。

许多针织企业在国家行业标准指导下,针对企业自身不同的市场需求,还制订了企业标准,其某些检测指标标准甚至高于行业标准。

针织成品以件为单位,按照光坯布等级指标评等与成品表面疵点、尺寸规格公差(成品的规格与标准规格的差异)和本身尺寸差异(成品本身对称部位的尺寸不一)等外观疵点的评等两者综合进行定等。其中坯布的指标定等已在成衣前由试验室完成;外观疵点等级评定主要由检验工用手眼进行,在成品上发现与品等不同的外观疵点时,按最低品等的疵点评等;超过两个同等的外观疵点时应降低一等评定;凡主要部位规格、尺寸超出品等允许公差范围的就要降等处理。

任务四 针织机的分类及一般结构

一、针织机的分类

利用织针把纱线编织成针织物的机器称为针织机。针织机根据成圈方式的不同分为纬编针织机和经编针织机。

[动画]单面针织机编织

织针在成圈过程中起着重要的作用。常用织针分为钩针、舌针和复合针。图 2 - 5 分别为钩针、舌针和复合针的示意图。

钩针采用圆型或扁型截面的钢丝制成,每根针为一个整体。由于采用钩针的针织机上成圈机构比较复杂,而且闭口过程中针钩会受到反复压弹作用而引起疲劳,影响其使用寿命,所以目前只用于台车、吊机等少数针织机,原来使用钩针的经编机也逐渐被复合针取代。

舌针采用钢丝或钢带制成。舌针各部分的尺寸和形状近年来已有很大改进,随针织机类型的不同而有差别。舌针在成圈过程中是依靠线圈的,使针舌回转形成开口和闭口较为简单。舌针用于大多数纬编针织机和部分经编机。

复合针又称为槽针,由针身和针芯两部分构成,针芯在针身的槽内滑移以开闭针口。复合针在成圈过程中的运动动程较小,有利于提高针织机的速度和增加成圈系统数,而且编织的线圈结构较均匀。复合针广泛应用于高速经编机。

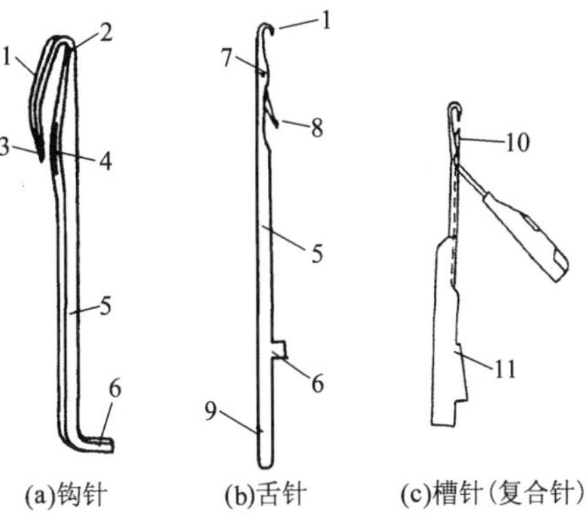

图 2 - 5 几种常用织针

1—针钩 2—针头 3—针尖 4—针槽 5—针杆 6—针踵 7—针舌销 8—针舌 9—针尾 10—针芯 11—针身

纬编针织机分类如图 2 - 6 所示。图 2 - 7 是普通舌针圆纬机的外形图。经编针织机除按针床数量分为单针床经编机和双针床经编机,按针型分为钩针经编机、舌针经编机和复合针经编机外,还按织物引出方向和附加装置分为特里柯脱型经编机、拉舍尔型经编机和特殊类型经编机(钩编机、缝编机、管编机等)三大类。其中广泛使用的是前两类。

[动画]常用织针

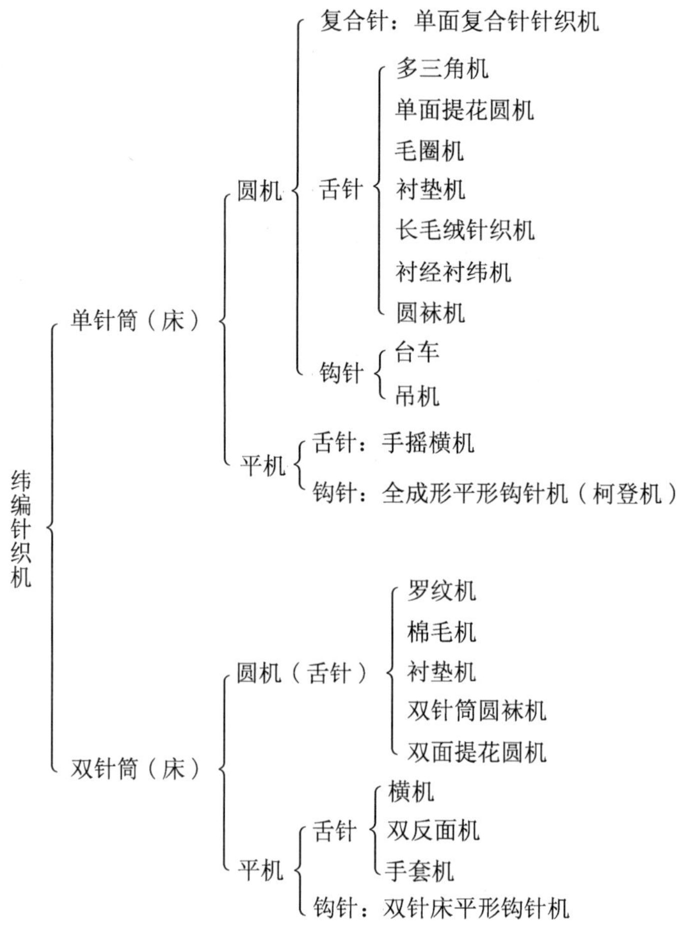

图2-6　纬编针织机分类

二、针织机的一般结构

针织机一般都具备给纱机构、成圈机构、牵拉卷取机构、传动机构及一些辅助装置。如果是提花机则还有提花选针机构。

1. 给纱机构　如图2-7所示，给纱机构3的作用是把纱线从纱架2的筒子1上退解下来，输送到成圈机构4。

针织机的给纱机构有消极式和积极式两种类型。目前生产中常采用积极式给纱或送经机构，以控制针织物的线圈长度，改善针织物质量。

对针织机给纱机构的要求如下。

(1)纱线必须连续、均匀、定量地送入编织区域。

(2)各编织系统之间的给纱比保持一致。

(3)送入各编织区域的纱线张力大小适宜，均匀一致。

(4)喂纱量能随着产品品种的改变而进行有效改变，且调整方便。

(5)纱架能安放足够数量的预备纱筒。

图 2-7 普通舌针圆纬机的外形图

2. 成圈机构 成圈机构 4(图 2-7)的作用是将导纱器喂入的纱线顺序地弯曲成线圈,并使之与旧线圈相互串套而形成针织物。成圈机构由织针等一系列成圈机件构成,它们相互配合完成成圈过程。成圈机构是针织机上最关键的机构,其质量好坏,直接决定着坯布质量的高低和成圈过程的顺利与否。

3. 牵拉卷取机构 在编织过程中通过牵拉机构 5(图 2-7)的作用将已形成的针织物从成圈区域引出,再经卷取机构 6(图 2-7)将织物卷绕成一定形式的布卷,以使编织过程能顺利完成。牵拉卷取量调节的好坏对成圈过程和产品质量影响很大,为了使织物密度均匀、幅宽一致,要求牵拉和卷取能连续进行,且牵拉和卷取的张力稳定。卷取时还要求卷装成形良好。

4. 传动机构 传动机构的作用是将电动机的转动传送给针织机的上述各个机构,使它们协调工作完成各自的任务。要求传动机构传动平稳、动力消耗少、便于调节、操作安全方便。

5. 辅助装置 辅助装置是为了保证编织正常进行而设置的。纬编针织机的辅助装置通常有故障自停装置、制动装置、自动加油装置、清洁除尘装置、扩布器、开关装置等。图 2-7 中 7 是电器控制箱和操纵面板。

横机一般具有两个针床。横机还有针床横移机构,它使横机的一个针床能相对于另一个针床作一定针距的横移,以进行移圈等编织。经编机还有梳栉横移机构,用于控制经编机的导纱针在针前、针后横移以垫纱。

任务五　针织机的机号及其与加工纱线线密度的关系

一、针织机机号的规定

针织机的机号是反映针织机用针粗细、针距大小的一个概念。机号即针床上规定长度内所具有的针数，通常规定长度为25.4mm（1英寸）。机号E与针距T的关系可用下式表示：

$$E=\frac{25.4}{T}$$

式中：E——机号，针/25.4mm；

T——针距，mm。

当针床规定长度为25.4mm之外的其他数值时（表2-6），如38.1mm，按传统曾记作机号G（针/38.1mm）。

由此可知，针织机的机号说明了针床上织针的稀密程度。针距越小，即织针越密，机号则越高，也就是针床上规定长度内的针数越多。反之，针距越大，用针越粗，则针床规定长度内的针数越少，机号越低。在单独表示机号时，由符号E和相应数字组成，如$E18$、$E22$等。使用钩针的台车和吊机在计算机号时，在规定长度的选用上有所不同，其规定长度见表2-6。

表2-6　不同类型针织机确定机号时针床的规定长度

针织机类型		针床规定长度（mm）	备　注
纬编机	台车	38.1（1.5英寸）	
	圆袜机、横机、双反面机、罗纹机、多三角机、棉毛机	25.4（1英寸）	
	吊机	41.6（1.5法寸）	每法寸中的针数小于20
		27.78（1法寸）	每法寸中的针数大于20
经编机	使用槽针、钩针的特里科型经编机	25.4（1英寸）	
		23.6（1德寸）	
		30	Z303型经编机
	拉舍尔型经编机	50.8（2英寸）	
		47.2（2德寸）	

二、机号与加工纱线线密度的关系

机号不同，针织机可加工纱线的粗细也就不同。机号越高，则所用针越细，针与针之间的间距也越小，所能加工的纱线就越细，编织出的织物就越薄；机号越低，则所用纱线越粗，织物也就越厚。在各种不同机号的机器上，可以加工纱线的粗细是有一定范围的。

某种机号的针织机上可以加工的最粗纱线，决定于成圈过程中针与其他成圈机件间的间隙大小，纱线的粗细应能保证该纱线在编织过程中能顺利通过该间隙（应考虑该间隙必须容纳的纱线根数、粗节和结头）。如果纱线过粗，成圈过程中纱线可能被成圈机件擦伤、轧断。由于织针各部位的厚薄不同，在成圈的各个阶段中，针与其他成圈机件间的间隙大小也是不同的。因此，考虑所能加工的最粗纱线时，还应考虑成圈的特征，以成圈过程中机件间的最小间隙为依据。

某机号针织机所能加工的最细纱线，理论上不受限制，它只取决于织物服用性能，或者织物的未充满系数指标。纱线越细，织物就越稀薄，使纱线无限地变细就会影响织物品质，甚至使其失去服用性能。

在实际生产中，一般由经验决定一定机号的针织机上最适合加工的纱线线密度，也可查阅有关的手册和书籍。

思考与练习题

1. 纺织原料分为哪两类？化学纤维又分为哪两类？
2. 如何根据针织服装穿着目的的不同选择合适的纤维原料？
3. 简述天然纤维、黏胶纤维、合成纤维服用性能特点及其改良方向。
4. 简述对针织用纱的基本要求。
5. 简述针织生产工艺流程。
6. 简述针织物的主要物理机械指标。
7. 针织机的机号是如何规定的？简述机号高低与所能加工的纱线线密度的关系。
8. 针织光坯布检测中内在质量和外观质量各有哪些检测项目？
9. 简述针织机的一般结构。

思政园地

“数字大脑”驱动纺织强国建设，
智造升级谱写新型工业化篇章

项目三　纬编针织

[课件]项目三

知识点

1. 络纱的目的。
2. 筒子的卷装形式。
3. 纬编基本组织的线圈结构、组合关系、特性与用途。
4. 纬编基本组织的编织成圈过程。
5. 圆型纬编针织机的种类及主要机构。
6. 多三角机的成圈机件配置及成圈过程。
7. 罗纹机的成圈机件配置及成圈过程。
8. 滞后成圈、同步成圈和超前成圈的概念。
9. 编织罗纹织物时织针的配置。
10. 双罗纹机的成圈机件与成圈过程。
11. 新型棉毛机与普通棉毛机在配置上的不同。
12. 纬编针织物组织结构的表示方法。
13. 提花组织的结构特点与性能。
14. 集圈组织的结构特点与性能。
15. 添纱组织，衬垫组织，毛圈组织，长毛绒组织，衬经、衬纬组织的结构。
16. 移圈组织、绕经组织、波纹组织、调线组织的结构与特点。
17. 纬编技术的最新进展。

纬编是将一根或数根纱线由纬向顺序地喂入针织机的工作织针，使纱线弯曲成圈并相互串套而形成针织物的一种工艺。这种工艺形成的针织物称为纬编针织物，完成这一工艺过程的机器称为纬编针织机。

[动画]纬编针织物的形成

纬编针织物具有手感柔软、延伸性大、弹性好等特点，其品种繁多，既能生产各种组织结构的针织坯布，又能编织各种成形产品和半成形产品，如袜子、手套、羊毛衫衣片等。纬编对加工纱线的种类和细度有较大的适应性，其工艺流程短，机器结构比较简单，易于操作，机器效率较高，因此纬编在针织工业中占有很大的比重。

任务一　纬编准备——络纱

一、络纱的目的与要求

针织用纱要求卷装密度均匀、成形良好、纱线表面光洁、疵点少。进入针织厂的纱线卷装形式一般有绞纱和筒子纱两种。绞纱一般是经过染色的各类色纱，不能直接上机织造，必须先将其络成筒子纱；筒子纱有的可以直接上机，但大多数非针织专纺纱的纱线质量和卷装形式都不是十分符合针织用纱的要求，而且长途搬运过程中卷装也往往受到破坏，需要重新络倒。因此针织生产中一般都有络纱这一工序。

1. 络纱的目的

(1)将绞纱或筒子纱络倒成符合编织、退绕要求的具有一定容量和一定卷装形式的筒子纱。

(2)进一步消除附着在纱线上的杂质、棉结，清除大头、滑结、粗细节等疵点，以减少编织时的断头，提高生产效率和坯布质量。

(3)在络纱过程中对纱线进行一些必要的辅助处理，如可根据纱线种类的不同分别给以上蜡、上油、给乳化液、给湿及消除静电等，以改善纱线的编织性能。

2. 络纱的要求

(1)在络纱过程中应尽量保持纱线原有的物理性能，如弹性、延伸性、强力等。

(2)络纱张力要求均匀和适度，以保证恒定的卷绕条件和良好的筒子成形。

(3)所络筒子的卷装形式应便于搬运和存储，并能在织造过程中顺利退绕。

(4)应适当增大卷装容量，以减少织造中的换筒次数，为减轻工人劳动强度，提高机器的生产率创造良好条件。

二、络纱设备

针织厂中常用的络纱设备有槽筒式络纱机和菠萝锭络丝机，松式络筒机也逐渐增多。松式络筒机主要用于原纱和化纤长丝的染前络筒。松式筒子卷绕均匀、密度一致、硬度合适，并且机上的满筒自停装置可使筒子纱或丝的长度和重量相同。松式筒子的筒管上有孔，因而染液易渗透，染色均匀。松式络筒机上通常采用松弛式可调张力器，当筒子卷绕直径增加时，可自动地使张力器的重量逐渐减小，以调节张力的变化。

高速、大卷装、高效、高质以及计算机信息监控已成为络筒设备的发展趋势。目前最先进的络纱设备是自动络筒机，它集自动化、高速化和产品优质化于一体，是一种高技术密集的纺织装备。自动络筒设备机电一体化程度很高，普遍采用了智能控制等新技术。传统设备中过去由机械控制的很多部件已改由电气控制，因而结构更加简单，使用寿命更长。不仅在自动络筒、自动喂管、清洁装置等整机运行方面自动控制、检测，还在防叠、纱线张力、接头循环、吸头回丝等方面也由计算机集中处理和控制，张力波动明显减小，防叠效果更好，接头循环智能化，降低回丝和能源消耗，纱路卷绕角大幅度减小更适应高速生产要求。图 3-1 为某种自动络筒机。由自动络筒机络倒的纱线在很大程度上消除了粗细节、杂质和纱疵，纱线张力均匀，卷装质量良好，为后工序织造创造了良好条件。工人的劳动强度也得到降低。

图3-1　自动络筒机

普通络纱机的主要工作机构及其作用为：卷绕机构，使筒子回转以卷绕纱线；导纱机构，引导纱线有规律地覆布于筒子表面；张力装置，给纱线以一定的张力，使成形良好；清纱装置，检查纱线的粗细，清除附在纱线上的杂质和纱疵。

三、筒子的卷装形式

筒子的卷装形式很多，针织生产中常用的有圆柱形筒子和圆锥形筒子两种。

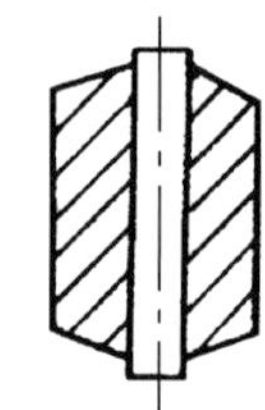

图3-2　圆柱形筒子的卷装形式

1. 圆柱形筒子　圆柱形筒子主要用于络倒涤纶低弹丝和锦纶高弹丝等化纤原料。这种筒子在退绕时张力波动较大，但其容纱量比一般筒子大，其形状如图3-2所示。从化纤厂出来而直接用于针织生产的一般都是圆柱形筒子。根据需要也可对其进行重新络倒。

2. 圆锥形筒子　圆锥形筒子是针织生产中广泛采用的一种卷装形式，它不但容纱量大，纱线退绕时张力较小，而且络纱生产率较高。在针织生产中常采用的圆锥形筒子有下列三种。

（1）等厚度圆锥形筒子。这种筒子的形状如图3-3(a)所示。它的锥顶角和筒管的锥顶角相同，纱层截面是长方形，上下纱层间没有位移。

（2）球面形筒子。这种筒子的形状如图3-3(b)所示。它的两端呈球面状，纱线在大端卷绕的纱圈数较多，同时纱层按一定规律向小端移动，于是大端呈凸球面，小端呈凹球面。筒子的锥顶角大于筒管的锥顶角。

（3）三截头圆锥形筒子。这种筒子的形状如图3-3(c)所示，俗称菠萝形筒子。这种筒子上的纱层依次地从两端缩短，因此，除了筒子中段呈圆锥形外，两端也呈圆锥形。筒子中段的锥顶角等于筒管的锥顶角。

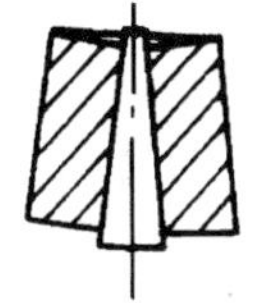
(a)等厚度圆锥形

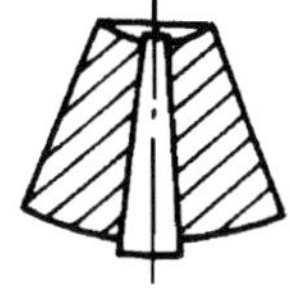
(b)球面形

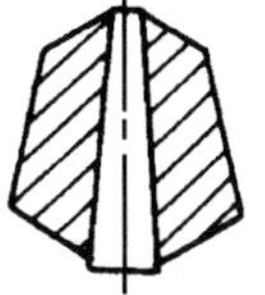
(c)三截头圆锥形

图 3-3　圆锥形筒子的卷装形式

筒子的卷装结构在工艺上具有重要的意义,它不仅影响卷装的形式和容纱量的大小,而且对以后的退绕条件也起决定性的作用。卷装的结构主要取决于卷绕方式。

图 3-4 为某种圆纬机上使用的纱筒,从中可以看到使用了等厚度圆柱形筒子和等厚度圆锥形筒子。

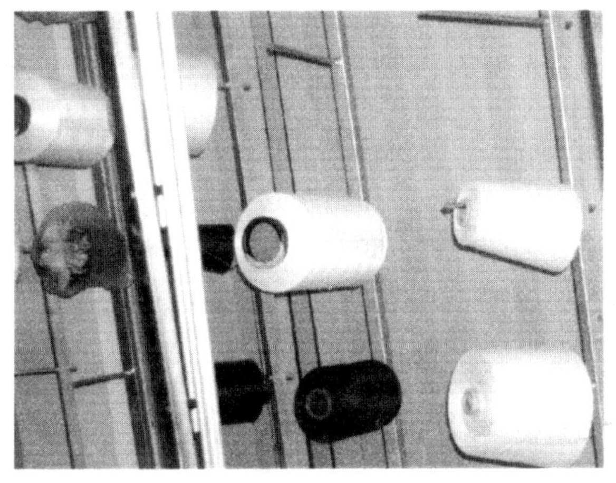

图 3-4　圆纬机上的纱筒

任务二　纬编针织物基本组织及其特性

纬编针织物的组织种类很多,一般可分为原组织、变化组织和花色组织三类。原组织是构成所有针织物组织的基础。原组织包括纬平针组织、罗纹组织和双反面组织。变化组织是由两个或两个以上的原组织复合而成,如双罗纹组织。原组织和变化组织统称为基本组织。

一、纬平针组织

纬平针组织简称平针组织,它是单面纬编针织物的基本组织,广泛用于内衣、外衣、袜子、羊毛衫和手套生产中。

(一)纬平针组织的结构

纬平针组织的结构如图 3-5 所示,它由连续的单元线圈相互串套而成。纬平针织物的两面具有明显不同的外观。

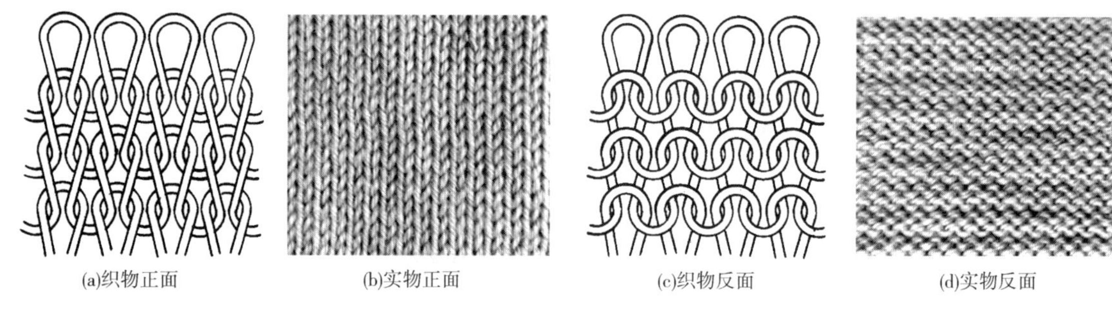
(a)织物正面　(b)实物正面　(c)织物反面　(d)实物反面

图3-5　纬平针组织的结构

图3-5(a)所示为织物正面,图3-5(b)所示为实物正面,正面主要显露线圈的圈柱。成圈过程中,新线圈从旧线圈的反面穿向正面,纱线上的结头、棉结杂质等被旧线圈阻挡而停留在反面。因织物正面与线圈纵行同向排列的圈柱对光线有较好的反射性,故正面平整光洁。图3-5(c)所示为织物反面,图3-5(d)所示为实物反面,反面主要显露与线圈横列同向配置的圈弧。由于圈弧比圈柱对光线有较大的漫反射,因而织物反面较为粗糙暗淡。

(二)纬平针组织的特性

1. 线圈的歪斜　纬平针织物在自由状态下,其线圈常发生歪斜现象,这在一定程度上直接影响针织物的外观与使用。线圈的歪斜是由于纱线捻度不稳定所引起的,纱线力图解捻,引起线圈的歪斜。线圈的歪斜方向与纱线的捻向有关,当采用Z捻纱时,织物的正面纵行从左下向右上歪斜;当采用S捻纱时,织物的正面纵行歪斜的方向正好相反,自右下向左上歪斜。这种歪斜现象对于使用强捻纱线的针织物更加明显。为减少纬平针织物的线圈歪斜现象,在针织生产中多采用弱捻纱,或预先对纱线进行汽蒸等处理,以提高纱线捻度的稳定性。

2. 卷边性　纬平针织物在自由状态下,其边缘有明显的包卷现象,称为针织物的卷边性。

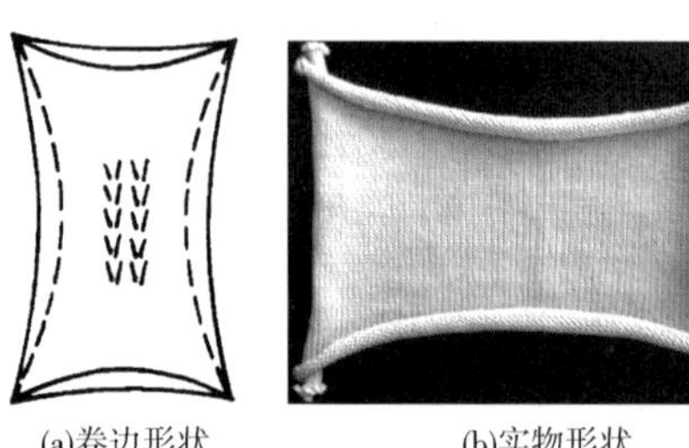
(a)卷边形状　(b)实物形状

图3-6　纬平针织物的卷边形状和实物形状

针织物卷边性是由于弯曲纱线弹性变形的消失而形成的,纬平针织物横向和纵向的卷边方向不同,沿着线圈纵行的断面,其边缘线圈向针织物反面卷曲;沿着线圈横列的断面,其边缘线圈向针织物的正面卷曲;而在纬平针织物的四个角,因卷边作用力相互平衡而不发生卷边。纬平针织物的卷边形状和实物形状如图3-6所示。

纬平针织物的卷边性随着纱线弹性的增大、纱线线密度的增大和线圈长度的减小而增加。

卷边现象使针织物在后处理以及缝制加工时产生困难,故纬平针织物一般以筒状的坯布形式做后处理,在裁缝前一般要经过轧光或热定形处理。

3. 脱散性　在针织物中,当纱线断裂或线圈失去串套联系后,在外力作用下,线圈依次从被串套线圈中脱出的现象称为针织物的脱散性。

纬平针织物的脱散可能有两种情况。

(1)纱线没有断裂,线圈失去串套从整个横列中脱散出来。这种脱散只可在针织物边缘横列中发生,线圈逐个连续地脱散出来。纬平针织物的脱散可以沿逆编织方向进行,也可沿顺编织方向进行。对于有布边的针织物，如图3－7所示，由于边缘线圈的阻碍，脱散仅能按逆编织方向发生。纱线未断裂的线圈脱散有时是有利的，可使针织物脱散纱线回用而达到节约原料的目的；可在成形产品的连续生产过程中作为分离横列或握持横列；利用编织脱散线圈的方法可生产解编变形纱线；利用这种脱散还可测量针织物的实际线圈长度以及分析针织物的组织结构。

(2)纱线断裂，线圈沿着纵行，从断裂纱线处分解脱散。这种脱散可在纬平针织物的任何地方发生，它将影响针织物的外观，缩短针织物的使用寿命。如图3－8所示，断裂纱线首先从线圈Ⅰ中脱出，使线圈Ⅱ失去支持，然后线圈Ⅰ便可从线圈Ⅱ中脱出。

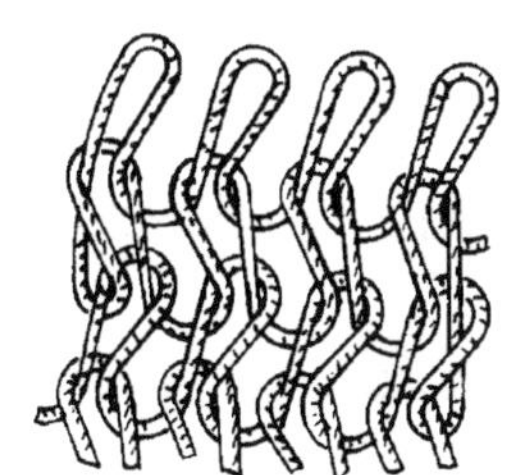

图3－7 针织物线圈沿横列顺序脱散

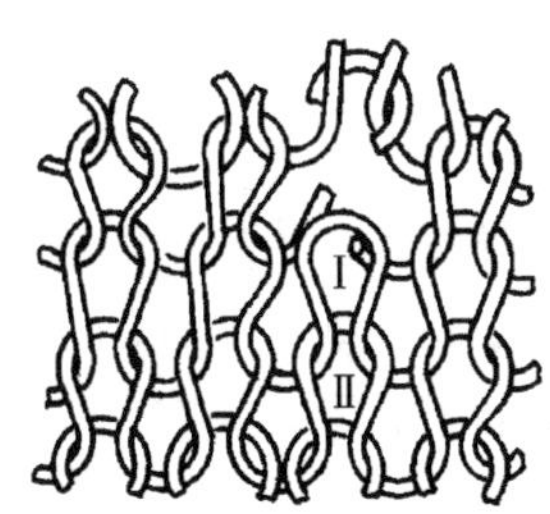

图3－8 纱线断裂处线圈脱散

针织物的脱散性与线圈长度成正比，与纱线的摩擦系数及抗弯刚度成反比。当针织物受到横向拉伸时，由于圈弧扩张也会加大针织物的脱散。

4.延伸度 针织物的延伸度是指针织物在外力拉伸作用下的伸长程度。它主要是由于线圈结构的改变而发生的变形，纱线本身的伸长是微乎其微的。

由于拉伸作用的不同，针织物的延伸度有单向和双向之分。针织物的单向延伸度是指针织物受到一个方向拉伸力的作用后，其尺寸沿着拉伸方向增加，而垂直于拉伸方向则缩短的程度；针织物的双向延伸度是指拉伸同时在两个垂直方向上进行时，针织物面积增加的程度。一般纬平针织物在双向拉伸时，其线圈的最大面积较原来面积增加57%左右。

无论是单向拉伸或双向拉伸，在针织品的使用、加工过程中都会发生。例如袜子穿在脚上是纵横向同时拉伸；棉毛衫、裤穿着时，肘部和膝部等部位也经常受到双向拉伸；而针织坯布在漂染加工中则主要是单向拉伸。

在生产过程中应尽量减小对针织物的过度拉伸，否则不能有效地控制针织物的缩水率，导致产品质量降低。针织物的双向延伸度为穿着者的运动提供了伸展空间，增加了运动的舒适性，但也应避免过度拉伸，以免变形不易恢复，影响织物外观。

(三)纬平针织物的编织

纬平针织物一般在采用钩针或舌针的单面纬编针织机上编织，也可在双面纬编针织机上利用一只针床(筒)编织。

1.纬平针组织在钩针纬编机上的成圈过程(针织法) 纬平针组织在钩针纬编机上的成圈过程如图3－9所示。

[视频]纬平针组织的编织

(1)退圈。将针钩下的旧线圈移至针杆上，使旧线圈 b 同针槽 c 之间有足够的距离，以供垫放纱线。如图3－9中针1所示。

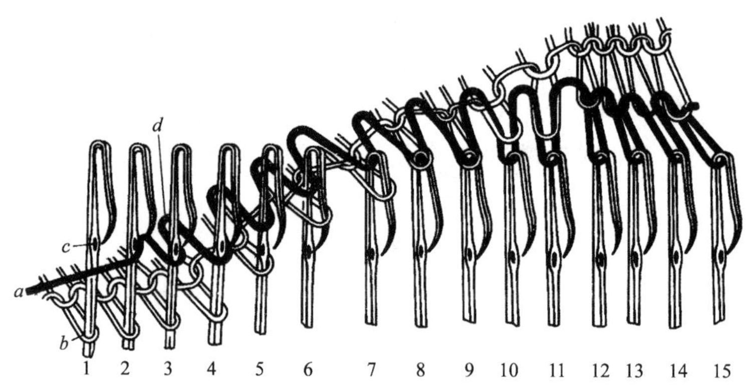

图3-9 纬平针组织在钩针纬编机上的成圈过程

（2）垫纱。将纱线 a 垫放在针杆上，并使其位于旧线圈 b 和针槽 c 之间，如图3-9中针1和针2。垫纱是借助导纱器与针的相对运动来完成的。

（3）弯纱。利用沉降片将垫放在针杆上的纱线弯成具有一定大小但未封闭的线圈 d，如图3-9中针3和针4所示。

（4）带纱。使弯曲成圈状的线段沿针杆移动，并经针口进入针钩内，如图3-9中针5所示。

（5）闭口。将针尖压入针槽，使针口封闭，以便旧线圈套在针钩上，如图3-9中针6所示。

（6）套圈。将旧线圈套上针钩后，针口即恢复开启状态，如图3-9中针6和针7所示。

（7）连圈。旧线圈与未封闭的新线圈接触，如图3-9中针8所示。此时，未封闭线圈的大小应为沉降片所控制，因为纱线转移时需克服纱线和纱线间以及纱线与针钩间很大的摩擦力。

（8）脱圈。旧线圈从针头上脱下，套在未封闭的线圈上，使其封闭，如图3-9中针9和针10所示。

（9）成圈。形成所需大小的线圈，如图3-9中针12所示。

（10）牵拉。给新形成的线圈一定的牵拉力，将其拉向针背，以避免在下一成圈循环中进行退圈时，发生旧线圈重新套到针上的现象。

2. 纬平针组织在舌针纬编机上的成圈过程（编结法） 纬平针组织在舌针纬编机上的成圈过程如图3-10所示。

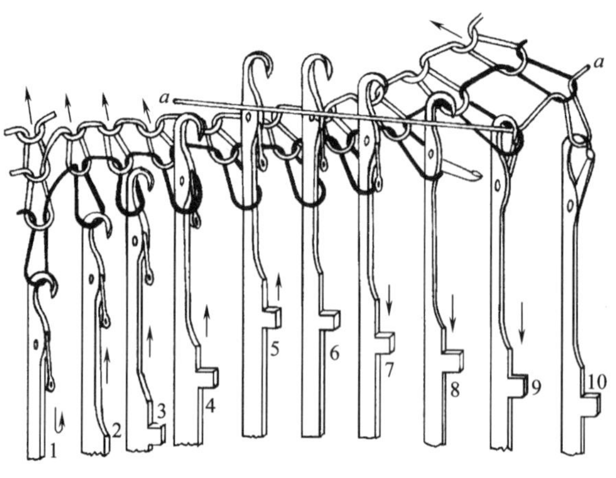

图3-10 纬平针组织在舌针纬编机上的成圈过程

(1)退圈。随着舌针的继续上升,将针钩下的旧线圈移至舌下的针杆上,如图 3 – 10 中针 4 和针 5 所示。

(2)垫纱。将纱线 a 垫于针钩之下、开启的针舌尖之上,如图 3 – 10 中针 5 和针 6 所示。

(3)带纱。将垫上的纱线引入针钩下,如图 3 – 10 中针 7 和针 8 所示。

(4)闭口。由旧线圈推动针舌将针口关闭,使旧线圈与新垫的纱线分隔于针舌的内外,如图 3 – 10 中针 8 和针 9 所示。

(5)套圈。将旧线圈套于针舌上,如图 3 – 10 中针 8 和针 9 所示。套圈与闭口同时进行。

(6)连圈。针继续下降,使旧线圈和被针钩带下的新纱线相接触,如图 3 – 10 中针 9 所示。

(7)弯纱。针继续下降,使新纱线逐渐弯曲,如图 3 – 10 中针 9 所示,弯纱与以后的成圈一起进行,一直延续到线圈形成。

(8)脱圈。旧线圈从针头上脱下并套在新线圈上。

(9)成圈。针下降到最低位置而最终形成新线圈,如图 3 – 10 中针 10 所示。

(10)牵拉。将新形成的线圈拉向针背,以免针上升时旧线圈重新套于针钩上,如图 3 – 10 中针 1、针 2、针 3 所示。

针织法与编织法的主要区别是编织过程中弯纱处于不同时段,针织法弯纱靠前,编织法弯纱靠后。弯纱靠后时纱线受到的编织张力较大。

二、罗纹组织

将正面线圈纵行与反面线圈纵行以一定的组合规律配置的纬编组织称为罗纹组织。它是双面纬编针织物的基本组织。

[动画]罗纹组织

(一)罗纹组织的结构

图 3 – 11 为最基本的 1 + 1 罗纹组织的结构。它由一个正面线圈纵行 a

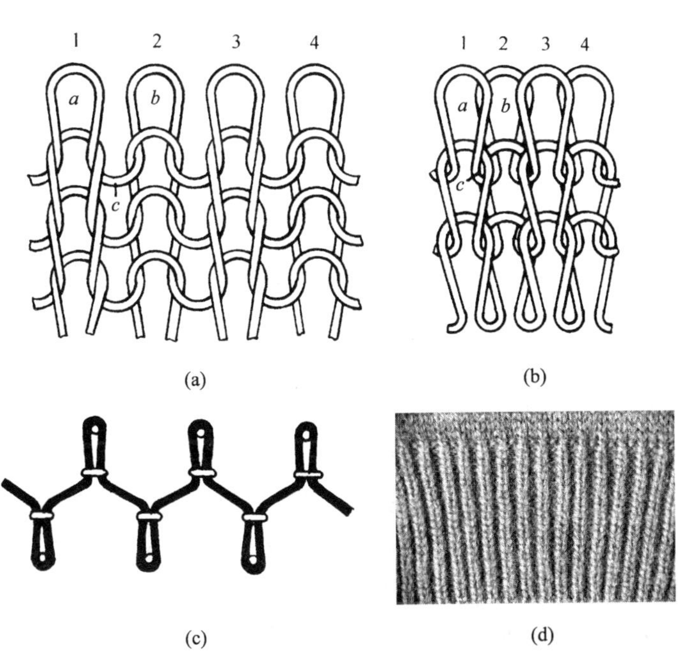

图 3 – 11　1 + 1 罗纹组织线圈结构图、机上图和实物图

和一个反面线圈纵行 b 相间配置组成。图3－11(a)是在横向拉伸时的结构，图3－11(b)是自由状态时的结构，图3－11(c)是在机上时的线圈配置图。图3－11(d)是1＋1罗纹组织的实物图。

1＋1罗纹组织的正、反面线圈不在同一平面上，这是因为沉降弧 c 需由前到后或由后到前地把正、反面线圈相连，使得该沉降弧产生较大的弯曲和扭转。由于纱线的弹性，它力图伸直，使正面线圈纵行有向反面线圈纵行前方移动的趋势，结果相同的线圈纵行(1、3或2、4)相互靠近。1＋1罗纹组织两面都具有由圈柱组成的直条凸纹的表面，只有在拉伸时，才露出它们之间的横向圈弧。

罗纹组织的种类很多，它取决于正、反面线圈纵行数的不同配置。通常用数字来表示正、反面线圈纵行的配置情况，如正、反面纵行1隔1配置的称为1＋1罗纹，2隔2配置的称为2＋2罗纹，5隔3配置的称为5＋3罗纹等。罗纹组织中的一个最小循环单元称为一个完全组织。1＋1罗纹的完全组织为2，2＋2罗纹的完全组织为4，5＋3罗纹的完全组织为8。图3－12为2＋2罗纹组织的线圈结构图和实物图。

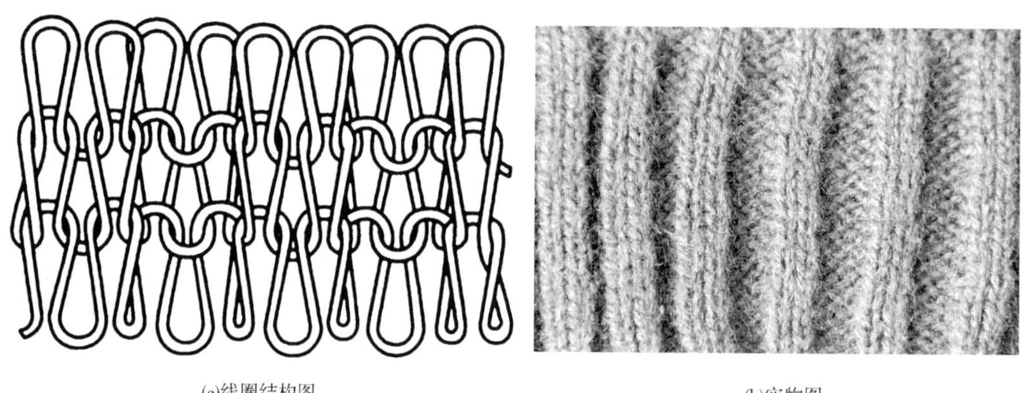

(a)线圈结构图　　(b)实物图

图3－12　2＋2罗纹组织线圈结构图和实物图

（二）罗纹组织的特性

1. 弹性和延伸性　罗纹组织的最大特点是具有较大的横向延伸性和弹性。罗纹组织中，由于纱线弹性的关系，在每个正、反面线圈纵行相交界处，总有半个反面线圈隐潜于相邻正面线圈之后，这样，在罗纹组织的每个完全组织中，反面线圈纵行隐潜于正面线圈纵行后的宽度将为一个线圈。因此罗纹组织的宽度将随织物完全组织的不同而不同。当横向受力时，隐潜的反面线圈首先显露出来，如图3－11(a)所示，然后再发生线段的转移。当外力去除后，织物又恢复原状。因而罗纹组织具有优良的横向延伸性和弹性。而且罗纹组织的弹性和延伸性与其正、反面线圈纵行的不同配置有关。一般说来，1＋1罗纹的延伸性和弹性比2＋1、2＋2等罗纹为好，罗纹织物的完全组织越大，则横向相对延伸性就越小，弹性也就越小。罗纹织物的弹性还与纱线的弹性、纱线间的摩擦力及针织物的密度有关。纱线的弹性越好，织物拉伸后恢复原状的弹性也就越好；纱线间的摩擦力取决于纱线间的压力和纱线间的摩擦系数，当纱线间的摩擦力大时，则阻抗针织物回复其原有尺寸的阻力也越大，这将直接影响针织物的弹性。在一定范围内结构越紧密的罗纹针织物，其纱线弯曲也越大，因而弹性就越好。

2. 脱散性　罗纹组织也可能产生脱散现象。1＋1罗纹组织只能按逆编结方向脱散。其他种类如 2 +2、2 +3 等罗纹组织，由于相连在一起的正面或反面的同类线圈纵行同纬平针组织相似，故线圈除能按逆编织方向脱散外，还可沿纵行按顺编织方向脱散为 1 +1 罗纹松散结构。

3. 卷边性　不同组合的罗纹织物，在边缘自由端的线圈也有卷边的趋势。在正、反面线圈纵行数相同的罗纹组织中，由于卷边的力彼此平衡，因而基本不卷边；在正、反面线圈纵行数不同的罗纹组织中，卷边现象也并不严重。在 2 +2、2 +3 等罗纹组织中，由于同类纵行中的每一纵行有产生卷曲的现象，即正面纵行向反面纵行卷曲，因而会形成彼此重叠的圆柱体的结构。

由于罗纹组织有异常好的延伸性和弹性，卷边性小，而且 1 +1 罗纹顺编织方向不会脱散，它常被用于要求延伸性和弹性大、不卷边、不会顺编织方向脱散的地方，如袖口、领口、裤口、袜口、下摆等，也常用于弹力衫、裤的编织。

［动画］单罗纹编织原理

(三) 罗纹组织的编织

罗纹组织的每一横列均由正面线圈与反面线圈相互配置而成。因此在编织时，就需要有两种针分别排在两个针床（或针筒）上。一般两个针床的配置应成一定的角度，使两个针床上的针在脱圈时的方向正好相反。这样可由一个针床上的针形成正面线圈，而另一个针床上的针形成反面线圈。如图 3 -13 所示，两针床呈 90°角配置。

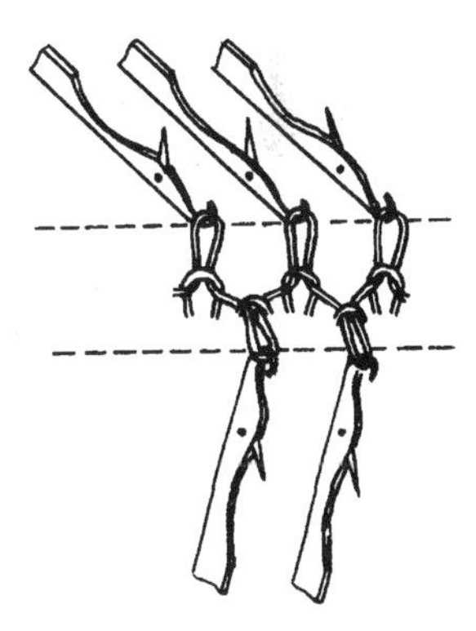

图 3 -13　编织 1 +1 罗纹组织

三、双罗纹组织

双罗纹组织俗称棉毛组织，其坯布称为棉毛布，常用来缝制棉毛衫裤、T 恤衫、运动衣裤等。双罗纹组织是由两个罗纹组织彼此复合而成的，即在一个罗纹组织的线圈纵行之间配置着另一个罗纹组织的线圈纵行，它是罗纹组织的一种变化组织。

(一) 双罗纹组织的结构

图 3 -14(a) 为 1 +1 双罗纹组织的线圈结构图。由图可见，一个 1 +1 罗纹组织的反面线圈纵行被另一个 1 +1 罗纹组织的正面线圈纵行所遮盖，两面的纵行彼此相对被牵制住，不会因拉伸而显露反面线圈纵行，在织物的两面都只能看到正面线圈，所以双罗纹组织也称为双正面组织。

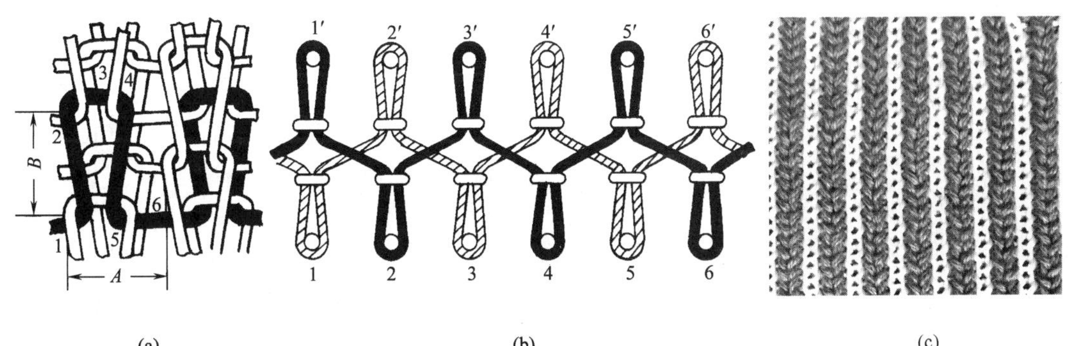

图 3 -14　1 +1 双罗纹组织线圈结构图、机上配置图和实物图

图3－14(b)为1＋1双罗纹组织在机上的配置示意图。由图中可以看出1＋1双罗纹组织由两根纱线形成一个线圈横列，一根纱线编织时，下针筒的奇数针1、3、5…和上针盘的偶数针2′、4′、6′…相配合形成一个1＋1罗纹组织；而在另一根纱线编织时，下针筒的偶数针2、4、6…与上针盘的奇数针1′、3′、5′…相配合形成另一个1＋1罗纹组织，这样互锁而形成了1＋1双罗纹组织。图3－14(c)为1＋1双罗纹组织实物图。

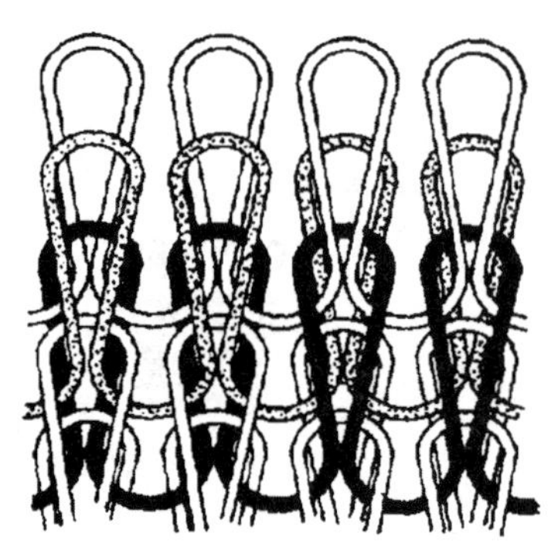

图3－15　2＋2双罗纹组织线圈结构图

由于双罗纹组织是由相邻两个成圈系统形成一个线圈横列，因此同一横列上的相邻线圈在纵向彼此相差半个圈高，如图3－14(a)所示。

最简单的双罗纹组织由两个1＋1罗纹组织复合而成，双罗纹组织还可由其他的罗纹组织复合而成，如2＋2双罗纹组织，2＋1双罗纹组织等。

2＋2双罗纹组织由两个2＋2罗纹组织复合而成，其线圈结构图如图3－15所示。

(二)双罗纹组织的特性

由于双罗纹组织是由两个拉伸的罗纹组织复合而成的，因此在未充满系数和线圈纵行配置与罗纹组织相同的条件下，其延伸性、弹性、脱散性较罗纹组织为小，但织物比罗纹组织更厚实，表面更平整，结构更稳定。

双罗纹织物的宽度，由于同一横列的相邻线圈不是配置在同一高度，而是沿纵向相差半个圈高，因而线圈的圈距会减小。这使布面更致密，幅宽也变窄。

[动画]双罗纹编织原理

双罗纹组织与罗纹组织一样只可逆编织方向脱散，当个别线圈断裂时，因受另一个罗纹组织中纱线摩擦阻力的作用，故脱散性较小。双罗纹组织与1＋1罗纹组织一样不会卷边。

根据双罗纹组织的编织特点，采用不同色线、不同方法上机可以得到多种花色棉毛织物，如彩横条、彩纵条、彩格织物等。另外，在针盘或针筒的某些针槽上采用抽针的方法，可得到各种纵向凹凸条纹，俗称抽条棉毛布。

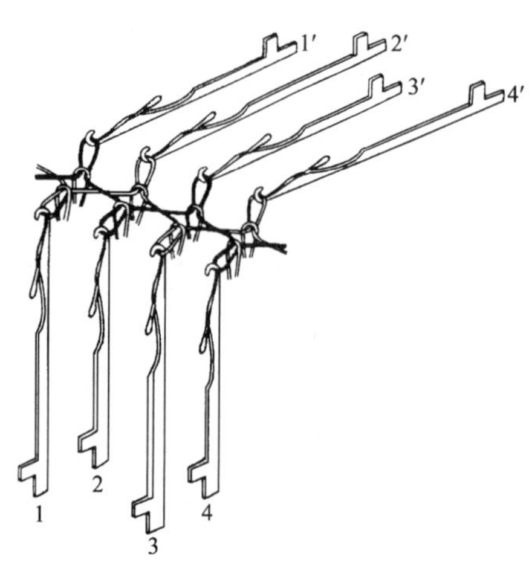

图3－16　编织1＋1双罗纹组织

(三)双罗纹组织的编织

双罗纹组织通常在棉毛机上编织。形成1＋1双罗纹组织的基本方法如图3－16所示。两个针床的织针针头呈相对配置，针1、2、3、4表示针筒上的织针，针1′、2′、3′、4′表示针盘上的织针。针筒和针盘上都排有高踵针和低踵针。针筒上的低踵针1、3…与针盘上的低踵针2′、4′…是一组针，它们在一组低档三角的作用下，形成1＋1罗纹组织。针筒的高踵针2、4…与针盘的高踵针1′、3′…是另一组针，在一组高档三角的作用下形成另一个1＋1罗纹组织。两组罗纹组织用沉降弧互锁连在一起，形成1＋1双罗纹组织。

四、双反面组织

双反面组织是由正面线圈横列和反面线圈横列相互交替配置而成的。

(一)双反面组织的结构

图3－17是由一个正面线圈横列和一个反面线圈横列相互交替配置而成的双反面组织,称为1＋1双反面组织。图3－17(a)是自由状态,图3－17(b)是纵向拉伸状态,图3－17(c)是1＋1双反面组织的实物图。图3－17(b)中1—1所示横列为反面线圈横列,2—2所示横列为正面线圈横列。当然,还可以按需要组合成2＋1、2＋2、2＋3等双反面组织。

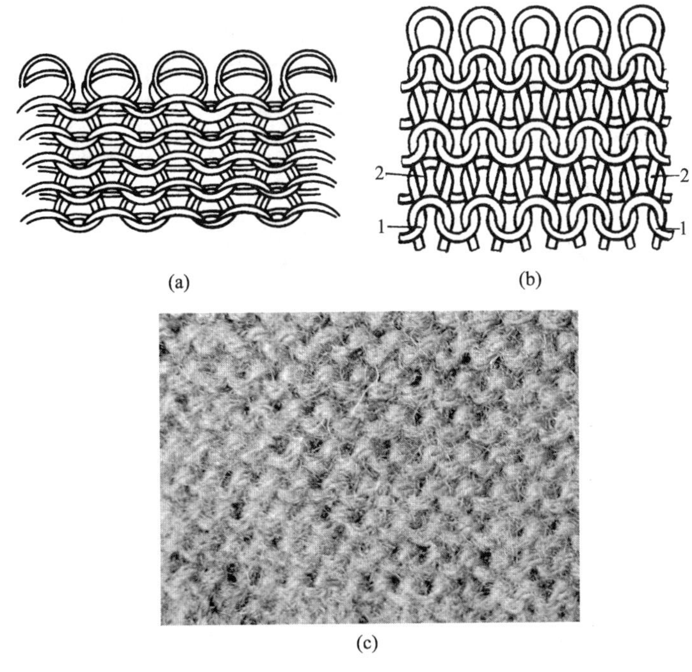

图3－17　1＋1双反面组织的线圈结构图和实物图

在双反面组织中,由于弯曲纱线的弹性,使得线圈在垂直于织物平面的方向上产生倾斜,即图3－17(b)中2—2纱线形成的线圈针编弧向前倾斜,而1—1纱线形成的线圈针编弧向后倾斜。由于线圈的倾斜致使织物两面都是线圈的圈弧凸出在表面,而圈柱凹陷在里面,如图3－17(a)所示,因而在织物的正、反两面看起来都像纬平针组织的反面,故称双反面组织。

(二)双反面组织的特性

双反面组织由于线圈的倾斜,使织物的纵向长度缩短,因而增加了织物的厚度及其纵向密度。在纵向拉伸时具有很大的弹性和延伸性,从而使双反面组织具有纵、横向延伸性相近似的特点。双反面组织中线圈的倾斜程度与纱线的弹性、纱线线密度和织物密度有关。

双反面组织的卷边性随正面线圈横列与反面线圈横列的组合不同而不同,如1＋1、2＋2这种由相同数目正、反面线圈横列组合而成的双反面组织,因卷边力互相抵消,故不会卷边。2＋1、2＋3等双反面组织中由正、反面线圈横列所形成的凹陷与浮凸横条效应更为明显。如将正、反面线圈横列以不同的组合配置就可以得到各种不同的凹凸花纹,其凹凸程度与纱线弹性、线密度及织物密度等因素有关。图3－18为由2＋2罗纹与3＋4双反面组织组成的凹凸状花纹织物。双反面组织及其由双反面组织形成的花色组织被广泛地用于羊毛衫、围巾和袜品生产中。

图3－18　双反面和罗纹组合的凹凸状花纹组织

双反面组织具有和纬平针组织相同的脱散性。

（三）双反面组织的编织

双反面组织是采用如图3－19所示的双头舌针编织的。双头舌针与普通舌针不同的是在针杆两端都具有针头。双头舌针配置在双反面机的针槽内，因其本身没有针踵，需要由导针片带动完成成圈动作，导针片如图3－20所示。导针片的片踵受三角座控制而获得运动，导针片的片钩与双头舌针的一个针头连为一体，成圈可在双头舌针的任何一个针头上进行。由于两只针头的脱圈方向不同，就可分别形成正面线圈和反面线圈。

图3－19　双头舌针

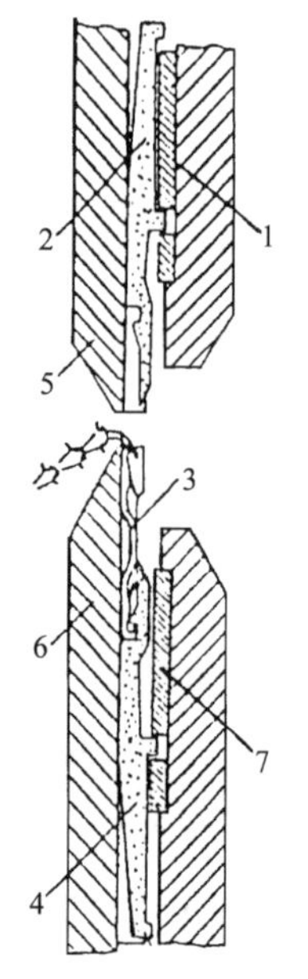

图3－20　双反面机成圈机件及其配置

1. 成圈机件及其配置图　图3－20显示了圆型双反面机成圈机件的配置。双头舌针3安插在两个呈180°配置的针筒5和6的针槽中，上、下针槽相对，上、下针筒同步回转。每一针筒中还分别安插着上、下导针片2和4，它们由上、下三角1和7控制带动双头舌针运动，使双头舌针可以从上针筒的针槽中转移到下针筒的针槽中或反之。成圈可以在双头舌针中的任一针头上进行，由于在两个针头上的脱圈方向不同，因此如果在一个针头上编织的是正面线圈，那么在另一个针头上编织的则是反面线圈。

2. 成圈过程与双头舌针的转移　双反面机的成圈过程（图3－21）与双头舌针的转移密切相关，可分为以下几个阶段。

（1）上针头退圈。如图3－21中（a）、（b）所示，双头舌针3

受下导针片 4 的控制向上运动,在上针头中的线圈退至针杆上。与此同时,上导针片 2 向下运动,导针片片头斜面 9,具有开启针舌的作用,可以打开无线圈针的针舌,便于上针钩与上导针片啮合。

(2)上针钩与上导针片啮合。随着下导针片 4 的上升和上导针片 2 的下降,2 受上针钩的作用向外侧倾斜,如图 3 - 21(b)中箭头所示。当 4 升至最高位置,上针钩嵌入 2 的凹口,与此同时,上导针片在压片 6 的作用下向内侧摆动,使上针钩与上导针片啮合,如图 3 - 21(c)所示。

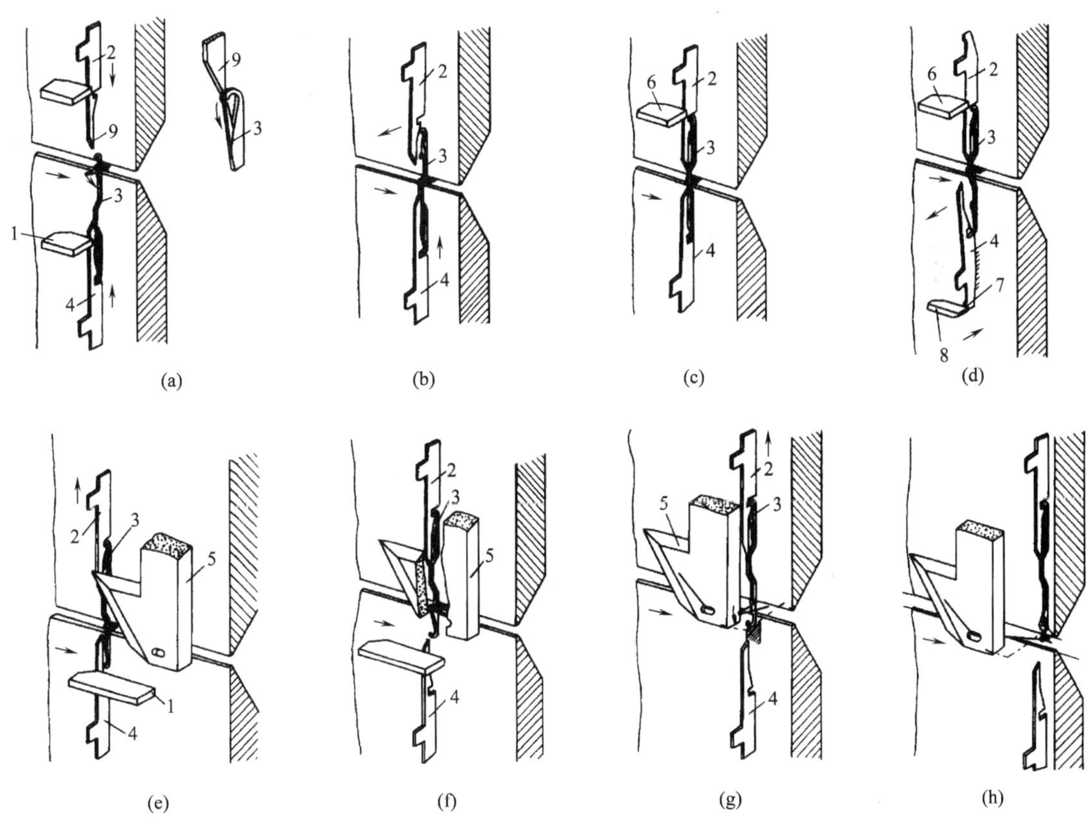

图 3 - 21 双反面机的成圈过程

(3)下针钩与下导针片脱离。如图 3 - 21(d)所示,下导针片 4 的尾端 7 在压片 8 的作用下向外侧摆动,使下针钩脱离 4 的凹口。之后上导针片 2 向上运动,带动双头舌针上升,4 在压片 1 的作用下向内摆动恢复原位,如图 3 - 21(e)所示。接着下导针片 4 下降与下针钩脱离接触,如图 3 - 21(f)所示。

(4)下针头垫纱。如图 3 - 21(g)所示,上导针片 2 带动双头舌针进一步上升,导纱器 5 引出的纱线垫入下针钩内。

(5)下针头弯纱与成圈。如图 3 - 21(h)所示,双头舌针受上导针片控制上升至最高位置,旧线圈从下针头上脱下,纱线弯纱并形成新线圈。

随后,双头舌针按上述原理从上针筒向下针筒转移,在上针头上形成新线圈。按此方法循环,将连续交替在上、下针头上编织线圈,形成双反面织物。

任务三　主要圆型纬编针织机

一、圆型纬编针织机的种类及主要机构

由于纬编产量高，花型变换快，产品适应性强，原料适用范围广，生产工艺流程短，设备投资少，经济效益比较高，因此在国际上纬编机及纬编针织品发展较快。纬编针织机按其针床的形状可分为圆型纬编机和平型纬编机两类；按其针床数量可分为单针床（筒）纬编机和双针床（筒）纬编机两类；按照用针的不同可分为钩针机、舌针机和复合针针织机。各种不同类型的针织机尽管在外形结构、成圈机件上有所不同，但都具有给纱、成圈、牵拉卷取、传动等主要运动，因而都具有以下主要机构。

（1）将纱线送往成圈区域的送纱机构。

（2）将纱线弯曲成圈并使线圈相互串套的成圈机构。

（3）将针织物从成圈区域引出并卷绕成布卷的牵拉卷取机构。

（4）传递运动的传动机构。

此外，针织机上还装有故障自停装置，有的机器还有自动加油装置、计数装置等。在提花针织机上还带有提花装置，在成形机上还备有成形机构等。

本节着重介绍几种主要的圆型纬编针织机的成圈机构和成圈原理。

二、多三角机

多三角机是一种单针筒舌针圆纬机。针筒直径为762～965mm（30～38英寸），成圈系统数量一般为每25.4mm（1英寸）筒径3～4路。由于成圈路数较多，所以生产效率较高。早期的多三角机只有一条三角针道，采用一种舌针，主要编织纬平针等结构简单的单面织物。现已发展到多条三角针道，采用多种针踵位置不同的舌针，三角也可以在成圈、集圈和浮线三种工作方式之间变换。目前广泛使用的是四针道多三角机，它可以编织纬平针、彩横条、集圈等多种织物结构，如再更换一些成圈机件，还可以编织衬垫、毛圈等花色织物。

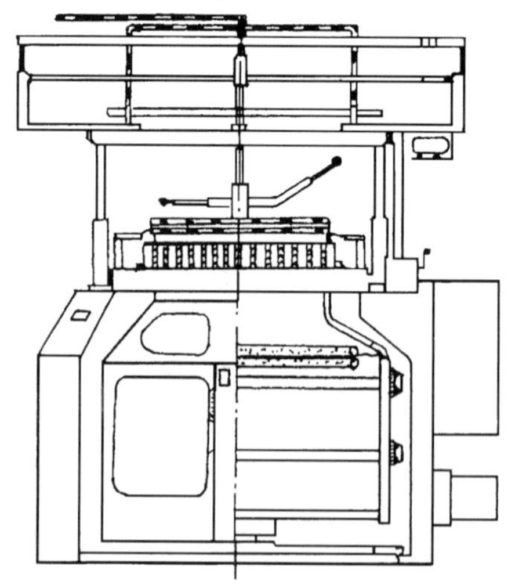

图3－22　四针道多三角单面圆纬机外形结构

（一）机器的结构

四针道多三角单面圆纬机由编织机构、给纱机构、牵拉卷取机构、传动机构及其他辅助装置构成。其外形如图3－22所示。

（二）成圈机件及其相互配置

1. 成圈机件　多三角机上的成圈机件主要有舌针、沉降片、导纱器和三角。

(1)舌针。多三角机上使用的舌针如图 3 – 23 所示。图中 1 为针杆,2 为针钩,3 为针舌,4 为针舌销,5 为针踵,6 为针尾。舌针是主要的成圈机件。

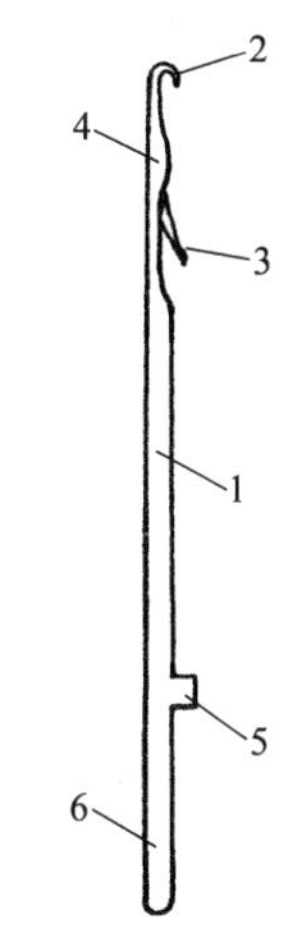

图 3 – 23　舌针

(2)沉降片。沉降片用来协助舌针成圈,其结构如图 3 – 24 所示。图中 1 为片鼻,2 为片喉,3 为片颚,4 为片踵。片喉握持住旧线圈,当针上升退圈时,避免织物随针一起上升;片颚作为弯纱、成圈时线圈的搁持平面;片踵受沉降片三角的控制使沉降片沿针筒径向做进出运动,配合舌针成圈。

(3)导纱器。导纱器的形状有许多种,图 3 – 25 所示为其中一种形状的导纱器,1 为导纱孔,2 为调节螺孔。导纱器将穿过导纱孔的纱线喂给织针,不同的孔位可以改变纱线喂入的角度。

(4)三角。在多三角机上有织针三角和沉降片三角之分,它们分别安装在各自的三角座上。

织针三角主要是控制舌针,使其按一定的规律在针筒槽内做上下运动,以完成线圈的编织。三角的形状决定织针的运动轨迹,因此三角设计必须符合成圈运动的要求。图 3 – 26 表示单针道多三角机上安装在一起的两路织针三角,1 为弯纱(压针)三角,2 为起针(退圈)三角。起针三角固定在三角座上,其作用是控制舌针的针踵,使其沿起针三角的斜面升高,完成退圈;弯纱三角的作用是拦下已退圈的织针,使织针沿弯纱三角的斜边下降,完成垫纱、闭口、套圈、脱圈、弯纱和成圈等过程。弯纱三角的最低点决定织针下降的最低点,改变弯纱三角的上、下位置即可调节织针的弯纱深度,从而可改变线圈长度,即针织物的密度。故弯纱三角可以在三角座上做上下微量调节。

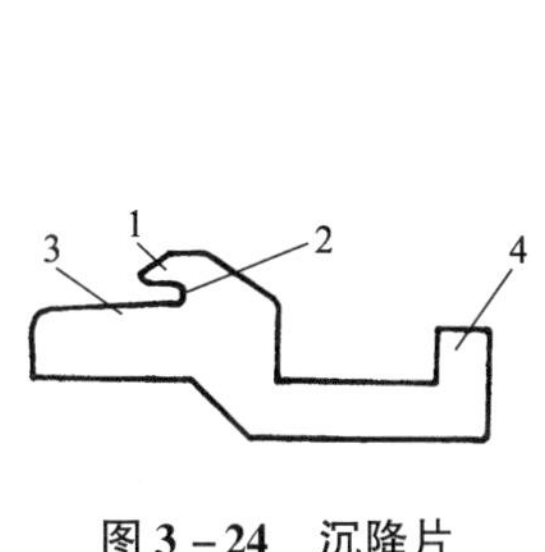

图 3 – 24　沉降片

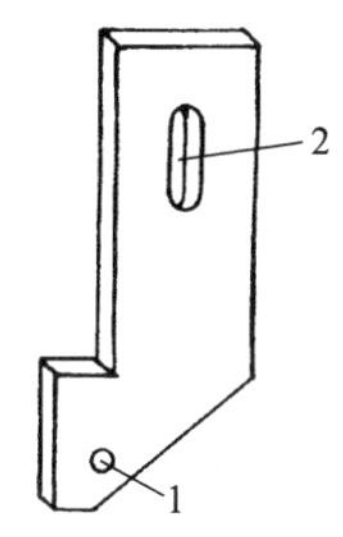

图 3 – 25　导纱器

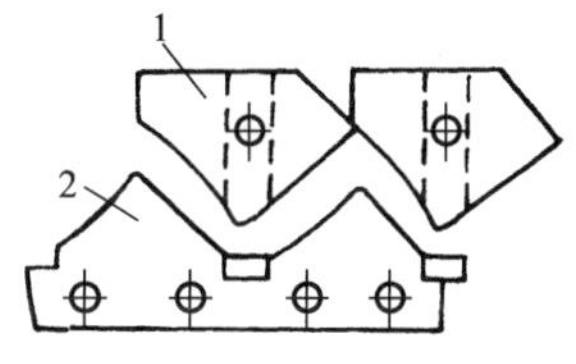

图 3 – 26　两路织针三角

沉降片三角如图 3 – 27 所示。在沉降片上方装有固定的沉降片三角 1,它作用在沉降片的片踵 2 上,使沉降片按成圈的要求沿针筒径向做进出运动,协助舌针成圈。

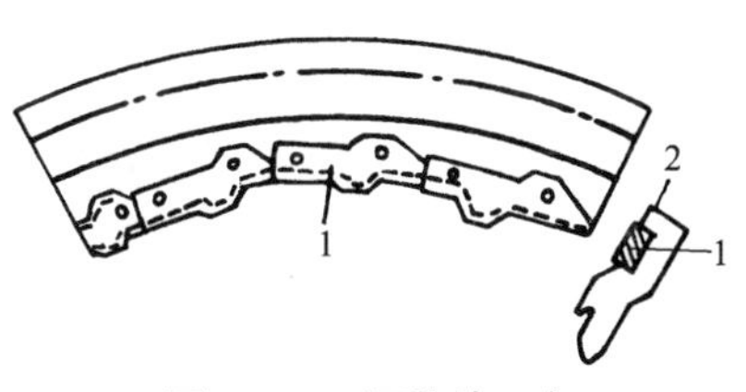

图 3 – 27　沉降片三角

2. 成圈机件的相互配置　多三角机上成圈机件的相互配置如图 3 – 28 所示。舌针 1 竖直插在针筒 2 的针槽中,沉降片 3 水平插在沉降片圆环 4 的片槽中。舌针与沉降片呈一隔一交错配置。沉降片圆环与针筒固结在一起并做同步回转。箍簧 5 作用在舌针上,防止后者向外扑。舌针在随针筒转动的同时,由于针踵受织针三角座 6 上的退圈和成圈等三角 7 作用而在针槽中上、下运动。沉降片在随沉降片圆环转动的同时,因片踵受沉降片三角座 8 上的沉降片三角 9 控制而沿径向运动。导纱器 10 固装在针筒外面，以便对舌针垫纱。

（三）多三角机编织纬平针组织的成圈过程

多三角机编织纬平针组织的成圈过程如图 3－29 所示。

图 3－29(a)表示成圈过程的起始时刻，沉降片向针筒中心挺足，用片喉握持旧线圈的沉降弧，防止退圈时织物随针一起上升。

图 3－29(b)表示织针上升到集圈高度(又称退圈不足高度)，此时旧线圈尚未从针舌上退到针杆上去。

图 3－29(c)表示舌针上升至最高点，旧线圈退到针杆上，完成退圈。

图 3－29(d)表示舌针在下降过程中，从导纱器垫入新纱线，沉降片向外退，为弯纱做准备。

图 3－29(e)表示随着舌针继续下降，旧线圈关闭针舌，并套在针舌外。针钩接触新纱线开始弯纱。沉降片已移至最外位置，片鼻离开舌针，这样不致妨碍新纱线的弯纱成圈。

图 3－28　多三角机成圈机件的相互配置

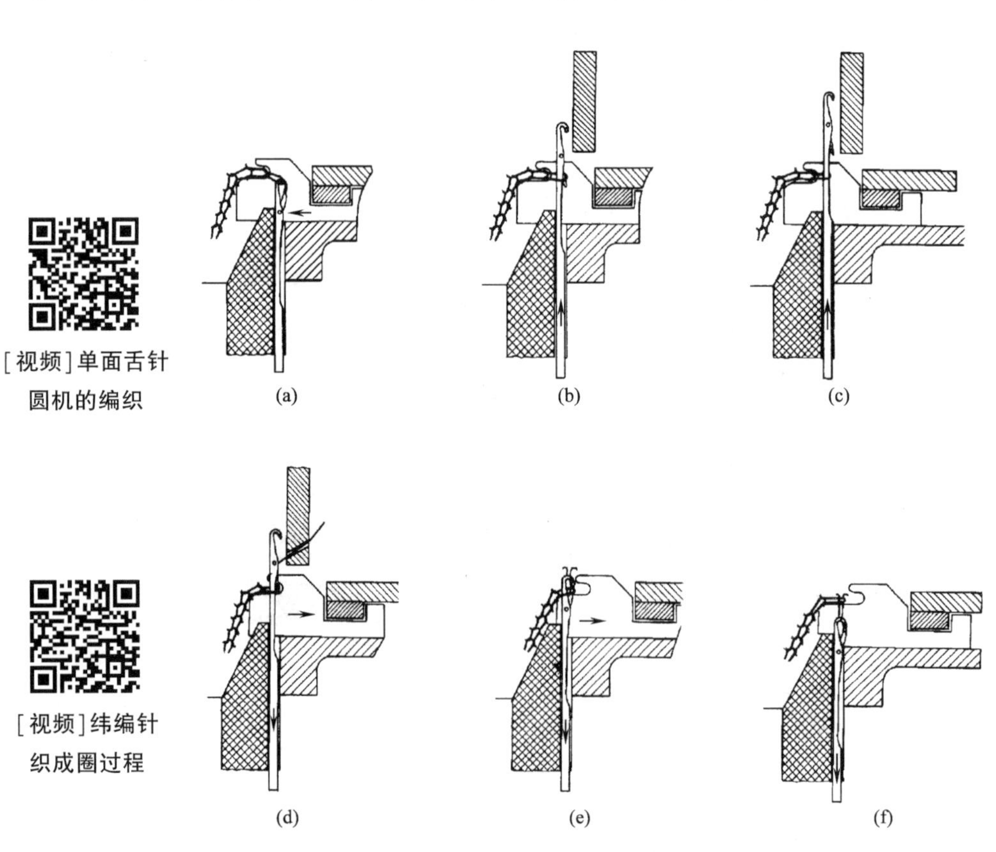

图 3－29　多三角机编织纬平针组织的成圈过程

图 3－29(f)表示舌针下降到最低点，旧线圈脱圈，新纱线搁在沉降片片颚上进行弯纱，新线圈形成。

图 3－29 从(f)～(a)表示沉降片从最外移至最里位置，用其片喉握持与推动线圈，辅助牵拉机构进行牵拉。同时为了避免新形成的线圈张力过大，舌针做少量回升。

三、罗纹机

罗纹机用来编织 1＋1、2＋2 等罗纹组织，罗纹机的针筒直径范围很大，大的可达 762mm(30 英寸)以上，小的一般为 89mm(3.5英寸)，因此根据针筒直径可分为大罗纹机、中罗纹机和小罗纹机，分别用来编织弹力衣坯及衣服的下摆、领口和袖口、裤口、袜口等。

[视频]罗纹组织的编织

(一)成圈机件及其相互配置

由于罗纹组织是由正面线圈纵行和反面线圈纵行相互配置而成，因此编织时需要有两种针分别排列在两个针床上。圆型罗纹针织机的两个针床相互配置成 90°，每个针床上各有一组织针，其成圈机件的配置如图 3－30 所示。图中针床 1 呈圆盘形且配置于另一针床之上，故称上针盘；针床 2 呈圆筒形且配置在上针盘之下，又称下针筒。

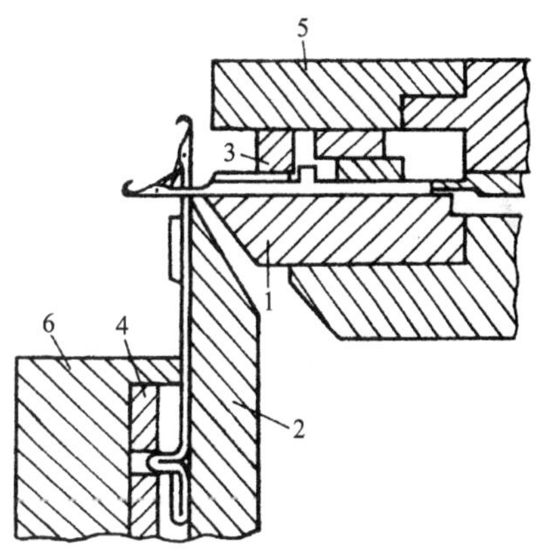

图 3－30　罗纹机成圈机件的配置

针盘上方有针盘三角座 5，针筒外围有针筒三角座 6，三角座上的针盘三角 3 和针筒三角 4 分别控制针盘针和针筒针的运动。

圆型罗纹机两个针床上的针槽相错配置，上、下织针的配置如图 3－31 所示。图 3－31(a)为实物配置图，(b)为示意图，从示意图上可清楚地看出上针盘针槽(图中符号△)与下针筒针槽(图中符号○)相错配置。

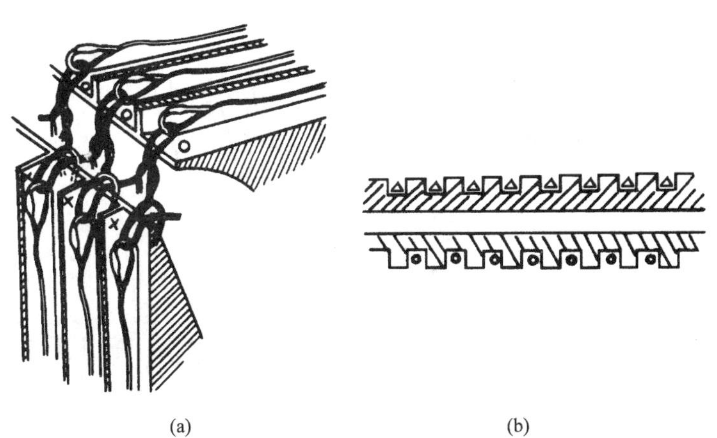

(a)　　(b)

图 3－31　圆型罗纹机上下织针的配置

图3－32所示为罗纹机下针筒三角（下三角）座的配置情况，图中1为起针三角，2为弯纱（压针）三角，3、4为导向三角。在成圈过程中，起针三角使针上升进行退圈，弯纱三角使针下降完成其余的成圈过程。调节弯纱三角的上、下位置即可改变针织物的密度。

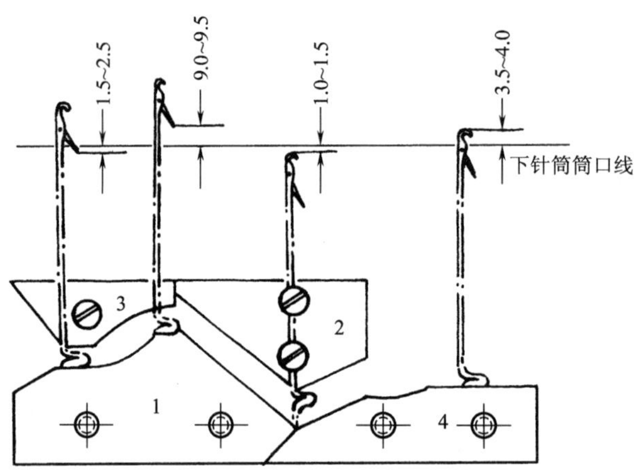

图3－32　罗纹机下针筒三角座的配置（单位：mm）

图3－33所示为罗纹机针盘三角（上三角）座的配置情况。图中1为起针三角，2为弯纱（压针）三角，3为导向三角。当三角座回转时，起针三角使针盘针沿针盘径向向外伸出，将旧线圈从针钩退到针杆上实现退圈；弯纱三角迫使针向针盘中心收进，实现垫纱、闭口、套圈、脱圈、弯纱和成圈等过程。上针盘弯纱三角的进出位置也可以根据需要进行微调，以改变弯纱深度。

图3－32、图3－33中的数据为各主要工艺点上织针进出筒口的工艺参数（mm）。

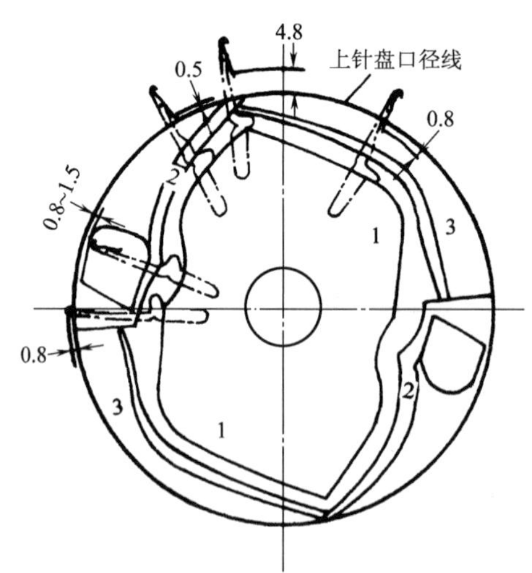

图3－33　罗纹机针盘三角的配置（单位：mm）

（二）罗纹机编织罗纹织物的成圈过程

罗纹机编织罗纹织物的成圈过程如图3－34所示。

图3－34（a）表示成圈过程中上、下针的起始位置。

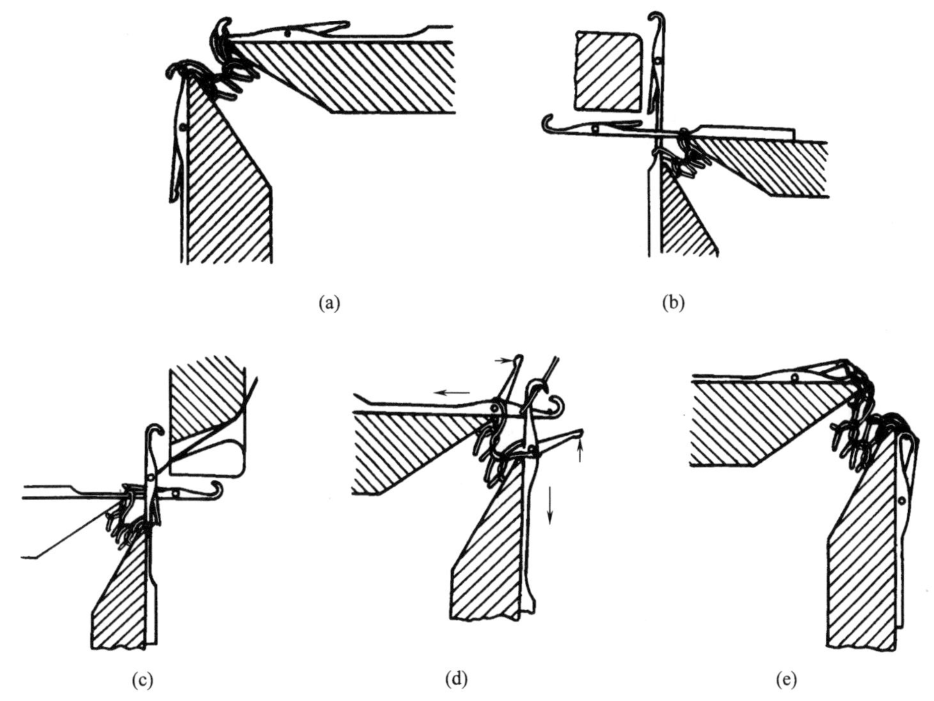

图 3－34　罗纹机编织罗纹织物的成圈过程

图 3－34(b)表示上、下针分别在上、下起针三角的作用下，移动到最外和最高位置，旧线圈从针钩中退至针杆上。为了防止针舌反拨，导纱器开始控制针舌。

图 3－34(c)表示上、下针分别在压针三角作用下逐渐向内和向下运动，新纱线垫到针钩内。

图 3－34(d)表示上、下针继续向内和向下运动，由旧线圈关闭针舌。

图 3－34(e)表示上、下针移至最里和最低位置，弯纱形成了新线圈，最后由牵拉机构进行牵拉。

(三)三角对位

三角对位，是指上针与下针压针最低点的相对位置，又称为成圈相对位置。凡是具有针盘与针筒的双面纬编机都需要确定这个位置。它对产品质量和坯布物理指标影响很大，是重要的上机参数。不同机器、不同产品、不同织物组织，对位有不同的要求。罗纹机的对位方式有三种：滞后成圈、同步成圈、超前成圈。

图 3－35 为三角对位图。

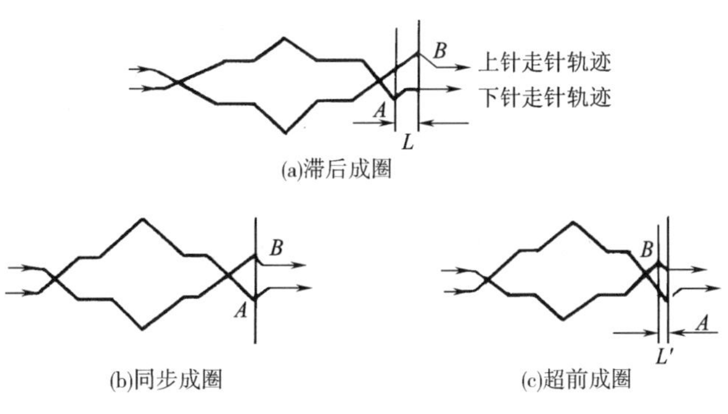

图 3－35　三角对位图

图 3－35(a)表示滞后成圈。滞后成圈是指下针先被压至弯纱最低点 A 完成成圈，上针比下针迟约 1～6 针(图中距离 L)被压至弯纱最里点 B 进行成圈，即上针滞后于下针成圈。这种成圈方式，在下针先弯纱成圈时，弯成的线圈长度一般为所要求的线圈长度的 2 倍。然后下针略微回升，放松线圈，分一部

分纱线供上针弯纱成圈。这种弯纱方式属于分纱式弯纱。其优点是由于同时参加弯纱的针数较少，弯纱张力较小，而且因为分纱，弯纱的不均匀性可由上下线圈分担，有利于提高线圈的均匀性，所以这种弯纱方式应用得较多。滞后成圈可以编织较为紧密的织物，但织物的弹性较差。

图3－35(b)表示同步成圈。同步成圈是指上、下针同时到达弯纱最里点和最低点形成新线圈。同步成圈用于上、下织针不是有规则顺序地编织成圈，例如生产不完全罗纹织物和提花织物。因为在这种情况下，要依靠下针分纱给上针成圈有困难。同步成圈时，上、下织针所需要的纱线都要直接从导纱器中得到，所以织出的织物较松软，延伸性较好，但因弯纱张力较大，故对纱线的强度要求较高。

图3－35(c)表示超前成圈。超前成圈是指上针先于下针(距离 L')弯纱成圈，这种方式较少采用，一般用于在针盘上编织集圈或密度较大的凹凸织物，此种方式也可编织较为紧密的织物。

上、下织针的成圈是由上、下弯纱三角控制的，因此上、下针的成圈配合实际上是由上、下弯纱三角的对位决定的。生产时应根据所编织的产品特点，检查与调整罗纹机上、下三角的对位，即上针最里点与下针最低点的相对位置。

目前许多企业都使用了高速罗纹机。与普通罗纹机相比，高速罗纹机的机速高，针筒直径大，进线路数也多(每25.4mm筒径有1～3.2路)，织针、三角制造精度高，结构更合理。同时，其机架、传动机构、送纱机构、牵拉卷取机构、润滑装置、除尘及自控装置等都采用了更良好的新型装置，以利于高速运转。其三角采用了可变换三角和活络三角，有的针筒三角采用了四针道，以便于编织花色罗纹组织。有的新型高速罗纹机上甚至加装了四色调线装置、氨纶输线装置和移圈装置，以便编织彩横条罗纹、弹力罗纹和移圈花色罗纹。

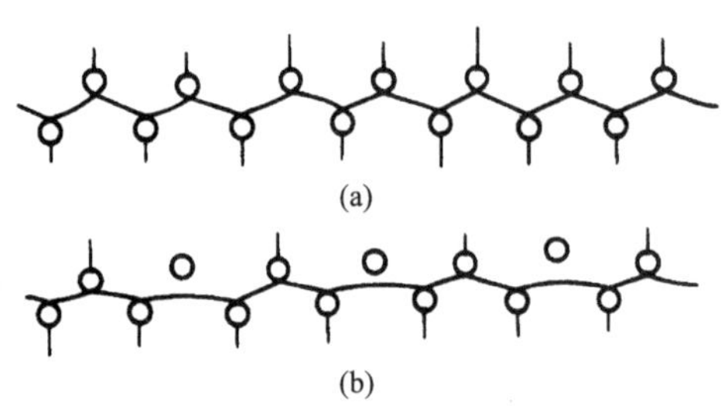

图3－36　1＋1、2＋1罗纹织针配置

(四)编织罗纹织物时的织针配置

在罗纹机上可编织1＋1、2＋1、2＋2等普通罗纹织物。也可编织各种花式罗纹织物。上、下织针一般呈相错配置(即罗纹配置)，但也可根据需要调整为棉毛配置。调整织针配置时，既要注意同时调整三角，还要注意调整顺序。当把织针从棉毛配置调到罗纹配置时，必须先将针槽位调到上、下针相错，然后才能相应调整三角；把织针从罗纹配置调整到棉毛配置时应先调整三角，然后再把针位调到上、下针相对位置。

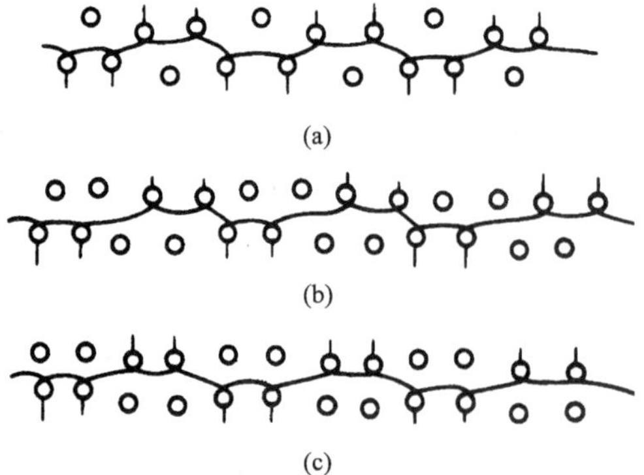

图3－37　2＋2罗纹织针配置

图3－36(a)表示编织1＋1罗纹时的织针配置，上、下针1隔1相错配置，织针插满上、下针槽；图3－36(b)表示编织2＋1不完全罗纹时的织针配置，针盘针1隔1抽针。

图3－37表示编织2＋2罗纹时织针的配置。当采用罗纹式对针方式时，可用图3－37

(a)2－1(瑞士式)罗纹配置(上、下针各隔2针抽1针)和图3－37(b)2－2(英式)罗纹配置(上、下针各隔2针抽2针),也可用图3－37(c)所示的双罗纹式织针排列2－2罗纹配置(上、下针各隔2针抽2针)。

图3－38表示一种提花罗纹的织针配置,上下针呈罗纹配置,按花纹要求进行抽针。

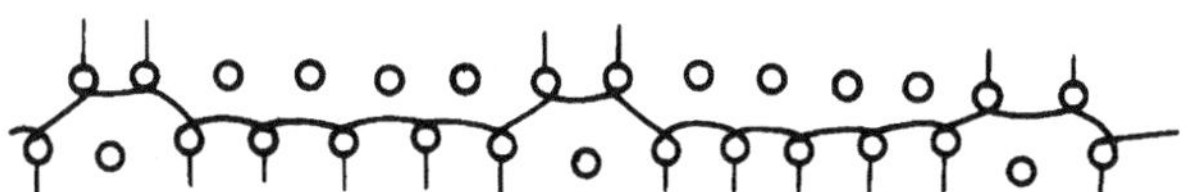

图3－38　一种提花罗纹的织针配置

四、双罗纹机

双罗纹机(棉毛机)主要生产双罗纹织物和花色棉毛织物,用来织制棉毛衫裤、运动衫、T恤衫等。

(一)成圈机件的配置

棉毛机的成圈机件主要有针、针筒、针盘、三角和导纱器等。各成圈机件的相互配置如图3－39所示,上针盘1和下针筒2相互配置成90°,插在上针盘和下针筒针槽内的舌针分别受上针盘三角座3上的三角5和下针筒三角座4上的三角6作用来完成成圈过程。纱线经导纱瓷眼8和导纱器7而引到舌针上进行垫纱。

1. 上、下针的排列及相对位置　双罗纹机主要编织双罗纹组织,它是由两个1＋1罗纹组织复合而成,故需要4组针进行编织。棉毛机上的4种织针如图3－40所示。

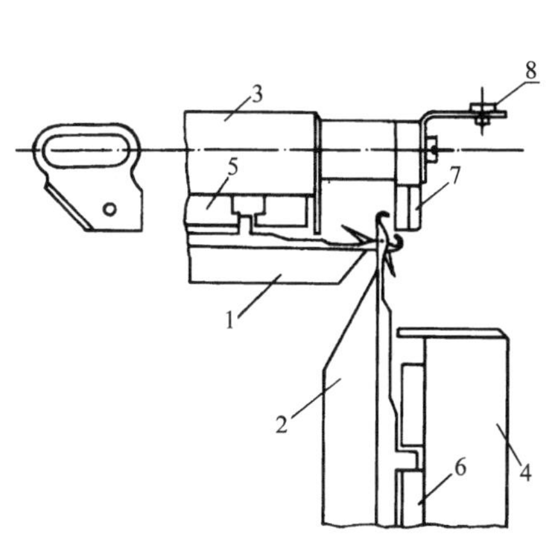

图3－39　棉毛机成圈机件的配置

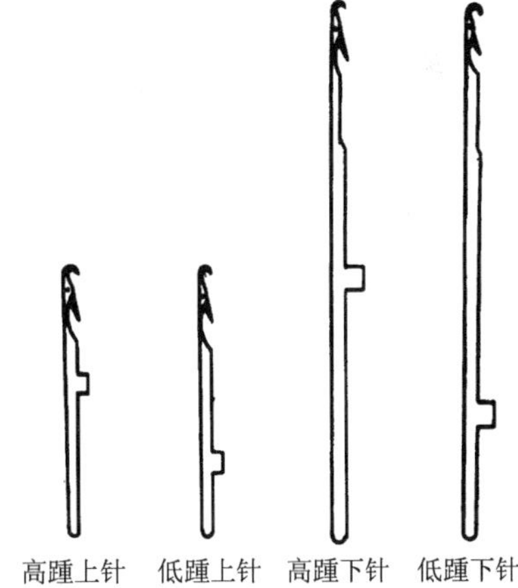

图3－40　棉毛机所用的钢片舌针

上、下针在针槽内的配置如图3－41所示,高、低踵舌针分别间隔地插放在上针盘和下针筒的针槽中,上针盘和下针筒的针槽是相对的,若下针筒针槽内是低踵下针,则相对的上针盘针槽内应插放高踵上针;下针筒针槽内是高踵下针,则相对的上针盘针槽内应插放低踵上针。这在插针时应特别注意,否则将发生上、下针相撞的现象。

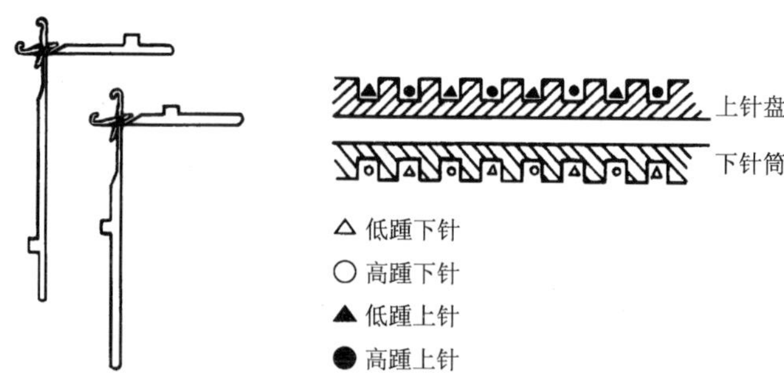

图3-41　棉毛机上下织针的配置

编织时，高踵下针与高踵上针在某一成圈系统编织一个1+1罗纹，低踵下针与低踵上针在下一个成圈系统编织另一个1+1罗纹。每两路编织一个完整的双罗纹线圈横列。因此，双罗纹机的成圈系统必须是偶数。

2. 上、下三角的配置　由于上、下针均分为两种，故上、下三角也相应分为高、低两挡（即两条针道），分别控制高、低踵针的运动，如图3-42所示。

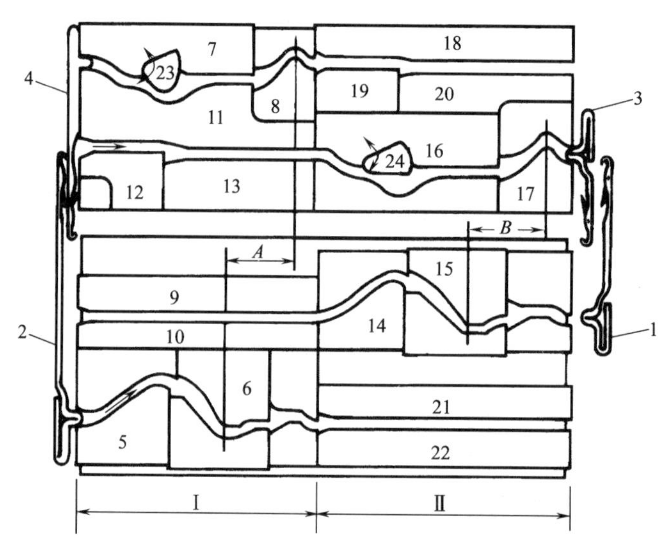

图3-42　双罗纹机的三角系统

在奇数成圈系统Ⅰ中，下低挡三角针道由起针（退圈）三角5、压针（弯纱）三角6及其他辅助三角组成；上低挡三角针道由起针三角7、压针三角8及其他辅助三角组成。上、下低挡三角针道相对组成一个成圈系统，控制低踵下针2与低踵上针4编织一个1+1罗纹。与此同时，高踵下针1与高踵上针3经过由三角9、10和11、12、13组成的水平针道，将原有的旧线圈握持在针钩中，不退圈、垫纱和成圈，即不进行编织。

在随后的偶数成圈系统Ⅱ中，下高挡三角针道由起针三角14、压针三角15及其他辅助三角组成；上高挡三角针道由起针三角16、压针三角17及其他辅助三角组成。上、下高挡三角针道相对应组成一个成圈系统，控制高踵上、下针3和1编织另一个1+1罗纹，此时低踵上、下针在由三角18、19、20和21、22组成的针道中水平运动，握持原有的线圈不编织。

经过Ⅰ、Ⅱ两路一个循环，编织出了一个双罗纹线圈横列。图中23、24是活络三角，可控制上针进行集圈或成圈。距离 A 和 B 表示上针滞后于下针成圈。

（二）棉毛机编织棉毛织物的成圈过程

图3-43所示为成圈过程中针头运动轨迹线。图中1′-2′-3′-4′-5′-6′-7′-8′为上针针头运动轨迹线，1-2-3-4-5-6-7-8-9为下针针头运动轨迹线。图3-44所示为双罗纹组织的成圈过程示意图。图中表示的是低踵上、下针（或高踵针）形成一个罗纹组织的成圈过程。在这个过程中，高踵上、下针（或低踵针）均不参加工作，它们的针头都处于各自的筒口处，针钩内勾着上一成圈系统中形成的旧线圈。

1. 退圈　如图3-44(a)所示，上、下针沿各自的起针三角斜面 $a'b'$、ab 挺出（参见图3-43），到达起针平面 $b'c'$、bc 时，针钩内的旧线圈 A、B 打开针舌向针杆方向滑动，并扣住了针舌。当针进一步上升时，旧线圈将从针舌上滑下，针舌在变形能的作用下会产生弹跳现象，有可能重新关闭针口影响垫纱，所以三角上设计了一个起针平面。在起针平面 $b'c'$、bc 上（图3-43），舌针在稳定的状态下进入导纱器的控制区，使垫纱前针舌处于开启状态。从图3-43可见，上针比下针先起针。

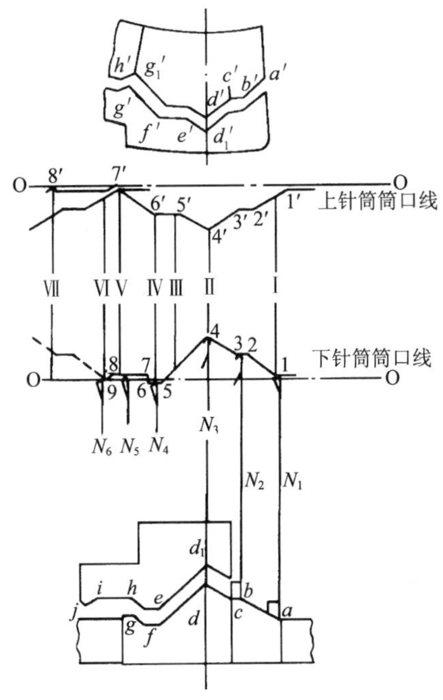

图3-43　上、下织针针头运动轨迹

2. 垫纱　如图3-44(b)所示。上、下织针同时到达挺针最高点 d'、d（图3-43），旧线圈 A、B 打开针舌移到针杆上完成退圈后，下针受压针三角工作面 d_1e 作用开始下降，上针在收针工作面 $d_1'e'$ 作用下开始收进，并垫上了新纱线 C。

3. 闭口与带纱　如图3-44(c)所示，下针受压针三角工作面 d_1e（图3-43）作用继续下降，并开始闭口，垫上的新纱线压在上针的针舌上。在棉毛机上采用上针滞后成圈的方式，当下针弯纱时上针相对静止，不做径向运动。下针继续下降，如图3-44(d)所示，完成闭口与带纱，上针针踵仍停留在收针平面上静止不动。

4. 下针套圈、连圈、脱圈、弯纱　如图3-44中(e)、(f)所示，下针继续沿 d_1e（图3-43）斜面下降，完成套圈、连圈、脱圈、弯纱过程并形成加长线圈，上针仍不做径向移动。

5. 上针套圈、连圈、脱圈、弯纱　如图3-44中(g)、(h)所示，下针沿回针三角工作面 fg 上升到回针平面 hi（图3-43），放松线圈，并将部分纱线分给上针，此时上针沿压针三角工作面 $f'g'$ 收进，进行闭口、套圈，继而完成连圈、脱圈、弯纱等过程。

6. 成圈牵拉　上针成圈后沿 $g_1'h'$ 斜面略做外移（上针的回针，图3-43），适当地回退少量纱线，同时下针沿 ij 斜面略做下降，收紧因分纱而松弛的线圈，下针煞针。在下针整理好线圈以后上针又收进一些，同样起整理线圈的作用。至此，上、下织针成圈过程完成，且正、反两面的线圈都比较均匀，可使织物的外观质量提高。

一个成圈过程完成后，新形成的线圈在牵拉机构牵拉力的作用下被拉向针背，避免下一成圈循环中针上升退圈时又重新套入针钩中。

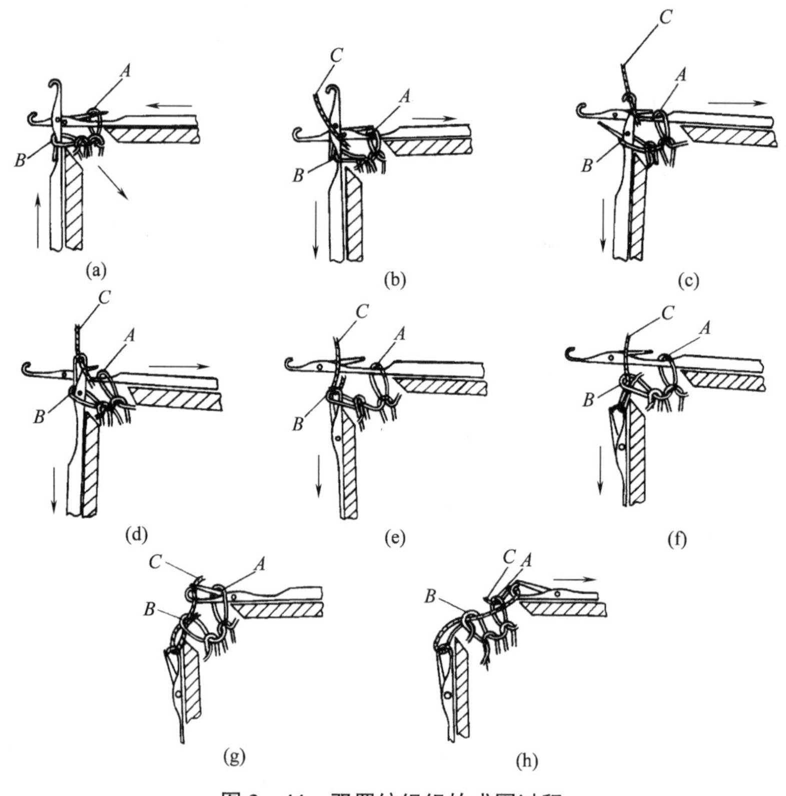

图3-44　双罗纹组织的成圈过程

（三）新型棉毛机

为了提高坯布的编织质量和产量，方便编织棉毛集圈等花色组织，各企业普遍采用了各种型号的新型高速棉毛机。新型棉毛机的特点体现在以下几方面。

1. 三角和织针的改进　如图3-45所示采用整体封闭式的曲线三角。同一块三角上既有挺针点，又有弯纱点，织针的退圈与成圈在同一三角的作用下完成，可以把线圈长度的变化控制在一定的范围内，同时用曲线三角代替传统的直线三角，可减少织针和三角的磨损，有利于转速提高和增加成圈路数。这种机器上还采用了可变换三角，即增加集圈三角和浮线三角作备件，必要时可调换某些成圈三角。

有的新型棉毛机采用了如图3-46所示的多针道变换三角。上针盘有两个针道，分别装入了成圈三角 A、集圈三角 B 和不编织三角 C，这些三角都可以根据花型要求变换，如图3-46(a)所示。

图3-46(b)所示为针筒三角，它有六个针道，最上一个5号为压针道，最下一个0号为起针道，中间的1~4号为选择针道。除压针道中的压针三角不得调换外，其余针道内均可选装可互换的三角。Z_A 是成圈三角，Z_B 是集圈三角，Z_C 是浮线三角，0号和5号三角对所有的织针起作用，而1~4号三角仅对相应号的织针起作用。当按花型要求装入所需三角后，在各三角工作面的作用下，针筒织针即能在一个线圈横列内分别按需要进入退圈、集圈和不工作三种位置，故织针的这种工作方式被称为三位选针法。

根据图3-46中的三角排列可以看出，当织针通过这一三角系统时，1号织针编织集圈，2号和3号织针形成浮线，4号织针成圈。不同的三角排列与织针排列的密切配合能编织出以罗纹和双罗纹组织为基础的多种花色组织的针织物。1、2、3、4号织针又记作 a、b、c、d 四种织针。

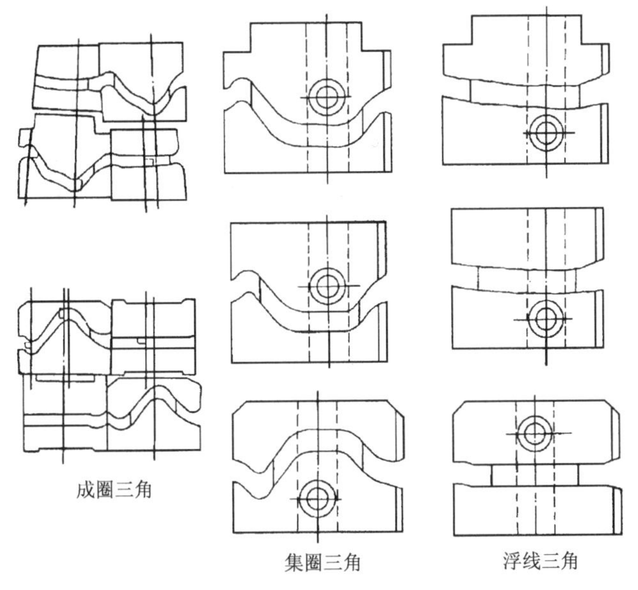

[动画]多针道选针机构

图3-45　整体封闭式曲线三角

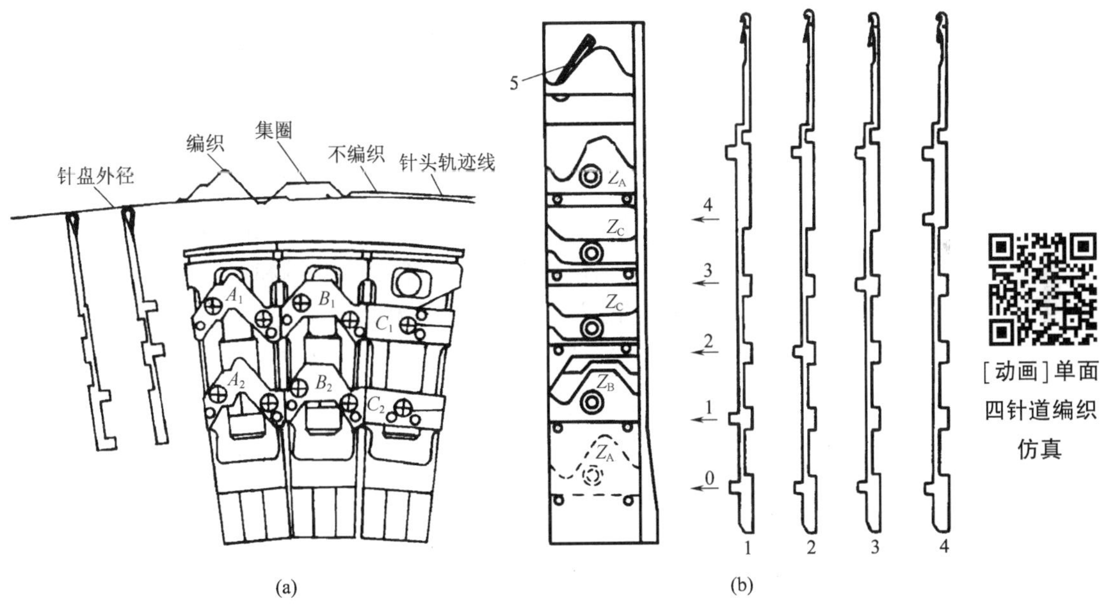

[动画]单面四针道编织仿真

图3-46　多针道变换三角

2. 采用积极式给纱机构　新型棉毛机上普遍采用积极式给纱机构，它能主动向编织区输送定长纱线，以保证连续、均匀、恒定供纱，使各成圈系统的线圈长度趋于一致，给纱张力较均匀，从而提高织物纹路清晰度和强力等外观和内在质量，能有效地控制织物的密度和几何尺寸。

3. 采用新型牵拉卷取机构　牵拉卷取对编织过程和产品质量有很大的影响，新型牵拉卷取机构能使坯布牵拉张力更稳定，线圈更均匀，布面更平整，幅宽更稳定，布卷均匀整齐。

4. 采用自动加油装置、自停装置和新型除尘装置　这些装置为提高生产效率、织物质量和生产的可靠性提供了保证。

任务四 纬编针织物组织结构的表示方法

表示针织物组织结构的方法一般有线圈结构图、意匠图、编织图和三角配置图等几种。前面所讲述的基本组织，由于组成单元比较单一，都是线圈，因此可以直接用线圈结构图来表示。花色组织由于其结构单元——线圈、悬弧、浮线以及辅助纱线的线段排列较为复杂，特别是大花纹织物，如采用线圈结构图来表示，会给织物的设计、分析工作带来一定的困难，因此常常采用更为简单的表示方法，如意匠图和编织图。

一、线圈结构图

线圈结构图是直接用图形表示纱线在织物内的配置状态的图。如图3－47所示。

从线圈结构中可以清晰地看出线圈在织物内的组成形态，有利于研究与分析针织物的性质与编织方法。但绘制大型花纹的线圈结构图比较困难，所以，这种表示方法仅适用于基本组织和较为简单的花色组织。

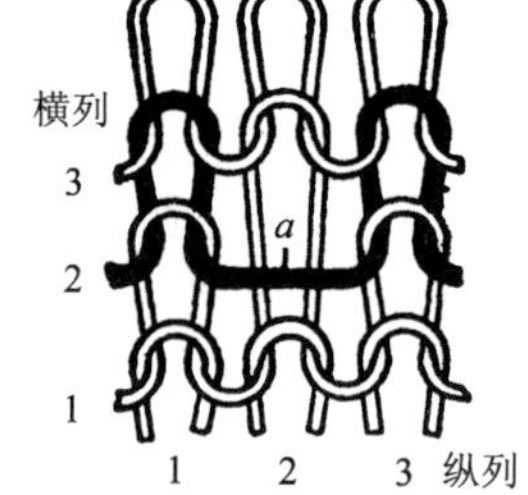

图3－47 线圈结构图

二、意匠图

意匠图是把织物内线圈组合的规律，用规定的符号画在小方格纸上表示的一种图形。方格纸上的每一个方格代表一个线圈。方格在直向的组合表示织物中线圈纵行，在横向的组合表示织物中线圈横列。根据表示对象的不同，又可分为结构意匠图和花型意匠图两种。

1. 结构意匠图 结构意匠图用于表示结构花纹。它是将成圈、集圈和浮线用规定的符号在小方格纸上表示。通常用于表示由成圈、集圈和浮线组合的单面织物组织（双面织物一般用编织图表示）。结构意匠图有不同的表示方法，如图3－48所示的三位选针线圈结构图，可用图3－49（a）、（b）所示的两种结构意匠图表示，图3－49（a）中“☒”表示成圈，“⊡”表示集圈，“□”表示浮线；图3－49（b）中“□”表示成圈，“⊡”表示集圈，“⊟”表示浮线。设计者可根据织物组织的不同，对意匠图上的小方格给予不同的含义，但需要加以说明。

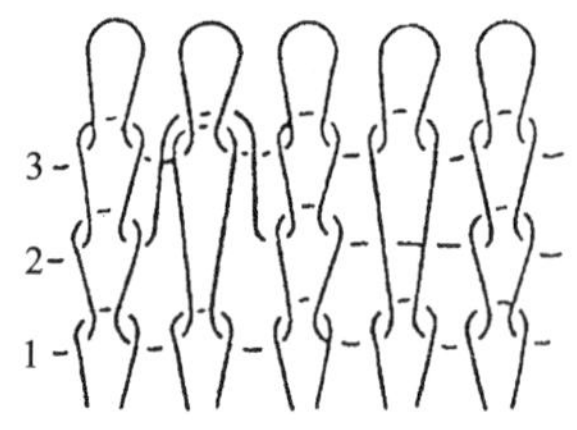

图3－48 一种三位选针的线圈结构图

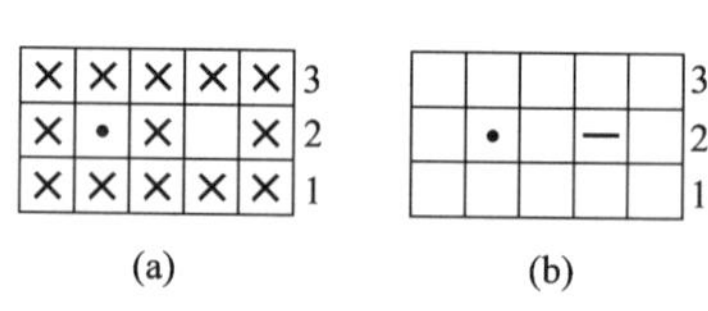

图3－49 结构意匠图

2. 花型意匠图 用来表示提花织物正面（提花一面）的花型与图案。图3－50表示由两种色线组成的提花组织的花型意匠图。图中符号“☒”表示由一种色线编织的线圈，符号“□”表示由另一种色线编织的线圈。从图3－50中可以看出每一个线圈横列由两种色线编织而成，组成这一组织的最小循环单元为6个线圈纵行和6个线圈横列。一般称此最小循环单元为一个完全组织。整块针织物就是由这个完全组织循环重复而成。

意匠图的表示方法简单方便,特别适用于提花组织的花纹设计与分析。在织物设计、分析以及制订上机工艺时,应注意区分上述两种意匠图所表示的不同含义。

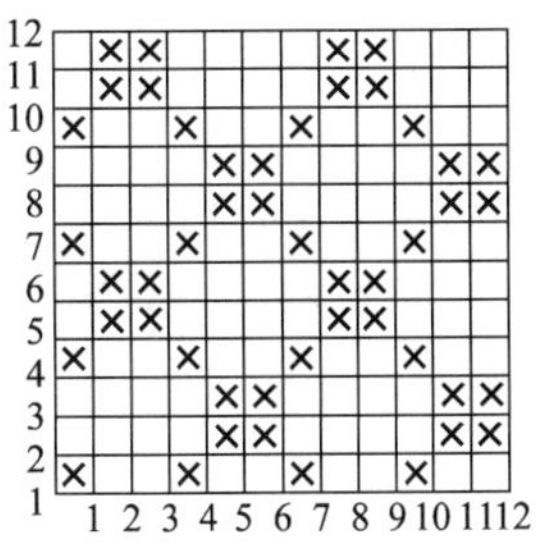

图3－50　花型意匠图

三、编织图

编织图是将针织物组织的横断面形态,按成圈顺序和织针编织及配置情况,用图形表示的一种方法。这种方法适用于大多数纬编针织物,特别是表示双面纬编针织物时有其一定的优点。从编织图上可以清楚地看出织针的配置情况及每根纱线在每枚织针上的编织情况,而且绘制简单。

1. 编织图使用的符号　花色针织物编织情况通常有成圈、集圈、浮线、抽针、添纱、衬垫和移圈等几种。有时用成圈与集圈相结合,有时用成圈与浮线相结合,或用其他各种可能的组合方式,从而编织出各种不同花纹的针织物。

成圈是指织针把纱线编织成线圈;集圈是指织针钩住了喂入的纱线,但不编织成圈,纱线在织物内呈悬弧状,如后面图3－54中的a所示;浮线指在某些横列上织针不参加编织,纱线没有喂给该织针,而呈浮线状停留在织物反面,如图3－47中的a所示,图中第二枚织针在第二横列上没有参加编织,形成了浮线;抽针是在某些织物中,根据织物组织结构,需要把某些织针从针筒或针盘上抽掉,以构成某种花纹。

编织图中常用的成圈、集圈、浮线和抽针符号见表3－1。

表3－1　常用的成圈、集圈、浮线和抽针的符号

编织方法	织　　针	表示符号	备　　注	
成圈	针盘针 针筒针		例:	针筒针和针盘针均成圈
集圈	针盘针 针筒针		例:1′ 2′ 3′ / 1 2 3	针筒针1和针盘针3′集圈
浮线	针盘针 针筒针		例:1′ 2′ 3′ / 1 2 3	针盘针2′上形成浮线
抽针	针筒针或 针盘针		例:	针盘针抽掉1针

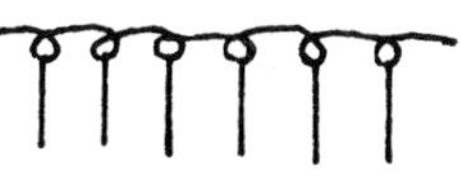

图3－51　纬平针组织的编织图

2. 编织图的画法　绘制编织图时,首先在纸上画出针盘针和针筒针的配置情况。织物的一个完全组织由几个成圈系统来编织,就要画出几排织针的配置图,每一排中的织针数至少要等于一个完全组织的纵行数。然后按规定的符号将每枚针的编织情况记录下来。图3－51所示为纬平针组

织的编织图，图中用竖线“|”表示织针，在纬平针组织的编织中只使用了一种织针，每枚针均成圈。

图3－52(a)所示为1＋1罗纹组织的编织图。1＋1罗纹的一个完全组织为两个纵行、一个横列，每一横列由一个成圈系统编织，故也只画一排织针的配置图。由于编织1＋1罗纹组织时上、下织针呈间隔配置，故图中代表上、下织针的竖线呈间隔排列。由图可见，一根纱线在所有织针上均编织成圈，形成1＋1罗纹组织的一个横列。图3－52(b)所示为1＋1双罗纹组织的编织图。1＋1双罗纹组织的一个完全组织为两个纵行，一个横列，而每一横列由两个成圈系统编织而成，故需画出两排针的配置图。编织1＋1双罗纹组织时，上、下织针相对配置，因而表示高踵上针的短竖线正对表示低踵下针的长竖线。第一成圈系统在针盘和针筒的低踵针上编织成圈，形成一个1＋1罗纹组织；第二成圈系统在针盘和针筒的高踵针上编织成圈，形成另一个1＋1罗纹组织。两个1＋1罗纹组织复合而成1＋1双罗纹组织。

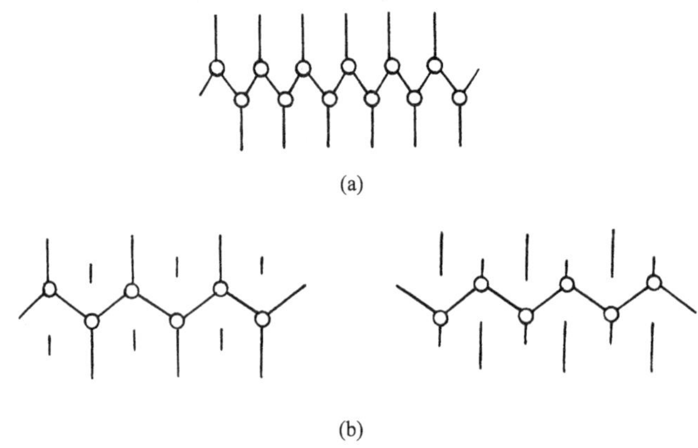

图3－52　1＋1罗纹和1＋1双罗纹组织的编织图

图3－53(a)所示为一种较为复杂的单面针织物的线圈结构图，图3－53(b)为相应的意匠图，图3－53(c)为相应的编织图。从图3－53中可以清楚地看出针织物组织结构三种表示方法各自的特点。

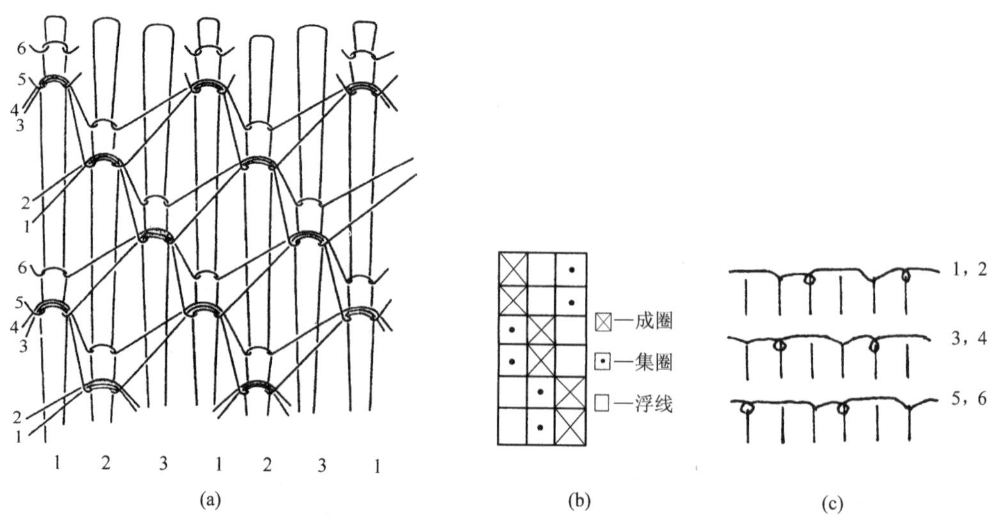

图3－53　较复杂单面针织物组织结构的三种表示方法

四、三角配置图

在编织花色组织时,成圈、集圈、浮线等几种不同的编织情况,实质上是由于织针在不同三角作用下的三种不同位置的编织。三角的高度使织针既能完全退圈又能垫上新纱线而形成新线圈的是成圈;三角的高度使织针能垫上新纱线,但不能完全退圈或不能脱圈,不能形成新线圈而只能在针钩内形成悬弧的是集圈;三角的高度使织针既不退圈又不能垫上新纱线,纱线在针后呈浮线状态的是浮线。因此,三角有成圈、集圈和浮线三种配置方法。在设计时,常需绘制三角的配置图,以便上机时按设计方案来调节变换三角。三角配置的表示方法见表3-2。

表3-2　三角配置的表示方法

三角配置方法	三角名称	表示符号
成圈	针盘三角 针筒三角	∧ 或 ▽ ∨ 　 △
集圈	针盘三角 针筒三角	⊔ ⊓
不工作	针盘三角 针筒三角	空白 或 — 空白 　 —

任务五　常用纬编花色组织

花色组织是在纬编基本组织的基础上采用编入附加纱线、变换或取消成圈过程中的个别阶段,从而改变线圈形态而形成的。花色组织中有的能形成各种色彩的花纹,以美化织物的外观;有的能构成具有凸凹效应的图案,以增加花纹的立体感;有的能呈现出大小不等的孔眼,以增加织物的透气性;有的在织物表面覆盖毛绒或毛圈,以增加织物的保暖性;有的还可以在织物中衬以经纱和纬纱,使织物的延伸性减小。总之,针织物采用花色组织的目的在于美化针织物的外观或者改变针织物的特性。在美化针织物的外观方面,花色组织具有色彩、闪色、起孔、凹凸等效应;在改变针织物特性方面,花色组织能使之具有良好的保暖性及较小的延伸性等。

花色组织主要有集圈组织、提花组织、添纱组织、衬垫组织、毛圈组织、长毛绒组织、衬经、衬纬组织、移圈组织、绕经组织、波纹组织、调线组织以及由以上组织组合而成的复合组织等。本节就几种常见的花色组织做一些简单介绍。

一、集圈组织

1. 集圈组织的结构　在针织物的某些线圈上除套有一个封闭的线圈外,还套有一个或几个未封闭的悬弧,这种组织称为集圈组织。如图3-54所示,其结构单元为线圈和悬弧。

集圈组织可根据形成集圈针数的多少而分为单针集圈和双针集圈等。如果集圈仅在一枚针上形成,如图3-54所示,则称为单针集圈;如果集圈在相邻两枚针上形成,如图3-55所示,则称为双针集圈;还有三针和四针集圈等。图3-54和图3-55中b为拉长的集圈线圈,a为悬弧,其余为平针线圈。

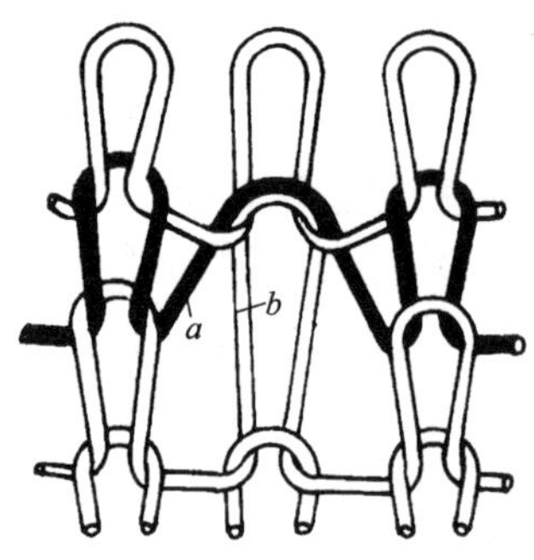

图3-54　单针单列集圈组织

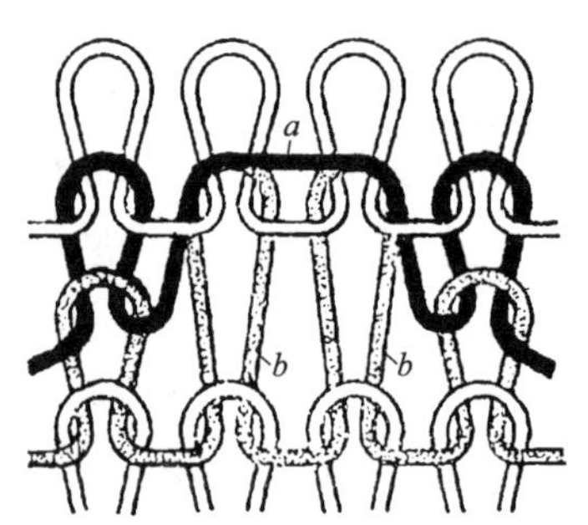

图3-55　双针单列集圈

集圈组织根据线圈不脱圈的次数又可分为单列、双列及三列集圈等。图3-54和图3-55所示的线圈 b 分别称为单针单列集圈和双针单列集圈；图3-56所示的线圈 b 在一枚针上连续三次不脱圈，称为单针三列集圈。一般在一枚织针上最多可连续集圈4～5次，集圈次数过多，旧线圈张力过大，则会造成纱线断裂或针钩损坏。

某一线圈拉长的程度与连续不脱圈（即不编织）的次数有关。通常用"线圈指数"来表示编织过程中某一线圈连续不脱圈的次数，线圈指数越大，一般线圈越大，凹凸效应越明显。

集圈组织可分为单面和双面两种。单面集圈组织是在单面平针组织的基础上形成的，图3-54～图3-56所示均为单面集圈组织；双面集圈组织一般是在罗纹组织或双罗纹组织的基础上集圈而形成的。双面集圈组织中最常见的有半畦编组织和畦编组织。图3-57所示双面集圈组织为半畦编组织的线圈结构图和编织图，它由两个横列组成一个完全组织，第一个横列编织罗纹，第二个横列针盘针集圈，针筒针成圈，它的正面由平针线圈1、2交替组成，其反面由单列集圈线圈3和悬弧4组成。

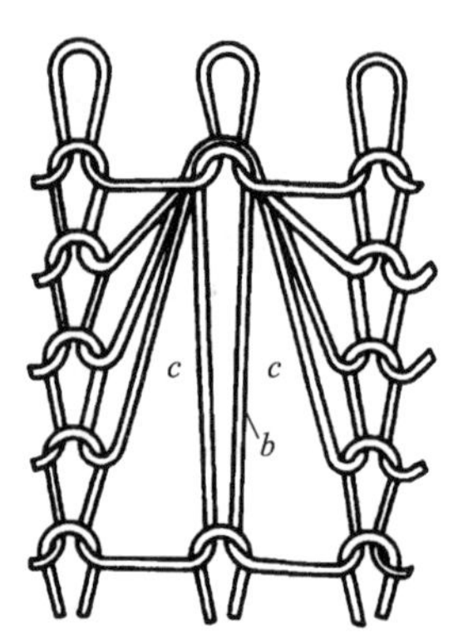

图3-56　单针三列集圈组织

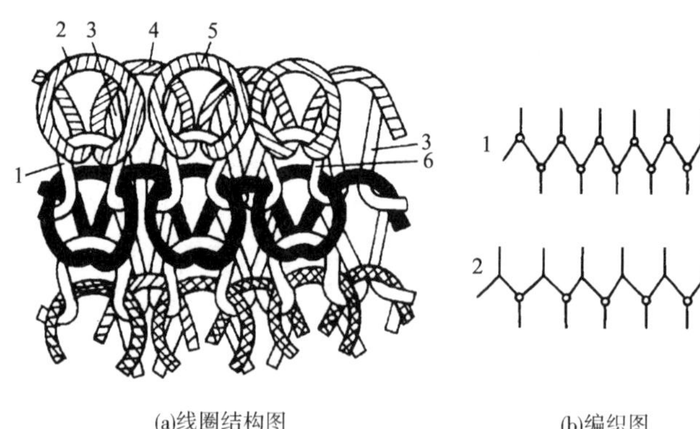

图3-57　半畦编组织

由于线圈指数的差异，各线圈在编织过程中所受的作用力不同，所以线圈的形态结构不同。如图3-57所示，悬弧4由于与集圈线圈处在一起，所受张力较小，加上纱线弹性的作用，便力求伸直，并将纱线转移给与之相邻的线圈2、5，使线圈2、5变大变圆。集圈线圈3被拉长，拉长所需的部分纱线从相邻的线圈1、6中转移过来，于是线圈1、6变小。因此，在织物的一面，线圈

1、6 等被变大变圆的线圈 2、5 等所遮盖，如图 3 －57 所示，针织物表面出现由圆形线圈 2、5 等组成的凸起横条。在织物的另一面，看到的主要是拉长的集圈线圈。

另外，半畦编织物的宽度比同样规格的罗纹针织物大，而长度变短。这是因为悬弧 4 有弹性伸直力，将与之相邻的线圈 2、5 向两边推开且使线圈横列间距离变小；拉长的集圈线圈在下机后还有弹性收缩，也使纵向缩短。这些都是集圈结构点的显著特征。

图 3 －58(a)、(b)分别为畦编组织的线圈结构图和编织图，与半畦编组织不同，它在织物的两面每个线圈上都有一个悬弧。图 3 －58(a)中纱线 1 在下针编织成圈，在上针编织悬弧，形成一个正面横列；纱线 2 在下针编织悬弧，在上针编织成圈，形成一个反面横列。使用两种色纱编织，就可以得到正反面呈两种不同颜色的针织物。由于未封闭悬弧数增多，所以将相邻线圈向两边推开的程度更为显著。织物两面都有相对应的反面线圈显现出来。畦编组织比同规格的半畦编组织还要宽些。半畦编组织和畦编组织广泛用于羊毛衫、T 恤衫等针织物的编织中。

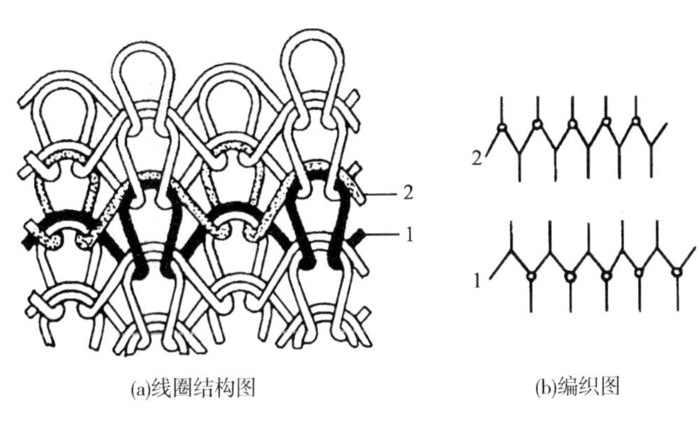

(a)线圈结构图　　(b)编织图

图 3 －58　畦编组织

2. 集圈组织的特性

(1)集圈组织可以形成多种花色效应。由上述可知，集圈组织中有拉长的集圈线圈、悬弧和平针线圈，这几种结构单元在织物中受力不均，线圈长度不一，具有不同的外观。将它们进行适当的组合，并使用不同色彩的纱线，可在织物表面形成闪色、孔眼、凹凸及色彩图案等花色效应。

由于集圈线圈被拉长，圈高较普通线圈为大，其弯曲曲率也较小，当光线照射到这些线圈上面时，就有比较明亮的感觉，尤其是采用光泽较强的人造丝等纱线编织时更明显。因此，将集圈线圈做多种适当配置，就可得到具有闪色效应的花纹。

利用多列集圈的方法，还可以形成清晰的孔眼效应。因为悬弧在纱线弹性力的作用下力图伸直，结果将相邻的线圈纵行向两侧推开，形成孔眼，如图 3 －56 所示的孔眼区 c。将孔眼按一定规律排列就能形成具有各种孔眼花纹的坯布，广泛用于 T 恤衫等服装中。图 3 －59 表示单针单列集圈按菱形排列，在织物表面就可以形成菱形花纹，图中方格“□”表示平针线圈，符号“⊡”表示集圈。如将这种单针单列和单针双列集圈单元做不规则的排列，还可以形成绉效应的外观，市场上通称这种织物为针织乔其纱。

利用集圈组织还可以形成具有凸凹效应的花纹。这种凸凹小孔效应的织物一般采用单针

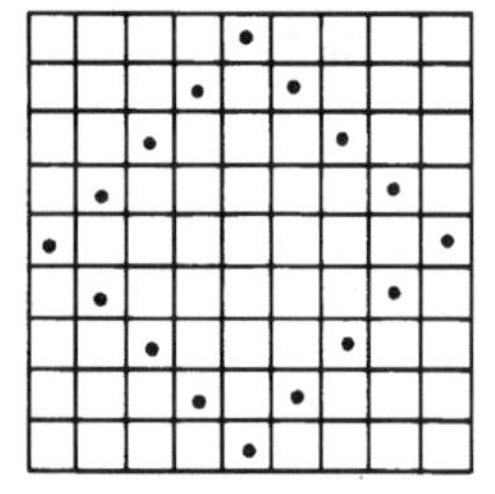

图3-59　单针单列集圈形成的菱形孔眼花纹意匠图

双列以上的集圈单元形成。例如在图3-60(a)和(b)所示的单针双列和单针多列集圈组织中，由于集圈线圈伸长有一定的限度，并处于张紧的状态，使得拉长的集圈线圈有较强的弹性收缩力，集圈线圈的高度比它相对应的几个平针线圈的总高度要小，这样被集圈线圈所包围的平针组织部分[图3-60(c)阴影线所示部分]，在周围收缩力的作用下就会向上凸起，形成“泡泡纱”效应。由集圈所形成的横楞凸条效应广泛应用于羊毛衫和服装面料的编织中。

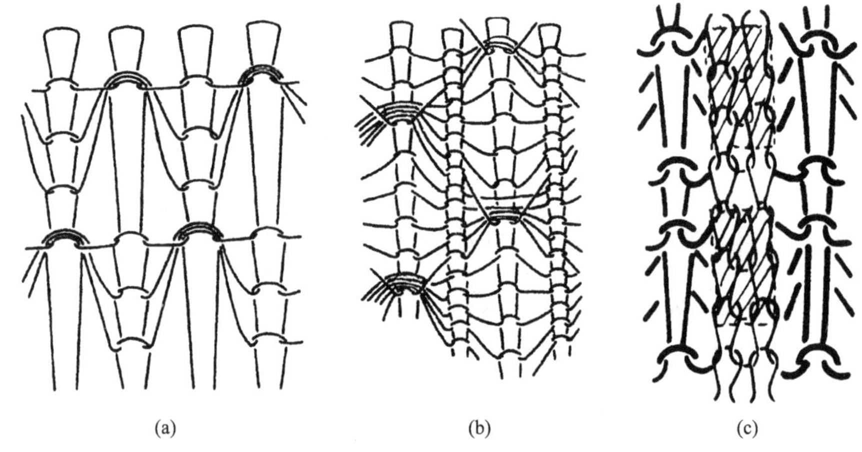

图3-60　形成绉效应的集圈组织

此外，在集圈组织的基础上用不同颜色的纱线编织，还可得到各种色彩效应的织物。

图3-61是一种集圈彩色花纹组织的色彩效应图。图3-61(a)为其意匠图，从图中可以看出它是双针单列集圈，用白、黑两种色纱编织。第1′、3′、5′路穿白纱，第2′、4′、6′路穿黑纱，1隔1排列。最后形成的色彩花纹效应如图3-61(b)所示。就纵行1和2来说，在平针编织的地方垫上白纱呈现白色。在第2′、4′、6′横列黑纱编织的是悬弧，白纱编织的线圈被拉长，将黑色悬弧遮盖，故该两纵行都呈现拉长线圈颜色即白色。同理，3和4纵行呈黑色效应，这就形成了黑白相间的纵条花纹。

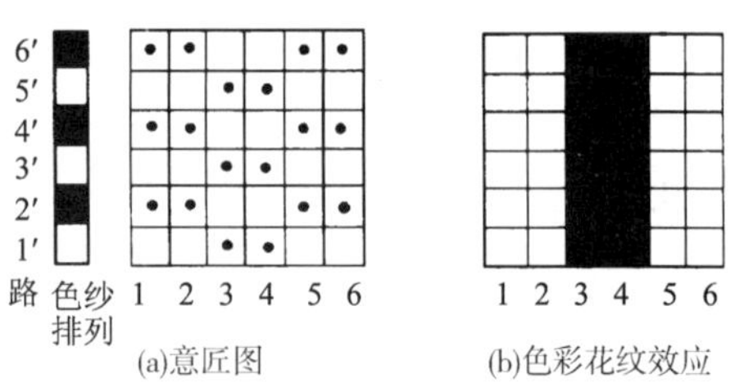

图3-61　两色集圈组织形成的色彩效应

以这种方法形成的色彩效应织物，由于拉长集圈线圈的抽拉作用，悬弧又力图将相邻纵行向两边推开，使不同色泽的悬弧会从缝隙中显露出来，导致花纹界限不清，产生一定程度的“露底”现象。

(2)与平针和罗纹组织相比，集圈组织的厚度增大，宽度增加，长度缩短，脱散性减小。由于线圈上有悬弧存在，织物横向延伸性较小。集圈组织中因线圈大小不匀、表面凹凸不平，故织物强力较低，容易勾丝、起毛。

二、提花组织

1.提花组织的结构　按照花纹需要，在每个成圈系统中选择某些针进行编织，以形成带有花纹图案的组织称为提花组织。被选针机构选上的织针参加编织，未被选上的织针在该成圈系统不编织，旧线圈也不脱下，这样新纱线就呈水平浮线状处于这枚不参加编织针的后面，以连接左右相邻针上刚形成的线圈。这些没有参加编织的针待下一编织系统中进行成圈时，才将提花线圈脱圈在新形成的线圈上。因而提花组织的每个提花线圈横列由两个或两个以上的成圈系统编织而成。

[动画]提花组织编织原理

提花组织的结构单元是线圈和浮线，它可以具有色彩或结构花纹效应。

提花组织有单面和双面之分，每一种又有单色和多色之分。单面提花组织是在单面提花圆机上编织而成的；双面提花组织是在双面提花圆机上编织而成的。双面提花组织中一般由针筒针根据花纹要求进行选针编织，在织物正面形成花纹效应，而由针盘针形成反面组织，针筒针和针盘针通常呈1隔1配置。

提花组织主要是利用不同色彩纱线在织物上适当组合形成各种色彩花纹，也可以利用多列浮线形成凹凸等结构花纹效应。

图3－62为一种结构花纹效应的提花组织，它为素色单面提花。从图中可以看出，在某些针上连续多次不进行编织，由于拉长线圈不可能被拉得很长，从而抽紧与之相连的平针线圈，使得平针线圈凸出在织物表面，产生凹凸效应。

色彩提花组织中，双色提花组织是由两种不同颜色或性质的纱线形成一个线圈横列，三色提花组织则由三种不同颜色或性质的纱线形成一个线圈横列。图3－63所示为双色单面提花组织，图中每个线圈后面都有一根浮线。若为三色单面提花组织，则每个线圈后面都会有两根浮线。浮线太长容易抽丝，且会影响穿着使用，因而限制了花纹的大小。因此，可以在较长浮线的中间将一针浮线改为集圈，集圈缩短浮线长度，而且由于集圈悬弧挂在织物反面，不影响花型正面清晰度，如图3－64所示。

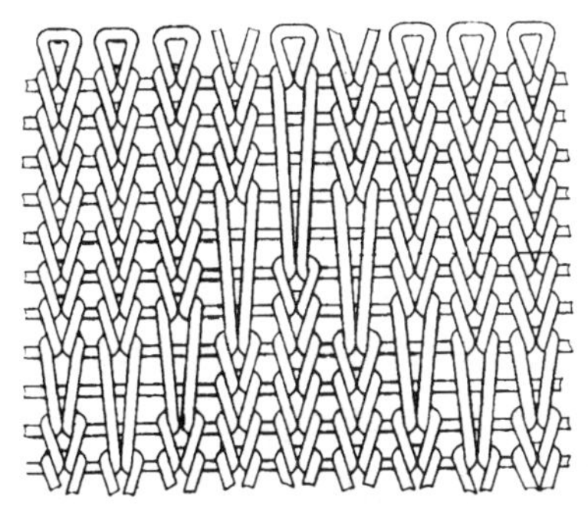

图3－62　结构不均匀的单色单面提花组织

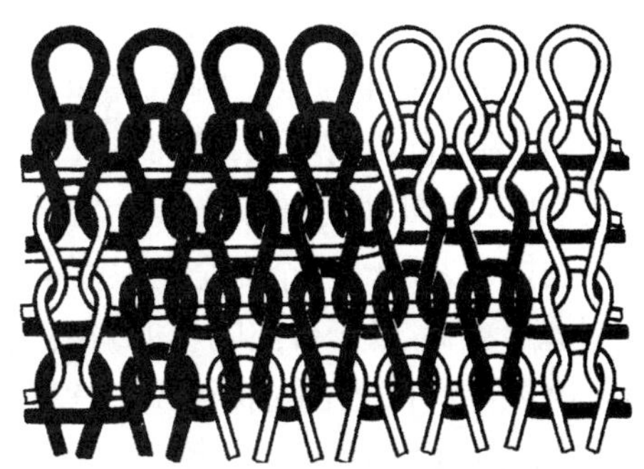

图3－63　双色单面提花组织

图3－65(a)所示为两色双面提花织物的线圈结构图；图3－66(a)所示为三色双面提花织物的线圈结构图。

双面提花组织中，在正面不参加编织的色纱可在织物反面按一定规律编织成圈，从而避免

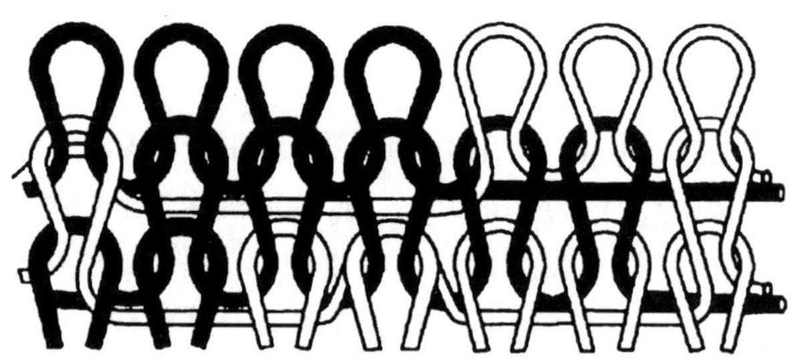

图 3－64　利用集圈缩短反面浮线的单面提花组织

了浮线过长的现象。而且浮线夹在正、反面线圈纵行之间，不影响穿着使用，这样花纹大小可不受限制，并且织物较单面提花织物厚实。图 3－65(b)和图 3－66(b)所示分别为两色和三色双面提花织物的反面组织意匠图，前者在织物反面形成横条纹效应，后者在织物反面形成“小芝麻点”效应。

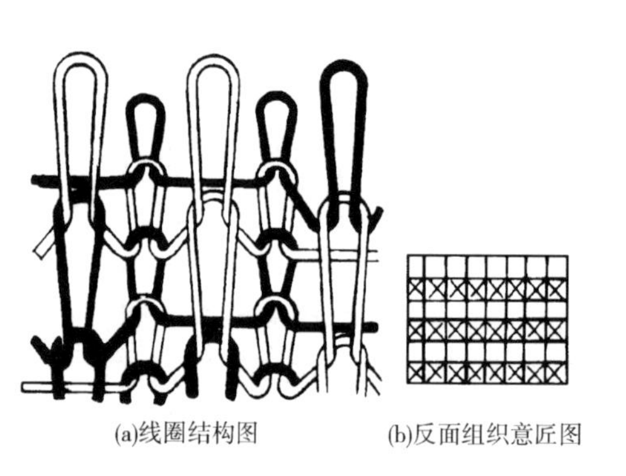

(a)线圈结构图　(b)反面组织意匠图

图 3－65　两色双面提花织物

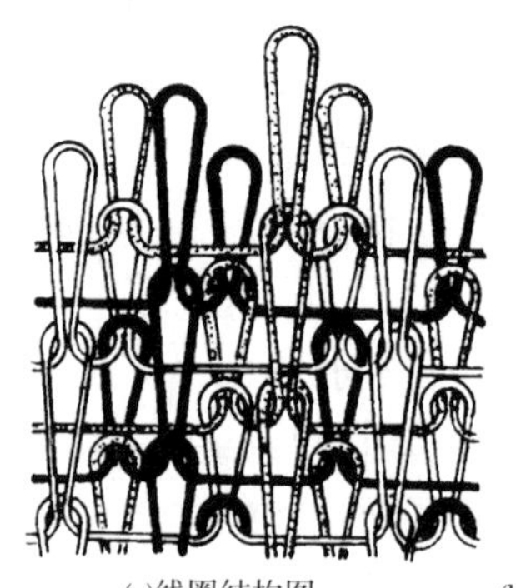

(a)线圈结构图　(b)反面组织意匠图

图 3－66　三色双面提花织物

在提花组织中，最典型的是架空提花组织，又称为胖花组织。这种组织的特点是织物表面有明显凸起的花纹。编织时一部分针进行双面编织形成地组织线圈，另一部分针筒针按花纹要求选针，进行一次(单胖)或两次单面编织(双胖)(此时针盘针不工作)。这样在选针提花的地方，正、反面线圈之间没有联系，呈架空状，因而使单面线圈凸出在织物的表面。图 3－67 所示为两色架空提花组织(两色双胖组织)，图 3－67(a)是线圈结构图，图 3－67(b)是意匠图和编织图。从图中可以看出，一个完全组织由 4 个横列组成。第 1、4、7、10 路编织双面地组织的白色线圈，针盘针按高、低踵针间隔参加编织；第 2、5、8、11 路编织单面组织的画点线圈，第 3、6、9、12 路重复第 2、5、8、11 路的单面编织。这样每 3 路编织一个正面线圈横列，每 6 路编织一个反面线圈横列，共需 12 路完成一个编织循环。从线圈结构图上可以清楚地看出，反面线圈的高度是正面白色线圈高度的 2 倍，是正面画点线圈高度的 4 倍。反面线圈被拉得很长，下机后力图收缩，被架空的画点线圈就凸出在织物表面，形成明显的凹凸效应。

2. 提花组织的特性　提花组织可以形成各种色彩和结构的花纹效应，大大美化了织物的外观；提花组织中由于有较多浮线存在，故织物厚度增加，单位面积重量较大，脱散性减小，织物横向延伸性减小，而且浮线越长，横向延伸性就越小。

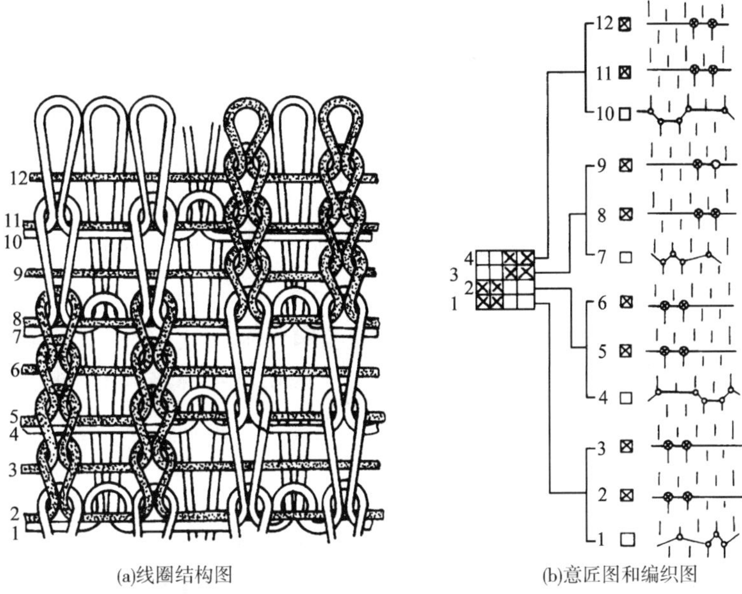

(a)线圈结构图　(b)意匠图和编织图

图 3－67　两色架空提花组织

提花组织广泛用于外衣坯布和装饰织物中。

三、添纱组织

添纱组织是指针织物的全部线圈或一部分线圈是由一根基本纱线和一根或几根附加纱线一起形成，基本纱线和附加纱线在线圈中的配置是有规律的，分别处于织物反面和正面的一种纬编花色组织。按照要求显露在织物正面的称为面纱；按要求处在织物反面的称为地纱。由于添纱组织的这一特点，可以利用它来形成各种花纹图案和两色织物。

添纱组织可分为单色添纱和花色添纱两种。

1. 单色添纱组织　当针织物的全部线圈都由两根纱线形成时，称为单色添纱组织，又称为全部线圈添纱组织，如图 3－68、图 3－69 所示。图 3－68(a)所示为单面单色添纱织物工艺正面所显露的色纱，图 3－68(b)所示为工艺反面所显露的色纱；图 3－69 为双面单色添纱组织，它以 2＋2 罗纹为基础编织而成，在织物正面产生了两种色彩或性质不同的纵条纹。

(a)工艺正面显露的色纱

(b)工艺反面显露的色纱

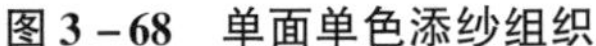

图 3－68　单面单色添纱组织

图 3－69　双面单色添纱组织

单色添纱组织大量用于生产丝盖棉织物，用以制作运动服和时装，或者织制丝盖棉罗纹弹力织物，作为领口、袖口、裤口、衣服下摆等布料。织物的正面为低弹涤纶丝或锦纶长丝，耐磨、挺括；反面为棉纱，穿着舒适。

2. 花色添纱组织 当针织物的一部分线圈由两根纱线形成或两根纱线按花纹要求而改变在线圈中所处的位置时，称为花色添纱组织，又称为部分线圈添纱组织。

由于利用在部分线圈上垫上不同颜色的添纱可在地组织上形成绣花，或利用较地纱显著为粗的纱线添加在部分地组织线圈上，使不吃添纱的地方呈透明、稀薄状，可形成类似网眼的组织，因而花色添纱组织广泛应用于绣花添纱袜和网眼袜的生产中。

绣花添纱组织和网眼添纱（也称为浮线添纱或架空添纱）组织的线圈结构图可分别参见第五章的图5－14和图5－15，网眼添纱组织中单独由地纱编织的线圈后面有添纱形成的浮线。

四、衬垫组织

衬垫组织是在编织线圈的同时，将一根或几根衬垫纱线按一定比例夹带到组织结构中，在织物的某些线圈上形成不封闭的圈弧，在其余的线圈上呈浮线停留在织物反面。衬垫组织的地组织有平针组织，也有添纱组织。图3－70所示为以平针组织为地组织的平针衬垫组织，织物由地纱和衬垫纱组成，又称两线衬垫组织或二线绒。在这种组织中，衬垫纱2与地纱1在交叉处（即图中的a、b处），衬垫纱显露在织物正面。图3－70（a）所示为工艺正面，图3－70（b）所示为工艺反面。我们可以利用交叉点显露不同色彩添纱的特性来编织具有牛仔布效应的针织物。例如地纱用蓝色涤纶丝，衬垫纱用白色棉纱，结果在蓝色地布的正面有规律的散布着小白点，织物外观别具风格，织物正面有涤纶织物特征，反面覆盖着的棉纱贴身舒适，整个织物挺括、厚实、尺寸稳定。

图3－71所示为以添纱组织为地组织的添纱衬垫组织的工艺反面，织物由地纱2、面纱1和衬垫纱3组成，故通常被称作三线衬垫或三线绒。在这种组织结构中，衬垫纱3周期性地在织物的某些圈弧上形成悬弧，与地纱交叉并夹在地纱2与面纱1之间，因此，衬垫纱既不显露在织物的正面，改善了织物的外观，又不易从织物中抽拉出来。

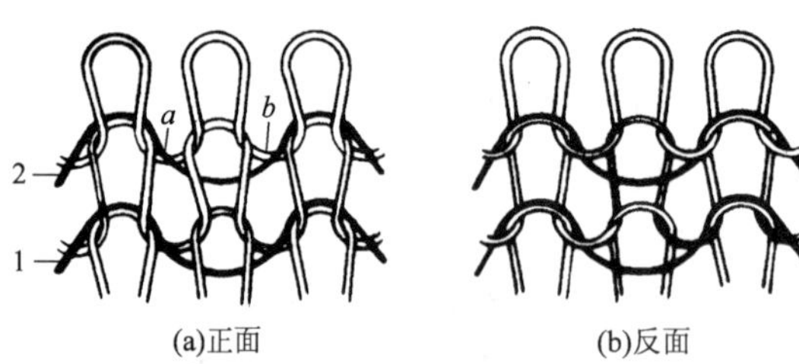

图3－70 平针衬垫组织

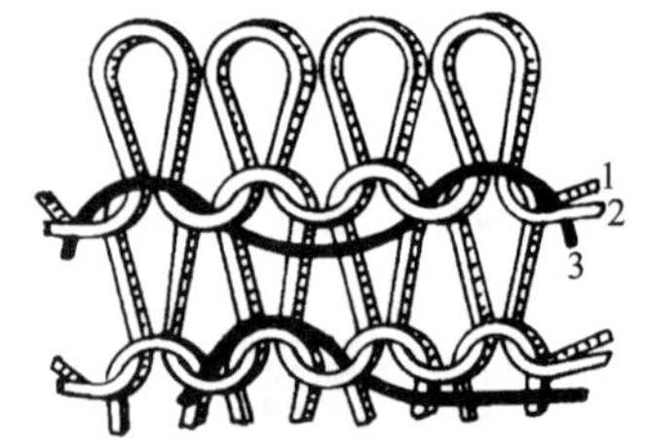

图3－71 添纱衬垫组织

衬垫组织主要用于绒布生产中，坯布整理过程中对露在织物反面的浮线进行拉毛，使衬垫纱成为短绒状，增加织物的保暖性，用以制作绒衣、绒裤。

在编织时，如果改变衬垫纱线的衬垫比例、垫纱顺序和衬垫纱的根数及粗细，可织得各种具有凹凸效应的结构花纹，还可以利用不同颜色的衬垫纱形成彩色花纹，用作外衣面料。

图 3－72 所示的织物中，由于衬垫纱 A 的衬垫比例不同，其浮线 1、2、3、4 的长度也就不一样，按一定规律排列，就形成了斜方形的凹凸花纹。还可形成另外一些凹凸形状。但必须指出的是浮线长度不应太长，否则，织物容易勾丝，坯布的延伸性和衬垫纱的固结牢度也会降低。

结构花纹的凹凸程度取决于衬垫纱线的线密度、针织物的密度以及浮线的长度。如果采用蓬松的或卷曲的衬垫纱，花纹的凹凸效应可以加强。

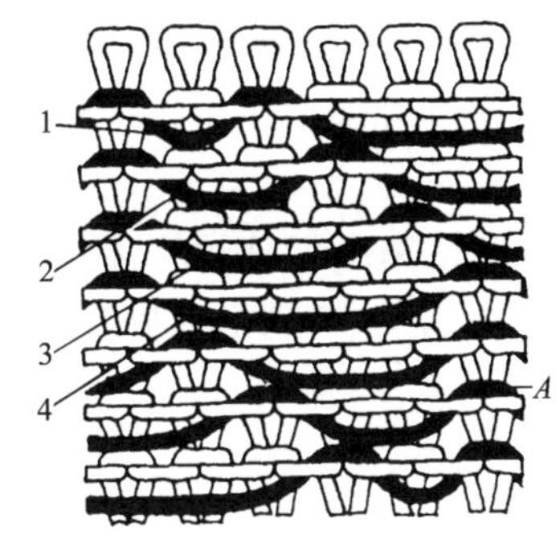

图 3－72　花色衬垫组织

五、毛圈组织

毛圈组织是由地组织线圈和带有拉长沉降弧的毛圈线圈组合而成的一种花色组织，在织物的一面或两面竖立着毛圈。一般是由平针线圈或罗纹线圈与带有拉长沉降弧的毛圈线圈一起组合而成，如图 3－73 所示为普通单面毛圈组织，它由黑、白（或白、灰）两根纱线一起成圈，白色地纱编织平针地组织，黑（灰）色毛圈纱编织带有拉长沉降弧的线圈，该沉降弧竖立在织物反面而形成毛圈。图 3－74 为一种双面毛圈组织，毛圈在织物的两面形成，图中纱线 1 形成平针地组织，纱线 2 和 3 形成带有拉长沉降弧的线圈与地纱线圈一起编织。纱线 2 的毛圈竖立在织物正面，纱线 3 的毛圈竖立在织物反面。

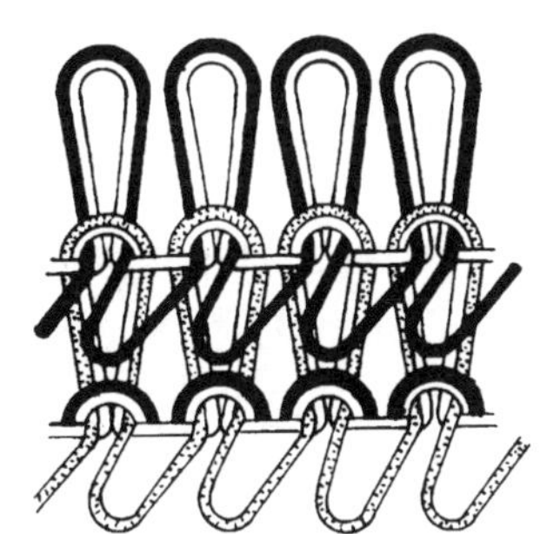
图3－73　普通单面毛圈组织

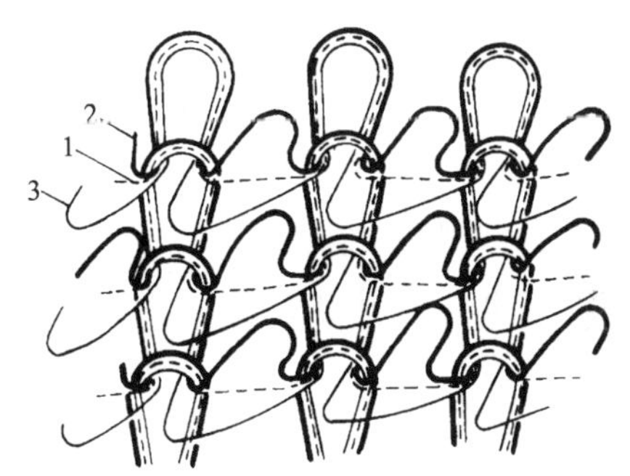

图 3－74　双面毛圈组织

毛圈组织可分为普通毛圈和花色毛圈两类，在每一类中还有单面毛圈和双面毛圈之分。在普通毛圈组织中，每一个地组织线圈上都有一只毛圈线圈；而在花色毛圈组织中，毛圈或是按照花纹图案，仅在一部分线圈中形成，从而形成浮雕式花纹毛圈；或是利用不同颜色的毛纱，根据一定图案形成两色、三色提花毛圈织物；或是形成两种不同高度的毛圈花式织物。单面毛圈组织的地组织为平针，毛圈只在织物的一面形成；双面毛圈组织的地组织为平针或罗纹，毛圈在织物的两面形成。

毛圈组织具有良好的保暖性和吸湿性，产品柔软、厚实，弹性、延伸性较好。针织毛圈织物由于毛圈纱与地组织纱线一起参加编织，故毛圈固着性好，毛圈纱不易被抽拉而影响织物的外观。同时，毛圈可以做得很密、很细，使毛圈竖立性好，不易倒伏，从而提高其服用性能和外观效应。毛圈较长的毛圈织物还可以通过剪毛形成天鹅绒织物。针织毛圈织物广泛用于毛巾衫、毛巾被、毛巾袜、浴巾等产品中。

六、长毛绒组织

长毛绒组织的织物又称为人造毛皮。这种组织的特点是织物表面有一层纤维状的绒毛，如图3－75所示。

长毛绒织物手感柔软，弹性、延伸性好，保暖性能佳，单位面积的重量比较轻，特别是用腈纶制成的针织人造毛皮，其重量比天然毛皮轻一半左右。

图3－75 长毛绒组织

纬编长毛绒组织有毛圈割绒式和纤维条喂入式两种，一般都是在与地纱编织平针组织的同时喂入纤维束或毛绒纱而形成的。

编织毛圈割绒式长毛绒组织时，先编织毛圈组织，然后在针织机上或下机后通过整理工序再将毛圈剪割、拉绒，形成割绒或天鹅绒式的长毛绒织物。这种方法形成的绒毛长度较短，但均匀、整齐。

纤维条喂入式长毛绒组织是在专门的人造毛皮机上编织的。在喂入地纱的同时，由专门的喂毛梳理机构喂入纤维状毛条，织针在运转过程中抓取一定量的纤维束并钩住喂入的地纱，两者一起编织成圈，纤维束的两个头端露在织物的反面形成毛绒。

长毛绒织物被大量用来制作服装（如仿兽皮服装、防寒服里料等）、各种装饰用品和毛绒玩具等。

七、衬经、衬纬组织

衬经、衬纬组织是在纬编基本组织、变化组织或花色组织的基础上衬入不参加成圈的经纱和纬纱而形成的。

图3－76为衬纬组织。它是在罗纹组织的基础上衬入一根纬纱，衬纬纱夹在双面织物的中间。衬纬组织多为双面结构。

图3－77所示为单面纬平针衬经、衬纬组织。从中可以看出，衬经、衬纬组织由三组纱线织成，第一组纱线A形成纬平针线圈；第二组纱线B形成经纱；第三组纱线C形成纬纱。从织物正面看经纱B是衬在沉降弧的上面和纬纱C的下面，纬纱C是衬在圈柱的下面和经纱B的上面。这种针织物具有类似机织物的外观和特性。因受经、纬纱的限制，织物纵、横向延伸性比较小，尺寸稳定性好；与机织物相比较，织物手感比较柔软，透气性较好，穿着较舒适。为阻止经、纬纱从织物中抽拉出来，一般采用较粗的经、纬纱，并适当增加织物的密度。这种织物适合用作各种外衣产品及工业用各种涂塑管道的骨架等。

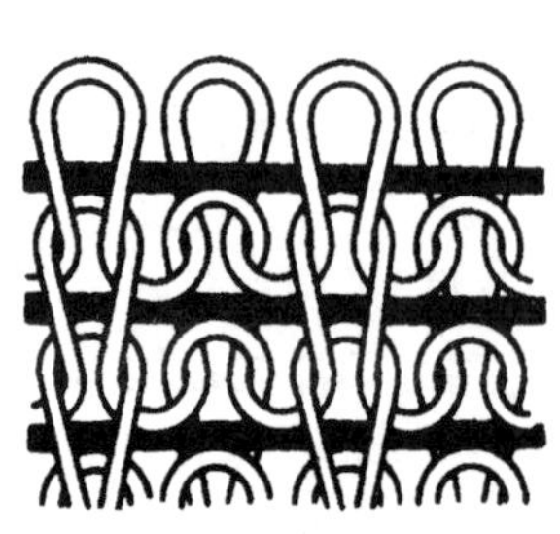

图3－76 衬纬组织

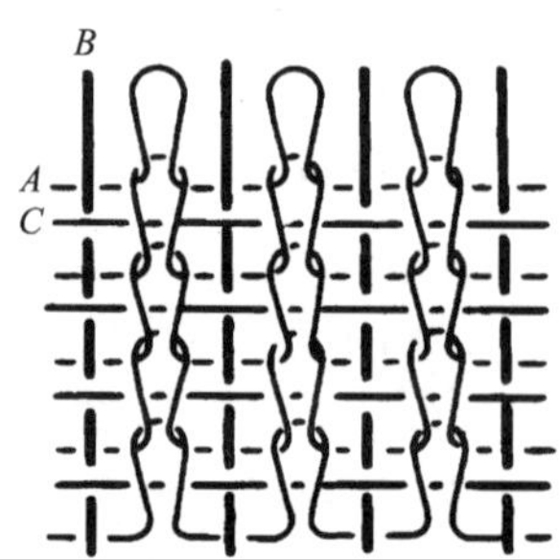

图3－77 单面纬平针衬经、衬纬组织

八、移圈组织

(一)移圈组织的结构

移圈组织是在纬编基本组织的基础上按照花纹要求将某些线圈进行移圈,即从某一纵行转移到另一纵行而形成。通常根据转移线圈纱段的不同,将移圈组织分为两类:在编织过程中转移线圈针编弧部段的组织称为纱罗组织,而在编织过程中转移线圈沉降弧部段的组织称为菠萝组织。由于纱罗组织应用较多,习惯上称其为移圈组织。

1. 纱罗组织　根据地组织的不同,纱罗组织可分为单面和双面两类。利用地组织的种类和转移方式的不同,可在针织物表面形成各种花纹图案。

图 3－78 为一种单面网眼纱罗组织。移圈方式按照花纹要求进行,可以在不同针上以不同方式移圈,形成具有一定花纹效应的网眼。例如,图 3－78 中第 Ⅰ 横列,针 2、4、6、8 上的线圈转移到针 3、5、7、9 上;第 Ⅱ 横列,针 2、4、6、8 将在空针上垫纱成圈,在织物表面,那些纵行暂时中断,从而形成孔眼。

图 3－79 为一种单面绞花纱罗组织。移圈是在部分针上相互进行的,移圈处的线圈纵行并不中断,这样在织物表面形成扭曲状的花纹纵行。

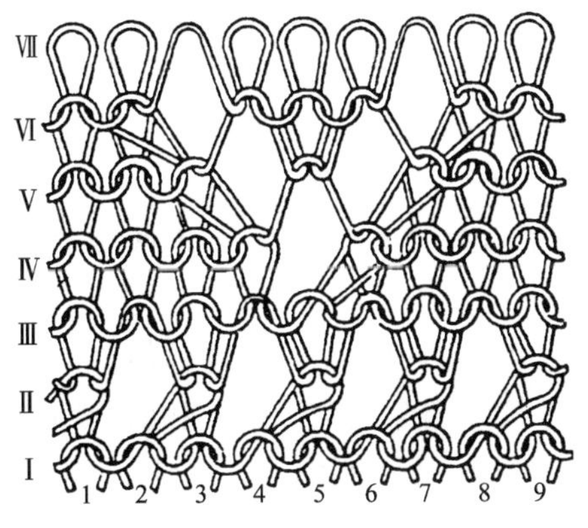

图 3－78　单面网眼纱罗组织

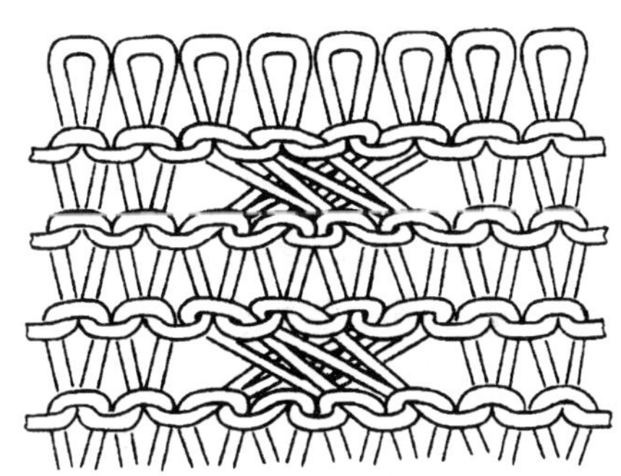

图 3－79　单面绞花纱罗组织

图 3－80 和图 3－81 是双面纱罗组织。双面纱罗组织可以在针织物一面进行移圈,即将一个针床上的某些线圈转移到同一针床的相邻针上,也可以在针织物两面进行移圈,即将一个针床上的线圈移到另一个针床与之相邻的针上,或者将两个针床上的线圈分别移到各自针床的相邻针上。图 3－80 显示了正面线圈纵行 1 上的线圈 3 被转移到另一个针床相邻的针(反面线圈纵行 2)上,呈倾斜状态,形成开孔 4。图3－81 所示为在同一针床上进行移圈的双面纱罗组织。图 3－81(a):在第 Ⅰ 横列,将同一面两个相邻线圈朝不同方向转移到相邻的针上,即针 5、针 7 上的线圈分别转移到针 3、针 9 上。在第 Ⅱ 横列,将针 3 上的线圈转移到针 1 上。在以后若干横列中,如果使移去线圈的针 3、针 5、针 7 不参加编织,而后再

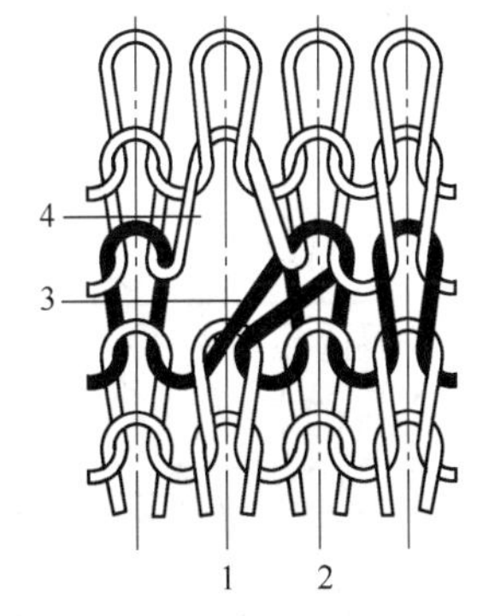

图 3－80　一个针床向另一个针床移圈的双面纱罗组织

重新成圈，则在双面针织物上可以看到一块单面平针组织区域，这样在针织物表面就形成凹纹效应。而在两个线圈合并的地方，产生凸起效应，从而使织物的凹凸效果更明显。图3－81(b)为在5＋3罗纹组织基础上部分织针在同一针床上交错进行移圈形成的绞花花纹织物的实物图。图3－81(c)为在双面组织基础上利用同一针床移圈形成的绞花组织与双反面组织组合形成的花色织物。

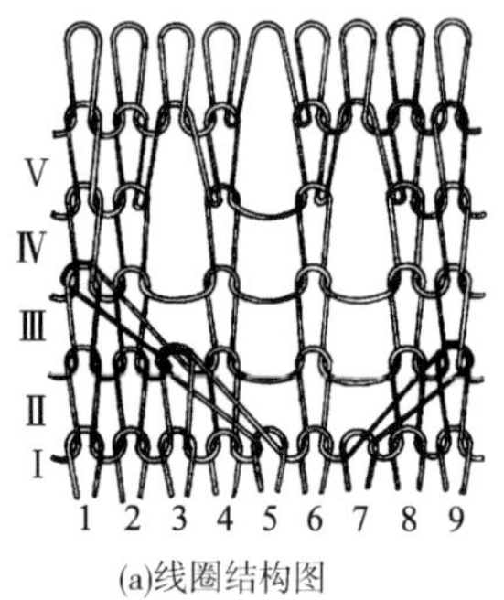

(a)线圈结构图

(b)绞花花纹织物

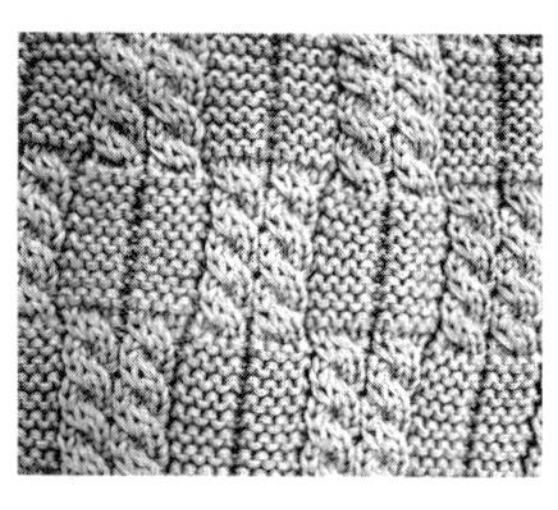
(c)花色织物

图3－81　同一针床移圈的双面纱罗组织

2. 菠萝组织　将某些线圈的沉降弧与相邻线圈的针编弧挂在一起，使有些新线圈既与旧线圈的针编弧串套，还与沉降弧发生串套，这种组织叫作菠萝组织。

菠萝组织可以在单面组织基础上形成，也可以在双面组织的基础上形成。

在编织菠萝组织的成圈过程中，必须将旧线圈上的沉降弧套到针上，使旧线圈的沉降弧连同针编弧一起脱圈在新线圈上。

图3－82是以平针组织为基础形成的一种菠萝组织。图中表示了沉降弧转移的三种不同结构。其中沉降弧1套在右边一枚针上，因此，一只平针线圈穿过沉降弧1和旧线圈7的针编弧，沉降弧1被拉长，从而使相邻线圈6、7缩小。而沉降弧3套在相邻两枚针上，沉降弧3的长度比沉降弧1更长，使线圈4、5比线圈6、7更小。沉降弧8拉长到两个横列高度，并和下一横列的沉降弧9一起套到两枚针上，因此线圈10和11就变得更小，使织物形成菠萝状的凹凸外观，并产生孔眼，增加了织物的透气性。图3－83是在2＋2罗纹基础上转移沉降弧形成的双面菠萝组织，两个纵行1之间的沉降弧2转移到相邻两枚针1上，形成孔眼3。

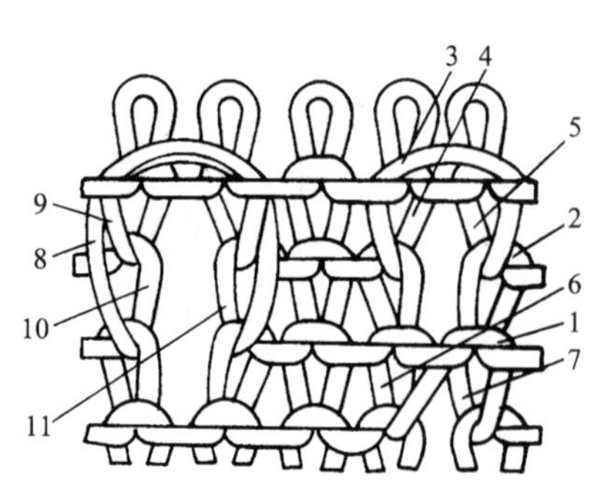

图3－82　单面菠萝组织

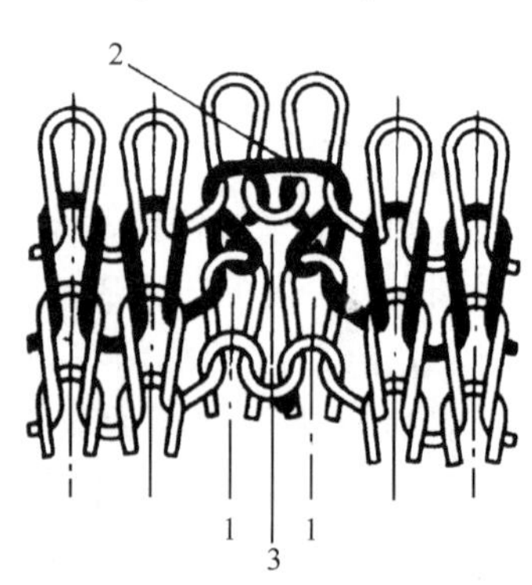

图3－83　在2＋2罗纹基础上形成的双面菠萝组织

(二)移圈组织的特点

移圈组织可以形成孔眼、凹凸、纵行扭曲等效应。如将这些结构按照一定的规律分布在针织物的表面,则可以形成所需要的花纹图案。移圈组织的透气性较好。

纱罗组织的线圈结构,除在移圈处的线圈圈干有倾斜和两线圈合并处针编弧有重叠外,一般与它的基础组织并无多大差异,因此纱罗组织的性质与它的基础组织相近。

纱罗组织的移圈原理可以用来编织成形针织物、改变针织物的组织结构以及使织物由单面编织改为双面编织或由双面编织改为单面编织。

菠萝组织针织物的强力较低,因为菠萝组织的线圈在成圈时,沉降弧是拉紧的,当织物受到拉伸时,各线圈受力不均匀,张力集中在张紧的线圈上,纱线容易断裂,使织物表面产生破洞。

移圈组织的应用以纱罗组织占大多数,主要用于生产毛衫、妇女时尚内衣等产品。

九、绕经组织

1. 绕经组织的结构　绕经组织是在某些纬编单面组织的基础上,引入绕经纱的一种花色组织。绕经纱沿着纵向垫入,并在织物中呈线圈和浮线,可以与地组织线圈一起形成提花衬垫和添纱结构,绕经组织织物俗称吊线织物。

图 3 – 84 所示的是在平针组织基础上形成的绕经组织。绕经纱 2 所形成的线圈显露在织物正面,反面则形成浮线。图 3 – 84 中 Ⅰ 和 Ⅱ 分别是绕经区和地纱区。地纱 1 编织一个完整的线圈横列后,绕经纱 2 于绕经区在被选中的织针上编织成圈,同时地纱 3 在地纱区的织针上以及绕经区中没有垫入绕经纱的织针上编织成圈,绕经纱 2 和地纱 3 的线圈组成了另一个完整的线圈横列。按此方法循环便形成了绕经组织。

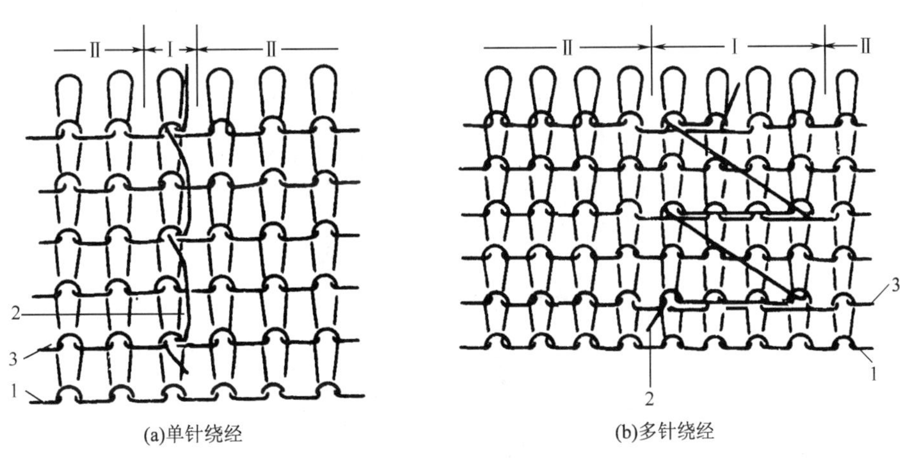

图 3 – 84　绕经组织的结构

2. 绕经组织的特性　由于绕经组织中引入了沿纵向分布的绕经纱,从而使织物的纵向弹性和延伸性有所下降,纵向尺寸稳定性有所提高。

一般的纬编组织难以产生纵条花纹效应,利用绕经结构,并结合不同颜色、细度和种类的纱线,可以方便地形成色彩和凹凸的纵条花纹,再与其他花色组织结合,可形成方格等效应。绕经组织在 T 恤衫和休闲服面料、袜子、装饰织物中应用较多。

十、波纹组织

凡是由倾斜线圈形成波纹状的双面纬编组织称为波纹组织。该组织的结构单元是正常的直立线圈和向不同方向倾斜的倾斜线圈，如图3－85所示，倾斜线圈的排列方式不同，便可得到曲折、方格、条纹及其他各种花纹。

图3－85　波纹组织

用于波纹组织的基本组织是各种罗纹组织、集圈组织和其他一些双面组织。所采用的基础组织不同，波纹组织的结构和花纹也不同。图3－85是在2＋2罗纹组织基础上形成的波纹组织。编织这种织物时，针按2＋2罗纹配置，每编织两个横列之后，使一只针床横移3个针距。这样，在原来是正面线圈的纵行上编织的是反面线圈，而在反面线圈的纵行编织正面线圈。然后又反向移过3个针距，这样可得到倾斜状较宽的波纹。为了使一个针床相对另一个针床横移3个针距，在编织倾斜线圈1、2时应增大弯纱深度，使线圈1、2的长度比直立线圈3的长度大些。波纹组织的性质与它的基础组织基本相同，差别主要在于线圈的倾斜。因此所形成的针织物比基础组织稍宽，而长度较短。

在编织波纹组织时，按花纹需要关闭一些针，使这些针退出工作位置，不仅可以增加各种花色效应，而且可以减轻针织物的重量，减少原料的消耗。

十一、调线组织

调线组织是在编织过程中轮流改变喂入的纱线，用不同种类的纱线组成各个线圈横列的一种纬编花色组织。图3－86显示了利用三种纱线轮流喂入进行编织而得到的纬平针为基础的调线组织。调线组织的外观效应取决于所选用的纱线的特征。例如，最常用的是不同颜色的纱

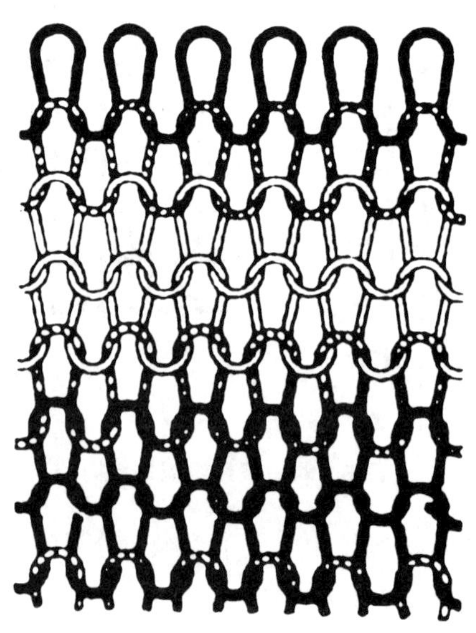

图3－86　调线组织

线轮流喂入,可得到彩色横条纹织物;还可以用不同细度的纱线轮流喂入,得到凹凸横条纹织物;用不同光泽纤维的纱线轮流喂入,得到不同反光效应的横条纹织物等。

调线组织可以在任何纬编组织的基础上得到,如单面的平针组织、衬垫组织、毛圈组织、提花组织等,双面的罗纹组织、双罗纹组织及提花组织等。

由于调线组织在编织过程中线圈结构不起任何变化,故其性质与所采用的基础组织相同。调线组织可以形成彩横条、凹凸横条纹等效应。调线组织常用于生产针织T恤衫、运动衣面料及休闲服饰等。

任务六　圆型纬编技术的最新进展

由于圆纬机产量高,花型变换快,产品适应性强,原料适用范围广,生产工艺流程短,设备投资少,经济效益比较高,因此在国际上圆型纬编机及纬编针织品发展较快。圆纬机总的发展趋势是高效率、高机号、多功能、互换性强和微电子技术应用。

一、高效率

圆纬机的产量主要决定于机器转速的高低、进线路数的多少和针筒直径的大小等因素。非特殊花式结构的针织机常常采用高速多路来提高生产效率。

近20多年来,随着编织系统及三角与织针等机件的不断优化设计,材料质量及加工制造水平的提高,电脑控制与故障检测技术的发展,圆纬机的稳定生产最高速度一直在逐步提高。

1. 提高圆纬机速度　圆型纬编机的速度通常用速度因素来表示:

速度因素 = 针筒直径 × 转速

以762mm(30英寸)筒径的棉毛机为例,1957年大约为15r/min,1977年为30r/min,1996年四针道单面机转速最高可达55r/min,速度因素达1650;针筒直径864mm(34英寸)的高速罗纹机,理论转速达50r/min,速度因素高达1700。但真正能够长期稳定生产的实际转速还是与最高速度有一定差距。就目前国际先进水平而言,普通单面和双面圆纬机的稳定生产最高速度分别可达762mm(30英寸)筒径45r/min和37r/min;电脑圆机可达762mm(30英寸)筒径14r/min和20r/min,少数可达23~24r/min。德国迈耶·西公司近年推出的沉降片相对运动单面机(Relanit3.2Ⅱ),762mm(30英寸)筒径、96路进线最高速度可达45r/min,即每分钟可编织4320个横列。

提高速度的主要措施如下。

(1)改善三角用材料,增加三角硬度,用计算机设计曲线三角,精磨加工。

(2)采用特殊织针。其主要有以下几个方面。

①改进织针针头,减少针钩尺寸和针舌长度,缩短针舌动程,如格罗斯—柏克(Groz-Beckert)公司生产的高效舌针,针舌动程已缩短到6mm,见图3-87(a),这样可大大减少织针完成编织所需的动程。图3-87(b)为普通舌针。

②去掉织针没用部分,如针踵开凹口等,以使织针更轻,弹性更好,适合高速运动。

③使用新型复合针,使针的运动动程大大减少,从而使三角角度减小,所占空间也减小,有利于提高机速和增加进线路数。图3-88是迈耶·西公司的RELANIT CG型圆纬机上使用的

复合针，这种复合针由针身1和可在针身槽内滑动的针芯2两部分构成。

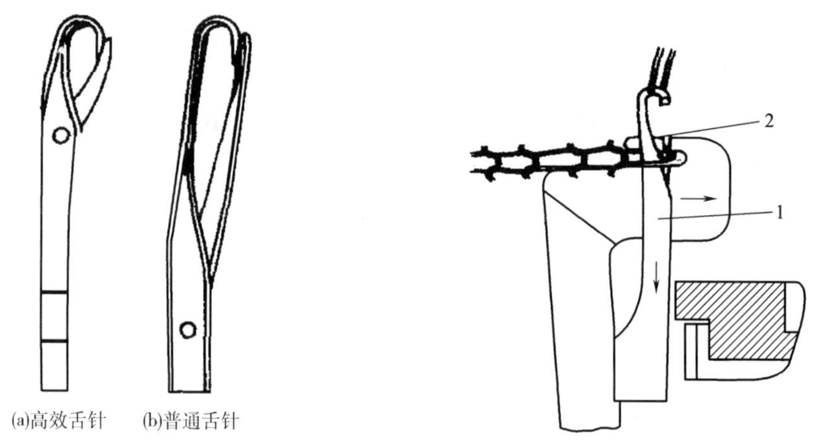

图3-87 高效舌针与普通舌针比较

图3-88 圆纬机使用的复合针

图3-89为复合针的成圈过程。

图3-89(a)所示，针身1上升和针芯2向下运动，针口打开，准备退圈。沉降片3向针筒中心运动，将旧线圈4推向针背，辅助牵拉和防止退圈时重套。

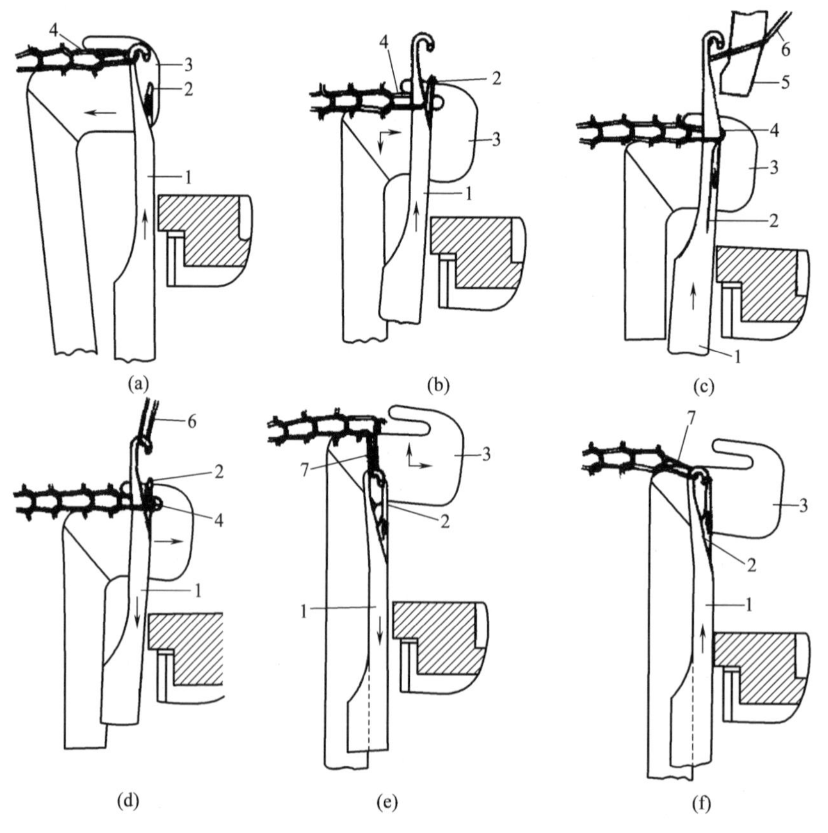

图3-89 复合针的成圈过程

图 3－89(b)所示，针身 1 继续向上运动，沉降片 3 向下运动，使在针头中的旧线圈 4 向针身下方移动，到达 1 与 2 交汇处。此时沉降片 3 略向外移，放松线圈。

图 3－89(c)所示，随着针身 1 上升和针芯 2 的进一步下降，旧线圈 4 滑至针杆上完成了退圈。导纱器 5 开始对针垫入新纱线 6。

图 3－89(d)所示，针身 1 下降，针芯 2 上升。针口开始关闭，旧线圈 4 移至针芯 2 外开始套圈，针钩接触新纱线后开始弯纱。

图 3－89(e)所示，随着针身 1 进一步下降与针芯 2 的上升，针口完全关闭。与此同时，沉降片 3 向上向外运动，使旧线圈脱圈，新纱线 6 弯成封闭的新线圈 7。

图 3－89(f)所示，针身 1 和针芯 2 同步上升，放松新线圈，处于握持位置。

由于成圈过程中，针身与针芯反向运动，使针的运动动程大大减少(约为普通舌针的一半)，三角角度可减小，所占空间也减小，有利于提高机速和增加路数。同时这种针编织的线圈更均匀，运行更安全，对纱线质量要求可降低，线圈密度可在更大范围内作选择，可达到很高的针织密度并提高织物质量。

④采用无舌织针。由于采用无舌织针的机器需要增加一条三角跑道，使机构较为复杂，目前较少使用。

(3)采用特殊沉降片。为了减少织针在成圈过程中的动程，提高机速，新型针织机上采用了双向运动沉降片或斜向运动沉降片。斜向运动沉降片示意图如图 3－90 所示，它配置在与水平面呈 α 角(一般约为 20°)倾斜的沉降片圆环中。当沉降片受到三角控制沿斜面移动一定距离 c 时，将分别在水平径向和垂直方向产生动程 a 和 b。当织针上升退圈时，沉降片向针筒中心运动，片喉向前、向下运动，握持住沉降弧；当织针下降弯纱成圈时，沉降片向针筒外退出，使起握持作用的片颚线升高，这样为了达到同样弯纱深度，织针下降动程可减少。

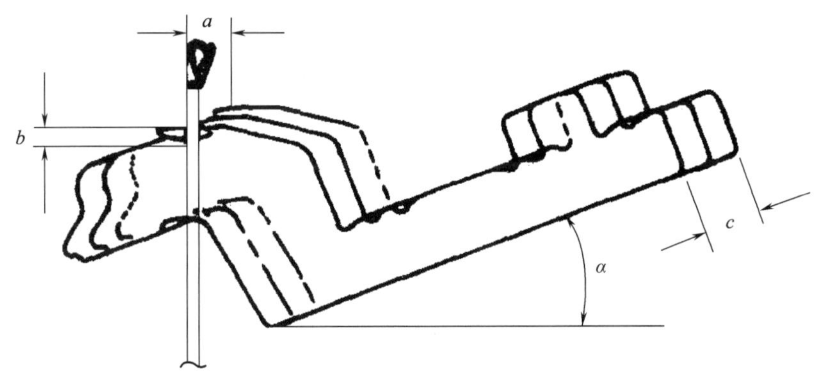

图 3－90　斜向运动沉降片示意图

2. 增加进线路数　普通多针道圆纬机一般为 3 路/25.4mm(英寸)筒径，目前已有 4 路/25.4mm(英寸)筒径、5 路/25.4mm(英寸)筒径的针织机，称为多路技术。如直径 864mm (34 英寸)、28 机号的单面大圆机，采用 5 路/25.4mm(英寸)筒径技术时，进线路数达 170 路。带有选针装置的提花圆机成圈系统数一般在 1.5～3 路/25.4mm(英寸)筒径。多路的目的是增加产量，也增加了彩横条色织产品的间条宽度，有的甚至可以替代部分电脑自由间条产品。

但路数的增加会增加纬斜，如 3 路/25.4mm(英寸)筒径，纬斜率在 3.5% 左右；5 路/

25.4mm(英寸)筒径,纬斜率在5.8%左右。故有的针织机生产厂家为了减少织物纬斜,减少织疵,提高坯布内在质量,也逐渐将圆纬机总进线路数减少至48~72路,以求优质高产。多路产生的纬斜可以在织造中采用新型方形扩布器加以改善或者设法在织物后整理中加以消除。

3. 大筒径 目前国内引进的大圆机以762mm(30英寸)和864mm(34英寸)筒径为主,但近年来针筒直径有扩大的趋势,特别是罗纹针织机更是如此。许多厂商都生产965mm(38英寸)、1372mm(54英寸)筒径的大圆机,甚至有1524mm(60英寸)筒径的大圆机问世。在这种机器上,筒状织物被从两侧剪开,并卷绕到两个卷布辊上,以解决其下布问题。目前国内因后整理设备的门幅宽度因素,还不适应1016mm(40英寸)以上大筒径坯布的后处理。

此外,还从多方面采取措施以减少停机时间,提高产量。如采用高机架以增大卷布直径,有的针织机卷布直径可达1524mm,布卷重达400kg。

二、高机号、细针距

近30多年来,圆纬机的机号一直在稳步提高,但高机号圆纬机对原料(尤其是纯棉纱)要求十分苛刻。随着针织机械加工技术的提高,以及新型细特(高支)高质量纱线的生产,目前国外单面四针道圆纬机的最高机号已达*E*60,双面棉毛机的最高机号已达*E*46,并且可以生产出质量稳定的超薄、超轻高档针织面料。电脑提花圆纬机由于受到电子选针器选针频率和可靠性的限制,机号还未达到机械选针圆纬机的水平,但机号也有一定的提高。

三、低机号、粗针距

低机号粗针距圆纬机一般是指机号不大于10针/25.4mm,目前已有3针/25.4mm的,这类机器可以编织粗犷的织物,其外观类似横机产品,但是生产效率高于横机,适宜制作时装、女外套等,成为当前针织外衣面料的流行趋势之一。该类机器针距较大,通常每一路成圈系统的横向尺寸也较大,机号越低路数越少。虽然路数少会使单位时间内生产的织物长度减少,但由于粗针距圆纬机用纱较粗,因此单位时间产量(重量)与普通机号圆纬机差不多。

四、无沉降片技术

在传统的单面机中,沉降片是通过径向运动以辅助织针形成线圈,这个过程可能会导致织物上最常见的竖条缺陷。厦门立圣丰机械有限公司研发了DS 3.0无沉降片圆纬机,它用一个固定的插片和一个脱圈片替代了传统的沉降片,插片不需要运动,脱圈片用来脱圈,这样可以极大地减少织针的磨损,延长织针的使用寿命,而且避免了沉降片与线圈的摩擦,生产的面料可以避免出现竖条,同时避免布面损伤和弹性纤维错位缺陷,以生产出高质量的织物。

五、多功能、多品种

目前市场上产品变化快,流行周期越来越短。为了适应这一要求,许多厂家都注意了扩大提花机构的提花能力,扩大部件的通用化,以实现机台的多功能,生产多品种。

1. 多针道 采用多针道,以增加花色品种。针筒、针盘增加针道是增加花色品种的一种方法。目前针筒一般为4~6针道,针盘一般为2针道,也有3针道、4针道的。并且各针道可以方便地变换集圈、浮线或成圈编织。

2. 一机附装各种机构 如变换三角、附装调线装置、衬纬衬经装置、变换导纱器等,以生产多品种织物。英国 Quattro3 Plush 机型一机三用(四针道单面机、三线绒机、毛圈机),台湾凹凸公司的 WS/32F 单面机一机五用(四针道、三线绒机、毛圈机、提花轮网眼机、彩横条机)。

3. 单、双面机互换,棉毛、罗纹互换,不同针距的针筒互换 圆纬机的主要部件如机架和编织部分的通用化进展较快,如德国泰罗特(Terrot,又称德乐)公司和我国上海第七纺织机械厂已将单、双面圆纬机统一用一种机架;泰罗特公司还将 S3P172 型、UP372 型、UMT172 型三种机型的编织系统实现通用,其通用程度达 90% ~98%;我国台湾佰龙罗纹机上装有沉降片环,使双面机可织单面布,断纱也不需人工套布,可以自动继续运转织布;我国沈阳马拉劳达公司生产的 SDI 单面针织机首创不拆移上盖传动装置就能更换不同针距针筒的技术,使同一台机器可根据需要编织轻薄型或厚重型织物,变换品种快捷灵活。

六、电子技术的普遍应用

针织圆纬机已广泛采用电子技术,实现机电一体化。电子技术主要用于计算机花型设计、电子选针提花、调线控制编织自由彩横条织物、控制三角自动调节织物密度、声光停机显示、电脑控制定时定量加油、机上光电织疵检测技术及机台运转管理等方面。如泰罗特、迈耶·西等公司的电脑圆纬机已采用智能电脑系统,使针织机在智能化、自动化方面更进了一步。迈耶·西公司的 RELANIT ER 型机,是在 RELANIT 沉降片双向运动单面机上加装了电脑选针器和四色调线机构。其特点为:取消沉降片环,而将沉降片布置在针筒上,外形简单,操作方便,但制造精度高,沉降片针道复杂。泰罗特公司 MK7 型多功能双面电脑提花机和 SCC4F148 型单面调线提花机,由最新中文版 PATRONIK5000 型计算机进行花型设计、控制,采用特殊设计的"浮线—集圈—成圈"三角系统的三位置选针专利技术,低惯性电磁铁确保电脑控制选针准确,运转平稳。同时,双面机略加调整即可织单面产品。这些机器都是能代表当代最新水平的先进机型。另外,电脑控制的计件圆纬机上,由电脑控制衣坯尺寸变化、罗口编织、提花选针、四色调线和横列计数等。这种机器有的具有移圈功能,线圈既可从针盘针移到针筒针,也可从针筒针移到针盘针。电脑除用于单机外,还可使各针织机电脑与中央计算机串接,以监控多台机器的产品质量和操作数据。

七、其他改进

各制造厂都十分重视提高圆纬机的制造质量,除了改进机器设计和提高加工精度(如针筒、织针、三角和沉降片的形状结构设计、材质选用、提高加工精度)外,还十分注意功能性措施的研究和采用,如吊线装置、积极式给纱装置、自动加油装置、密封式落地纱架、方形绷布架机构、直流力矩电动机牵拉卷取机构、开幅式牵拉卷取机构和气流式牵拉机构等,以期从各个方面保证针织品质量的提高。

1. 吊线装置 纬编针织物是由纱线纬向喂入,顺序成圈编织而成,故一般是形成横向条纹。要形成纵向花纹,则必须采用专门的吊线(绕经)装置。吊线装置的经纱与针筒同速旋转,由选针机构控制织针,按花纹要求有选择地垫上经纱成圈,得到明显的纵向花纹,形成我们前面介绍过的绕经组织织物。

2. 积极式给纱装置 在高速多路圆纬机上,给纱张力的均匀与否对织物质量起着十分重要的作用。给纱张力不匀,除影响线圈均匀外,还会导致漏针、断纱脱套等。因此,新型针织机上均装有积极式给纱装置,主动地向编织区域输送定长纱线,使各路进线张力均匀,纱线间张力差异较小，以提高布面清晰度。

3. 自动加油装置 针织机在运转过程中必须定期加油，尤其是织针、针槽和针道等重要部位，必须定时、定量给予润滑，以减少机件的磨损。加油方式有手工定期加油、机械式和电动式自动加油。新型纬编机上多采用喷雾式加油，并由电脑控制每根油管的加油量。它是以气体为动力，将润滑油喷射成雾状，均匀地喷散到织针、针道和其他机件上。这种方式加油量均匀，油粒子细小，油量多少可由气体流量的大小加以调节。

4. 密封式落地纱架 在编织棉纱的针织机上，由于飞花而造成的织疵损失是比较大的，为此有的机器采用了密封式落地纱架，纱筒横放在透明的密封纱架中，用气流经管道将纱线送到积极式输线装置上，飞花大大减少。密封纱架中相对湿度为70%～80%，棉纱因加湿而更柔软，化学纤维丝因加湿而减少静电。同时气流送纱可缓和纱线的张力，其穿纱用压缩空气吹枪解决。

5. 牵拉机构的改进 方形绷布架机构、直流力矩电动牵拉机构、开幅式牵拉卷取机构和气流式牵拉机构等都是对传统牵拉卷布装置的有效改进，它们能均衡牵拉张力，减轻纬斜现象，使布面花纹更清晰，且布卷内外松紧一致，从而提高坯布质量。

6. 外调方式变换三角 目前针织圆纬机外调变换成圈、集圈、浮线三角形式有两种。其一，通过旋转设置在三角座上的旋钮，使三角进行成圈、集圈、浮线3功位之间的转换，这种活络形式通常被称为外调摇摆三角；其二，在不拆三角座的情况下直接将三角由三角座中拉出换成需要的三角再插入三角座，这种形式通常被称为吊拉式三角。摇摆式外调三角可用于提花针织机的针盘三角，也可在针织圆纬机的针盘三角、针筒三角中同时使用，这种方式机件多、结构比较复杂，飞花容易进入，而且轧针后针踵易藏在缝隙中不易发现。吊拉式外调三角一般用于提花机的针盘三角，这种形式结构简单，操作方便，广泛应用在提花机上。

八、成形编织

成形产品编织是横机的优势，横机可以方便地利用收针、放针来改变织物的宽度，进行羊毛衫、手套等成形产品的编织。近年在袜机的基础上发展而来的圆型无缝内衣针织机，它具有袜机除编织头、跟之外的所有功能，并增加了一些机件以编织多种结构与花型的无缝内衣，一次性基本成形，产品整体性好，舒适时尚。

目前用于生产成形产品的圆型针织机还有无缝针织小圆机。无缝针织小圆机通常是指筒径为101.6～304.8mm的双面圆机，选针方式可为三角选针和电子选针，可编织一个整筒花型，也可编织变换组织，运动平稳、转速高。针织小圆机常用于生产无接缝针织面料，比如裤腿和护膝。编织整筒坯布可用作裤腿，添加氨纶编织后主要用于制作保暖裤，减少染色、裁剪环节，省工省料，是生产加厚保暖裤和打底裤的发展趋势。

成形编织的内容将在第五章第二节中加以介绍。

思考与练习题

1. 简述络纱的目的和要求。
2. 针织生产中采用的筒子卷装形式有哪几种？各自具有什么特点？各适用于什么原料？
3. 简述纬平针织物的性能特点，在实际应用中如何扬长避短？

4. 简述罗纹组织的特性和用途。
5. 双罗纹、双反面组织有何特性和用途?
6. 罗纹机有哪些主要成圈机件? 它们在成圈过程中起什么作用?
7. 何谓滞后成圈、同步成圈和超前成圈? 简述它们的特点和适用场合。
8. 简述高速罗纹机与普通罗纹机配置上的不同。
9. 双罗纹机与罗纹机在成圈机件配置上有何主要不同?
10. 新型棉毛机与普通棉毛机相比有哪些技术进步?
11. 针织物组织结构的表示方法有哪些? 简述它们各自的优缺点和适用场合。
12. 集圈组织的结构单元是什么? 简述其性能特点和用途。
13. 提花组织的结构单元是什么? 简述其性能特点和用途。
14. 添纱组织有哪几种? 简述其特点和应用。
15. 简述衬垫组织的结构和用途。
16. 简述毛圈组织的服用性能和用途。
17. 纱罗组织与菠萝组织在结构上有何不同? 简述移圈组织的性能和用途。
18. 简述绕经组织的结构和特性。
19. 简述波纹组织的结构和特性。
20. 简述调线组织的结构和特性。
21. 简述纬编技术的最新进展。

思政园地

经纬创新:“织”造融合之美,
赋能纺织强国新征程

项目四　经编针织

[课件]项目四

知识点

1. 经编针织物的结构、特点和分类。
2. 整经的目的和要求。
3. 经编针织物组织结构的表示方法。
4. 经编针织物的基本组织、变化组织及其基本性能。
5. 经编机的种类和一般结构。
6. 槽针经编机的成圈机件与成圈过程。
7. 舌针经编机的成圈机件与成圈过程。
8. 钩针经编机的成圈机件与成圈过程。
9. 双针床经编机的成圈过程及其编织特点。
10. 经编花色组织。
11. 经编技术的最新进展。

任务一　经编针织物的特点与分类

一、经编针织物的特点

经编是指由一组或几组经向平行排列的纱线，于经向喂入平行排列的所有织针上，同时进行成圈而形成针织物的一种方法。由这种方法形成的针织物叫经编针织物，生产经编针织物的机器叫经编机。

[动画]经编针织物的形成

经编针织物与纬编针织物的不同在于：一般纬编针织物中的每根纱线形成的线圈沿横向分布，而经编针织物中每根纱线形成的线圈沿纵向分布；纬编针织物的每个线圈横列由一根或几根纱线形成，而经编针织物的每个线圈横列由一组或几组纱线形成，每组纱线的数目可达几百上千根；纬编针织物是织针顺序垫纱成圈形成，而经编针织物是所有织针同时垫纱成圈形成。由于成圈方式的不同，经编针织物的结构、性能和生产方法具有以下特点。

1. 经编针织物的生产效率高　最高机速已达3300r/min，幅宽达5334mm（210英寸），生产效率可达98%。

2. 与纬编针织物相比经编针织物的延伸性比较小　大多数纬编针织物横向具有显著的延

伸性,而经编针织物的延伸性与梳栉数及组织有关,有的经编针织物横向和纵向均有一定延伸性,但大多数经编针织物则延伸性很小,尺寸稳定性也很好。

3. 经编针织物防脱散性好　经编针织物不会因断纱、破洞而引起线圈的脱散现象,防脱散性能很好。

4. 经编起花能力强,花纹变换快捷简单

5. 网眼形成能力强　在生产网眼织物方面,与其他生产技术相比,经编技术更具实用性。生产的网眼织物可以有不同大小和形状,并且织物形状稳定。

6. 能方便地生产成形产品　在双针床经编机上能方便地生产如连裤袜、三角裤、无缝紧身衣和手套等成形产品。

二、经编针织物的分类

经编针织物品种繁多,有多种分类方法,如根据用途、形成方法、结构、性能特点等进行分类。

(一)根据用途来分类

1. 服装用经编针织物　如内衣、外衣、运动衣、泳衣、头巾、袜子、手套等。

2. 装饰用经编针织物　如窗帘、窗纱、帷幔、缨穗、床罩、沙发布、台布、地毯、汽车用布、墙布以及其他家具装饰用布、枕巾、床单、蚊帐、浴巾、毛巾等。

3. 产业用经编针织物　如筛网、渔网、传送带、水龙带、绝缘布、过滤布、油箱布、降落伞、育秧网、护林网、帐篷、土工布、纱布、绷带、止血布、人造血管等。

(二)根据经编针织物形成方法、结构与性能特点来分类

1. 特利柯脱经编织物　如外衣、衬衣、运动衣、头巾、服装衬里、海滨服、便服、睡衣等面料。

2. 弹性经编织物　如弹性内衣、泳装、紧身衣、运动衣、体操服、滑雪服等面料。

3. 贾卡经编织物　如窗纱、台布、沙发靠背与扶手、床罩和装饰性服装面料等。

4. 多梳经编织物　如服饰花边、多梳窗帘和时装面料等。

5. 产业用网眼经编织物　如建筑用防护网、农业用防护网、军事用隐蔽网、遮阴网等。

6. 双针床毛绒织物　如沙发面料、汽车座椅面料、玩具绒、腈纶毛毯、棉毯、人造毛皮、地毯等。

7. 双针床筒形织物　如弹性绷带、包装袋、连裤袜、手套、三角裤等。

(三)根据经编针织物的组织结构分类

与纬编针织物一样,经编针织物也用组织来命名与分类。一般分为基本组织、变化组织和花色组织三类,并有单面和双面两种。

经编基本组织是一切经编组织的基础,它包括单面的编链组织、经平组织、经缎组织、重经组织,双面的罗纹经平组织等。

经编变化组织是由两个或两个以上基本经编组织的纵行相间配置而成,即在一个经编基本组织的相邻线圈纵行之间,配置着另一个或另几个经编基本组织,以改变原来组织的结构与性能。经编变化组织有单面的变化经平组织(经绒组织、经斜组织等)、变化经缎组织、变化重经组织以及双面的双罗纹经平组织等。

经编花色组织是在经编基本组织或变化组织的基础上,利用线圈结构的改变,垫纱运动的变化,或者另外附加一些纱线或其他纺织原料,以形成具有显著花色效应和不同性能的花色经编针织物。经编花色组织包括少梳栉经编组织、缺垫经编组织、压纱经编组织、毛圈经编组织、

贾卡经编组织、多梳栉经编组织、双针床经编组织、轴向经编组织等。

任务二　经编准备——整经

一、整经的目的与要求

整经的目的是将筒子纱按照所需要的根数和长度，平行卷绕成一定形状和规格的圆柱形卷装（称为分段经轴），以供经编机使用。

为了保证经编针织物的质量和经编生产的正常进行，对整经工序有以下要求。

（1）整经过程中要保证各根纱线的张力均匀一致，并在整个卷绕过程中保持张力的恒定。否则会使经轴成形不良，并使所编织的经编织物结构不均匀，布面上产生条痕等疵病。如果在整片经纱中有个别经纱张力与其他不一致，就将在经编织物上产生纵向条痕；如果在卷绕过程中经纱张力有变化，就会在坯布上出现片段密度的不匀。

（2）选用适当的整经速度和经纱张力。同一套经轴应以同一速度整经，中途不能改变整经速度，整经速度的改变会引起经纱张力的改变。张力过大，会影响纱线的弹性和强力；张力过小，则会使经轴卷绕过松，成形不良，甚至经纱间黏附而断头。在保证经轴卷装紧密、成形良好的条件下，应尽可能使整经张力小一些。不同类型的纱线对整经张力的要求也有差别，通常以0.088～0.132cN/dtex来估算整经张力，但根据原料的不同也会有一些差异。

（3）经轴成形良好，密度恰当。形成的经轴应是正确的圆柱体，经纱横向分布均匀，经轴表面平整，没有上层丝陷入下层丝的现象，以保证编织时退绕顺利。

（4）经轴上经纱的根数和长度要符合要求。不同性质、不同线密度或不同颜色的纱线排列必须符合编织工艺设计的规定。同一套轴上使用的分段经轴必须严格控制其一致性，根数上的不统一会给穿经和织造过程带来很大的麻烦；长度上的不一致会使各分段经轴上的纱线不能同时用完，造成大量的余纱浪费。

（5）在整经过程中应去除毛丝、不合格的结头等疵点，并对丝给油，以改善其集束、平滑、柔软和抗静电的性能。

整经质量的好坏对经编生产影响很大，实践证明，经编坯布质量80%取决于整经质量。此外，经轴质量对经编生产效率、工人劳动强度也有很大的影响，因此必须对整经工序予以重视。

二、经编生产常用的整经方法

1. 轴经整经　将经编机一把梳栉所用的经纱同时全部绕到整根经轴上。这种方法只适用于经纱总根数不多的花色纱线经轴的整经。

2. 分段整经　分段整经是目前使用最广的一种整经方法。将整根经轴上的全部纱线分成几份，每份卷绕成一个窄幅的盘头，再将几个盘头并列组装在一根经轴上。分段整经生产效率高，运输和操作方便，纱架占地较少，能适应多品种、多色纱线的要求。

3. 分条整经　分条整经是将一把梳栉所需要的经纱根数分成若干份，每份100～200根，按需要的整经长度逐份平行地绕到一个大滚筒上，然后再将大滚筒上所有经纱同时倒绕到经轴上。分条整经一次所需筒子纱数量少，占地面积小，但操作麻烦，效率低。

三、整经工作条件

(1)环境温度一般冬季为18～22℃,夏季为24～28℃。

(2)相对湿度为60%～70%,涤纶丝需选取70%～75%。

(3)保证经纱同温同湿,一般要求原料堆置24h以上。

(4)车间环境需保证无直射光与干扰气流,车间洁净,无飞尘集积,地面光滑,灯光要有足够的亮度。

(5)使用的各分段经轴应符合国家标准。

四、整经质量标准

(1)整经轴硬度为HS55～65(邵氏硬度),可使用测头直径为2.5mm的GS－702G型橡胶硬度计测量。

(2)整经后经纱表面的平整度公差值为1mm,可用平尺透光测量。

(3)整经后同组经轴外周长差异不大于0.3%。

(4)整经后经轴锥度差不大于0.15%。

(5)无毛丝、压丝、断纱等疵点。

五、分段整经机的主要结构与工作原理

分段整经机的结构多种多样,但工作原理基本相同。图4－1为目前常用的一种分段整经机。纱线或长丝由纱架1上的筒子引出,经过集丝板2集中,通过分经筘3、张力罗拉4、静电消除器5、加油器6、储纱装置7、伸缩筘8以及导纱罗拉9均匀地卷绕到经轴10上。在有些整经机上经轴表面由包毡压滚11紧压。

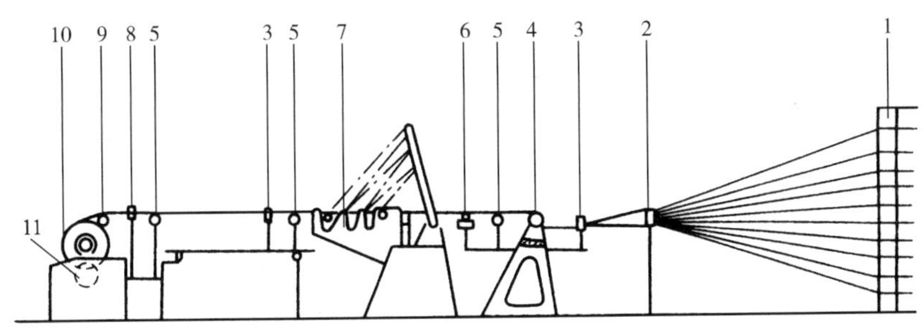

图4－1　分段整经机结构简图

任务三　经编针织物组织结构的表示方法

经编针织物组织结构的表示方法有线圈结构图、垫纱运动图、穿纱对纱图、垫纱数码以及意匠图等。

一、线圈结构图

线圈结构图如图4－2(b)所示，它能直观地反映经编针织物的线圈结构和经纱的顺序走向，但绘制很费时，表示与使用均不方便。特别对于多梳和双针床经编织物，很难用线圈结构图清楚地表示，因此在实践中较少采用。

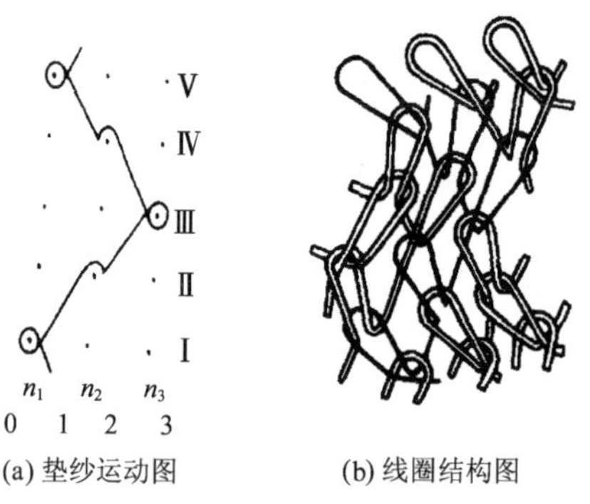

(a) 垫纱运动图　(b) 线圈结构图

图4－2　经编组织

二、垫纱运动图与穿纱对纱图

垫纱运动图是在点纹纸上根据导纱针的垫纱运动规律自下而上逐个横列画出其垫纱运动轨迹。垫纱运动图如图4－2(a)所示。图4－2(b)为其相应的线圈结构图。图4－2(a)中横向的“点列”表示经编针织物的线圈横列，横列的编织次序自下而上，如图4－2(a)中的Ⅰ、Ⅱ、Ⅲ…横列；纵向的“点行”表示经编针织物的线圈纵行，每一纵向点行即表示了编织每个线圈纵行的针的位置，如图4－2(a)中织针n_1、n_2、n_3…即为针的位置。针与针的间隙用数0、1、2、3…表示；每个圆点表示编织某一横列时一个针头的投影，圆点上方表示针钩前，圆点下方表示针背后。圆点群中的线迹则表示编织一个完全组织时导纱针的导纱规律，即纱线在各枚织针上的垫纱规律。将垫纱运动图与线圈结构图比较，可以清楚地看出，线圈的形状与导纱针的移动完全一致。

图4－3(a)所示的线迹中，在编织第Ⅰ横列时，导纱针在n_1针和n_2针间由针后向针前摆动，然后在针n_1前向左横移一个针距，再向针后摆动，这样就将纱线垫在n_1针上了；在编织第Ⅱ横列时，为了使纱线能够垫放在n_2针上，导纱针在第Ⅰ横列结束前，必须在n_1针后从0位置向右横移到1位置，然后在针间向针前摆动，并在n_2针前向右横移一个针距，再向针后摆动，这样就将纱线垫于n_2针上了。在编织第Ⅲ横列前，导纱针必须在n_2针后从2位置横移到1位置。编织第Ⅲ、第Ⅳ横列时，导纱针的垫纱运动规律又和编织第Ⅰ、第Ⅱ横列时相同。因此，该织物的一个完全组织只要用相邻两枚织针上两个横列导纱针的垫纱规律来表示即可。为了绘制方便，实际生产中常把垫纱运动的轨迹线画成如图4－3(b)所示的形状。

在编织过程中，由于一把梳栉上的所有导纱针都是以相同的运动规律在针上进行垫纱，因此垫纱运动图一般以一枚导纱针的运动轨迹来表示。如在编织时采用两把或两把以上的梳栉进行垫纱时，由于各把梳栉的运动规律不同，这时必须分别画出每一把梳栉导纱针的运动轨迹。

在垫纱运动图下方往往还附有穿纱对纱图，如图4－4所示。图中“｜”表示在相应的导纱针中穿有经纱，而“·”表示在相应的导纱针中未穿经纱，即空穿。图4－4表示两梳栉经编组织，每一梳栉都是一穿一空，两梳栉的对纱方式是穿纱对穿纱，空穿对空穿，如果梳栉上穿有不同颜色或类型的纱线，可以在穿纱对纱图中用不同的符号表示。

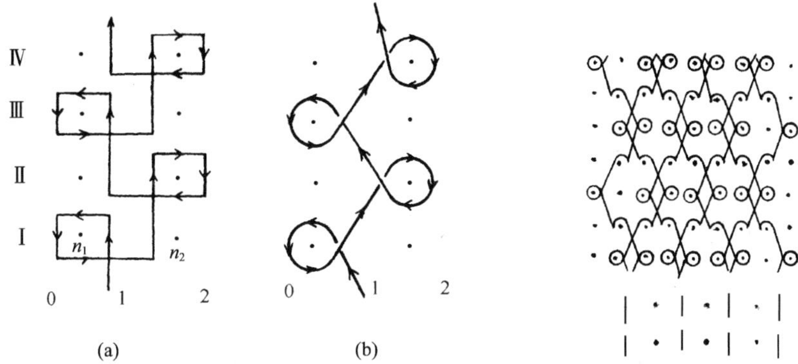

图4－3　垫纱运动图表示方法　　**图4－4　垫纱运动与穿纱对纱图**

双针床经编组织与单针床经编组织的点纹纸表示方法不同，它有三种表示方法，如图4－5所示。图4－5(a)用“·”表示后针床上各织针针头，用“×”表示前针床上各织针针头。其余的含义与单针床组织的点纹意匠纸相同。图4－5(b)都用黑点表示针头，而以标注在横行旁边的字母F和B分别表示前、后针床。图4－5(c)以两个间距较小的横行表示在同一编织循环中的前、后针床的织针针头。

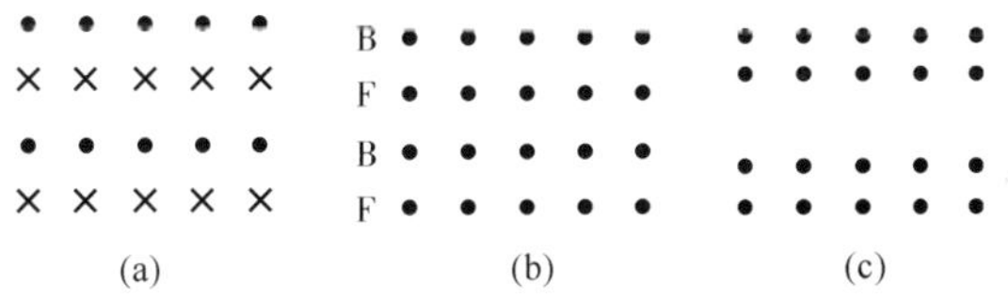

图4－5　双针床经编组织的点纹纸

由图4－2可以看出，垫纱运动图能清楚地表示经编针织物的线圈结构，而且能显示出织物的花纹效应，所以在分析和设计经编织物时得到了广泛的应用。

三、垫纱数码

经编针织物组织结构的另一种表示方法是垫纱数码法，它在安排上机工艺时更为简捷方便。

用垫纱数码来表示经编组织时，一般以数字0、1、2、3…顺序标注针间间隙（舌针经编机常以0、2、4、6…标注）。梳栉横移机构在左面的机器，数字号码应从左向右进行标注；梳栉横移机构在右面的机器，数字号码则应从右向左进行标注。此时顺序记下编织各横列时导纱针在针前的移动情况即可，如图4－2所示的组织，垫纱数码为1－0、1－2、2－3、2－1，以后各横列的垫纱运动重复循环上述4横列的规律。上述每组垫纱数码表示导纱针在针钩前的移动情况；前一组中的后一数字与后一组中的前一数字则表示导纱针在针背后的横移情况。即：

1-0		1-2		2-3		2-1	//
针前横移	针后横移	针前横移	针后横移	针前横移	针后横移	针前横移	循环重复

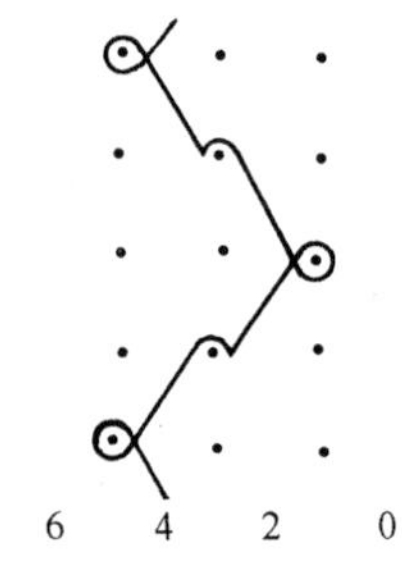

图4-6 舌针经编机的垫纱数码表示

如果是在舌针经编机上，则习惯用如图4-6所示的偶数法标注针间间隙，其垫纱数码为4-6、4-2、2-0、2-4//。

以上垫纱数码适用于二行程（针前横移一次，针后横移一次）的梳栉。对于三行程梳栉横移机构，编织每一横列梳栉在针前横移一次，在针后横移两次，因此一般利用三个数字来表示梳栉的横移过程。例如，与图4-2对应的垫纱数码为1-0-1/1-2-2/2-3-2/2-1-1//。每组数字中，第一、第二两个数字表示导纱针在针前的横移动程，第二、第三两个数字表示导纱针在针后的第一次横移动程，前一组最后一个数字与后一组最前一个数字表示导纱针在针后的第二次横移动程。垫纱数码实际上也代表了梳栉横移机构所用链块的号码。

对于双针床而言，针间序号一般采用自然数，如0、1、2、3…例如，与图4-7所对应的三个组织的垫纱数码为：

(a)0-1-1-0//。

(b)1-2-1-0//。

(c)2-3-1-0//。

第一、第二数字差值为梳栉在前针床的针前横移距离。第三、第四数字差值为梳栉在后针床的针前横移距离。其余相邻两个数字差值为针背横移距离。

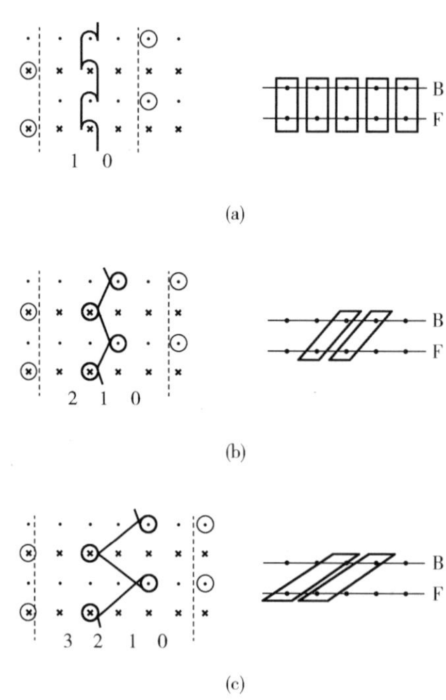

图4-7 双针床经编组织垫纱运动图

四、意匠图

在设计某些经编花色组织的花型[例如贾卡（提花）经编组织、双针床毛绒组织、单针床色织毛圈组织、缺垫组织等]时，一般在方格纸或四角网眼纸、六角网眼纸上用彩色笔描绘，这种彩色方格图称为意匠图。通常一个小方格的高度表示一个线圈横列或两个线圈横列(贾卡组织),一个小方格的宽度表示一个针距,不同颜色表示不同组织。六角网眼意匠纸上花纹描绘的意匠图参见图4-82。

任务四　经编机的种类及主要机构

一、经编机的种类

现代经编机的种类多、质量好、产量高、提花能力强,可以生产各种服用、装饰品和工农业产品。

现代经编机按其产品主要有三种类型。第一种是产业用品类型的经编机,如用高强涤纶、玻璃纤维、碳纤维、芳纶及一般纤维编织多轴向衬纬高强织物(经整理后用于航天、汽车、造船、护身、传送带等方面)的多轴向衬纬经编机及可根据需要铺垫纤维网的衬纬经编机和渔网机、口袋机等。第二种是装饰用品类型的经编机,如带有贾卡龙头或电子提花装置(生产各种精美的窗帘、台布、床罩等)的提花经编机,带有多把梳栉(高达50~60把)的花边机(可生产各种图案和宽窄的花边)及生产绒类织物、地毯、填料织物的双针床经编机。第三种是服用品类型的经编机,可生产各种衬衫、外衣、蚊帐等用坯布,此类机型机速很高,最高可达3300r/min,产量极高。

经编机种类根据针床数目可分为单针床经编机和双针床经编机;根据所使用的针型可分为钩针、舌针和槽针经编机,现代经编机大部分配置了槽针,舌针仍有一定的应用,多见于双针床经编机,钩针已较少使用,逐渐被槽针取代;根据织物牵引方向可分为特利科型和拉舍尔型两大类经编机。在特利科型经编机上,织物从针上引出的方向与织针平面成110°~115°的夹角,如图4-8(a)所示;在拉舍尔型经编机上,织物从针上引出的方向与织针平面成140°~170°的夹角,如图4-8(b)所示。

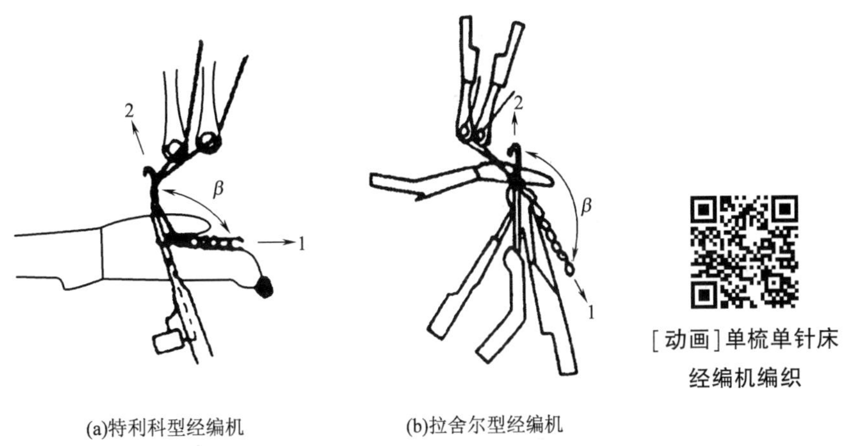

(a)特利科型经编机　(b)拉舍尔型经编机

图4-8　织物从针上引出的方向与针平面的夹角

特利科型经编机的梳栉数较少,机号较高,机速快,一般用于编织组织结构和花型较简单的薄型织物,如衬衣、外衣织物、蚊帐布等;拉舍尔型经编机梳栉数较多,机号较低,机速低,一般用于编织组织结构和花型较复杂的厚型和装饰类织物。

此外，还有一些特殊用途的经编机，如钩编机、缝编机、长毛绒经编机、全幅衬纬经编机等。

二、经编机的主要机构

经编机种类虽不同，但大都具有以下主要机构，如图4－9所示。

[视频]经编生产

图4－9　普通经编机的外形

（1）送经机构2。将经轴1上的纱线以一定的张力和速度送入成圈区域。

（2）成圈机构3。将纱线编织成线圈并相互串套成经编针织物。

[视频]花纹链条式横移机构

（3）梳栉横移机构4。在成圈过程中为了完成垫纱，梳栉导纱针必须在针间做前、后摆动和沿针床做针前、针后横移运动。梳栉横移机构的作用是控制梳栉导纱针在针前、针后的横移，使导纱针按花纹要求横移到不同的针间进行垫纱。

（4）牵拉卷取机构5。将织成的坯布以一定张力和速度由成圈区域牵引出来并卷成布卷6。7是控制箱与面板。

（5）传动机构。传动各成圈机件，使之配合成圈，并传动上述其他各主要机构及机器上的各辅助机构，使机器正常运转。

经编机的主要技术规格参数有机型、机号、针床宽度（可加工坯布的宽度）、针床数（单针床或双针床，可分别生产单面或双面经编织物）、梳栉数（梳栉数量越多，可以编织的织物花型与结构越复杂）、转速（主轴每分钟转速，一般为每转编织一个线圈横列）等。

任务五　常用经编机的成圈机件与成圈过程

一、槽针经编机的成圈机件与成圈过程

（一）槽针经编机的成圈机件

槽针经编机的成圈机件有槽针、沉降片和导纱针。

1. 槽针　槽针的结构如图 4 - 10 所示，它由带针钩的针身 1 和针芯 2 两部分构成。针身 1 的针杆上有槽，针芯 2 在槽内上、下滑动，以封闭和开启针口。

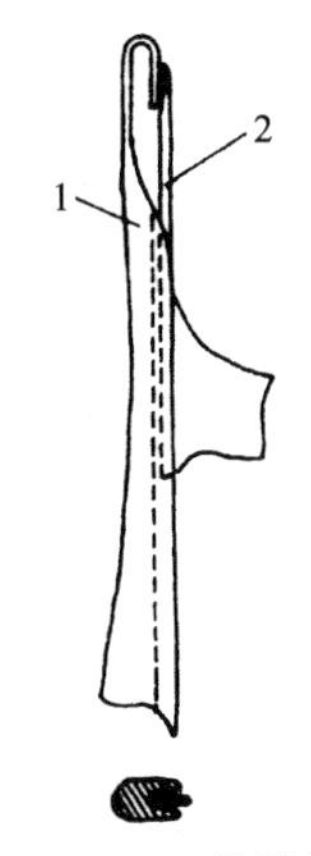

图 4 - 10　槽针的结构

槽针是一种比较先进的针型，其最大优点是该针的动程小，运动规律简单，与其他成圈机件间的运动配合比较合理，大大降低了高速运转时的动力负荷，因而机速高。比较先进的槽针经编机机速已高达 2600 ~ 3300r/min。此外，与钩针相比，槽针针杆刚度较好，可织较厚且张力较大的织物，编织过程中由针引起的纱线张力较小，故能编织较细弱的纱线。

2. 沉降片　如图 4 - 11 所示为特里科型槽针经编机上使用的沉降片的形状。它也要按针距大小预先浇铸成座片，然后再上机安装。槽针经编机的沉降片由片鼻 1、呈平状的片腹 2 和片喉 3 组成，其中片喉可用来握持旧线圈和辅助牵拉，片腹可为弯纱时搁持纱线。该沉降片数片一组将片头和片尾均浇铸在合金座片上，合金座片再组合安装在沉降片床上。

3. 导纱针　梳栉上的导纱针在成圈过程中用来引导经纱垫放于针上。导纱针由薄钢片制成，其头端有孔，用以穿入经纱，如图 4 - 12(a) 所示。孔眼的大小与机号的高低，即所使用纱线的粗细相对应。导纱针头端较薄，以利于带引纱线通过针间，针杆根部较厚，以保证具有一定的刚性。导纱针通常也是数枚一组浇铸于宽 25.4mm 或 50.8mm(1 英寸或 2 英寸) 的合金座片上，再将其组合安装到导纱针床上。这些在导纱针床上全幅宽平行排列的一排导纱针就组成了一把梳栉，如图 4 - 12(b) 所示。各导纱针的间距与织针的间距一致。

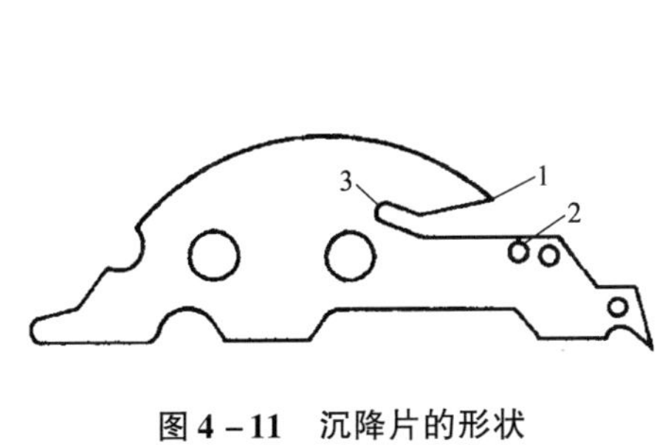

图 4 - 11　沉降片的形状

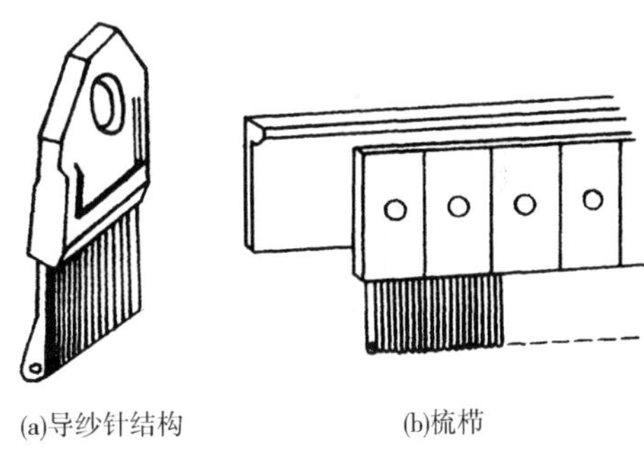

图 4 - 12　导纱针结构与梳栉

4. 成圈机件配置　特利科型槽针经编机的成圈机件配置如图 4 - 13 所示，针身 1 安装在针床 2 上，连杆 3 带动针床摆臂 4 绕轴 5 摆动，使针床上下运动。针芯 6 浇铸在针芯座片 7 上，针芯座片组合安装在针芯床 8 上，连杆 9 带动针芯床摆臂 10 绕轴 11 摆动使针芯床上下运动。沉降片 12 安装在沉降片床 13 上，连杆 14 带动沉降片床摆臂 15 绕轴 16 摆动，使沉降片床前后运动。一排导纱针 17 组成了梳栉 18，连杆 19 带动梳栉摆臂 20 绕轴 21 摆动使梳栉前后运动。

图 4 - 14 为拉舍尔型槽针经编机的成圈机件配置。图中 1、2、3、4 和 5 分别为针身、针芯、沉降片、导纱针和栅状脱圈板。

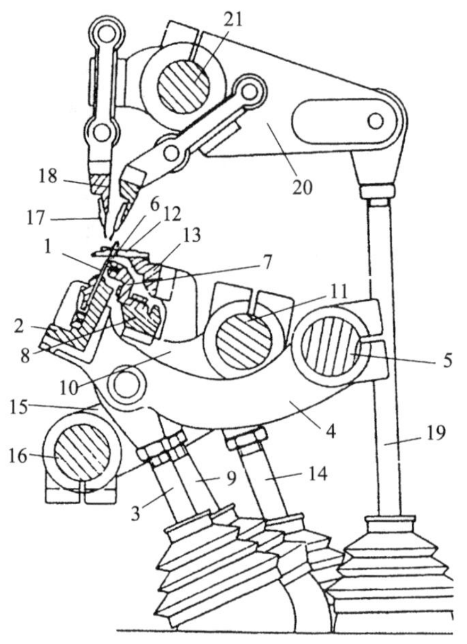

图4-13 特利科型槽针经编机的成圈机件配置

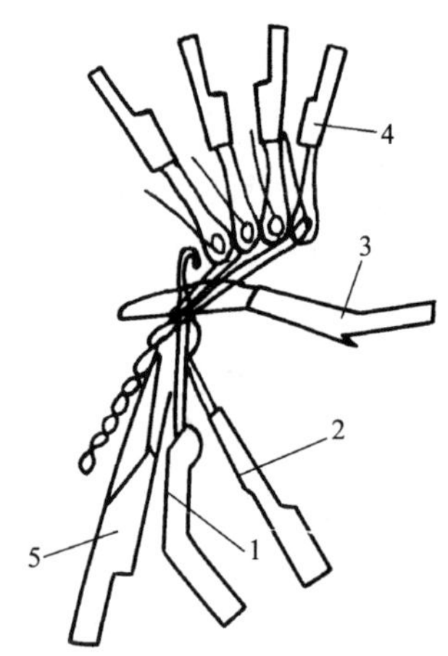

图4-14 拉舍尔型槽针经编机的成圈机件配置

(二)槽针经编机的成圈过程

槽针经编机成圈时各成圈机件必须很好地配合。各成圈机件的运动均由主轴传动,一般经编机上主轴一转,各成圈机件均做一成圈运动循环,形成经编针织物的一个横列。

特利科型槽针经编机的成圈过程如图4-15所示。

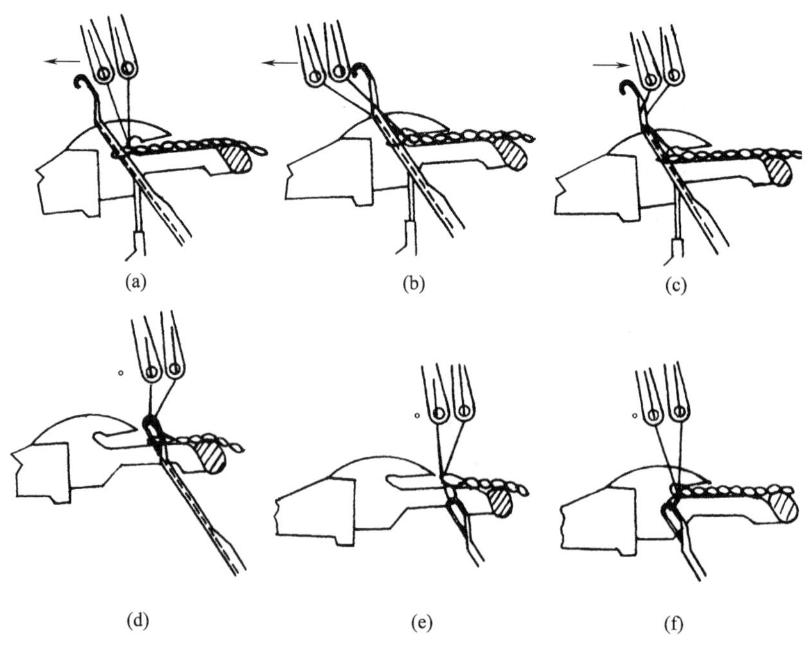

图4-15 特利科型槽针经编机的成圈过程

1. 退圈　在一成圈循环开始前，槽针处于最低位置，如图 4－15(f)所示。随着主轴的回转，槽针上升退圈，由于针身较针芯先上升，而且上升速度较快，针芯相对针身在槽内下滑，针芯头逐渐没入针槽内而开启针口。当针身上升到最高点时，旧线圈已由针钩内下滑到针杆上，完成了退圈，如图 4－15(a)所示。这期间沉降片前移，对旧线圈进行牵拉，并握持住旧线圈，避免其随织针一起上升。织针上升期间，导纱针开始往针钩前摆动，准备垫纱。

2. 垫纱　如图 4－15(b)、(c)所示。槽针上升到最高位置后为垫纱作一停顿，导纱针向针钩前摆动，摆过针平面后即开始在针钩前作针前横移垫纱，这种横移一般为一个针距，并继续向针钩前摆动，摆到针前位置再向针后回摆。导纱针的针前横移运动必须在导纱针向针后回摆到即将进入槽针平面时结束。在导纱针继续向前摆过槽针平面后，还要作沿针床的针背横移垫纱。这样，在导纱针绕针运动期间将纱线垫在了开启的针口内，完成了垫纱。在此期间，沉降片略为后退，放松对经纱的牵拉。

3. 带纱、闭口、套圈　如图 4－15(d)所示。垫纱后针身下降，使垫在针钩下方的纱线，沿针杆相对滑到针钩下；此时针芯亦下降，但针芯比针身下降得晚且速度较慢，故针芯逐渐由槽内伸出，使针口关闭，将新纱线和旧线圈隔开，并且旧线圈套到了关闭的针钩上。在此过程中完成了带纱、闭口、套圈。以后针身、针芯同步下降。沉降片快速后退，以免片鼻干扰被槽针针钩下拉的新纱线。

4. 连圈、脱圈、弯纱　针身和针芯继续下降，针钩内的新纱线与搁持在沉降片片腹上的旧线圈相接触，到针头低于沉降片的片腹时，旧线圈由针头上脱下，套到新纱线上。随着针的继续下降，新纱线逐渐弯曲拉长，如图 4－15(e)所示。

5. 成圈、牵拉　当针下降到最低位置时，新线圈完全形成，如图 4－15(f)所示。针下降过程中，沉降片前移，握持住刚脱下的旧线圈进行牵拉。此时，导纱针在针后作针背横移垫纱，为下一成圈循环的垫纱做好准备。

二、舌针经编机的成圈机件与成圈过程

(一)舌针经编机的成圈机件

舌针经编机的成圈机件有舌针、栅状脱圈板、导纱针和防针舌自闭钢丝，一些较高机号的经编机上一般还有沉降片。

1. 舌针　舌针的形状如图 4－16(a)所示。在经编机上，舌针预先用低熔点合金在针模中浇铸成如图 4－16(b)所示的座片，再将座片平排固装在针床板上，形成针床。

与槽针和钩针相比，舌针比较粗厚，刚性较好，故能适应的机号较低。舌针针舌打开后，垫纱范围较大，而且纱线在舌针上成圈时所受张力较小，故适合多梳垫纱和加工短纤维纱线。

舌针针舌打开时，从针头到针舌尖的距离称为针口，针口的大小决定于针舌的长度。针口越大，垫纱区域越大，能容纳的纱线根数就越多，机器上可安装的导纱梳栉数也就越多，起花能力也越强。但同时也增大了织针运动动程，降低了机速。机器梳栉数较多时，也只能以较低速度运转。故舌针经编机一般为低机号、多梳栉、低速经编机，适宜编织花型复杂的装饰织物，如窗帘、台布、床罩等。

2. 栅状脱圈板　栅状脱圈板(又称脱圈针槽板)的形状如图 4－17 所示，它是一块沿机器全长的金属槽板，顶部铣成筘齿状的沟槽。栅状脱圈板一般固定不动，舌针在其沟槽内上下运动，进行成圈。栅状脱圈板具有以下作用：一是确定织针的左右位置，二是作为旧线圈的搁置平

面，当针头低于栅状脱圈板上边缘时，由于旧线圈被其挡住，以便旧线圈从针头上脱下。

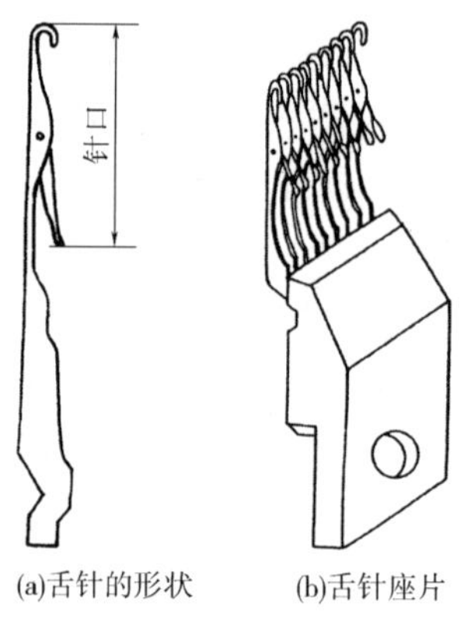

图4-16　舌针

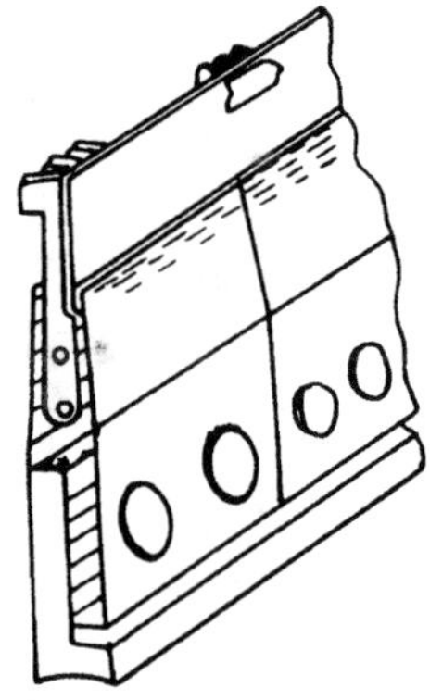

图4-17　栅状脱圈板

3. 导纱针　舌针经编机的导纱针按其用途不同有多种形式。普通导纱针和槽针经编机上使用的相似；对于作衬纬用的粗而疏松的纱线，往往用管状导纱针；在花边机等多梳舌针经编机上，每把梳栉只有几个分散的导纱针起花色衬纬作用，这时不需将导纱针浇铸成座片，而是使用单个的导纱针。

4. 防针舌自闭钢丝　这是装在针舌前方、横贯机器全长的一根钢丝，其作用是在编织过程中，当旧线圈从针舌上滑下退圈时，防止针舌由于弹性回复力的作用而向上反拨，使舌针闭口，而新纱线垫不进针钩内。

5. 沉降片　在机号较高的舌针经编机上，为了便于编织较轻薄的织物及提高机速，一般均装有沉降片，其形状如图4-18所示。舌针经编机上沉降片的作用是在舌针上升退圈时，将旧线圈压住，使其不随针一起上升，从而减小坯布牵拉力和经纱上机张力，使机器运转轻快，机速得以提高。低机号舌针经编机上不用沉降片，因其编织的纱线较粗，针上升退圈时，由坯布的牵拉张力维持旧线圈留在针杆下方，故牵拉力较大，而且坯布牵拉方向与针杆之间的夹角也较大。

6. 成圈机件的配置　舌针经编机的成圈机件配置如图4-19所示。舌针1铸在座片2上并一起安装在针床3上，栅状脱圈板座片4装在栅状脱圈板5上，沉降片6铸在座片7上并一起安装在沉降片床8上，在沉降片的上方安装有防针舌自闭钢丝9，导纱针10是由梳栉来带动的。

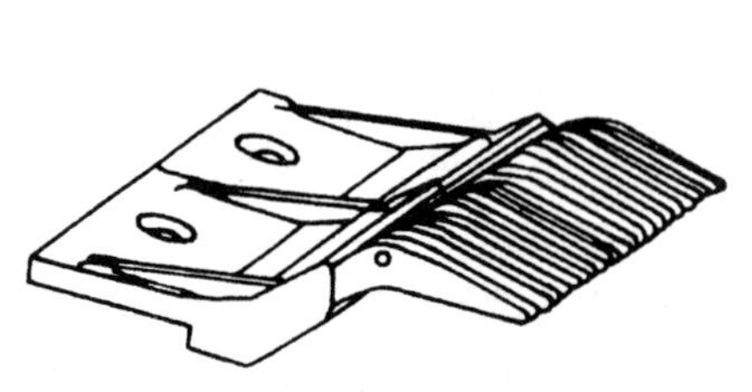

图4-18　沉降片

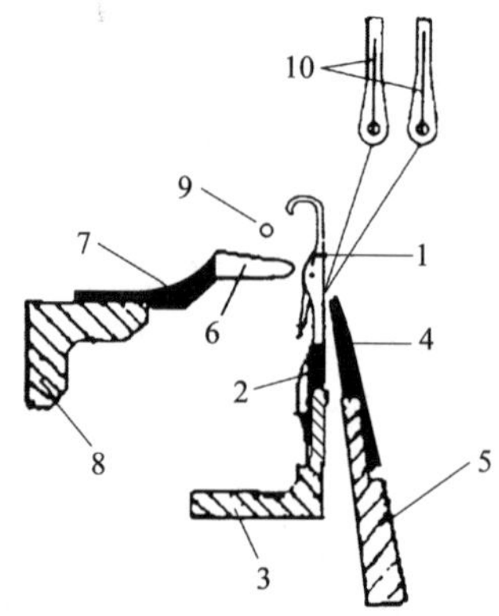

图4-19　舌针经编机的成圈机件配置

(二) 舌针经编机的成圈过程

舌针经编机的成圈过程如图 4 – 20 所示。

一个成圈循环结束时，舌针处于最低位置，准备编织新线圈，如图 4 – 20(f) 所示。

成圈过程开始时，舌针上升退圈。沉降片移到机前，压住旧线圈，使其不随针一起上升。导纱针处于机前位置，正在作针背横移垫纱运动，如图 4 – 20(a) 所示。

舌针上升到最高位置，旧线圈已将针舌打开，并移到针杆上完成了退圈，如图 4 – 20(b) 所示。防针舌自闭钢丝在此过程中起作用，防止针舌自动关闭。

当舌针上升到最高位置后，为垫纱作一停顿，导纱针开始向针钩前摆动，将纱线带过针间间隙，并在针钩前移过一个针距，如图 4 – 20(c) 所示。此时沉降片开始向后摆动，以免片鼻妨碍带纱、套圈。

导纱针摆到最左位置后又向针后回摆，纱线被绕在舌针上，完成了垫纱，如图 4 – 20(d) 所示。沉降片已摆到最后位置。

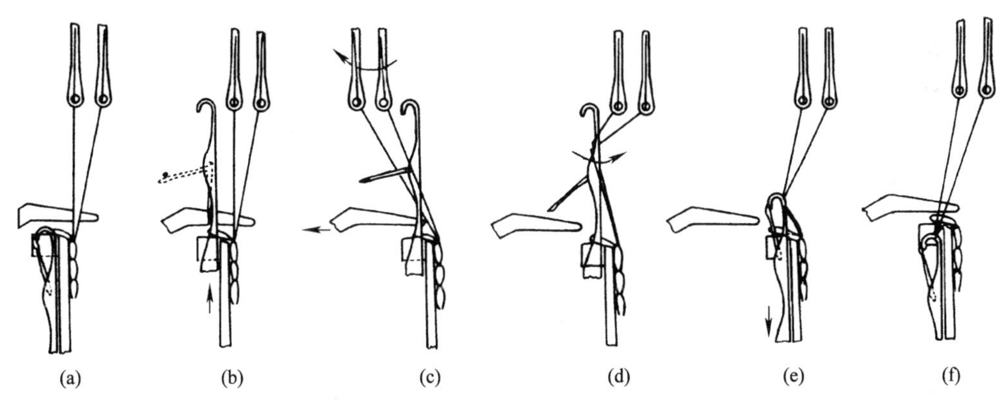

图 4 – 20　舌针经编机的成圈过程

完成垫纱后，舌针开始下降，新垫上的纱线移到针钩内，同时旧线圈使针舌向上转动，关闭针口，完成了带纱、闭口、套圈等过程，如图 4 – 20(e) 所示。此时沉降片准备前移。

舌针继续下降，当针头低于栅状脱圈板上平面时，搁在脱圈板上的旧线圈由针头上脱下，针钩钩住新纱线拉过旧线圈，完成连圈、脱圈等过程，如图 4 – 20(f) 所示。在舌针继续下降的过程中，新纱线逐渐被弯曲拉长。导纱针此时作针背横移。当舌针下降到最低位置时，新纱线形成了具有一定长度和形状的新线圈。沉降片已前移到栅状脱圈板上方，分开经纱并压住旧线圈，防止退圈时旧线圈随舌针一起上升。

三、钩针经编机的成圈机件与成圈过程

(一) 钩针经编机的成圈机件

钩针经编机的成圈机件有钩针、沉降片、导纱针和压板。它们相互配合运动，完成经编成圈过程。

1. 钩针　钩针由钢丝压制而成，其结构如图 4 – 21 所示。它由针头 1、针钩 2、针尖 3、针槽 4、针杆 5 和针踵 6 组成。针尖与针槽之间的空隙 α 称为针口。安装时，针踵插入针槽板的孔内，针杆则嵌在针槽内。成圈时，钩针随着针槽板上、下运动，压针闭口时针钩尖由压板压入针

槽内，以便隔开新、旧线圈。

钩针的最大特点是结构简单，可以制作得很细小，因而机号较高，适宜于编织很细薄、紧密的织物。但成圈机件间的运动配合较复杂，压针闭口时，压板与针钩之间磨损较大，影响了机速的提高。

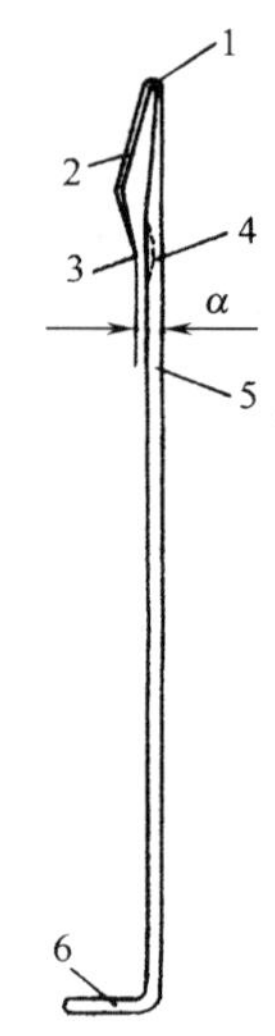

图 4－21　钩针

2. 沉降片　沉降片由薄钢片制成，用来握持和移动旧线圈，配合钩针做成圈运动。钩针经编机上使用的沉降片形状如图 4－22(a)所示。它由片鼻 1、片喉 2、片腹 3 和片颚 4 组成。片鼻 1 用以分开经纱，并与片喉一起握持旧线圈的延展线，使旧线圈在退圈时不随钩针一起上升；片喉 2 还起到牵拉旧线圈的作用；片腹 3 在套圈时抬起旧线圈，帮助旧线圈套到闭合的针钩上。

沉降片在机器上也不是单独使用，而是根据机号的要求，以一定隔距将片头和片尾浇铸在一起，成为如图 4－22(b)所示的座片，座片再固装在沉降片床上。

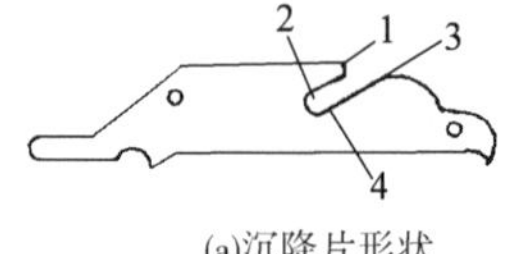

(a)沉降片形状

(b)沉降片座片

图 4－22　沉降片

3. 导纱针　导纱针的作用和形状与前面介绍的槽针经编机的导纱针类似。

4. 压板　压板用来将钩针的针钩尖压入针槽内，完成闭口动作。其形状如图 4－23 所示。图 4－23(a)为普通压板，工作时对所有的钩针进行压针；图 4－23(b)为花压板，花压板可有选择性地压针，编织花式织物。压板常用布质酚醛层压板制成，重量轻，有一定硬度，对钩针的磨损小。为使压针动作准确可靠，压板的作用面必须平直、光滑。工作面应与底面成 52°～55°的倾角。

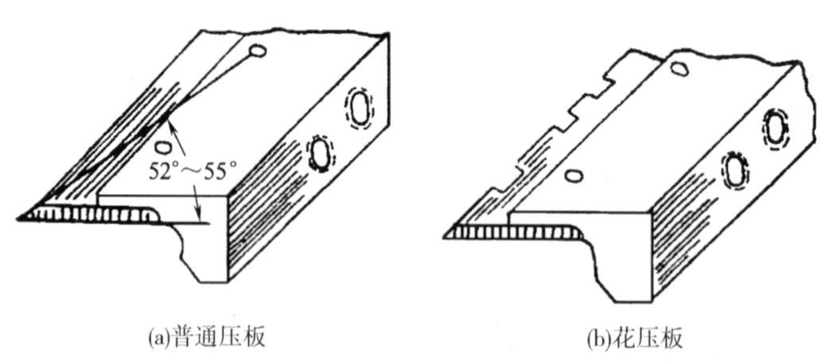

(a)普通压板　　(b)花压板

图 4－23　压板

(二) 钩针经编机的成圈过程

钩针经编机的成圈过程如图 4－24 所示。

1. 退圈　在一个成圈循环开始前，钩针处于最低位置，如图 4－24(h)所示。随着主轴的回转，钩针上升退圈。当钩针上升到第一高度时，旧线圈由

[动画]钩针编织经平组织

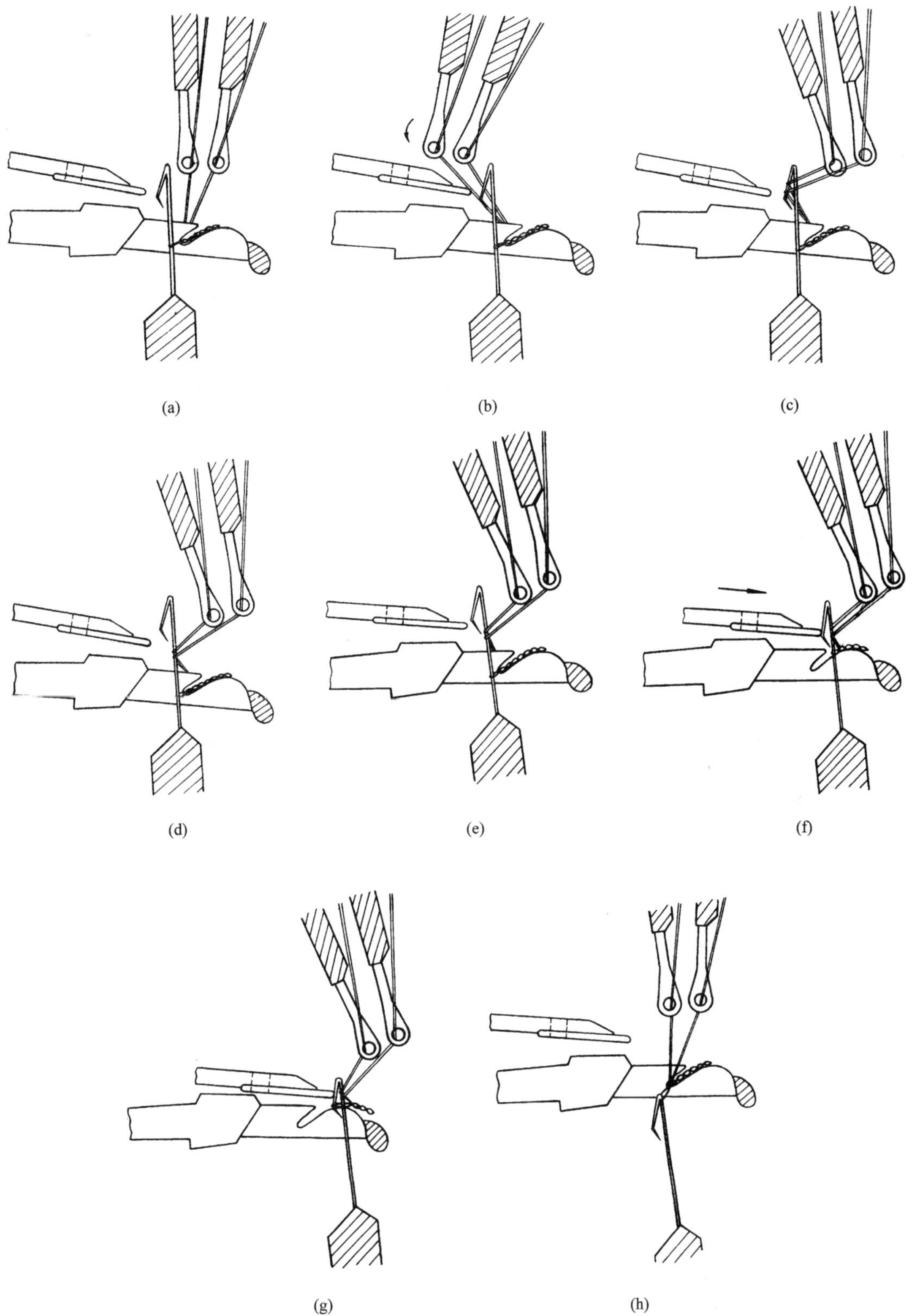

图 4－24　钩针经编机的成圈过程

针钩内下滑到针杆上，完成了退圈，如图4－24(a)所示。这期间沉降片移到最前位置，由片喉将已脱下的旧线圈推离针运动线，避免旧线圈回套到上升的针头上。同时，片鼻压住新形成的线圈，避免其随针上升。钩针上升期间，导纱针开始向针钩前摆动，以准备针前垫纱，如图4－24(b)所示。

2. 垫纱 钩针经编机的垫纱分两个阶段进行。第一阶段钩针上升到第一高度，然后为垫纱做一停顿。导纱针向针钩前摆动，摆过针平面后即开始在针钩前做横向移动，并继续向针钩前方摆动。摆到最前位置再向针后回摆。这样，在导纱针绕钩针运动期间，将纱线垫在针钩上，如图4－24(c)所示。在此期间，压板和沉降片都静止不动。第二阶段如图4－24(d)所示。当导纱针回摆通过针平面后，钩针即开始第二次上升，到达第二高度，使垫在针钩外面的纱线滑到针杆上，完成垫纱。此时压板开始向针钩方向移动，准备压针。

3. 带纱 钩针向下运动，使垫上的新纱线顺着针杆向上滑移到针钩内，如图4－24(e)所示，压板继续前移。

4. 压针、闭口 当带纱结束时，压板开始与针钩接触进行压针，如图4－24(f)所示。压针过程中针的下降速度应减慢，以减小针与压板之间的磨损。压针最足时，压板作用面应处于针鼻位置，针钩尖应完全没入针槽内，并且全机一致，以利套圈。

5. 套圈 针继续下降，沉降片迅速后退，由片腹将旧线圈上抬，套到闭合的针钩上，如图4－24(g)所示。当旧线圈套到接近针鼻处时，压板开始后退释压。套圈与压针的时间要密切配合，否则易造成织疵。

6. 连圈、弯纱、脱圈、成圈、牵拉 完成压针套圈后，钩针又快速下降，沉降片开始前移，针钩内的新纱线与针钩外的旧线圈相接触；钩针继续下降，新纱线逐渐弯曲，到针头低于沉降片的片颚时，旧线圈由针头上脱下，套到新纱线上。当钩针下降到最低位置时，完成成圈，如图4－24(h)所示。此阶段中沉降片前移，握持住刚脱下的旧线圈进行牵拉。

在钩针进行弯纱、成圈期间，导纱针在钩针背后做针背横移垫纱，移动到下一横列需要垫纱的针间位置，为下一成圈循环的垫纱做好准备。

四、双针床经编机的成圈过程及编织特点

前面讲的几种经编机都是只有一个针床的单针床经编机，它们编织的是单面经编织物。双针床经编机有两个针床，编织的是双面经编针织物。双针床经编机也有舌针、钩针和槽针之分，这里以双针床舌针经编机为例简单介绍其成圈机件、成圈过程和编织特点。

（一）双针床经编机的成圈机件

双针床舌针经编机的成圈机件与单针床舌针经编机相似，有舌针、栅状脱圈板、防针舌自闭钢丝、沉降片和导纱针，各成圈机件的形状和作用也与单针床舌针经编机的相同。前、后两个针床上的舌针针背对针背地排列。每个针床拥有各自独立的栅状脱圈板、防针舌自闭钢丝和沉降片，为了便于理解，可以把它设想为两台独立的、背靠背排列在一起的舌针经编机，但梳栉导纱针为两个针床共用。

（二）双针床经编机的成圈过程

图4－25为普通双针床舌针经编机的成圈过程示意图。双针床经编机一般有多把梳栉，为了简化，这里只画了两把，图中也省去了沉降片，图中黑点表示防针舌自闭钢丝。

图4－25(a)表示后针床舌针上升退圈，旧线圈滑落到针舌下方，梳栉导纱针向后针床的舌

针前摆动,准备对后针床的舌针进行针前垫纱。此时,前针床的舌针停留在下方的成圈位置。

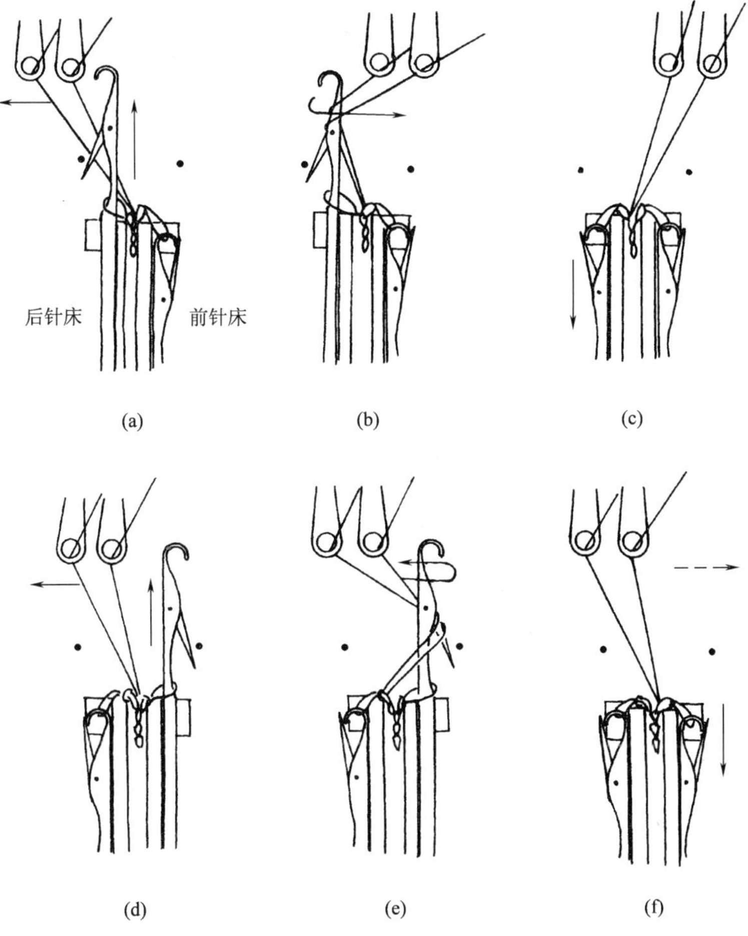

图 4-25　普通双针床舌针经编机的成圈过程

图 4-25(b)表示梳栉导纱针摆过后针床的舌针平面,然后做针前横移垫纱,同时继续摆到最后位置,以后又摆回到后针床针背后,完成了对后针床舌针的垫纱。

图 4-25(c)表示后针床的舌针下降进行带纱,针舌在旧线圈的作用下关闭。舌针继续下降,进行套圈、脱圈、弯纱、成圈等过程。当舌针下降到最低点时,在后针床舌针上形成了一列新的线圈。梳栉导纱针此时做针背横移,移到前针床应该垫纱的针间位置,准备对前针床的舌针进行垫纱。

图 4-25(d)表示梳栉导纱针再次向机后摆动,为前针床的舌针上升让出一必要的空间,前针床的舌针已上升完成退圈。此时后针床的舌针停留在下方的成圈位置。

图 4-25(e)表示导纱针向机前摆动,越过前针床的舌针平面,然后对前针床的舌针做针前横移垫纱,并继续摆至最前位置,随后第三次向机后回摆,完成了对前针床舌针的垫纱。

图 4-25(f)表示前针床的舌针垫上纱线后下降,完成了带纱、闭口、套圈、脱圈、弯纱、成圈等过程。为准备下一成圈循环,梳栉导纱针此时应再一次作针背横移,移到后针床下一横列应垫纱的针间位置,并第三次向机前摆动,为后针床的舌针上升退圈空出位置。以后重复上述过程。

至此，完成了一个成圈循环。由上述可见，在一成圈循环中，前、后针床各升降一次，梳栉导纱针在舌针间来回摆动6次，在针钩前和针背后共横移4次。

(三)双针床经编机的编织特点

与单针床经编机相比，双针床经编机的编织具有以下突出特点。

(1)由于有两个针床，它能编织出两面性能、外观截然不同的双面经编织物。图4－26(a)表示一种双针床双梳织物。其编织情况如图4－26(b)所示，前梳只对后针床的织针垫纱，后梳只对前针床的织针垫纱。由于两梳延展线相互交叉，使前、后针床的编织平面相互联结在一起。这种组织如前、后梳使用不同性能或颜色的纱线，就可以在织物两面显示出不同的性能或色彩。例如一梳用棉、另一梳用涤丝或一梳用棉、另一梳用羊毛，就可以织出完全不混杂的棉/涤或棉/羊毛等富有特色的两面效应织物。

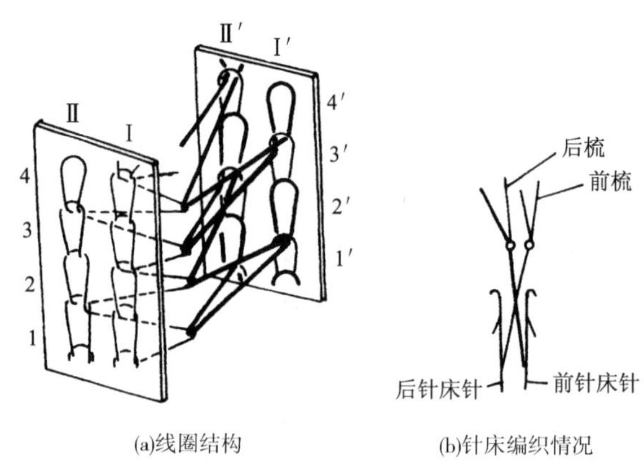

图4－26　两面效应的双针床双梳织物

(2)能利用衬纬方法织出外观和保暖性能都良好的保暖织物。图4－27所示为一双梳衬纬织物。前梳在两个针床上轮流编织成圈，而后梳纱线不成圈，只在后针床的织针上做几个针距的衬纬，衬纬纱线被夹持在前、后两个针床的线圈之间。如果织物密度、纱线线密度配置得当，衬纬纱可以完全隐没在织物中间，从而获得保暖性能良好、价廉物美的保暖织物。

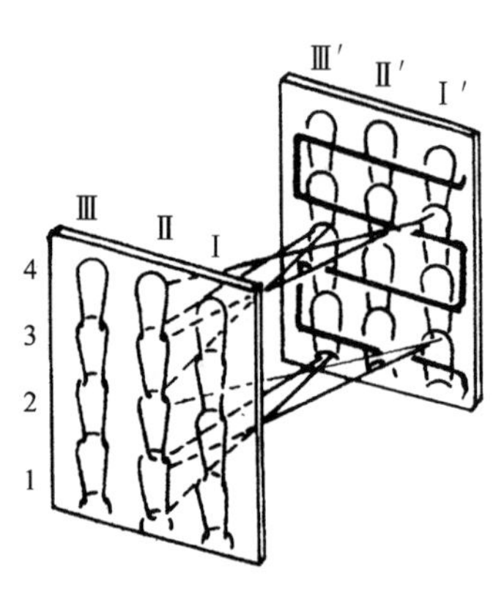

图4－27　双针床衬纬织物

(3)能在针床工作幅宽范围内十分方便地编织各种直径的圆筒状织物，如各种成形包装袋、渔网、连裤袜、紧身裤等。在图4－26所示的组织中，若两梳反过来垫纱，即前梳只对前针床的织针垫纱编织，后梳只对后针床的织针垫纱编织，这时它们的延展线互不相连，两个针床上织出的是两块互不关联的单面织物。利用这个原理可以设计出如图4－28所示的编织圆筒状织物的最简单的双针床经编机。该机至少需要3把梳栉，L_1梳栉在前针床垫纱，L_3梳栉在后针床垫纱，它们在各自的针床上连续编织，形成两块独立的袋片。织到一定长度(袋宽)后，L_1、L_3在两个针床上均垫纱成圈，这时织出的便是一块不可分离的织物，此处则可构成袋边。袋边的宽度视需要而定。然后再织独立的袋片，如此交替循环。袋底由中梳 L_2 编织，L_2 梳栉按袋长要求在某些导纱针上穿纱，在前、后针床上都垫纱编织，使两块袋片合在一起形成袋底。这样一只只口袋就连续编织出来了，如图 4－29 所示。

当然，为了牢固，机上往往有较多的梳栉，使每块袋片由两把梳栉垫纱构成，而且可以在袋口衬入抽紧带。在幅宽较大的双针床经编机上，可同时编织几幅袋长，这样，每小时可织出几百只甚至上千只口袋。在先进的双针床口袋经编机上，甚至可以直接用高密度聚氯乙烯薄膜卷上机，一边将薄膜切割成条带，一边进行编织，其生产效率更高。

(4)可以很方便地编织各种毛绒织物。双针床经编机以其生产毛绒织物的独特优点而获得迅速发展，其产品主要用作家具装饰、汽车坐垫、服装、人造毛皮、毛毯等。

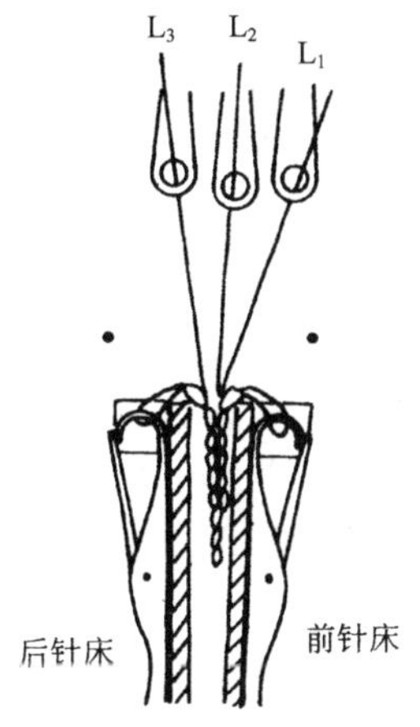

图 4－28　编织圆筒状织物的双针床经编机示意图

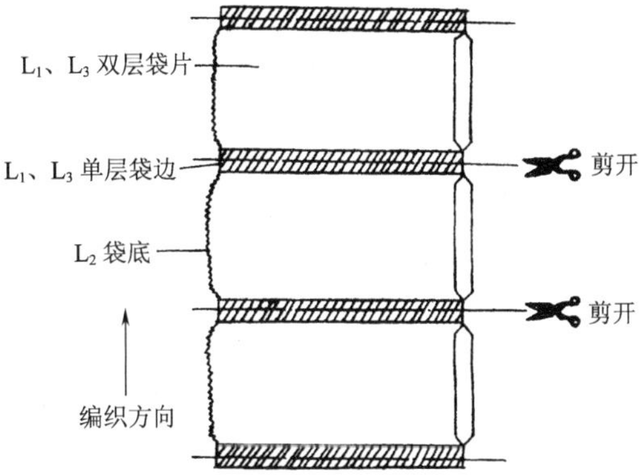

图 4－29　双针床经编机编织的口袋

图 4－30 为一种双针床经编机编织毛绒织物的示意图。机上共有 6 把梳栉，L_1、L_2 只在前针床的织针上垫纱，编织前针床的底布；L_5、L_6 只在后针床的织针上垫纱，编织后针床的底布；L_3、L_4 为毛纱梳，根据毛绒密度需要，这里只有 L_4 穿毛绒纱，L_3 为空梳。L_4 在两个针床上轮流垫纱成圈，其延展线将两块底布连成了一体。由于前、后针床的间距较大，毛绒纱的延展线很长，织物下机后经专门的剖幅机从中间剖幅而成为两块单面绒织物，割断的延展线便形成致密的绒头。

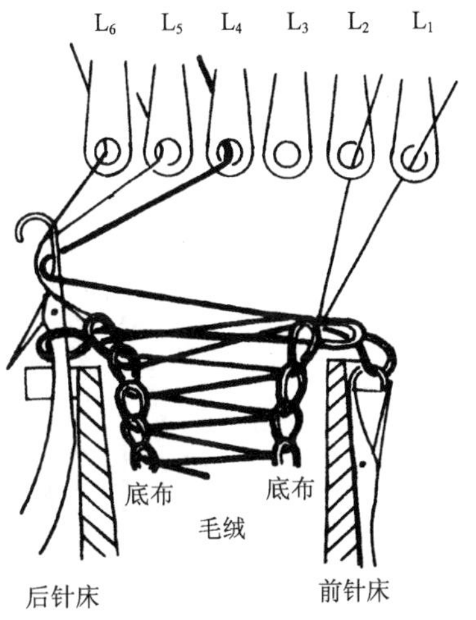

图 4－30　双针床经编机编织毛绒织物的示意图

双针床毛绒经编机两个针床的间距可以调节，丝绒机两针床的间距可在 3～12mm 内调节，使剖幅后绒毛高度为 1.5～6mm；长毛绒机两针床的间距可在 20～60mm 内调节，使剖幅后绒毛高度达 10～30mm。

双针床毛绒织物的主要特点是绒头密度大，绒毛由于被牢固地编织在底布中，不易脱散，织物弹性好，能平整地包覆在所要装饰的物体上，而且双针床经编机编织毛绒织物产量高、经济效益较好。

任务六　经编基本组织

一、单梳经编基本组织

经编针织物的结构单元是线圈,经编线圈通常有:开口线圈、闭口线圈和重经线圈三种形式,其结构分别如图4-31(a)、(b)、(c)所示。

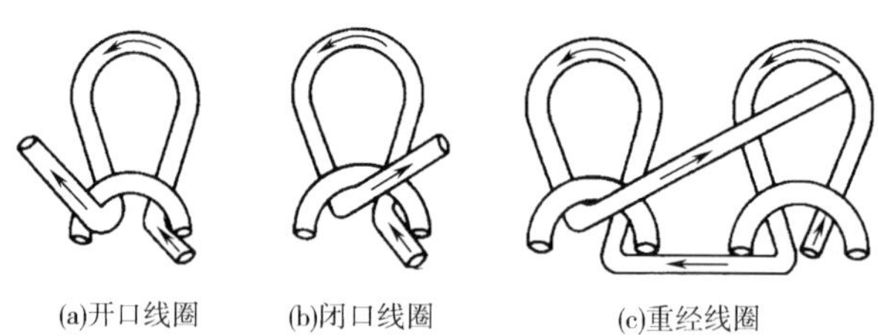

图4-31　经编组织的线圈形式

在开口线圈中,线圈基部的延展线互不相交;在闭口线圈中,线圈基部的延展线相互交叉。在这两种线圈形式中,每根纱线在每一横列中只形成一个线圈。而重经组织的每根纱线在同一横列编织两个线圈,故同一横列中的两相邻线圈之间有横向沉降弧连接。

经编针织物的基本组织有编链、经平、经缎组织等,这些组织皆为单梳经编组织。因其花纹效应极少、织物的覆盖性和稳定性较差、线圈歪斜等原因,因而很少单独使用,但它们是构成常用双梳和多梳经编针织物的基础。

1. 编链组织　每根纱线始终在同一枚织针上垫纱成圈形成的组织称编链组织。根据导纱针不同的垫纱运动,编链可分为闭口编链和开口编链两种。如图4-32(a)所示为闭口编链,其垫纱数码为1-0//;图4-32(b)所示为开口编链,其垫纱数码为0-1、1-0//。如用一把满穿的梳栉在经编机上编织编链组织,由于各枚织针所编织的编链纵行之间无任何横向联系,因而不能构成一整块织物,如图4-32(c)所示。编链组织需要与其他组织相配合才能使用。

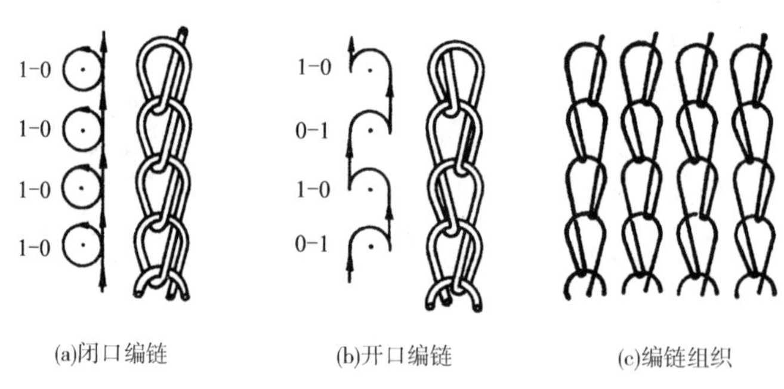

图4-32　编链组织

以编链为基础组织的织物其特点是纵向延伸性较小,其纵向延伸性主要取决于纱线的弹性;织物纵向强力较大。所以编链常为少延伸经编针织物的基础组织。

[动画]经平针织物的形成

2. 经平组织　经平组织的线圈结构图与垫纱运动图如图 4 – 33 所示。由图可见,每根纱线在相邻两枚针上轮流垫纱成圈。线圈的形式可以是开口,也可以是闭口。图 4 – 33(a)所示为闭口经平组织的线圈结构图,图 4 – 33(b)为其垫纱运动图,垫纱数码为 1 – 0、1 – 2//;图 4 – 33(c)所示为开口经平组织的垫纱运动图,垫纱数码为 2 – 1、0 – 1//;图 4 – 33(d)所示为开口与闭口相结合的经平组织的垫纱运动图,垫纱数码为 1 – 2、0 – 1//。图 4 – 34 为经平组织形成的织物图。

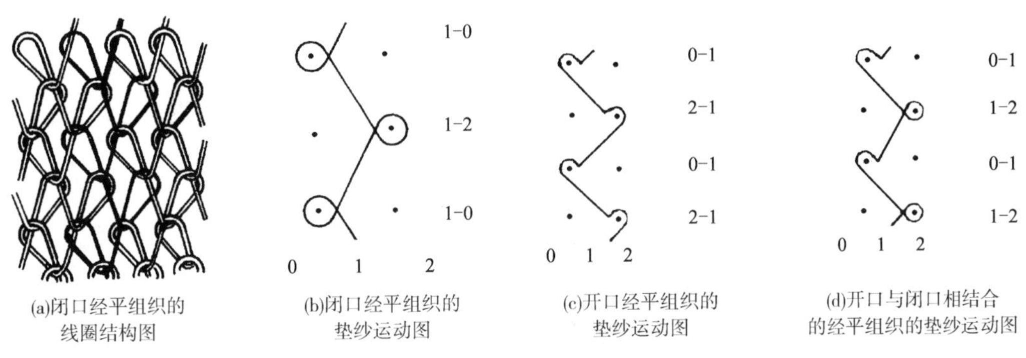

(a)闭口经平组织的线圈结构图　(b)闭口经平组织的垫纱运动图　(c)开口经平组织的垫纱运动图　(d)开口与闭口相结合的经平组织的垫纱运动图

图 4 – 33　经平组织的线圈结构图及垫纱运动图

编织经平组织时,由于导纱针有针后横移,使得线圈纵行间横向有联系,故满穿的单梳就能织出整片的织物。这种织物的线圈均呈倾斜状态,而且线圈向着垂直于针织物平面的方向转移,使得坯布两面具有相似的外观。当纵向或横向拉伸织物时,线圈中的纱线发生转移,线圈的倾斜角会发生改变,使织物有一定的延伸性。当纱线断裂时,线圈会沿纵行在相邻的两纵行上逆编结方向脱散,从而使织物分裂成两片。

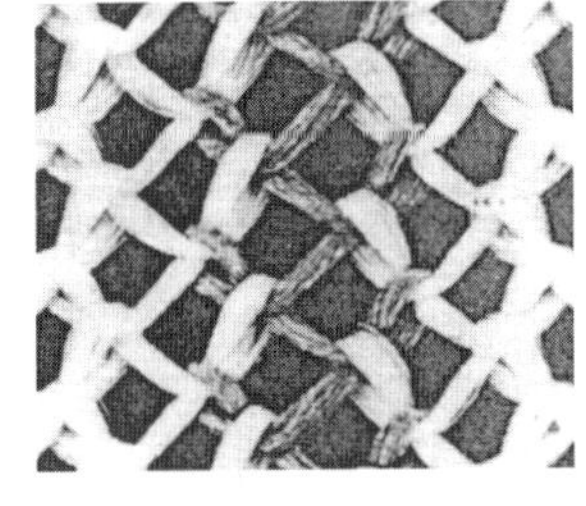

图 4 – 34　经平组织形成的织物图

在经平组织的基础上,如导纱针在针背做较多针距的横移,可得到变化经平组织,如三针经平(又称经绒)、四针经平(又称经斜)等,图 4 – 35 和图 4 – 36 所示分别为三针经平和四针经平的线圈结构图及垫纱运动图。变化经平组织的特点是织物的横向延伸性较小。

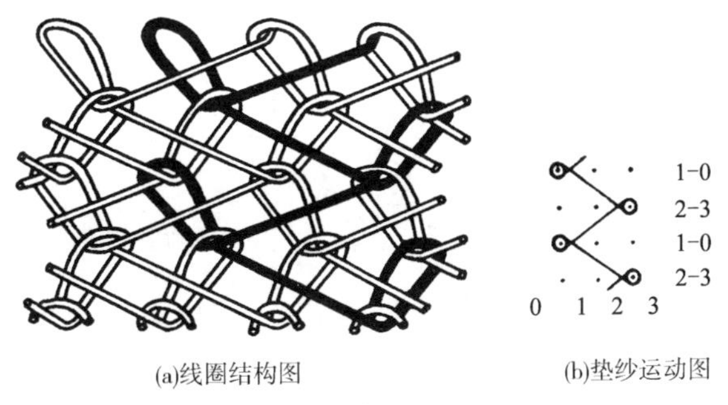

(a)线圈结构图　(b)垫纱运动图

图 4 – 35　三针经平的线圈结构图及垫纱运动图

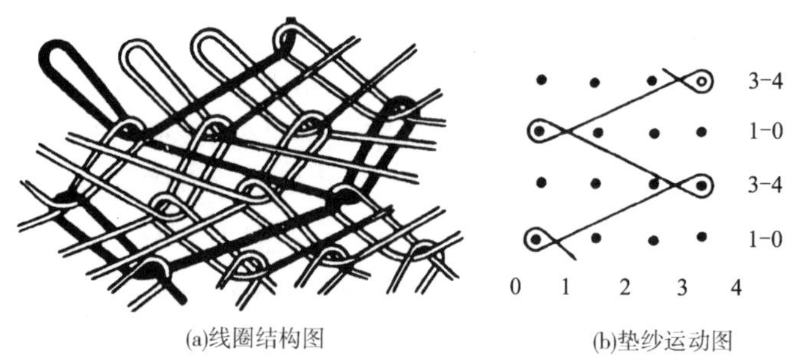

图4－36　四针经平的线圈结构图及垫纱运动图

3. 经缎组织　经缎组织是指每根经纱顺序地在三枚或三枚以上的织针上垫纱成圈而形成的一种组织。图4－37所示为一种最简单的四列经缎组织的线圈结构图及垫纱运动图，其完全组织的横列数为4。图4－38所示为六列经缎组织的线圈结构图和垫纱运动图。

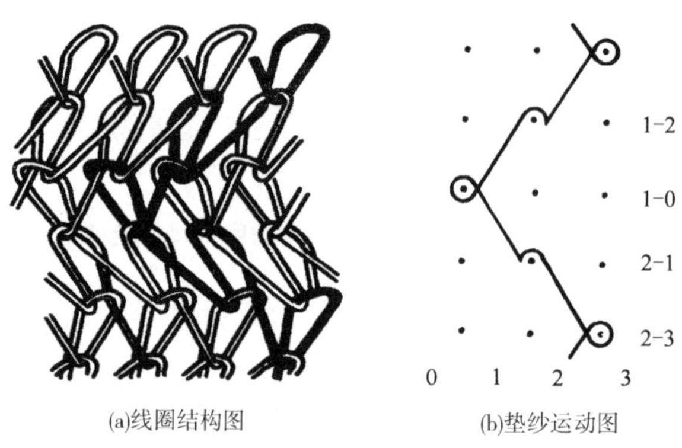

图4－37　四列经缎组织的线圈结构图及垫纱运动图

由图4－37和图4－38可见，经缎组织在向同一个方向进行垫纱时为开口线圈，垫纱转向处为闭口线圈。由于闭口线圈和开口线圈的倾斜程度不同，对光线的反射也不同，因而织物上有横条纹效应，而且手感较柔软；当纱线断裂时线圈会沿逆编结方向脱散，但织物不会分成两片。经缎组织的卷边性及其他一些性能类似纬平针组织。

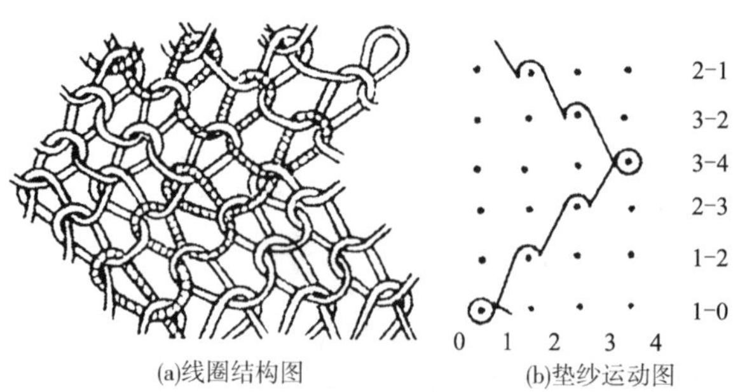

图4－38　六列经缎组织的线圈结构图和垫纱运动图

在经缎组织的基础上，导纱针在每一横列上做较多针距的针背横移，就可得到变化的经缎组织，其线圈结构图及垫纱运动图如图4－39所示。

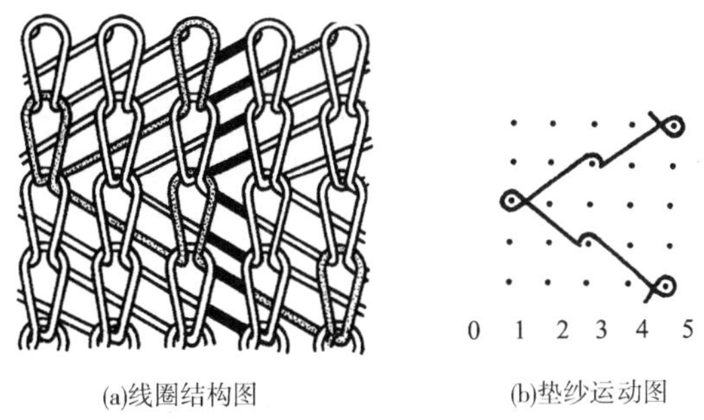

(a)线圈结构图　　(b)垫纱运动图

图 4－39　变化经缎组织的线圈结构图及垫纱运动图

二、双梳满穿经编基本组织

由于前面讲述的单梳经编组织存在着织物结构不稳定、易变形、易脱散、强力不够、线圈倾斜、服用性能差等缺点，因而很少单独使用，在实际生产中大都采用双梳组织和多梳组织。双梳组织是由两组经纱织成，每个线圈都由两根纱线构成，当这两根经纱反向垫纱时，线圈结构较稳定，不发生倾斜，不易脱散。满穿双梳组织由各种单梳组织组合而成，由于两梳选用的组织不同，在织物性能和外观上也各不相同。

双梳经编基本组织常以两梳所用的组织命名，通常将后梳组织的名称放在前面，前梳组织的名称放在后面。如两梳均作经平组织，即称为双经平组织；后梳（B）作经平组织，前梳（F）作经绒组织，即称为经平绒组织。如两梳均作较复杂的组织，则不特别命名，而分别给出其垫纱运动图或垫纱数码。

1. 双经平组织　双经平组织织物是一种最简单的双梳织物，两把梳栉均作经平组织，但垫纱方向相反。双经平组织的线圈结构图及垫纱运动图如图 4－40 所示。在某一线圈断裂时，双经平织物会沿该纵行逆编织方向脱散，使织物分成两片，故很少采用。

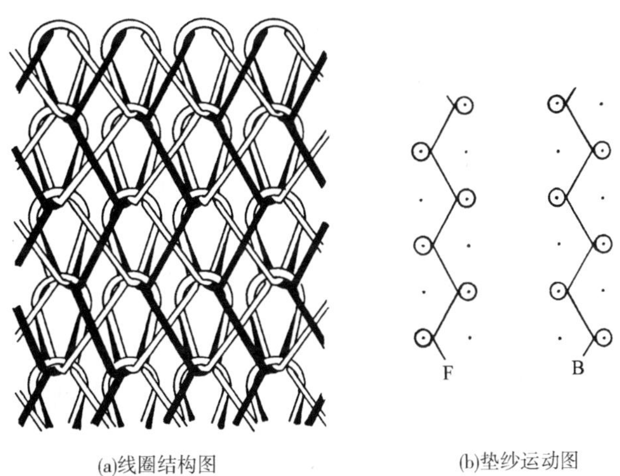

(a)线圈结构图　　(b)垫纱运动图

图 4－40　双经平组织的线圈结构图和垫纱运动图

2. 经平绒组织 后梳采用经平组织、前梳采用经绒组织而形成的织物组织称为经平绒组织，如图4－41所示为经平绒组织的线圈结构图和垫纱运动图。从图4－41(a)、(b)线圈结构图上可以看出，(a)织物反面最外层覆盖的是前梳经绒的长延展线；(b)织物正面呈“V”形线圈，线圈保持直立状态。这种织物具有重量轻、手感柔软、光泽较好等特点，但易起毛、起球和勾丝，织物下机后收缩率较大，可达20%～30%，因而常被用作内衣和外衣织物。

图4－41 经平绒组织的线圈结构图和垫纱运动图

3. 经绒平组织 前梳采用经平组织、后梳采用经绒组织而形成的织物组织称为经绒平组织，其线圈结构图和垫纱运动图如图4－42所示。这种织物反面最外层是前梳经平组织的短延展线，后梳经绒组织的长延展线被夹在中间，与经平绒组织相比较，具有结构稳定、线圈不易转移、不容易起毛、起球和勾丝、织物较挺括等特点，但织物手感不够柔软，外观光泽不太好，织物下机后收缩率较小。

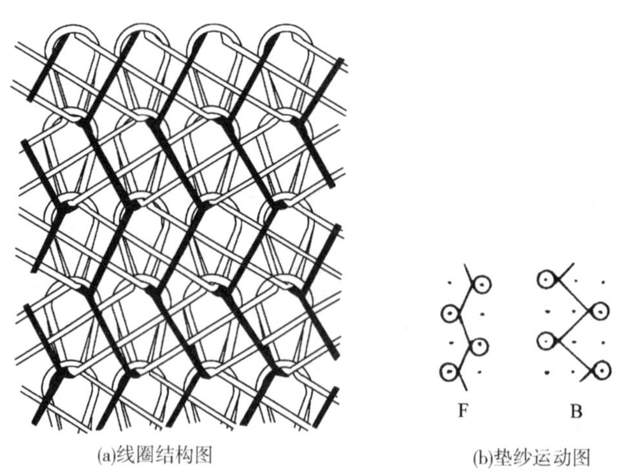

图4－42 经绒平组织的线圈结构图和垫纱运动图

4. 经平斜组织 前梳采用经斜组织、后梳采用经平组织而形成的织物组织称为经平斜组织，如图4－43所示。这种组织的性能与经平绒相似，其反面是由前梳经斜组织的长延展线紧密排列而成,因此大量光线将由一平面上反射出来而使其有很好的光泽;并且织物具有手感柔软、表面平整等特点。但织物结构更不稳定,纵向延伸性大,易起毛、起球和勾丝。织物下机后收缩率可高达40%。常将经平斜织物前梳的长延展线拉绒,整理后形成经编绒类织物。

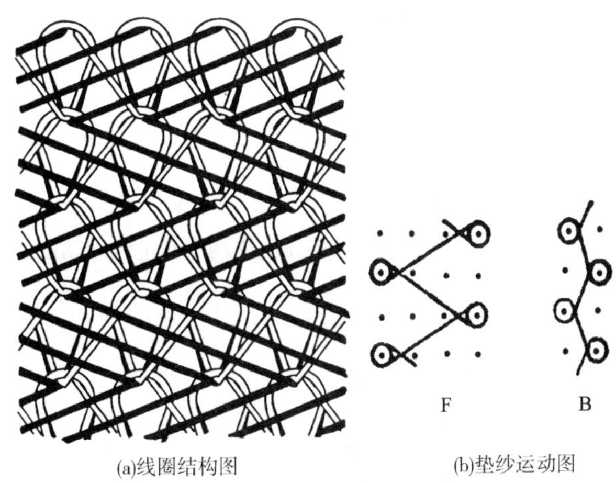

(a)线圈结构图　　(b)垫纱运动图

图4-43　经平斜组织的线圈结构图和垫纱运动图

5. 经斜平组织　前梳采用经平、后梳采用经斜组织而形成的织物组织称为经斜平组织。如图4-44所示为经斜平组织的线圈结构和垫纱运动图。从图中可以看出,其反面最外层是前梳经平组织的短延展线,后梳横跨四针的经斜组织的长延展线被夹在中间。织物性能与经绒平相似,并且结构更为紧密和稳定。

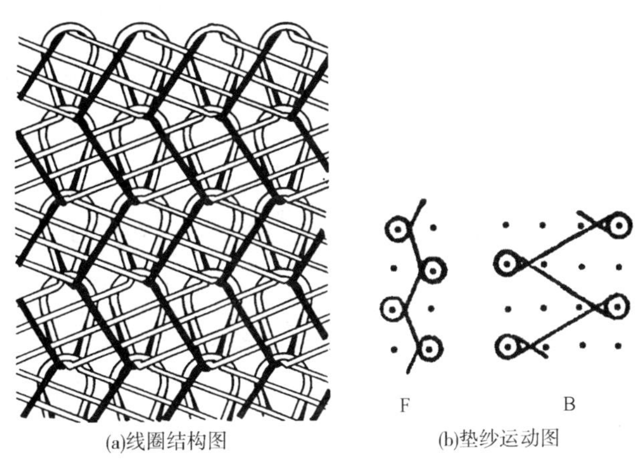

(a)线圈结构图　　(b)垫纱运动图

图4-44　经斜平组织的线圈结构图和垫纱运动图

6. 经绒(斜)编链组织　前梳采用编链组织、后梳采用经绒(斜)组织而形成的织物组织称为经绒(斜)编链组织。图4-45和图4-46所示分别为经绒编链组织和经斜编链组织的线圈结构图和垫纱运动图。这种织物具有纵横向延伸性均较小、结构稳定、不卷边等特点,下机收缩率仅为1%~6%,因而大量用于编织衬衣、外衣类织物。

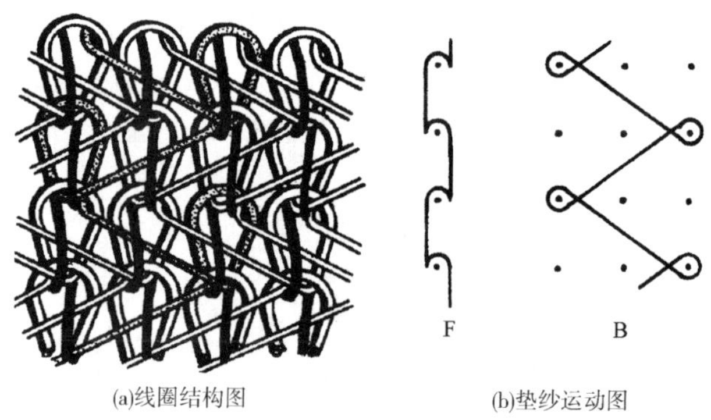

(a)线圈结构图　　(b)垫纱运动图

图4-45　经绒编链组织的线圈结构图和垫纱运动图

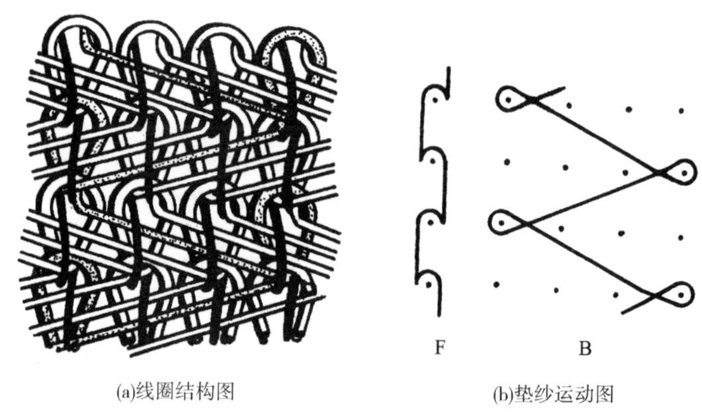

(a)线圈结构图　　(b)垫纱运动图

图4-46　经斜编链组织的线圈结构图及垫纱运动图

满穿双梳组织还可以采用双经缎组织，但这种组织因其使用性能不如前述的几种，故采用的不多。

任务七　常用经编花色组织

除上述基本经编组织外，在经编机上还可以利用多梳栉、梳栉带空穿、穿纱不同、各梳之间对纱位置不同、垫纱运动变化以及附加一些衬纬纱线等方式来获得多种花色织物。经编花色组织主要有利用穿不同颜色（或原料）纱线得到的各种花纹图案组织；利用某些导纱针空穿得到的网孔抽花组织；利用线圈结构的改变得到的缺压、毛圈、压纱经编组织；利用附加衬纬纱得到的双轴向、多轴向经编组织和贾卡经编组织。

经编机的起花能力很强，在编织各种装饰织物、网孔织物方面占有很大的优势。

一、利用色纱的满穿双梳组织

在满穿双梳组织的基础上，用一定根数、一定顺序穿经的多色经纱可以得到各种色彩的花纹。利用色纱来形成花纹的双梳织物，设计时必须考虑两梳纱线的显露关系，以使织物获得预期的花色效应和性能。一般说来，在双梳织物中是前梳纱线显现在织物两面的最外面。但两梳纱线的粗细、送经量的大小、两梳针背横移量的大小、两梳垫纱方向的异同、机器的安装等因素对纱线的显露关系均有影响。设计时要考虑使应显现在坯布表面的纱线较粗，穿在前梳上，垫纱位置在针杆上较低，针背横移量较少，送经量较大，并且采用开口线圈，使两梳反向垫纱等。这些方法常能起到较好的覆盖作用，使花纹更加清晰。

1. 纵条花纹　利用色纱可以得到的最简单花纹是有色纵条。前梳以不同颜色的纱线按一定顺序穿经，后梳以地组织所需颜色的纱线单色穿经，就可以制得清晰的色纱纵条花纹。如前梳以黑、白两色纱按一定顺序穿经，而后梳为全白，采用经绒编链组织，这样就可形成白底上的黑色纵条花纹；如两梳均作经缎组织，则可形成曲折纵条花纹。纵条的宽度决定于穿经完全组织的大小，纵条曲折情况则决定于梳栉作针背垫纱横移的情况。如果前、后梳栉均以不同颜色的纱线按一定顺序穿经，则可由前、后梳栉色纱纵条重叠形成，如图 4－47 所示的带有菱形节的纵条。

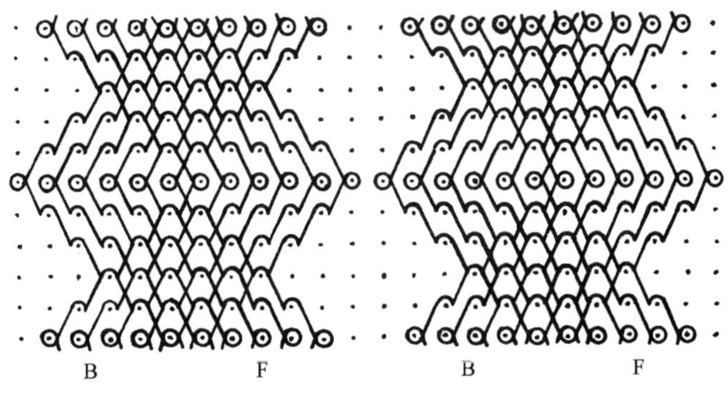

图 4－47　菱形节纵条的垫纱运动图

2. 各种几何形状的花纹　在基本满穿双梳组织的基础上，可以利用一定的穿经方式和垫纱运动规律来形成各种几何形状的花纹，最常见的为形成菱形花纹。图 4－48 表示以十六列经缎组织形成菱形花纹。图中以“｜”表示黑纱，“＋”表示白纱，穿经完全组织和对纱情况如图下方所示，从而形成图中区域 A 为黑色菱形，区域 B 为白色菱形，区域 C_1、C_2 为混杂色。

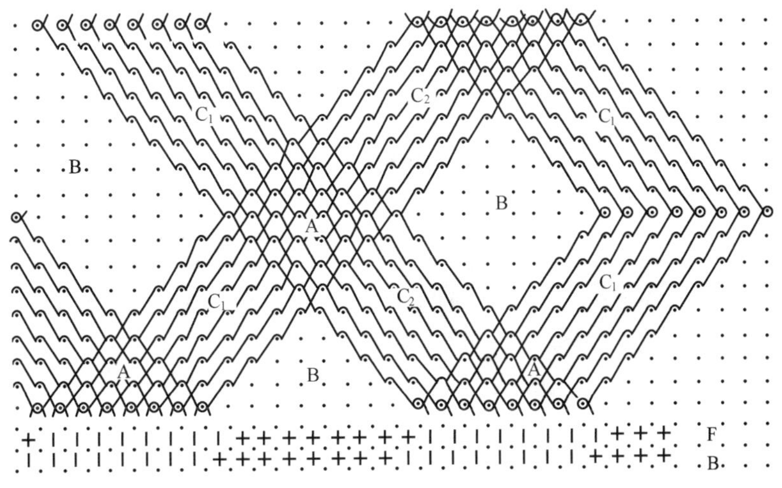

图 4－48　菱形花纹的垫纱运动图

如上例中垫纱运动稍加改变还可以形成方格花纹、六角形花纹。如将色纱和更复杂的垫纱运动相配合，或两梳对纱情况稍加改变，还可以得到各种复杂的几何花形，这里不再一一介绍了。

二、网眼组织（带空穿双梳组织）

利用带空穿的双梳可以得到网眼效应的花纹。所谓带空穿是指梳栉的某些导纱针上有规律地不穿入经纱，但必须保证每一横列在每一枚织针上至少垫上一根纱线，形成一个新线圈，否则就会漏针，出现破洞。

如果两把梳栉上均带有空穿，在空穿处使相邻的线圈纵行在局部失去延展线的横向联系，就可形成孔眼。孔眼的形状取决于两把梳栉垫纱运动的规律，孔眼的大小取决于不连接纵行的横列数。有时将这种经编组织称为抽花经编组织。

现将网眼组织的一些基本孔型及其形成方法介绍如下。

图4－49所示为一种最简单的经编菱形网眼织物的线圈结构图及垫纱运动图。两梳均为一隔一穿经，并且作反向经绒垫纱，在转向线圈处，相邻纵行内的线圈相互没有联系，而同一纵行内的相邻线圈又以相反方向倾斜，因而构成了近似菱形的孔眼。当然，这样形成的孔眼很小，但形成的方法是典型的。

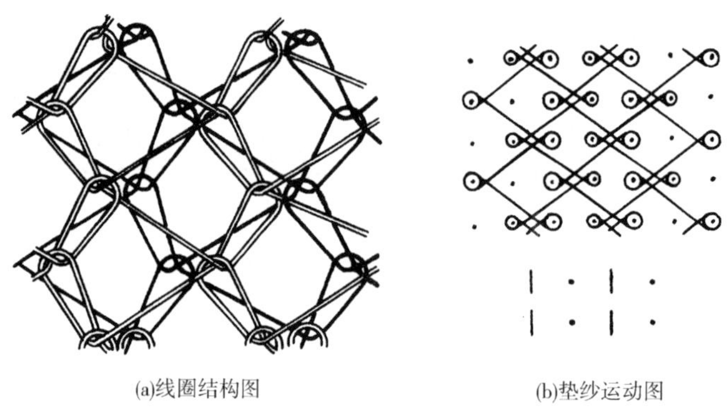

(a)线圈结构图　　(b)垫纱运动图

图4－49　经编菱形网眼织物的线圈结构图及垫纱运动图

图4－50所示为经缎垫纱形成菱形抽花效应的织物，两梳仍均为一隔一穿经，但两梳作对称的经缎垫纱运动，图4－50(a)为其线圈结构图，图4－50(b)为其垫纱运动图，这样形成的孔眼较大，每个孔眼占据4个横列，孔眼之间为2个纵行。

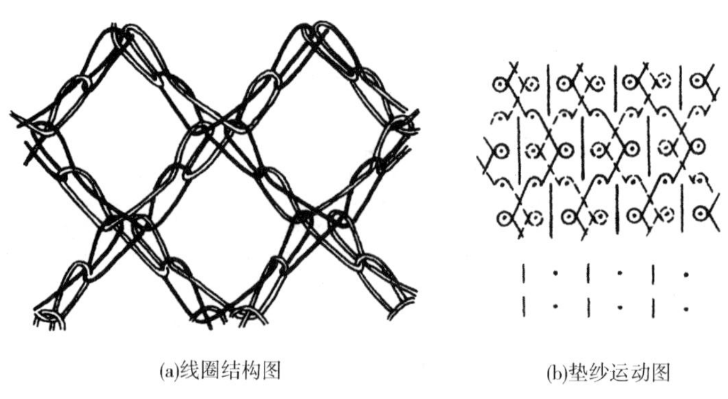

(a)线圈结构图　　(b)垫纱运动图

图4－50　经缎垫纱部分穿经形成的菱形孔眼

当编织一段相当长的经平组织后，再用变化经平垫纱，就可以形成较大的柱形孔眼，如图4－51所示。在作变化经平垫纱处，纱线改变了垫纱位置，使原来分开的两纵行连在了一起，而原来连在一起的两纵行由于失去联系而分开，在经平垫纱处形成了较长的柱形孔眼，变化经平垫纱则用来封闭孔眼。

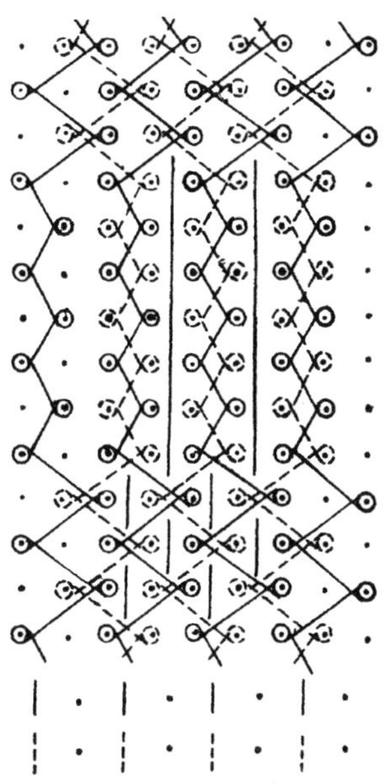

图4－51　经平和变化经平所形成的柱形孔眼

当经平垫纱横列数适当时，便可形成六角形孔眼。图4－52所示为经平与经缎组合形成的六角形孔眼织物的线圈结构图及垫纱运动图，两梳均为一隔一穿经，垫纱完全组织为8横列，孔高为6横列，两孔眼之间为2纵行。

利用适当的垫纱运动还可以形成近似圆形的孔眼织物。

三、衬纬经编组织

衬纬经编组织是指在经编针织物的线圈主干与延展线之间周期地衬入一根或几根纱线的组织，它分为全幅衬纬和局部衬纬两种。目前我国经编生产中采用较多的是局部衬纬组织，全幅衬纬需专门的衬纬机构。衬纬纱可以沿纬向铺放，也可以沿经向衬入。图4－53为衬纬经编组织的编织示意图。衬纬经编组织在生产时要注意以下两点。

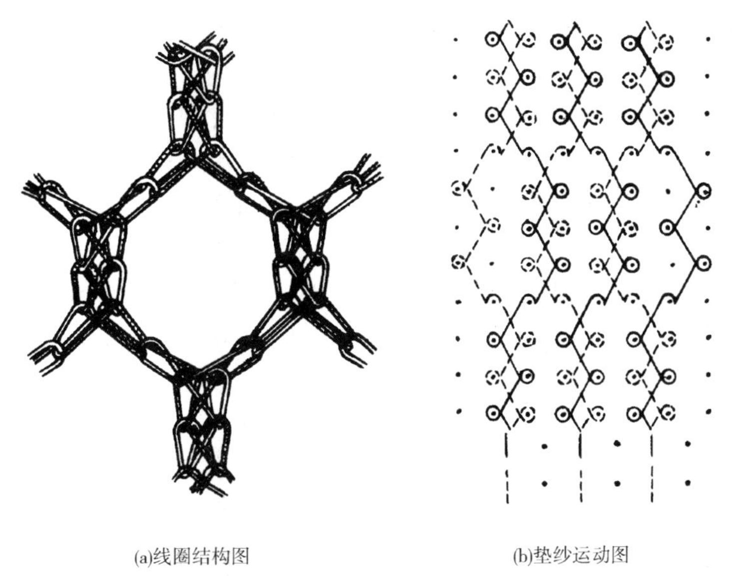

(a)线圈结构图　　(b)垫纱运动图

图4－52　经平与经缎垫纱部分穿经形成的六角形孔眼织物

(1)衬纬纱必须穿于后梳，前梳作编织梳。因为若衬纬纱穿于前梳，就不可能将衬纬纱衬入后梳组织的线圈主干和延展线之间。

(2)衬纬纱必须有针背横移(不能有针前垫纱)，它才能被束缚在其越过的每个纵行中。

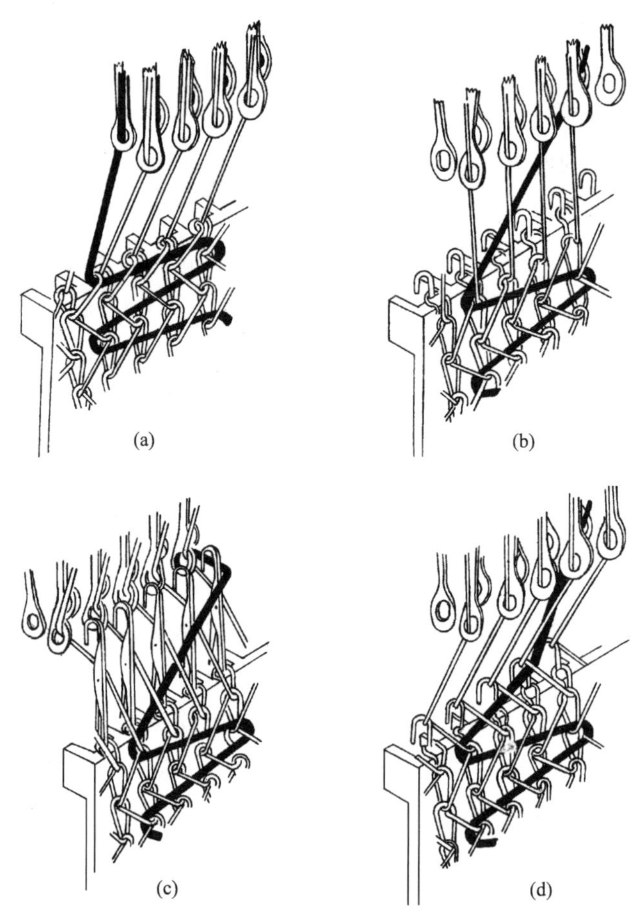

图4-53 衬纬经编组织的编织示意图

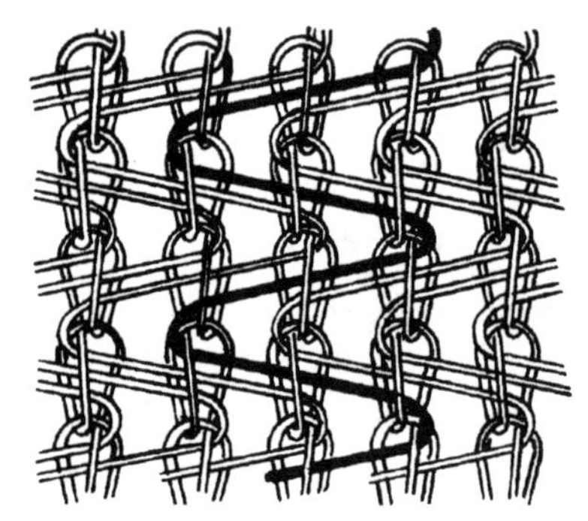

图4-54 两梳衬纬经编组织的线圈结构图

图4-54所示为一种典型的两梳衬纬经编组织的线圈结构图。由前梳地纱编织开口编链线圈，后梳纬纱作越过3针距的针背衬纬垫纱。从图中可见，衬纬纱被夹持在编链组织的线圈主干与延展线之间。纬纱一方面使线圈纵行得到联系；另一方面可以使坯布的横向延伸性减小。

衬纬组织中由于纬纱不参加编织成圈，因而使得衬纬纱的纱线范围扩大了，可以使用较粗和较毛糙的纱线，也可以使用金银丝等，从而使花纹更加丰富多彩，而且衬入纬纱后，织物的延伸性减小，尺寸更加稳定。

利用局部衬纬可以达到多种花色效应，使坯布具有独特的性质。例如，利用衬入的纬纱在经编地组织上显示花纹，这称为起花衬纬经编组织；纬纱也可以用较粗的起绒纱线，并采用适当的组织使纬纱在织物反面呈自由状态突出，经过拉绒起毛后就可以形成绒面，这称为起绒衬纬经编组织。但最常见的是网孔衬纬经编组织和装饰用衬纬经编组织。

图4-55所示为由编链和衬纬形成格子网眼组织的线圈结构图。前梳编织开口编链，后梳

编织衬纬组织。在衬纬纱作单针距横移而垫绕在编链纵行上的地方，相邻纵行间没有横向连接的纬纱，从而构成格子网眼。网眼的大小可以按需要自由控制。

图 4－56 所示为编链和衬纬形成的六角形网眼组织的垫纱运动图和线圈结构图。从图中可以看出，一把梳栉做编链和经平垫纱运动(图中黑纱)，另一把梳栉则沿着黑纱的轨迹做衬纬垫纱运动(白纱)。由于转向处闭口线圈的倾斜，再加上衬纬纱线的缠绕，就构成了稳定的六角形网眼结构。

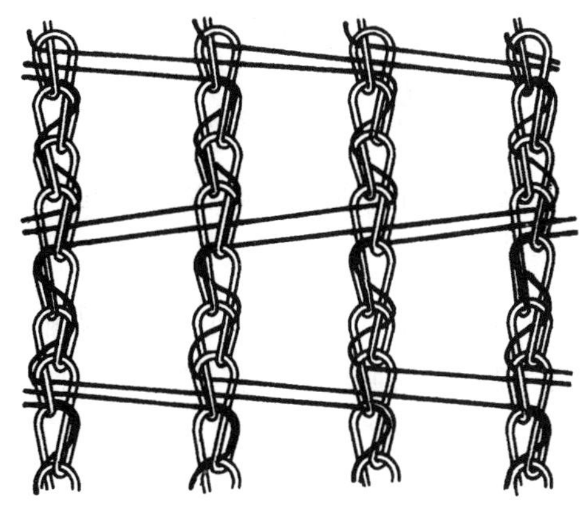

图 4－55　格子网眼组织的线圈结构图

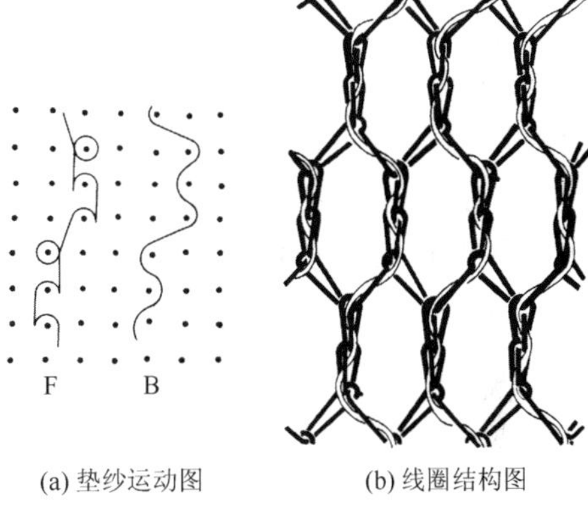

(a) 垫纱运动图　(b) 线圈结构图

图 4－56　六角形网眼组织的垫纱运动和线圈结构图

各种网眼组织既是构成装饰用衬纬经编组织的地组织，又可作为蚊帐、渔网、各种防护用网的织物结构。

装饰用衬纬经编组织可制作窗帘、台布、坐垫套、花边等。它由网眼地组织和花色衬纬两个部分构成。网眼地组织可以是方格网眼或六角形网眼等，通常采用很细的纱线织制，在网眼地组织上再用较粗的衬纬纱线形成大型花纹。

利用多梳衬纬可以织制各种装饰用织物，如花边、窗帘、台布等。

四、缺垫经编组织

一把或几把梳栉在某些横列处不参加编织的经编组织称为缺垫组织。图 4－57 所示为一缺垫经编组织，该组织中前梳纱线在两个横列中连续缺垫，而满穿的后梳则做经平垫纱运动。在缺垫的两个横列处，表现为倾斜状态的单梳线圈。

图 4－57　缺垫经编组织

缺垫经编组织也可采用两把梳栉轮流缺垫来形成，如图 4－58所示。每把梳栉轮流隔一横列缺垫，由于每个线圈只有 1 根纱线参加编织，因此这种织物显现出单梳结构特有的线圈歪斜。但它比普通单梳织物坚牢和稳定，因为每个横列后均有缺垫纱段。

利用缺垫可以形成褶裥、方格和斜纹等花色效应。

(一)褶裥类

形成褶裥效应最简单的方法，是使前梳在一些横列片段缺垫,而其后的一把或两把梳栉在这些横列处仍然编织,从而形成褶裥。图4－59显示了褶裥的形成过程。后梳B编织地组织,前梳F在有些横列中缺垫,并减少或停止送经,使地组织在该处形成褶裥。

当只有一个或两个横列缺垫时,不会有明显的褶裥效应,只有当连续缺垫横列数较多时,才会形成较显著的褶裥效应。

(二)方格类

利用缺垫与色纱穿经可以形成方格效应的织物。图4－60所示为一方格织物,其后梳满穿色经纱,前梳穿经为5根色纱1根白纱,前梳编织10个横列后缺垫两个横列。前10个横列,前梳纱覆盖在织物工艺正面,织物上表现为一纵行宽的白色纵条与五纵行宽的有色纵条相间;在第11和12横列处,前梳缺垫,后梳的白色纱线形成的线圈露在织物工艺正面,而前梳纱浮在织物反面,于是在色纱地布上形成白色方格。

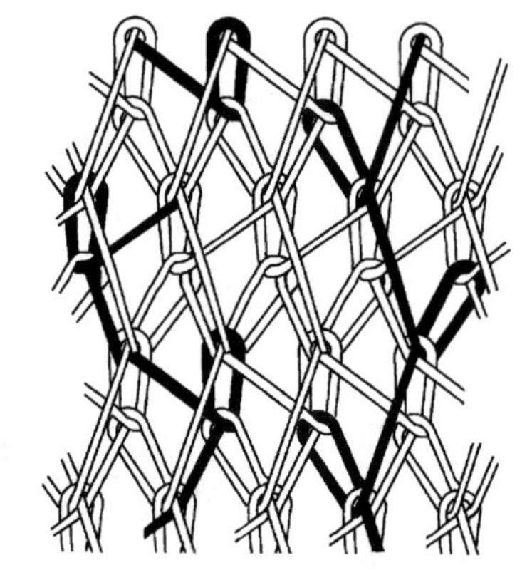

图4－58　两把梳栉轮流缺垫经编组织

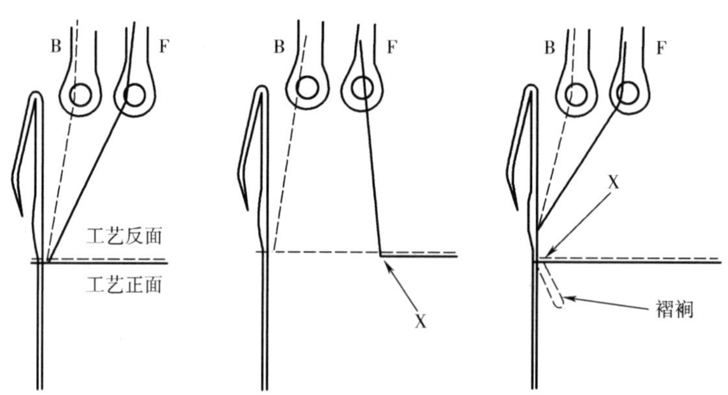

图4－59　褶裥的形成过程

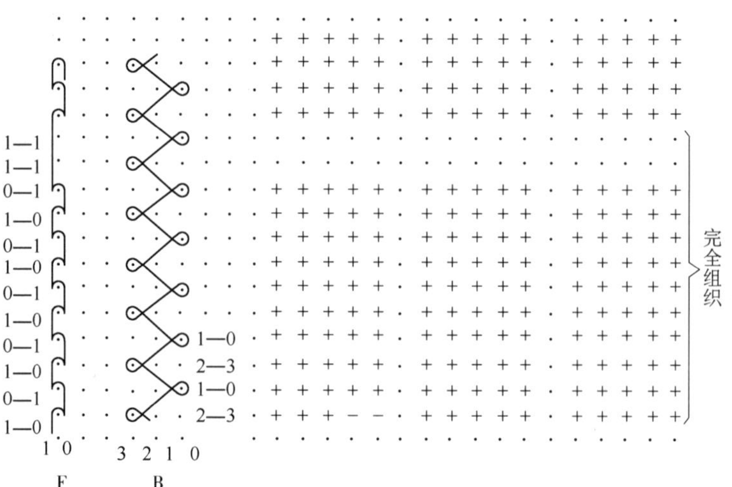

图4－60　缺垫方格织物

(三)斜纹类

斜纹缺垫经编组织是通过缺垫使有些线圈按斜纹规律排列,从而在织物表面获得左斜纹或右斜纹效应。图4-61所示为一种三梳缺垫组织形成的斜纹,其中符号"×"表示形成斜纹的地方。前梳F和中梳M的穿经均为二"|"色,二"○"色。前梳在奇数横列编织,偶数横列缺垫;中梳则在偶数横列编织,奇数横列缺垫;由做经平垫纱运动的后梳B构成地布,这样编织出的斜纹有光洁的反面。

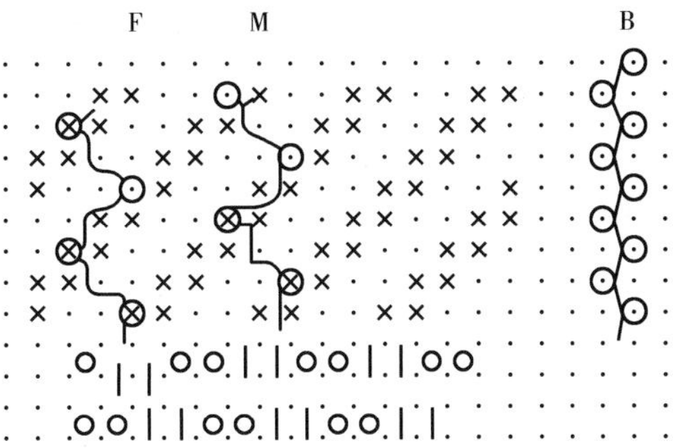

图4-61　缺垫斜纹组织

五、压纱经编组织

有衬垫纱绕在线圈基部的经编组织称为压纱经编组织。图4-62所示为一压纱经编组织,其中衬垫纱不编织成圈,只是在垫纱运动的始末呈纱圈状缠绕在地组织线圈的基部,而其他部分均处于地组织纱线的上方,即处于织物的工艺反面,从而使织物获得三维立体花纹。

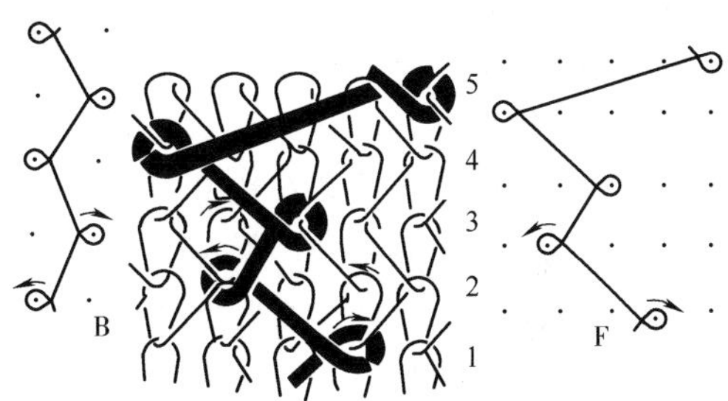

图4-62　压纱经编组织

压纱经编组织有多种类型,其中应用较多的为绣纹压纱经编组织。在编织绣纹压纱经编组织时,利用压纱纱线在地组织上形成一定形状的凸出花纹。由于压纱纱线不成圈编织,因而可以使用花色纱或粗纱线。压纱梳栉可以满穿或部分穿经,可以应用开口或团口垫纱运动,由此形成多种花纹。压纱经编组织常用的基本地组织为编链和经平组织。图4-63所示为一菱形

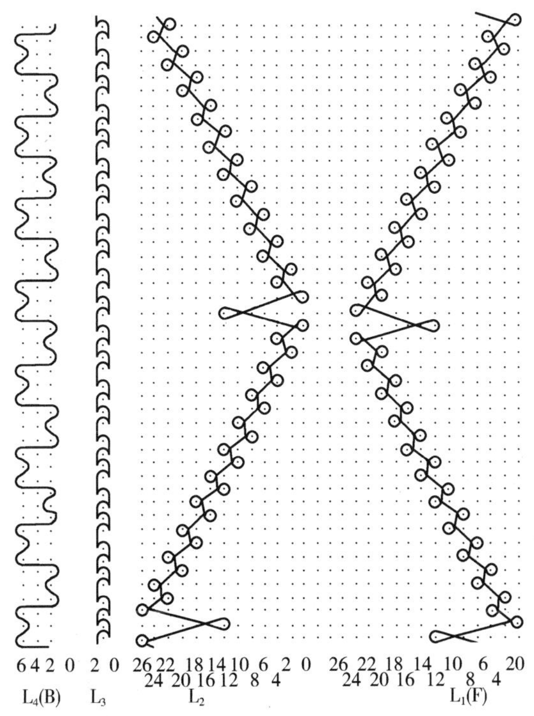

图4-63　菱形绣纹压纱经编组织的垫纱运动图

凸出绣纹的压纱经编组织的垫纱运动图，其垫纱数码和穿经完全组织为：

L_4：6－6/4－4/6－6/0－0/2－2/0－0//　满穿。

L_3：2－0/0－2//　满穿。

L_2：24－26/14－12/24－26/22－20/22－24/20－18…6空，2穿，18空。

L_1：12－14/2－0/4－6/4－2/6－8/6－4…2穿，24空。

梳栉L_3和L_4形成小方网孔地组织。L_1和L_2为压纱梳，均为部分穿经，作相反的垫纱运动。它们在地布的表面上形成凸出的菱形花纹，在菱形角处有长延展线形成的结状凸纹。可以看出，L_4的完全组织为6横列，而L_1和L_2的完全组织为46横列。

六、缺压经编组织

编织时部分线圈不在一个横列中立即脱下，而是隔一个或几个横列才脱下，形成了相对拉长线圈的经编组织称为缺压经编组织。它可以形成多种花色效应，在服装和装饰用织物中有一定应用。缺压经编组织一般在钩针经编机上编织。根据不脱下线圈的那一横列是否垫到纱线，缺压组织分为缺压集圈和缺压提花两类。

1. 缺压集圈经编组织　有些旧线圈在一个或几个横列中不脱下，而又垫上新纱线，形成悬弧的组织，称为缺压集圈组织，由其形成凹凸花色、孔眼等效应。

图4－64所示为一缺压集圈经编组织，旁有"—"的横列不压针而形成悬弧，如图4－64(a)。这种垫纱运动图的另一种画法是将缺压那个横列的垫纱运动与上一列的垫纱运动连续地画在同一横列中，如图4－64(b)所示。

图4－65所示为连续4次不压针，而使每两枚针上具有两根纱线缠绕成的8个圈，形成凸起的小结。

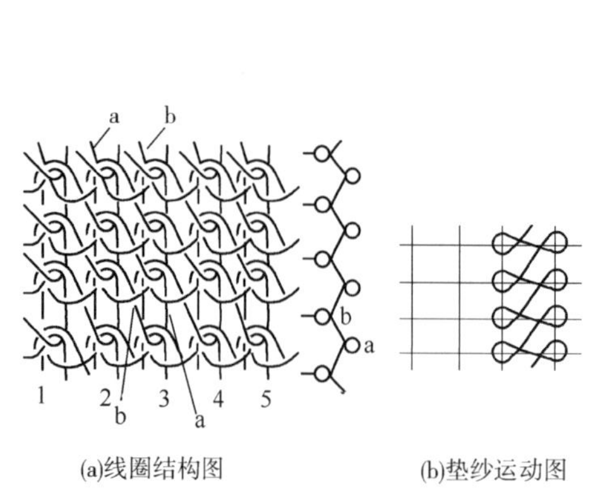

图4－64　缺压集圈经编组织

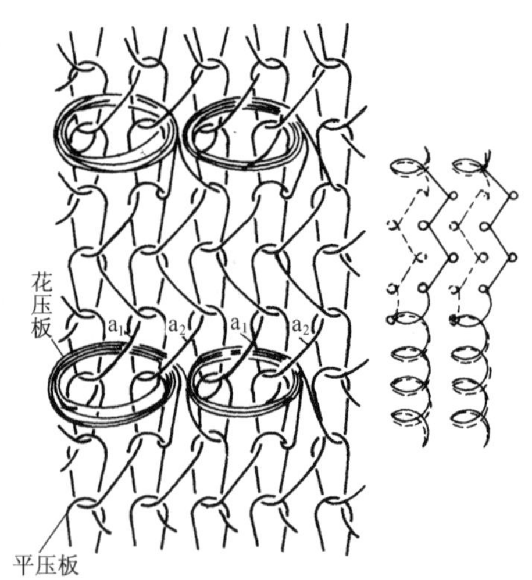

图4－65　四列缺压集圈组织

2. 缺压提花经编组织　具有在几个横列中不垫纱又不脱圈而形成的拉长线圈的经编组织称为缺压提花经编组织。在形成这种组织时，纱线以一定的间隔垫到针上并参加成圈。在不成圈处，新纱线不垫放到针上，同时旧线圈亦不从针上脱下，这样就在该处形成了拉长线圈。由于针在不编织横列中没有垫到纱线，所以在拉长线圈处就没有集圈那种悬弧。图4－66为形成贝壳状花纹的一部分穿经的单梳缺压提花经编组织。

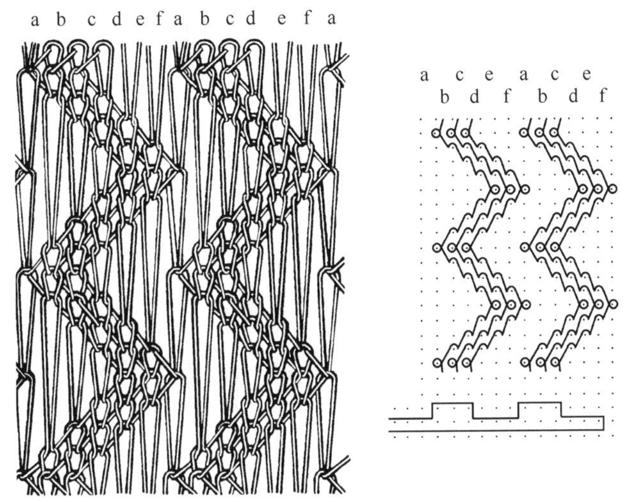

图 4-66　单梳缺压提花经编组织

七、毛圈经编组织

利用较长的延展线或脱下的衬纬纱，或脱下的线圈在织物上形成毛圈表面，称为毛圈经编组织。经编毛圈织物有单面毛圈和双面毛圈两种。毛圈经编织物具有蓬松柔软、手感丰满、吸湿性好等特点。

1. 长延展线毛圈组织　最常用的方法是利用专门的毛圈梳片来形成长延展线毛圈组织，图 4-67(a)所示的垫纱运动中，后梳与毛圈梳片同向横移，成为地布，前梳的延展线形成毛圈。

将前梳纱线送经量加大进行超喂，使前梳延展线形成毛圈。图 4-67(b)、(c)所示为两梳和三梳毛圈组织的垫纱运动图。

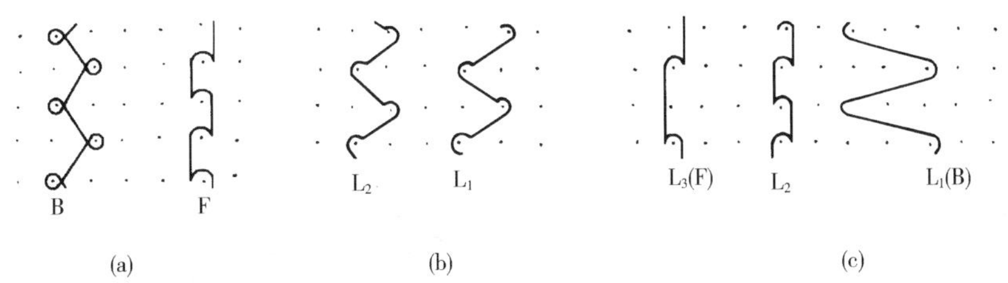

图 4-67　长延展线毛圈组织垫纱运动

2. 脱纬毛圈组织　由脱下的衬纬纱形成毛圈的组织，称为脱纬毛圈组织。图 4-68(a)所示的垫纱运动中，后梳衬纬纱线由于与前梳同向垫纱，因而不能与地布连接，从而形成毛圈。图 4-68(b)所示的垫纱运动图，则因部分衬纬横列在前梳，而不能与地布相连接从而形成毛圈。图 4-68(c)所示的垫纱运动图，前梳衬纬处不能与地布连接，从而形成毛圈。

3. 脱圈毛圈组织　利用某些横列中有些织针垫不到纱线而使线圈脱落形成毛圈的组织，称

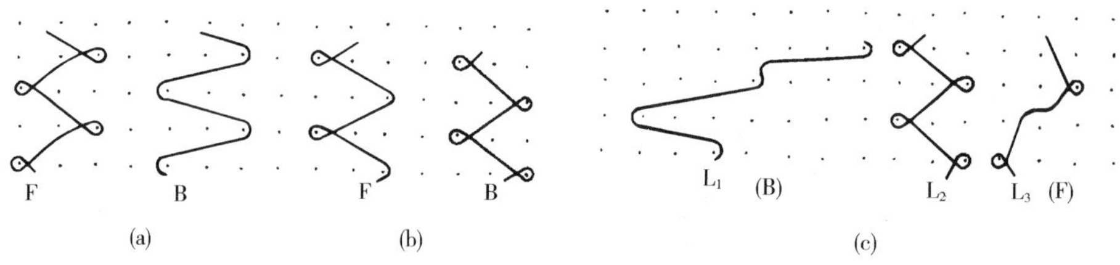

图 4-68　脱纬毛圈组织垫纱运动

为脱圈毛圈组织。图 4-69 所示的垫纱运动中，后梳 L_1 在一隔一的针上垫纱，再脱下时即可形成毛圈。

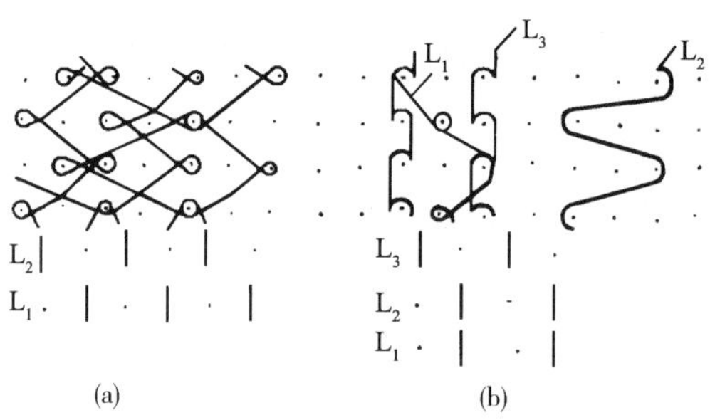

图 4-69　脱圈毛圈组织垫纱运动

八、双轴向、多轴向经编组织

在产业用纺织品领域，要求产品具有很高的强度和模量，而传统的针织品很难适合这样的要求。从 20 世纪后期，经编专家和工艺人员对经编工艺进行了深入研究，在全幅衬纬经编组织基础上提出了定向结构之后，经编双轴向、多轴向编织技术获得了迅速发展，产品在产业用纺织品领域得到广泛应用，目前正逐渐替代传统的骨架增强材料。

双轴向经编织物是指在织物的纵、横方向分别衬入不成圈的平行伸直纱线。而多轴向经编织物定义为除了在纵，横方向，还沿织物的斜向衬入不成圈的平行伸直纱线。

双轴向、多轴向衬纬经编织物的结构如图 4-70 和图 4-71 所示。

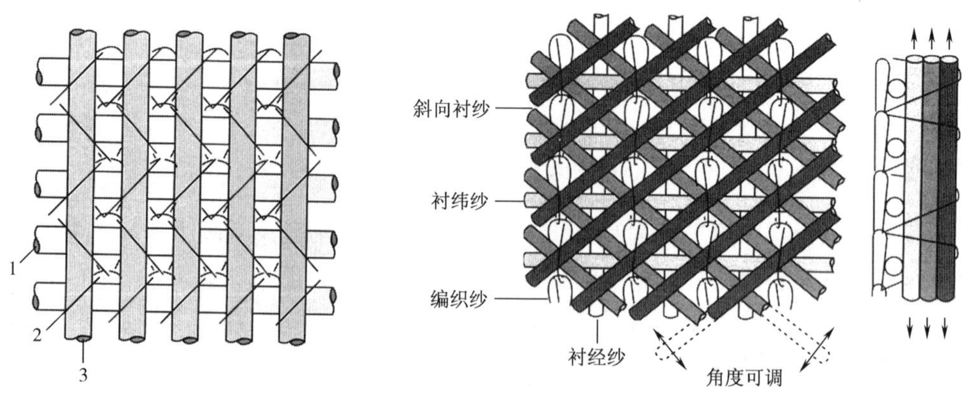

图 4-70　双轴向衬纬经编织物

图 4-71　多轴向衬纬经编织物

由于双轴向、多轴向经编组织中衬经衬纬纱呈笔直的状态，因此织物力学性能有了很大的提高。与传统的机织物增强材料相比，这种组织的织物具有以下优点。

(1)抗拉强力较高。这是由于多轴向经编织物中各组纱线的取向度较高，共同承受外来载荷。与传统的机织增强材料相比，强度可增加20%。

(2)弹性模量较高。这是由于多轴向经编织物中衬入纱线消除了卷曲现象。与传统的机织增强材料相比，模量可增加20%。

(3)悬垂性较好。多轴向经编织物的悬垂性能由成圈系统根据衬纱结构进行调节，变形能力可通过加大线圈和降低组织密度来改变。

(4)剪切性能好。这是由于多轴向经编织物在45°方向衬有平行排列的纱线层。

(5)织物形成复合材料的纤维含量较高。这是由于多轴向经编织物中各增强纱层平行铺设，结构中空隙率小。

(6)抗层间分离性能好。由于成圈纱线对各衬入纱层片的束缚，使这一性能提高三倍以上。

(7)准各向同性特点。这是由于织物可有七组不同取向的衬入纱层来承担各方向的负荷。

正是由于双轴向、多轴向经编织物具有高强度、高模量等特点，因此这类织物普遍被用作产业用纺织品及复合材料的增强体，如灯箱广告、汽车篷布、充气家庭游泳池、充气救生筏、土工格栅、膜结构等柔性复合材料。另外，在刚性复合材料中，双轴向、多轴向经编织物还可作为造船业、航天航空、风力发电、交通运输等许多领域复合材料的增强体。

九、贾卡经编组织

由贾卡提花装置分别控制拉舍尔型经编机全幅的各根部分衬纬纱线(或压纱纱线、成圈纱线等)的垫纱横移针距数，从而在织物表面形成由网孔、稀薄和密实区域构成花纹图案的经编结构，称为贾卡提花经编组织，简称贾卡经编组织。图4-72所示为一种贾卡经编织物。

图4-72 贾卡经编织物

贾卡提花装置可以使每根贾卡导纱针在一定范围内能独立垫纱运动，因而可编织出尺寸不受限制的花纹。贾卡经编织物已在国内外广泛流行，主要用作窗帘、台布、床罩等各种室内装饰与生活用织物，也可用作妇女的内衣、胸衣、披肩等带装饰性花纹的服饰物品。

由于贾卡提花装置控制的同一把贾卡梳栉中各根经纱垫纱运动规律不一，编织时的耗纱量各不相同，所以通常贾卡花纱需用筒子架消极供纱，机器的占地面积较大。这样贾卡经编机的经纱行程长，张力难以控制，车速比一般经编机低。

贾卡经编机的发展经历了从机械式到电子式，从有绳控制到无绳控制的过程，新一代压电陶瓷贾卡提花系统的使用，使得贾卡经编技术更趋完善，其产品更加精致和完美。

贾卡提花要控制每根贾卡导纱针的每一次垫纱运动。虽然它们安装在相同的梳栉上，这些导纱针还能侧向偏移。为此，应使导纱针既长又富有弹性。为了不与相邻的导纱针相互干扰，每根导纱针仅能偏移一个针距。因此，这种导纱针的垫纱运动针距数是有一定限度的。

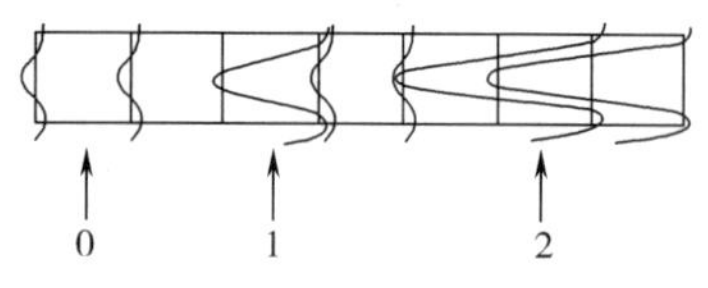

图4－73　贾卡编织原理

贾卡经编机用地梳形成地组织，用贾卡梳产生覆盖这些地组织的花纹图案。图4－73以跨越2根织针的基本衬纬运动贾卡梳为例，每根导纱针只能完成下列三个垫纱运动中的一种。

（1）导纱针循着地组织的编链衬纬，从而构成了网孔区域0。

（2）导纱针做相邻两织针之间的衬纬，织针间隙被2根延展线所覆盖，形成稀薄的区域1。

（3）导纱针做跨越两个针隙的衬纬，织针间隙被4根延展线所覆盖，形成密实的区域2。

依靠控制每根导纱针横越的针距数不同，利用三种织物效应，就能在织物上形成花纹。

贾卡经编组织编织时梳栉上每根导纱针受贾卡装置控制在编织过程中可以发生偏移，从而产生不同的花色效果。根据贾卡原理不同，贾卡经编组织可以分为衬纬贾卡组织、成圈贾卡组织、压纱贾卡组织和浮纹贾卡组织。下面以衬纬贾卡组织为例进行说明。

衬纬贾卡导纱梳栉做衬纬运动的经编组织称为衬纬贾卡经编组织。其基本垫纱如图4－74所示。图4－74（a）为一针距衬纬，在织物表面形成网孔，图4－74（b）为正常的两针距垫纱，在织物上形成稀薄地布部分，图4－74（c）为三针距衬纬，在织物表面形成密实地布部分。

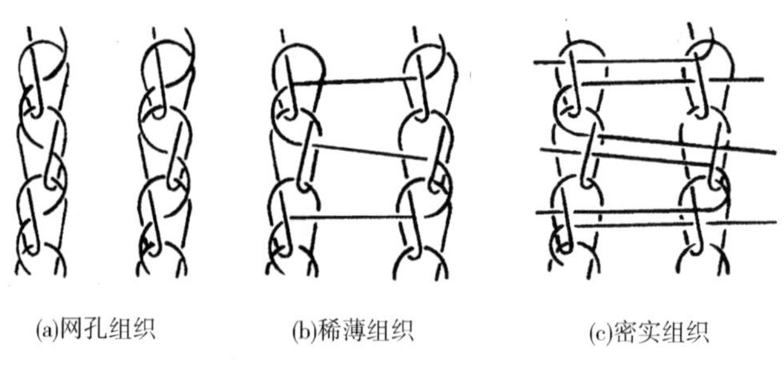

(a)网孔组织　(b)稀薄组织　(c)密实组织

图4－74　衬纬贾卡经编组织

十、多梳栉经编组织

在网孔地组织的基础上采用多梳衬纬纱、压纱衬纬纱、成圈纱等纱线形成装饰性极强的经编结构，称为多梳栉经编组织。

编织多梳栉经编组织所采用的梳栉数量，与多梳栉拉舍尔型经编机的机型有关。一般少则十几至二十几把，中等数量三五十把，目前最大可达95把。梳栉数量越多，可以编织的花纹就越大、越复杂和越精致，但是相应的机速将有所下降。

多梳栉经编组织的织物有满花和条型花边两种。满花织物主要用于妇女内外衣、文胸、紧身衣等服用面料，以及窗帘、台布等装饰产品。条型花边织物主要作为服装辅料使用。

（一）多梳栉经编机的花梳栉

多梳栉拉舍尔型经编机通常采用两把或三把地梳栉，这些梳栉上的导纱针与普通经编机上的导纱针相同。而编织花纹的梳栉（亦称花梳栉）上的导纱针则采用花梳导纱针，如图4－75所示。花梳导纱针由安装针柄1和导纱针2组成。安装柄上具有凹槽3，可用螺丝将其固定在梳栉上。通常，编织花纹的梳栉在50.8mm、76.2mm或101.6mm（2英寸、3英寸或4英寸）的每一花纹横向循环的织物幅宽中仅需一根纱线。这就决定了在后方的所有花梳栉可按花纹需要在某些位置上配置花色导纱针。同一花梳栉上的两相邻花梳导纱针之间,存在相当大的间隙。由于上述的特殊情况,可将各花梳栉的上面部分分得开些,便于各根花纹链条对它们分别控制。各梳栉上的花梳导纱针的导纱孔端集中在一条横移工作线上,在织针之间同时前后摆动,使很多花梳栉在机上仅占很少的横移工作线,从而显著减少了梳栉的摆动量,如图 4－76 所示为某型号多梳栉花边机的梳栉配置图。花梳栉的这种配置方式称为“集聚”,由图可见,其中 3 ~4 把花梳栉集聚在一条横移线上。由于“集聚”使拉舍尔型经编机的梳栉数量,从早期的 8 把增加到 12、18 把,以后又陆续出现了 24、26、30、32、42、56、78 把梳栉,直至目前的 95 把梳栉。应用了“集聚”配置,就出现了一个限制,即在同一“集聚”横移线中,各花梳栉导纱针不能在横移中交叉横越。

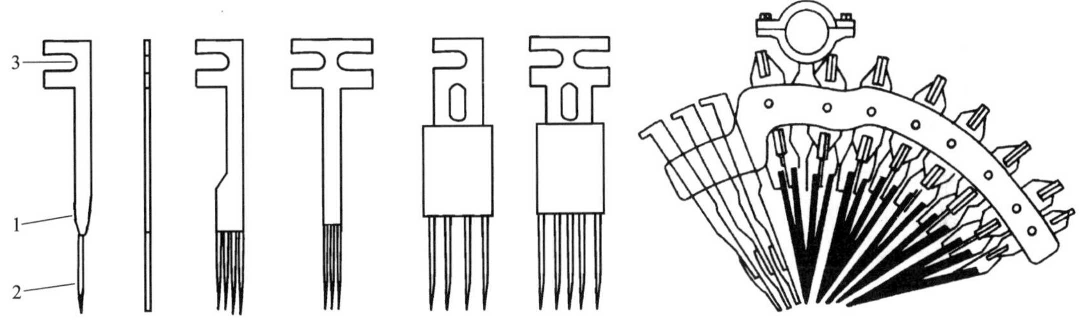

图 4－75　花梳导纱针结构　　**图 4－76　花梳栉的集聚配置**

多梳栉拉舍尔型经编机以前采用舌针,现在普遍采用槽针,以适应高机号和提高机速的要求。多梳栉经编机的经轴也分为地经轴和花经轴,分别按花纹要求送经。

(二)多梳栉经编组织的地组织

多梳栉经编组织由地组织和花纹组织两部分组成。多梳栉经编组织的地组织一般可有四角形网眼结构和六角形网眼结构。窗帘织物多采用四角网眼地组织,花边类织物通常采用六角形网眼地组织(图 4－56 为六角网眼组织的垫纱运动和线圈结构图)。

图 4－77 为常见的四角网眼地组织,图 4－78(a)为一款薄纱网眼织物,图 4－78(b)为一款多梳栉窗帘织物,图 4－79 为一款多梳花边织物。

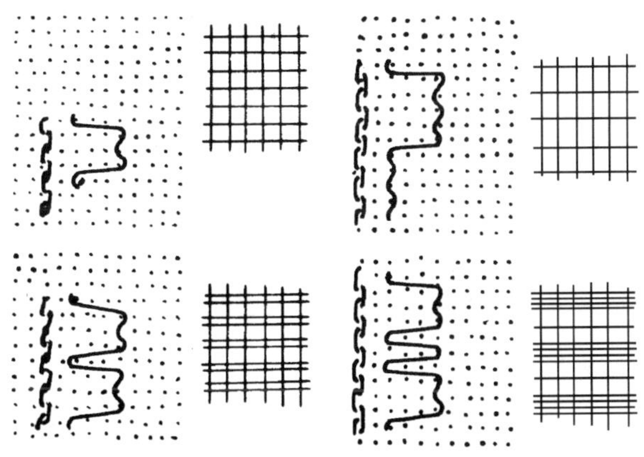

图 4－77　常见的四角网眼地组织

(a) 薄纱网眼织物

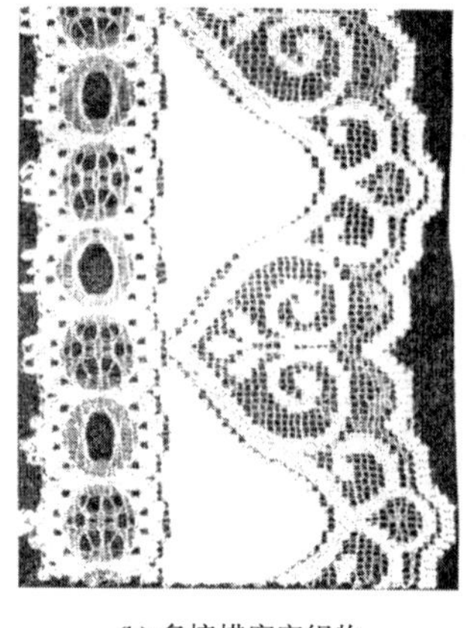

(b) 多梳栉窗帘织物

图 4 – 78　四角网眼地组织织物

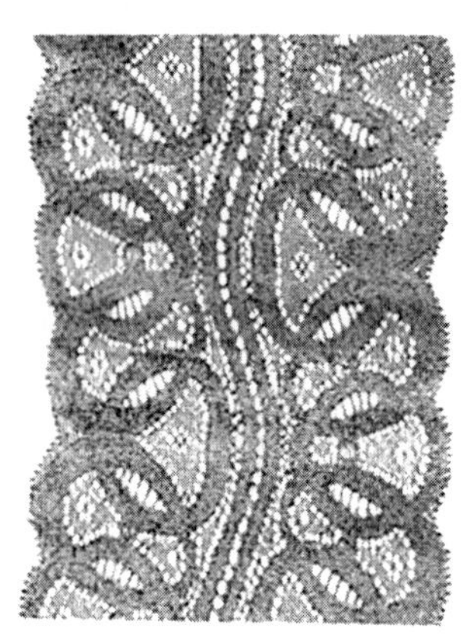

图 4 – 79　多梳花边织物

（三）花纹组织设计

多梳栉经编组织的花梳可以采用局部衬纬、压纱衬垫、成圈等垫纱方式而形成各种各样的花纹图形。图 4 – 80 所示为一款简单的花边设计图，它是在六角网眼地组织基础上通过局部衬纬来形成花纹的。

图 4 – 80　简单的花边设计图

（四）花边织物设计举例

这里举一个例子说明 12 梳花边的设计。首先设计花边图案，如图 4 – 81 所示。有时常将图案用白色描在黑纸上，以能更直观地看到将来制品的风格。然后按照一定的比例将此图案描绘到六角意匠图纸上，并按此图案作出各花色衬纬梳栉的垫纱运动。各梳栉垫纱运动线要尽可能与所描绘的图案一致，如图4－82所示。

图4－81　花边组织的小样花纹

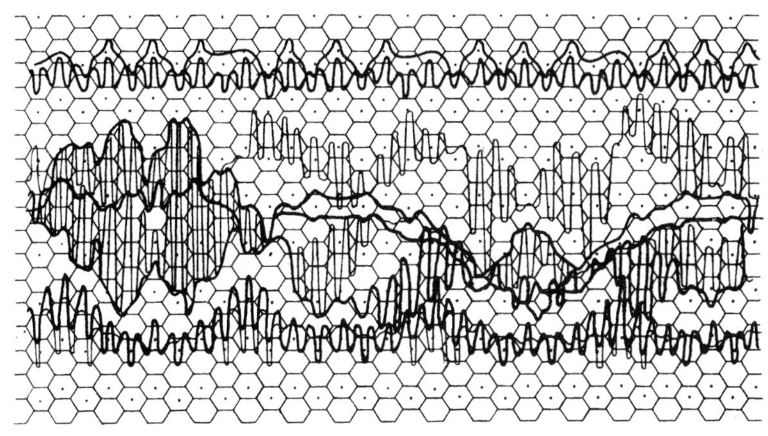

图4－82　花边组织小样花纹描绘到六角网眼意匠图上

任务八　经编技术的最新进展

经编技术及其设备在20多年中有了巨大的发展，无论在机器高速、控制现代化、操作简便，还是在电脑织物设计等方面都有了飞速的发展，现代经编机已经完全成为一种现代化的设备。

一、高速

在现代特利科型经编机上，由于采用多种方法减轻运动部件的重量，配备经过计算机优化设计的新型针床和新型梳栉，从而大幅度提高了机器的运转速度，最高机速可达3300r/min。根据所使用复合针的动程，现代特利科型经编机可以分为以下几种。

1. 高速型特利科经编机　HKS2－1型、HKS2－3(E)型、HKS3－1型、HKS4－1(P)型。

2. 通用型特利科经编机　HKS2型、HKS3－M(P)型、HKS4(P)(EL)型、HKS5(P)(EL)型。

通用型特利科经编机使用中动程复合针，机型标志中仅有一个数字，而高速型特利科经编机使用短动程复合针，机型标志中有两个数字并且用短横线“－”连接。

现代高速拉舍尔型经编机(如RSE4－1型)的速度也已高达2500r/min。

二、高机号

现代经编机大部分使用英制机号，其定义为每25.4mm（1英寸）针床长度内的织针数。特利科型经编机梳栉数较少，机号较高。E28机器可用于内衣、衬衣、蚊帐及一些装饰织物的生产，通用性强，是各类经编厂装备的主要机种之一。E32机器主要用来生产内衣织物，E36机器主要用来生产薄型内衣。为增加织物的丝绸感和抗起毛起球性能，已出现高达E44机号的机器。由于调整和看管高机号机器需要培养专门的技术工人，技术要求很高，所以高于E32的机器一般都具有专门的用途。目前拉舍尔经编机最高机号也已达到E40，可以编织薄型内衣和其他工业材料。

三、阔幅

现代经编机的工作幅宽也有进一步增加的趋势。现代特利科经编机多数已经使用4318mm（170英寸）幅宽的机器。目前最大的幅宽已达到6604mm（260英寸）。随着针床幅宽的增加，机器的运转速度相应的有一定的降低。此外，幅宽较大的机器制造和调整均较复杂和困难。在这些机器上，为了支撑主轴和成圈机件的床身，需要10～12个支座，而每种成圈机件的传动要用5～6套同种机构来实现。这就对这些机构的制造和调节提出了较高的要求，否则各个机构的负荷将不一致，严重时将使成圈机件床身发生扭曲。幅宽较大的机器对温度变化比较敏感，对车间温湿度有较高的要求，停车时生产率的损失也比幅宽较窄的机器大。但一台两倍于窄幅幅宽的机器与两台窄幅机器相比，前者单位成品坯布消耗资金较少，费用降低20%，甚至更多，并且占地面积小得多。此外用宽幅机器生产的坯布幅宽比较灵活，易于满足裁剪的要求，并可以减少裁剪时的损耗。综合以上情况，用宽幅特利科经编机作大批量生产时经济性较好，因而得到普遍的使用。

四、广泛采用电子技术

经编机的电子化、智能化体现在主要机构的电子化和花型设计的电脑化等方面。

（一）经编机主要机构电子化

现代经编机主要机构如送经机构、坯布牵拉卷取机构和梳栉横移机构均已采用电子控制。在旧型经编机上，一般采用间歇式的或不均匀的连续送经和牵拉，它们会造成经纱张力的波动和线圈结构的不均匀。在现代特利科经编机上，对送经和坯布牵拉作了根本的改进，采用了均匀连续的送经和坯布牵拉，并已经采用电脑控制的送经系统（EBA和EBC）和牵拉卷取系统（EWA和EAC），因此可编织线圈结构均匀的优质坯布。新型电子控制电动机驱动的EBA送经系统已作为特里科与拉舍尔经编机的标准配置。该系统应用于花纹循环中纱线消耗量恒定的场合。

1. 新型EBA送经系统的主要特点

（1）设定送经速度时，只要简单地在EBA操作面板上按键，就可以控制经轴向前或向后转动，这在换用新的经轴时非常方便。

（2）送经量直接输入并显示。经编机的送经量[mm/腊克（Rack）]是指编织480横列（1腊克）的织物所用的经纱长度（mm）。新送经系统的送经量输入精确到1mm/腊克，可以同时控制4根经轴。当机器运行时，纱线的张力非常精确、均匀。

（3）EBA计算机具有记忆功能，如果当前的送经量被确定，以后只要输入同样的值，就可以很方便地再现。

(4)作为选择,在经轴一定位置上可以使用感测罗拉。在经轴纱线用完前,机器能自动停止,防止损坏成圈机件。

(5)生产数据可以记录。新型的EBA送经系统可以记录每一只经轴的数据,也可以对4根经轴数据进行统计。可以记录坯布生产长度、停车时间总和、机器运行时间、机器停止时间和机器效率等数据。

(6)新型EBA送经系统可以随时掌握盘头剩余运行时间(甚至没有输入经轴的转数),掌握经轴的变化情况。

(7)新型的EBA送经系统具有双速送经功能。每一经轴可在正常送经和双速送经中任选一种。双速送经可以提供99个序列,而每一个序列最大可达到999横列。利用双速送经可获得一些特殊效应的织物。经轴可以停止送经或者在短时间内向后转动。新型的EBA送经系统可以设计成高速送经和低速送经、正常送经、向前送经和向后送经。

2. 电子梳栉横移机构及特点　在多梳拉舍尔经编机上,由于梳栉多,花纹完全组织高度大,因而必须采用大量的链块,这使在翻改花型时停车时间很长。为克服这一缺点,开发了SU和EL电子梳栉横移机构。SU电子梳栉横移机构的应用,使得多梳经编机的发展取得巨大的进步,节省了大量链块,使计算机辅助设计成为可能,并且使得梳栉数可以大大增加。EL电子梳栉横移机构与SU电子梳栉横移机构一样,用线性电动机控制,尤其适用于连续快速的花型变换。EL电子梳栉横移机构控制的横移运动比花盘控制更精确,而且可以产生较大的横移运动。存储器的容量可供花型循环达到30000横列。对EL电子梳栉横移机构的一个有效的预处理操作是使用EBC送经系统。EL系统能够计算连续的纱线需要量和各自的纱线送入值。如果需要,可以调整纱线送入值。这种机构一般用于4梳和5梳特利科经编机,如HKS4EL型、HKS4PEL型、HKS5EL型和HKS5PEL型,也可用于双针床拉舍尔经编机,例如RD4－6EL型、RD6－7DPLM/12－3EL型、RD8DPLM/8－3EL型。

新型EL系统的效率比使用曲线链块提高了30%。

EL电子梳栉横移机构有如下特点。

(1)机构简单,横移可靠,操作方便。

(2)花纹循环不受限制,能进行较大的针背横移。

(3)省去链块存储和维护,减少出错的可能性。

(4)能快速进行花纹设计和花纹变化,设置和操作时间较短,生产率较高,非常经济。

(5)即使生产结构复杂的产品需要调整机器,对生产进度也没有什么影响,但机器的运转速度受到限制,最高机速为1500r/min。

(6)成本高。

(二)经编针织物设计电脑化

经编针织物的组织和花型设计对经编企业来说是一项很重要的工作,这项工作要求设计周期短,翻新快,能适应市场需要。而人工设计工作量大,速度慢,并且随着梳栉数增加和花色纱的使用,矛盾变得更加突出,在市场竞争相对激烈的今天,已不能适应生产发展的需要,因此国外普遍使用经编针织物计算机辅助设计CAD系统来辅助设计经编产品。经过10多年的发展,经编针织物CAD系统的功能已逐步完善,不仅具有良好的使用性能,而且人机界面友好,操作方便,可以直观、快速、准确地设计经编针织物,大大提高了经编针织物的设计效率,缩短了产品的开发周期，提高了设计质量，从而提高了产品在市场中的竞争能力。

五、起花方法多样

现代经编机起花方法有贾卡提花、多梳方法及两者复合。一般把带有 3 ~ 8 把梳栉和贾卡(提花)装置的拉舍尔型经编机称为贾卡经编机，其中贾卡梳栉使用 1 把或 2 把，它利用贾卡导纱针的偏移来形成花纹。近十年来贾卡经编机发展迅速，从机械式贾卡装置发展到电磁控制式贾卡装置，再从电磁控制式发展到现在的压电式，即匹艾州(Piezo)贾卡系统。匹艾州贾卡系统的成功开发，使机器速度提高了 50%，可达 1300r/min，而且贾卡提花原理得到进一步发展。

RSJ4/1 型和 RSJ5/1 型两个机型替代了 RSJ3/1 型拉舍尔簇尼克(Rascheltronic)成圈型贾卡经编机，其产品在妇女内衣、泳衣和海滩服中有着广泛的应用。

另一类称为克里拍簇尼克(Cliptronic)浮纹型贾卡拉舍尔经编机，主要有 RJWB3/2F 型、RJWB4/2F 型、RJWB8/2F(6/2F)型、RJWBS4/2F(5/1F)型。这类经编机的成功开发，使得贾卡原理的应用又有了进一步的发展，现在不但可以控制贾卡针的横向偏移，而且可以在纵向上控制贾卡纱线进入和退出工作，从而形成独立的浮纹效应。这一类机器的产品应用从过去单一的网眼窗帘、台布等产品成功地渗透到花边领域，另外还用于妇女内衣、紧身衣和外衣面料的生产。

现代多梳经编机无论是机器结构、使用原料、起花原理、还是花型设计都发生了很大的变化，由于花梳采用集聚方式，梳栉从 8 梳增加到现今的 95 梳，而且集聚原理一直沿用至今，从原来的 4 把梳栉集聚，发展到现在 6 把梳栉集聚。虽然有同一集聚横移线中各花梳栉导纱针不能相互交叉横越的限制，但与其花纹的扩展、生产能力的增加相比，这种缺陷显得微不足道。

在多梳经编机上加装压纱板装置，并在压纱板前面配置部分花色梳栉，利用压纱板可在坯布表面形成立体花纹效应。如再与衬纬花色梳栉配合编织，能形成立体感很强的花边织物。由于压纱梳栉不成圈，这样就扩大了纱线原料的使用范围。

多梳和贾卡是经编中最重要的起花方法，把这两者有机结合在一起(一般贾卡用于花色地组织)，使得花边织物“锦上添花”，它代表着多梳拉舍尔经编机发展史上的一次巨大的进步。从 20 世纪 70 年代就开始将多梳和贾卡装置结合于同一机器中，并逐步推行这一成功技术。电子贾卡的加入，使得花型更加精致完美。现代高档花边织物一般采用电子梳栉横移、电子贾卡和压纱板复合的多梳经编机来生产。

六、成形编织技术

利用双针床拉舍尔经编机可以很方便地生产包装袋、三角裤和连裤袜等各种圆筒成形织物，带有匹艾州贾卡装置的 RDPJ6/2 型双针床拉舍尔经编机可以用来生产具有立体效应的高品质紧身衣和无缝内衣。尤其是给游泳衣和无缝内衣的生产提供了一种新的高效的方法，适用于妇女内衣和其他服装。卡尔迈耶公司还研制出了具有成形功能的钩针特利科多用途经编机，它采用电子控制织针与梳栉，可以编织独特的成形经编织物和衣片、全成形服装与弹性服装、饰边带等产品。

七、经编鞋材技术

近年来随着穿着舒适、轻便运动休闲鞋的流行，对针织运动鞋材的需求量激增，经编鞋材面料的开发与生产发展迅速。

双针床提花经编机是生产经编鞋材面料的主要机型。双针床提花经编机一般4～7梳，分别为在前针床编织地布的地梳1～2把、在前后针床均垫纱编织的间隔梳1～2把和在后针床垫纱的贾卡梳和地梳2～3把，用于形成一面带有花纹的经编提花间隔织物。在双针床提花经编机上，可根据鞋子尺寸、花纹等要求直接设计并编织出定位花纹，并可织出鞋材面轮廓线供裁剪用。在双针床经编机上编织时，整个幅宽上可同时编织多个鞋面，且可成对设计，避免左、右鞋材的数量产生差异。图4－83为一经编鞋材面料。

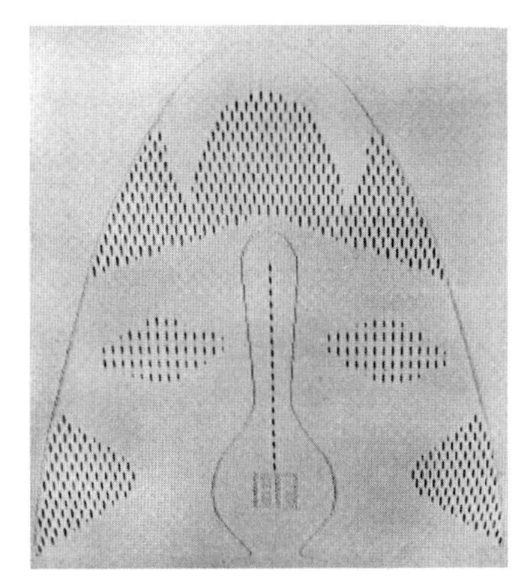

图4－83 经编鞋材面料

此外，也有双针床提花经编机同时配置有贾卡梳和压纱梳，通过压纱板前的贾卡梳形成具有立体感较强的花纹，而压纱板后的贾卡梳因配置在地梳之前，其形成的花纹也能较好地表现出来。在这种机器上进行产品设计时，可在贾卡梳上分别采用不同色泽或原料种类的纱线结合适当的垫纱工艺，从而在鞋材面料上形成具有双色效应的特殊花纹，如不同颜色的商标图案等。

八、疵点检测技术

随着劳动力资源的不断减少和劳动力成本的日益上升，减少用工人数、降低劳动强度，提高经编机看管的智能化已成为广大经编生产企业普遍关心的问题。十多年前的吹风断纱光电自停装置，以及随后出现的基于光电管阵列获取织物表面光线明暗信息来判断布面疵点的布面扫描疵点检测装置，或两者相结合，已在经编机上得到广泛使用，但由于这两种自停装置误检率高达20%以上、运行及维护成本高，经编企业一直在寻求更加稳定可靠的疵点检测装置。

随着大规模集成电路技术的快速发展和图像处理算法的逐步成熟，基于机器视觉技术即利用CCD摄像头采集布面的图像信息并进行图像处理以实现织物疵点自动检测的经编疵点照相自停系统正逐步走向成熟。由于经编生产速度快、织物结构复杂，织物疵点的分辨技术难度大，因而尽管目前这一系统还只能用于简单的平纹织物疵点检测，任何带有花纹的横移提花、贾卡提花等产品的疵点检测根本无法使用，但是经编疵点照相检测技术已受到高度的关注。

总之，经编新技术的不断涌现，为开发新型经编产品和提高其质量与档次提供了先进有力的手段，也促进了更多新颖经编产品问世。

思考与练习题

1. 与纬编针织物相比，经编针织物在线圈结构和织物特性上有什么不同？
2. 简述整经的目的和要求。
3. 经编针织物组织的表示方法有几种？各有什么特点？
4. 经编基本组织有哪些？各有何特点？画出其垫纱运动图并写出对应的垫纱数码。
5. 简述经编机的一般结构与分类。
6. 槽针经编机的成圈机件有哪些？各起什么作用？

7. 舌针经编机的成圈机件有哪些？各起什么作用？

8. 钩针经编机的成圈机件有哪些？各起什么作用？

9. 简述双针床经编机的编织特点。

10. 利用色纱形成花纹的双梳织物，为了获得较好的花色效应，在两梳纱线的显露关系上应考虑哪些因素？

11. 带空穿双梳经编组织如何才能形成网眼？怎样改变网眼的大小？

12. 缺垫经编组织如何编织？可以形成哪些花色效应？

13. 压纱经编组织如何编织？可以形成哪些花色效应？

14. 缺压经编组织如何编织？可以形成哪些花色效应？

15. 毛圈经编组织如何编织？

16. 双轴向、多轴向经编组织有何特点？

17. 贾卡经编组织有何特点？在织物上可以形成哪些效应？

18. 多梳栉经编组织常用的地组织有哪些类型？如何形成花纹？

19. 简述经编技术的最新进展。

思政园地

"织"梦星河：纺织科技托举航天强国梦

项目五　圆机成形产品与编织

[课件]项目五

知识点

1. 袜品的分类与主要组成部段。
2. 袜品的款式结构和款式设计。
3. 袜品设计步骤与要点。
4. 袜品的花色组织。
5. 袜口的编织。
6. 袜跟、袜头的结构及成形原理。
7. 电脑袜机基本结构和技术特征。
8. 无缝内衣的结构与基本编织方法。
9. 常用无缝内衣的织物组织。
10. 无缝针织小圆机结构及产品特点。

针织生产除了能编织各种经、纬编坯布外,还可在某些具有成形机构的针织机上编织出具有一定形状的成形产品,如袜子、手套、无缝内衣、成形羊毛衫等;或编织出具有一定形状、下机后不需裁剪或只需极少量裁剪便可进行缝合的半成形产品,如羊毛衫衣片、袜坯等。

成形或半成形产品的编织是针织生产所独具的特点。它是利用机器上工作针数的增减、织物组织结构的改变或线圈密度的调节来编织出具有所需外形的产品的。

本章简单介绍一下圆机成形产品中的袜品和无缝内衣。

任务一　袜品

袜品是纬编成形产品之一,通常在各种型号的圆袜机上编织,袜品生产是针织工业的一个重要组成部分。袜子要穿着舒适,其形状要符合脚形,而且要求延伸性、弹性好,吸湿透气性好,同时也要求坚牢、耐磨。

一、袜品的分类与结构

袜品的种类很多,可以根据原料、花色和组织结构、袜筒长短、袜口形式、穿着对象和用途来分类。

根据袜品使用的原料,可以分为锦纶丝袜、弹力锦纶丝袜、棉线袜、羊毛袜、棉/氨袜、木浆黏胶纤维袜、麻纱袜、竹炭纤维袜等；根据袜子的花色和组织结构，可以分为素袜、花袜、毛圈袜等；根据袜口的形式可以分为双层平口袜、单罗口袜、双罗口袜、橡筋罗口袜、橡筋假罗口袜、花色罗口袜等；根据穿着对象和用途可以分为宝宝袜、童袜、少年袜、男袜、女袜、运动袜、舞袜、医疗用袜等；根据袜筒长短可以分为连裤袜、长筒袜、过膝袜、中筒袜和短袜等。

袜品的种类虽然繁多，但其组成部分大致相同，仅在尺寸大小和原料花色组织等方面有所不同。图5－1所示为袜品的外形图，图5－1(a)为短筒袜坯，图5－1(b)为中筒袜，图5－1(c)为长筒袜，图5－1(d)为连裤袜。

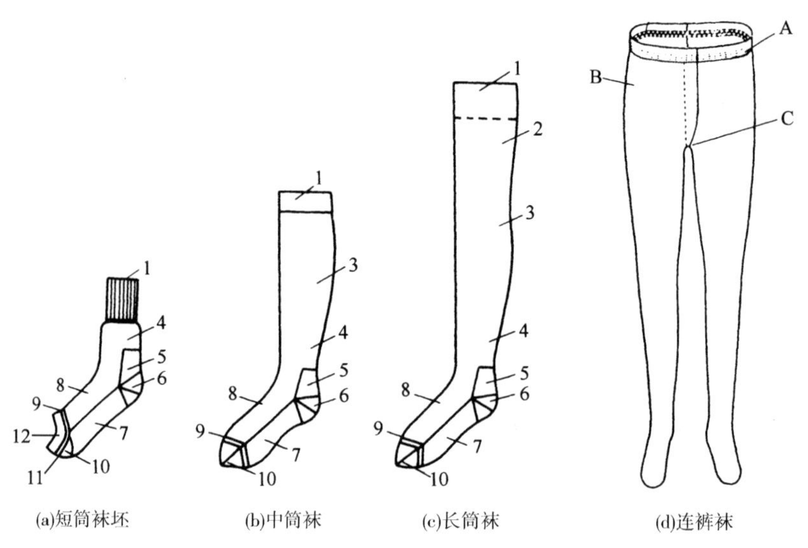

图5－1　袜品的外形图

下机后袜子有两种形式：一种是已形成完整的袜子（即袜头已缝合），如图5－1(b)、(c)、(d)所示；另一种是袜头敞开的袜坯，如图5－1(a)所示，需将袜头缝合后才能成为一只完整的袜子。

长筒袜的主要组成部段有袜口1、上筒2、中筒3、下筒4、高跟5、袜跟6、袜底7、袜面8、加固圈9、袜头10、套眼横列11、缝头握持横列12等。中筒袜没有上筒，短筒袜没有上筒和中筒，其余部位与长筒袜相同。连裤袜中增加了裤腰A、裤部B、裤裆C，其余与长筒袜同。

袜口的作用是使袜边既不脱散又不卷边，既能紧贴在腿上，又能穿脱方便。在长筒袜和中筒袜中一般采用双层平针组织或氨纶衬纬袜口；在短筒袜中一般采用具有良好弹性和延伸性的罗纹组织，也有采用衬以橡筋线或氨纶线的罗纹组织或假罗纹组织。

高跟属于袜筒部段，但由于这个部段在穿着时要与鞋子发生摩擦，所以编织时通常在该部段加入一根加固线，以增加其牢度。

袜跟要织成袋形，以适合脚跟的形状。否则袜子穿着时会在脚背上形成皱痕，而且容易脱落。编织袜跟时，相应于袜面部分的织针要停止编织，只有袜底部分的织针工作，同时按要求进行收放针，以形成梯形的袋状袜跟。这个部段一般用平针组织，并需要加固，以增加耐磨性。袜头的结构和编织方法与袜跟相同。袜脚由袜面与袜底组成。袜底容易磨损，编织时需要加入一根加固线，俗称夹底。但随着产品向轻薄细腻的方向发展，袜底通常不再加固了。编织花袜时，袜面一般织成与袜筒相同的花纹，以增加美观性，袜底则无花。袜脚也呈圆筒形，其编织原理与袜筒相似。袜脚的长度决定袜子的大小尺寸，即袜号。

加固圈是在袜脚结束时、袜头编织前再编织 12～36 个横列（根据袜子大小和纱线粗细而不同）的平针组织，并加入一根加固线，以增加袜子牢度，这个部段俗称"过桥"。

袜头编织结束后，还要编织一列线圈较大的套眼横列，以便在缝头机上缝袜头时套眼用；然后再编织 8～20 个横列作为握持横列，这是缝头套眼时便于用手握持操作的部段，套眼结束后即把它拆掉，俗称"机头线"，一般用低档棉纱编织。

近年来，随着新型原料的应用和产品向轻薄细软、物美价廉、花色多样的方向发展，以及人们生活水平的提高，舒适、美观成为更加重要的因素，袜品的坚牢耐穿已退居次要，许多袜子的结构也在变化，许多袜子的袜底不再加固、高跟和加固圈也被取消。

二、袜品的款式设计

袜品的款式设计主要是根据袜机型号的技术条件而进行的袜子各部段尺寸长短的设计。根据款式可以分为隐形袜、船袜、短筒袜、长筒袜、过膝袜、二骨袜、三骨袜、四骨袜、连裤袜、五分裤、七分裤、九分裤、露趾袜、二头袜等。

（一）袜子的款式结构

目前生产的袜子的款式可归纳为有袜头袜跟、无袜头袜跟、连裤袜三大类。

1. 有袜头袜跟袜的款式结构　常见的普通袜类产品一般都是有袜头和袜跟的，这类袜子在款式上的区别主要是袜筒长短不同、袜口形式及袜头形式不同，其袜跟主要有一字跟、Y 跟和 W 跟。这类袜子根据袜筒的长短可设计为短袜、船袜、中筒袜、长筒袜和膝袜等，如图 5－2 所示。

2. 无袜头袜跟袜的款式结构

（1）无袜头袜跟类。既无袜头又无袜跟的袜类产品就是在织袜过程中去掉了袜跟和袜头的编织过程而形成的产品，这类产品严格意义上讲已不属袜子范畴，但因其主体需在袜机上生产，所以归属于袜类产品。无袜头袜跟类袜主要有缝制脚套、护腕、腿套及袖套等，如图 5－3 所示。

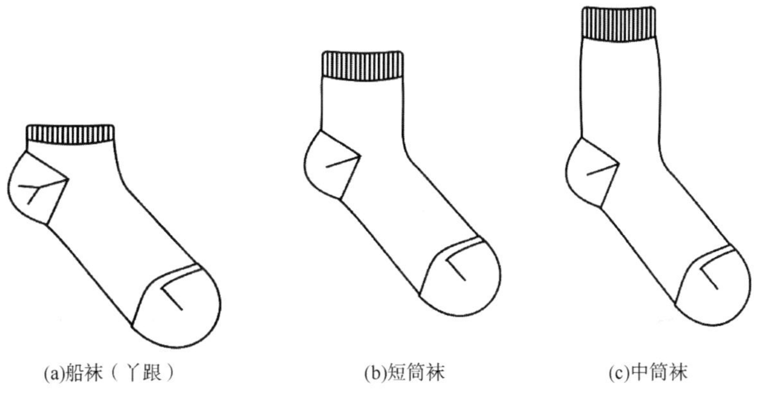

(a)船袜（Y跟）　(b)短筒袜　(c)中筒袜

图 5－2

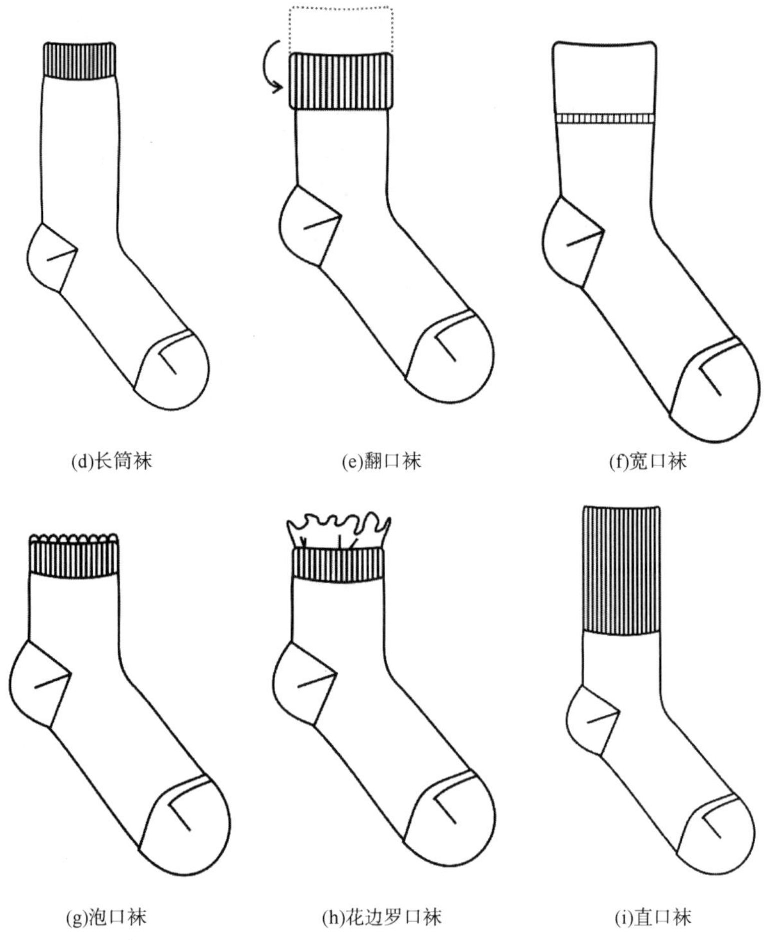

图 5-2　有袜头袜跟袜的款式

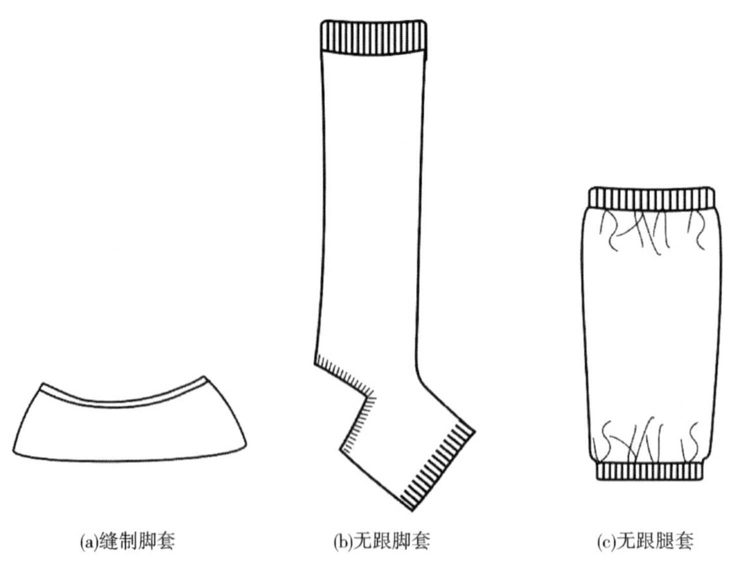

图 5-3　无袜头袜跟的款式

(2)无袜跟类。无袜跟的袜类产品就是在织袜程序中去掉了袜跟的编织过程而形成的产品,主要有二骨袜(俗称对对袜)、三骨袜、四骨袜、航空袜、无跟五趾袜、部分医疗保健袜、部分脚套腿套等。在这类产品中,袜头可以是织出的,也可以是缝制成形的,如图5-4所示。

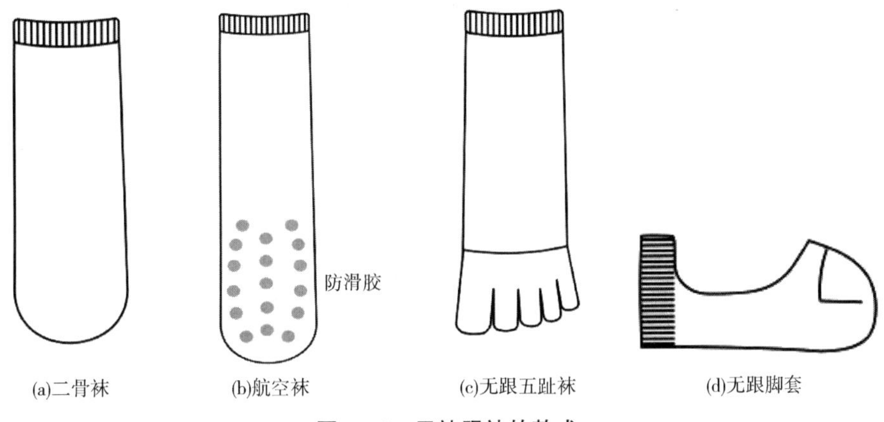

图5-4　无袜跟袜的款式

(3)无袜头类。无袜头的袜类产品就是在织袜程序中去掉了袜头的编织过程而形成的产品,主要有露趾袜、露趾裤、有跟脚套腿套等,如图5-5所示。

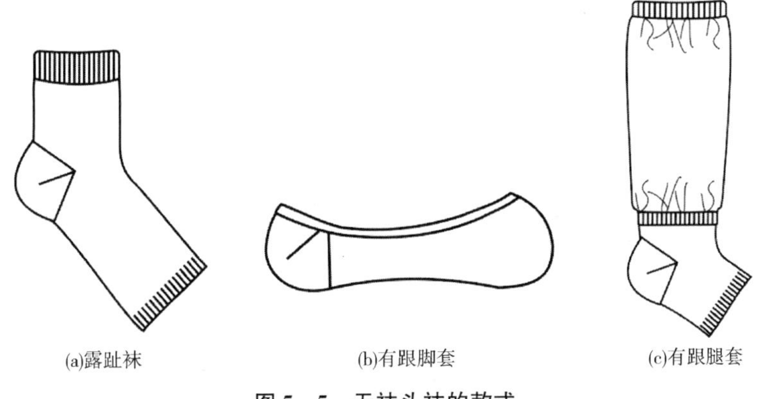

图5-5　无袜头袜的款式

3.连裤袜类产品的款式结构　连裤袜又称为袜裤、紧身袜、五骨袜或丝袜裤,是紧包从腰部到脚部躯体的服装,绝大多数连裤袜专为女性设计。这类产品有锦纶丝连裤袜、水晶丝连裤袜、天鹅绒连裤袜和医用连裤袜。按款式还可以分为开裆连裤袜、踩脚连裤袜和普通连裤袜、五分裤、七分裤、九分裤等,又分为不加裆、单面加裆、双面加裆,T形裆、三角裆、菱形裆、裆部开孔、臀部开孔等不同款型,如图5-6所示。

(二)袜子的款式设计

1.船袜类的款式设计　船袜是指袜口直接(也可有数圈过渡横列)与袜跟相连没有袜筒的袜类产品,这类款式主要适用运动袜和休闲时尚袜的设计。船袜有蕾丝船袜、全棉船袜和隐形船袜等。该类袜子产品款式设计的重点部位是袜口、袜跟和脚底,如袜口有无靠背、单层或双层等形式,袜跟是一字跟、丫跟或其他形式,脚底有无橡筋,袜面有无网眼等形式的设计。船袜常见的款式结构设计如图5-7所示。

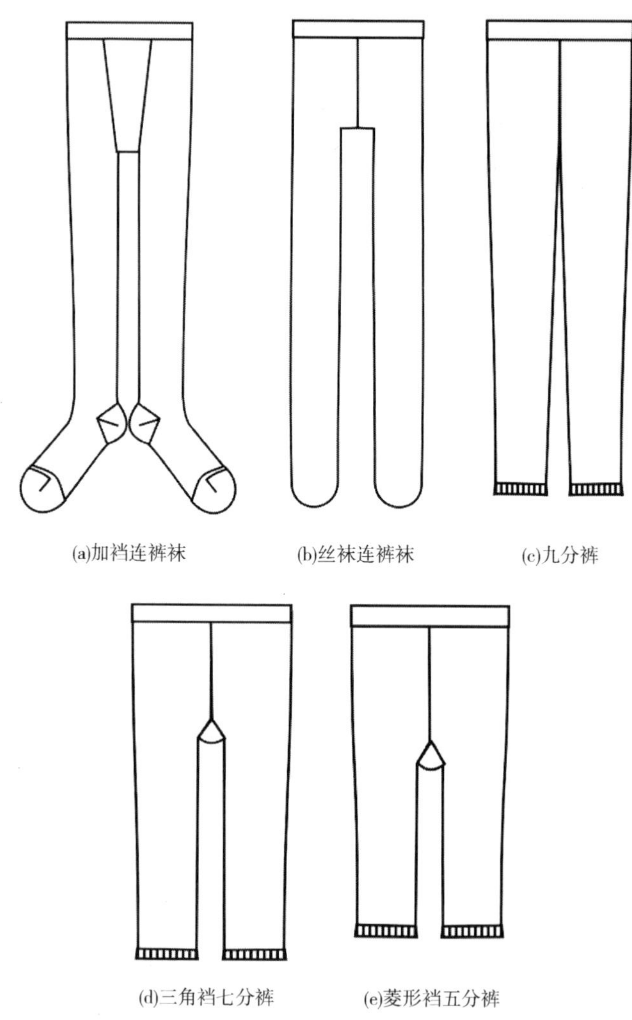

图5-6　连裤袜类产品的款式

2. 短袜类的款式设计　短袜是指上筒长大于船袜，袜筒长度小于13cm的袜类产品，是目前市场上的主要棉袜类款式，适用于男女休闲袜、运动袜、时装袜等产品的设计，原料多采用棉或棉锦交织。该类袜子款式设计重点在于袜口的形式、脚底有无橡筋的设计。短袜常见的款式结构设计如图5-8所示。

3. 中长筒袜类的款式设计　中长筒袜是指上筒长度大于13cm、小于35cm的袜类产品，一般常见中长筒男式袜筒长17.5~23.5cm，女式袜筒长16.5~20cm，这类款式主要应用于男士正装袜、商务休闲袜等产品的设计。中长筒袜常见的款式结构设计如图5-9所示。

4. 及膝袜类的款式设计　及膝袜指上筒长度大于35cm的袜类产品，穿着时包覆整个小腿。这类款式主要应用于胫骨保护类运动袜（如足球袜、滑雪袜等），功能性袜（如航空袜、医疗袜等），女士时装袜等产品的设计。及膝袜常见的款式结构设计如图5-10所示。

5. 异形袜类的款式设计　异形类袜子往往会对袜子的结构进行较大的破坏和重组，分为趾袜和异形袜两大类，细分为五趾袜、分趾袜、无头袜、无跟袜、无筒袜、挖孔袜、花边袜等，主要应用于时尚袜类产品或功能袜类产品的设计。异形袜类常见的款式设计如图5-11所示。

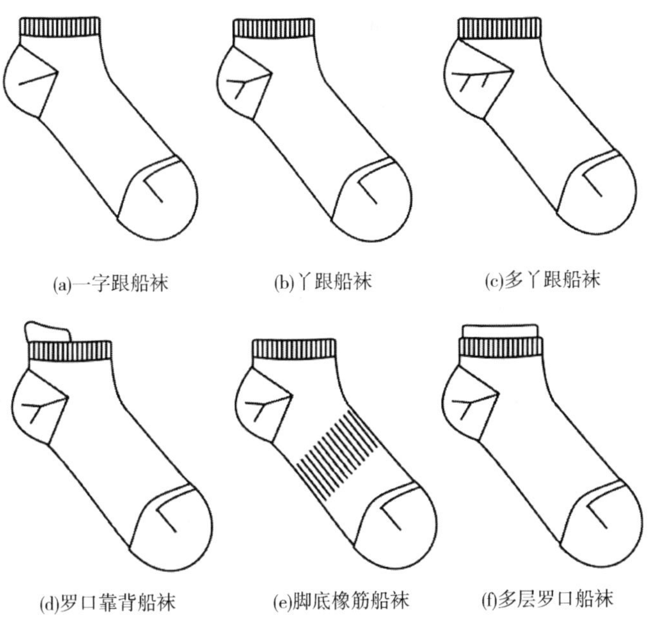

图 5－7　船袜常见款式结构设计

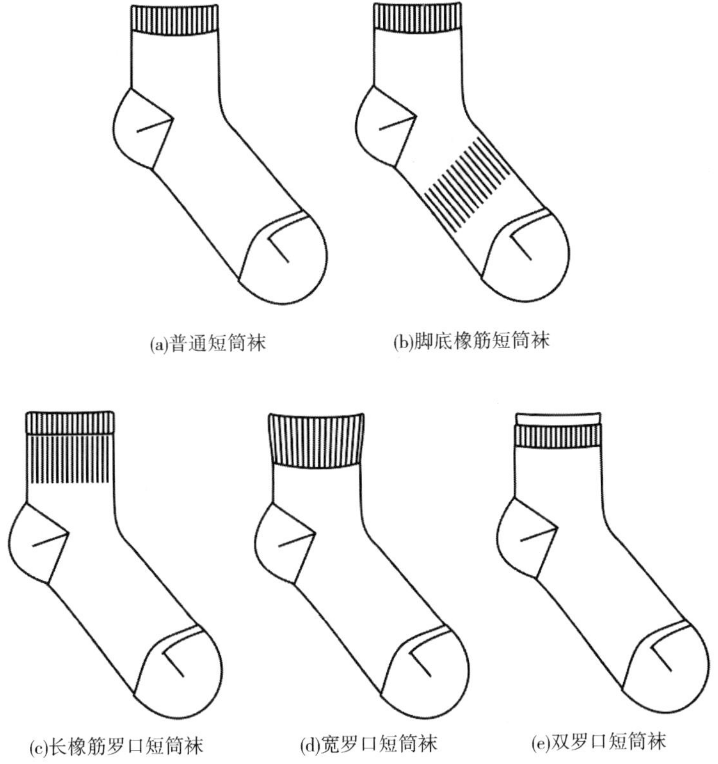

图 5－8　短袜常见款式结构设计

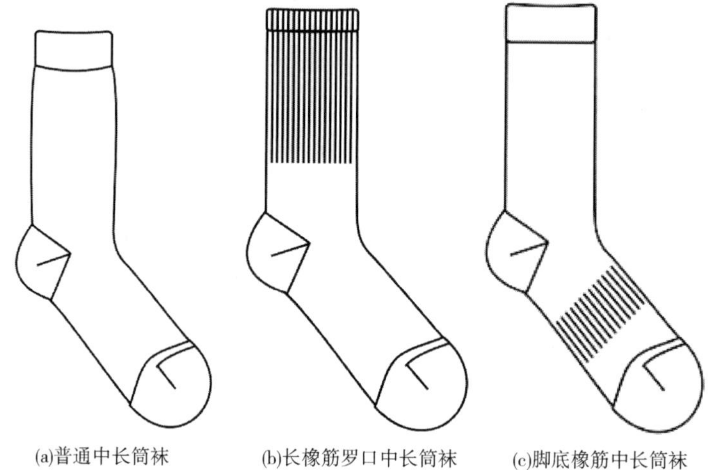

图5-9　中长袜常见款式结构设计

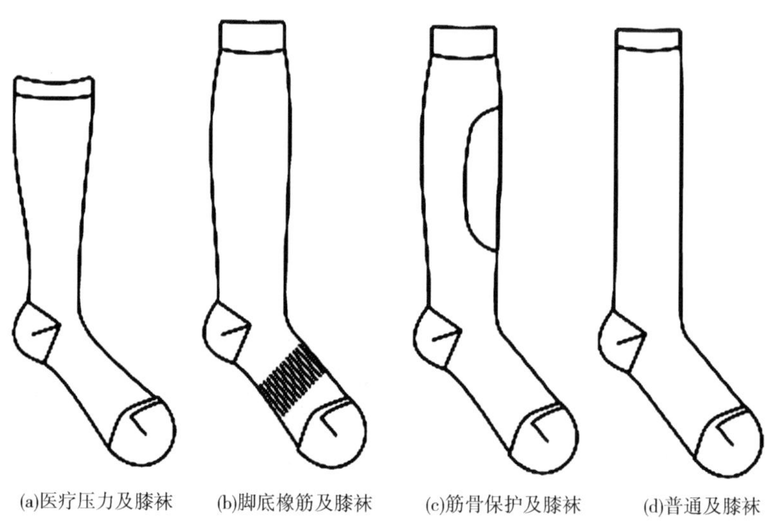

图5-10　及膝袜常见款式结构设计

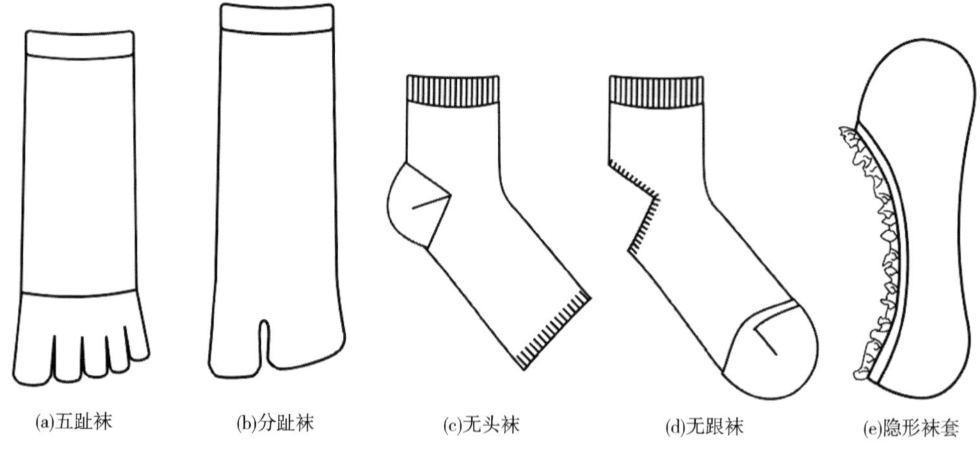

图5-11　异形袜常见类款式结构设计

三、袜品的生产工艺流程

从原料进厂到袜子成品出厂，要经过许多道工序，目前袜品的生产工艺流程可以分为先染后织和先织后染两大类。

1. 先染后织　棉线花袜、弹力锦纶丝袜等通常是织前染色，其工艺流程为：

绞装原料→（煮练→丝光→）染色→络纱（丝）→（织罗口）→织袜→缝袜头→（烫袜）定形→整理→包装→入库

2. 先织后染　锦纶丝袜、棉线素袜等通常是先织后染，其工艺流程为：

筒装原料→（回框→煮练→丝光→络纱）→（织罗口（罗口定形））→织袜→缝袜头→初定形→染色→复定形→整理→包装→入库（缝袜头→染色→烫袜→整理）

四、袜品设计的步骤与要点

袜品设计包括袜品款式设计与花型设计两部分内容。袜品设计要求设计人员不但要对袜机、织袜工艺有较好的了解，而且要具备一定的工艺美术知识和良好的审美能力，才能设计出受消费者喜爱的各种多姿多彩的袜品。一般说来，袜品设计的步骤与要点如下。

1. 确定机型并了解机型的技术特点　在设计袜品款式和花型时，应先选定机型，因为机型不同，其能编织的袜品款式、织物的组织结构及花型设计的技术条件和方法也不一样。然后在选定的机型上构思花型图案，设计与机型相适应的意匠图。

2. 设计袜品的款式　根据袜机型号的技术条件，进行袜子各部段尺寸长度的设计、使用的原料和纱线的设计、袜子花色和组织结构的设计以及花型图案在袜子上的具体配置的设计。

3. 设计花型意匠图　花型意匠图的设计主要包括以下两个内容。

（1）进行图案构思。根据穿着对象的特点、喜好、穿着季节、不同地区的风俗习惯等进行图案、色泽的构思，在确定图案的主题后，可在意匠纸上绘制出草图。

（2）确定花型图案的大小。花型的大小用一个完全组织的宽度和高度来表示。花型完全组织的宽度和高度与所选袜机的技术条件有关。

4. 绘制花型上机图

（1）绘制意匠图总体图案。至少要绘制出一个完全花纹组织，并根据针筒总针数表达出花型在袜子上的配置和花型在针筒上的起始位置。

（2）根据花型意匠图在袜子上的配置进行提花片齿排列。

（3）根据花型位置和提花片齿的排列进行选针片的排列。

不同型号的袜机上机差别很大。

目前，在国内常见的棉袜机基础上，将机械式选针改造为电子选针，从而产生了电脑袜机。电脑袜机由电脑控制系统和袜机主机两部分组成。袜子从它的花型设计、款式设计、袜子各部段编织、袜机故障的检测等全部由电脑进行全程控制。同时，为了方便设计袜子，使用相配套的计算机辅助设计系统（即计算机花纹CAD）进行袜子的款式设计、花型图案及编制程序的设计。还可以利用扫描仪将各种图形、设计的花型或照片输入计算机，再由计算机辅助设计系统的绘图功能进行修改，以形成适合编织要求的花型意匠图。完成了花型设计与编辑后，通过软盘输入袜机控制系统中的编辑器里，从而达到编织各种袜子的目的。电脑袜机与传统机械式袜机相比，在调整编织工艺、翻改品种上更为方便，花型更加丰富，袜子的生产效率大幅度提高。图5－12为袜子计算机辅助设计系统，它主要由菜单、工具条、控制区、花型工作区、调色板及状态栏等组成。

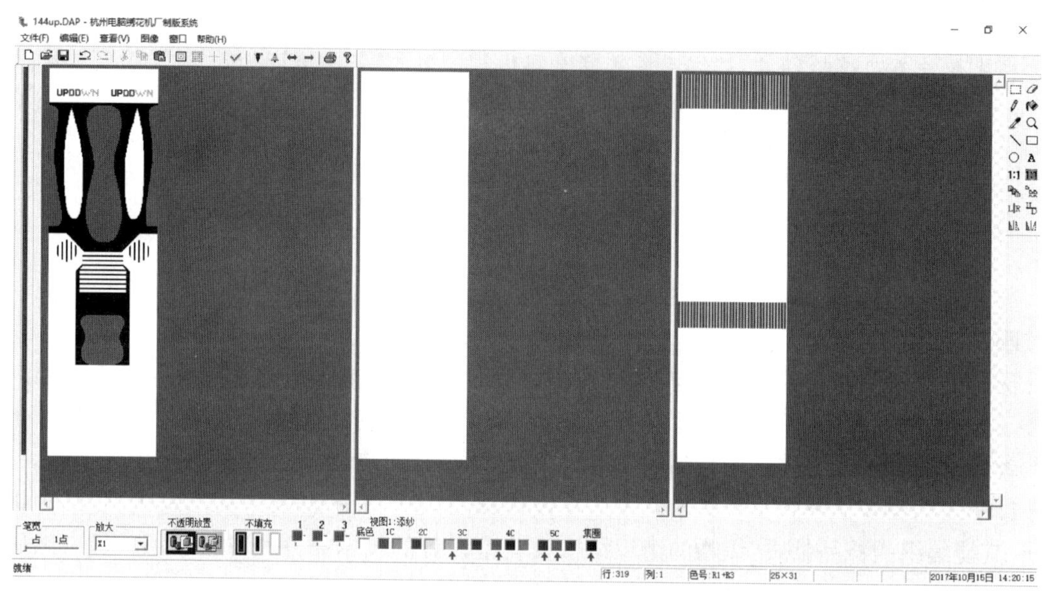

图5－12　袜子计算机辅助设计系统

5. 配色、制订初步工艺和试织

（1）配色是确定底色和花型主色和副色，并注意它们之间的协调，注意染色工艺适应性、生产的可能性。

（2）根据消费对象和服用标准制订初步生产工艺，主要内容有袜子各部段所用原料、纱线线密度、程序控制链条排列或计算机控制程序、袜子下机规格尺寸、横拉标准等。

（3）试织后的样品应基本符合设计和工艺要求，并听取各方面意见，修改，最后确定正式投产工艺等。

五、袜品的花色组织

袜子除了平针组织外，为了增加美观，在袜筒和袜面部段往往采用各种花色组织，如彩横条组织（横条花袜）、提花组织（提花袜）、绣花添纱组织（绣花袜）、毛圈组织（毛巾袜）、彩圈组织、集圈组织、架空添纱组织（网眼袜）、凹凸组织等。

彩横条组织常用于童袜、运动袜和提花横条袜；提花组织常用于男女弹力锦纶丝袜（俗称尼龙袜）；绣花添纱组织常用于男女锦纶丝袜（俗称卡丝袜）；毛圈组织常用于毛巾袜；移圈组织是按花纹要求，将某些线圈转移到相邻纵行的线圈上，使移圈处的纵行中断，从而使织物呈现出清晰的孔眼，将孔眼按花型图案排列，即可编织出网眼花袜。利用移圈的方法还可以编织出锯齿形的袜口，使袜品花色新颖、风格别致。移圈组织广泛用于男女袜、童袜、中筒袜和连裤袜中。

下面简单介绍一下最常见的提花袜和两种添纱花袜。

提花组织是由不同颜色的纱线以一定的间隔参加成圈，从而在织物表面形成各种色彩图案的花纹组织。由两种色纱编织的称为双色提花袜，由三种色纱编织的称为三色提花袜。图 5－13 所示为三色提花组织，图中粗线、细线、双线分别表示三种颜色的纱线。

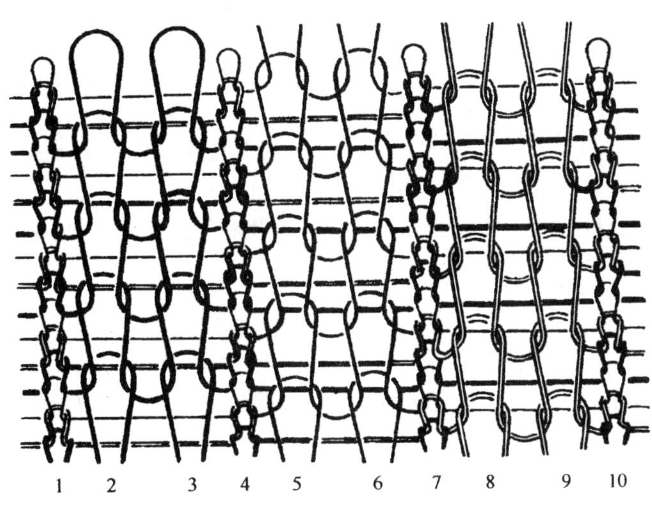

图 5－13　三色提花组织

编织提花组织时，在每个成圈系统中织针按花纹要求选针编织，以形成不同颜色的线圈，每个线圈都只由一根纱线形成。由于袜身大多数是单面组织，在不成圈处，纱线呈水平浮线状处于袜子反面。若浮线太长，会影响袜子的横向延伸性，而且穿着时容易抽丝。为了减小浮线的长度，在提花组织中适当配置了一些杂色纵行——该纵行的织针在每种色纱编织时均成圈。由于提花线圈大而松，因而凸出于织物表面，称为凸纹，如图 5－13 所示的纵行 2、3、5、6、8、9 为凸纹；而杂色纵行线圈被抽紧缩小，凹陷在提花线圈纵行之下，称为凹纹，又叫混吃条，如图 5－13 所示，1、4、7、10 纵行为凹纹。凹纹不影响花纹的外观效应，织物的花纹主要由提花线圈纵行显示。这样，提花线圈纵行可按花型要求进行选针成圈，花型设计不受浮线长度的限制。凹纹和凸纹可按 1:1、1:2 或 1:3 间隔排列，这种提花组织又称作提花抽条组织。图 5－13 所示三色提花组织又叫三色提花抽条，凹凸纹为 1:2间隔排列。

添纱花袜常见的有在部分线圈上添加上不同颜色的纱线，而在袜子表面形成绣花效应的绣花组织及用粗细相差悬殊的两根纱线形成的架空添纱（网眼）组织。

图 5－14 所示为绣花添纱（绣花）组织，它是有规律地在原有平针地组织的一部分线圈上再添加一根或两根纱线，使袜子外观反映出一定的花色效应。图 5－15 为架空添纱（网眼）组织，在网眼组织中添纱线圈由两根纱线形成，而在不吃添纱的地方，线圈只由一根很细的纱线形成，从而构成了网眼效应。

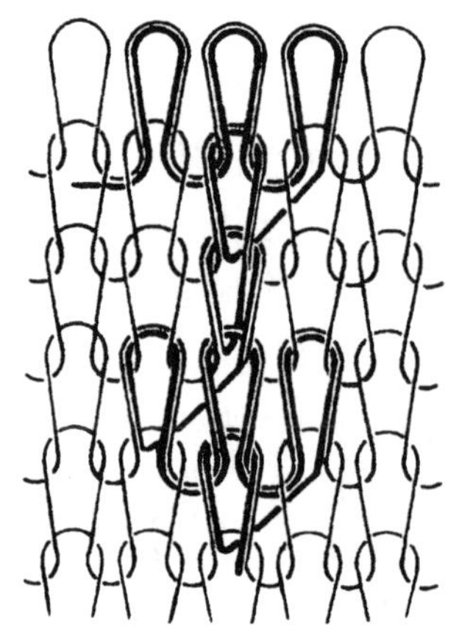

图5-14　绣花添纱（绣花）组织

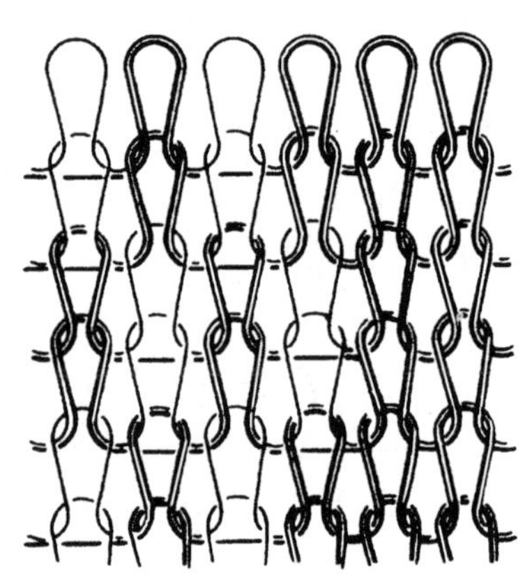

图5-15　架空添纱（网眼）组织

六、袜品的编织

袜子是成形产品，其编织方法和成形工艺过程因袜子种类和袜机特点不同而不同，大致有三步成形、两步成形和一步成形几种形式。

所谓三步成形是指先在袜口罗纹机上织出罗纹短袜袜口；再将袜口经套刺盘转移到袜机针筒上顺序编织袜筒、袜跟、袜脚、加固圈、袜头、握持横列等部段而形成一只袜头敞开的袜坯；袜坯下机后，再经缝头机缝合袜头而形成袜子。此方法完成一只袜子的编织需要三种机器。

两步成形指某些袜机上可以完成整只袜坯的编织，下机后再经缝头机缝合成袜子。完成一只袜子的编织只需要两种机器。

一步成形指织袜口、袜身和缝头三个工序在一台全自动袜机上完成。

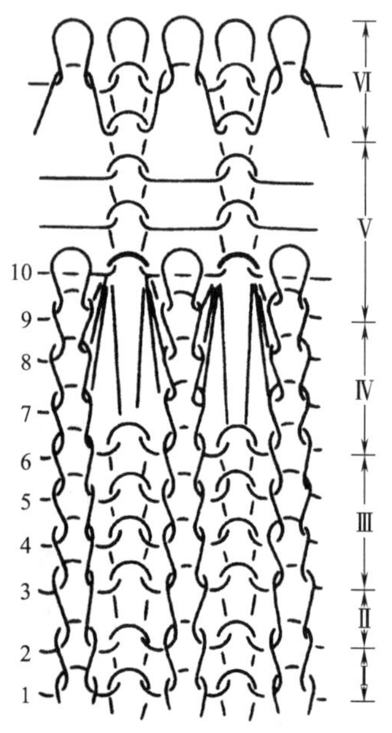

图5-16　袜口罗纹的结构

下面分别介绍袜子各部段的编织。

1. 袜口的编织　袜口有平针双层袜口、罗纹袜口、氨纶衬纬袜口和衬垫橡筋袜口几种，下面以罗纹袜口为例简单说明袜口的结构及其编织。

罗纹袜口是在计件袜口罗纹机上织出的，然后再经套刺盘转移到袜机上，紧接着编织袜身。袜口罗纹以只为单位，下机时呈连续的条带状，两只罗纹袜口之间有分离横列，可以很方便地将每只罗纹袜口分开。罗纹袜口单层使用的称单罗口，罗纹袜口对折使用的称双罗口。

袜口罗纹的结构如图5-16所示，图中Ⅰ为罗纹的主体部段，一般采用1+1罗纹组织，其长度根据罗口的规格而定；Ⅱ为套眼横列，编织时应使此横列的线圈较大，便于织袜挡车工将罗纹袜口套在套刺盘上，再转移到袜机织针上；Ⅲ为握持横列，这一部段主要是便于织袜挡车工套口时握持操作，仍为1+1罗纹组织；Ⅳ为锁口横列，其作用是防止袜口分离后线圈脱散，因集圈组织具有防脱散的作用，因此编织锁口横列时，在针盘针上形成三列集圈；Ⅴ为分离横列，仍采用 1 +1 罗纹组织。编织好此部段后使针筒针上的线圈滑脱，在牵拉机构的作用下，下针线圈脱散，一直脱散到锁口横列为止，从而使该部段成了稀松的纬平针组织，只要将此部段的一根纱线抽去，便可使上下两只袜口分开；Ⅵ为起口横列，纱线喂入针筒与针盘所有织针上，此时针筒针上由于没有旧线圈，纱线在其上形成不封闭的悬弧，然后进行 1 +1 罗纹的编织。以后便重复以上过程，编织第二只罗口。握持横列、锁口横列、分离横列在袜口罗纹套到套刺盘套好口后便可拆掉。为了降低成本，这几个部段都用较便宜的棉纱编织。

2. 袜筒的编织　单针筒素袜机的双向针三角装置如图 5 - 17 所示，主要由左、右弯纱三角 2、3（左、右菱角）和左、右镶板 4、5 及上中三角 6（中菱角）组成。*O—O* 为沉降片的握持平面。左、右挑针器 7、8 在编织袜跟（头）时分别轮流放在左、右弯纱三角 2、3 背面的凹槽内，轮流作用，每次将最边上的一只针挑到上中三角背部高度而退出工作。9 为袜跟三角。导纱器座 1 能容纳一定数量的导纱器，位于双向针三角装置上方的中央位置。

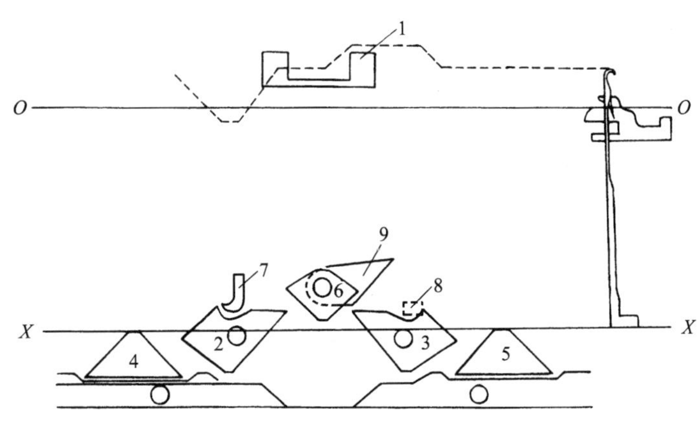

图 5 - 17　单针筒素袜机的双向针三角装置

素袜袜筒的编织较简单。编织袜筒时针筒单向（逆时针）回转，这时从右镶板 5 运转过来的袜针沿右弯纱三角 3 的背部上升退圈，遇到上中三角 6 时便沿其右下斜面下降，经过其下平面后沿左弯纱三角 2 右斜面继续下降，从导纱器中勾取纱线后再进行闭口、套圈、脱圈、弯纱、成圈等过程，然后沿左镶板 4 上升到起始高度，即袜针起始位置时针锺下平面 *X—X* 线，为下一成圈循环做准备。单向编织时挑针器 7 在三角 2 的背槽内不工作。而三角 3 背部则没有挑针器，因为它被挑针器连动拉杆拉出了三角 3 背部的凹槽，保证三角 3 背部正常升针退圈。此时袜跟三角 9 也处于不与袜针作用的位置。

编织花袜时，还必须在袜筒和袜面上织出花纹。提花袜机和绣花袜机都装有专门的提花或绣花机构，可使织针按花纹要求进行选针编织，在不同的喂纱处，垫上相应的色纱，从而编织出各种花色组织。

3. 袜跟、袜头的编织　按照脚的形状，袜跟应做成梯形袋状。而且袜跟、袜头在穿着过程中磨损最大，常常添加一根纱线并以较大的密度进行编织。

袜跟、袜头的结构形式很多，这里以常见的梯形袋状袜跟为例说明袜跟的编织。梯形袋状

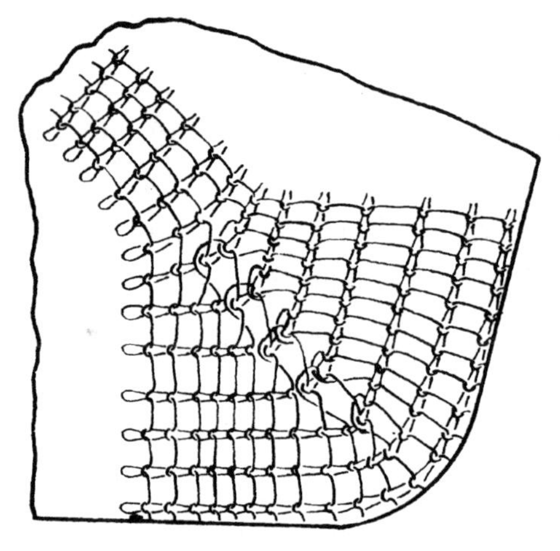

图5-18 梯形袋状袜跟的结构

袜跟的结构如图5-18所示。

为了织成梯形袋状袜跟，在袜跟编织开始时，相应于袜面部分的针应停止编织，这时由袜跟三角9向下摆动到三角3上方控制相应于袜面部分的长踵袜针停止编织，并且针筒由单向回转变成了往复回转，参加编织袜底部分的短踵袜针无论顺时针转还是逆时针转都编织成圈。当针筒顺时针转（反转）时，左弯纱三角背部起退圈三角的作用，右弯纱三角左下斜面起弯纱三角的作用。袜针沿左弯纱三角背部上升退圈，被上中三角拦下后继续沿右弯纱三角左下斜面下降，从导纱器钩取纱线并弯纱成圈。因为袜机的针三角装置左、右对称，故称为双向针三角装置。

编织前半只袜跟时要进行收针，使参加编织的袜针数逐渐减少，如图5-19（a）所示。为了达到收针的目的，在针筒每一往复回转中，编织袜跟的袜针两边，利用挑针器7、8轮流各挑起一枚针，被挑起的袜针沿上中三角背部（上表面）上升到不工作位置，从而使参加编织袜跟的针数逐渐减少。收针到一定针数后前半只袜跟编织结束。紧接着编织后半只袜跟，这时要使退出工作的袜底部分的针逐步再参加编织，即放针，如图5-19（b）所示。为了达到放针的目的，由揿针器将退出工作的袜针逐横列压下到工作高度，重新参加编织，如图5-19（c）所示。揿针器位于导纱器座的对面，在编织前半只袜跟（头）时，由揿针杆控制揿针头处于位置5，暂退出工作的袜面针3从有脚菱角1的下平面和揿针头5位置的上表面之间通过。当织袜跟（头）后半只需要放针时，揿针头则进入位置2，使针3最边上的两枚针落入揿针头缺槽，并使揿针头向下斜向摆到5位置，从而将两只针揿到了工作位置。后一半袜跟编织完以后，再由袜跟三角9工作，控制拦下动作，使织袜跟时、袜面暂时退出工作的长踵袜针全部参加编织，这样就形成了梯形袋状袜跟，以后继续编织袜脚。

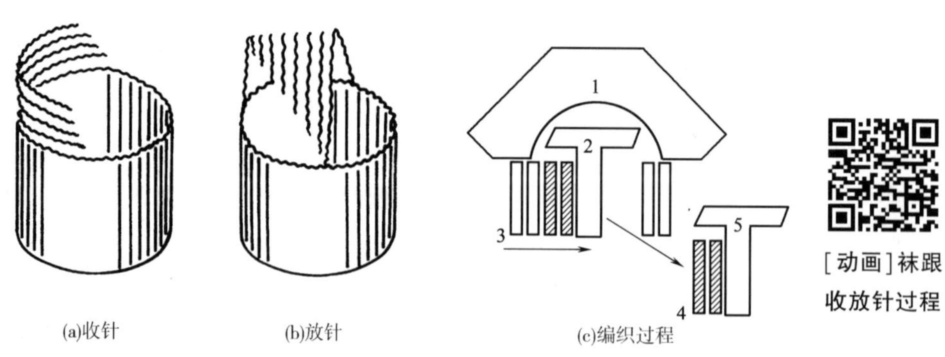

图5-19 袜跟收放针过程

袜头的结构和编织方法与袜跟相同。

编织袜跟、袜头时，提花选针滚筒要停止工作，袜跟结束、编织袜脚时，选针滚筒重新工作，不能有花纹错乱；袜头结束时，选针滚筒要自动复位到起始位置，以保证每只袜子编织开始时，花纹的起始点相同。

七、电脑袜机的基本结构和技术特征

(一)电脑袜机的基本结构

1. 电脑袜机的基本构造　电脑袜机主要由传动机构、导纱机构、成圈机构、控制机构以及辅助牵拉等机构组成,可实现高速多路成形编织,及气流牵拉输送和多项具有自动保护、自停功能,整机自动化程度高,操作控制简便。图5-20为浙江伟焕机械制造有限公司电脑袜机的整机结构。

图5-20　电脑袜机的整机结构

电脑袜机由电脑控制系统和袜机主机两部分组成。织袜的各个程序(包括工序程序、密度程序、花型安排程序、导纱器程序、速度程序等)通过按键、鼠标或花型存储器传送给电脑,经花型设计、花型数据和控制命令转换后,传送给控制装置,驱动袜机上的成圈机件进行袜子编织。其工作流程如图5-21所示。

与传统的机械式袜机相比,电脑袜机用电脑控制系统取代了机械控制系统,取消了链条、推盘、花盘、控制滚筒、编花滚筒等机械设施,使袜机的机械更趋简单合理,且便于调整编织工艺、翻改品种。

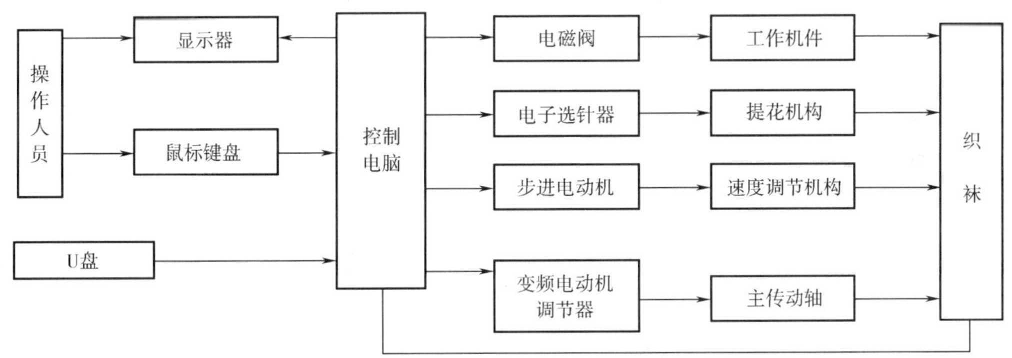

图5-21　电脑袜机工作原理图

2. 电脑袜机的控制功能　袜机电脑控制系统的主要功能包括电子选针、传动控制、工序控制、密度控制和故障检测。此外,袜机电脑系统还可进行开机前的预热控制、加油吸风控制、品种产量控制等。

3. 主要成圈编织机件及其配置　主要成圈编织机件如图5-22所示,主要有织针、沉降片、哈夫针和提花片。

(1)织针。插在针筒针槽中,与沉降片交错排列,每一枚织针下方插有提花片,提花片受选针刀片的控制,引导织针进入工作位置。

(2)沉降片。插在沉降片槽中,与针筒片槽相错排列,配合织针进行成圈。

(3)哈夫针。电脑袜机采用单片式哈夫针,哈夫针槽与针筒片槽相错排列。哈夫针仅在编

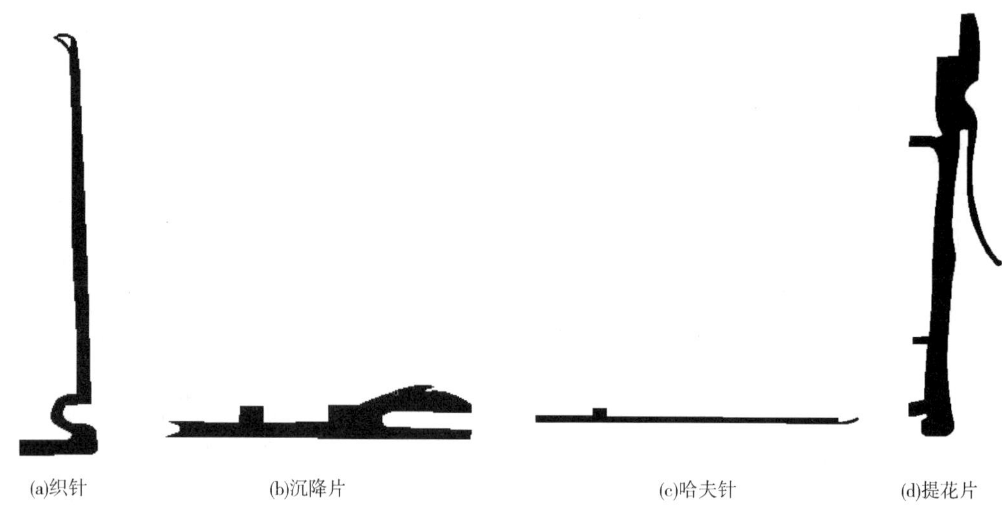

图5－22 主要成圈编织机件

织袜口的起口与扎口时进入工作。

(4)提花片。为金属薄片,提花片底部共22挡齿,由下向上第1～4挡,留齿固定,受无脚刀控制,用来控制编织袜口起口、扎口及袜子的集圈网眼部段。第5～20挡仅留一齿,提花片齿排成“/”或“\”形,受相对应的16把电磁选针刀片的控制,用于选针提花。

电脑袜机选针及三角系统图如图5－23所示。

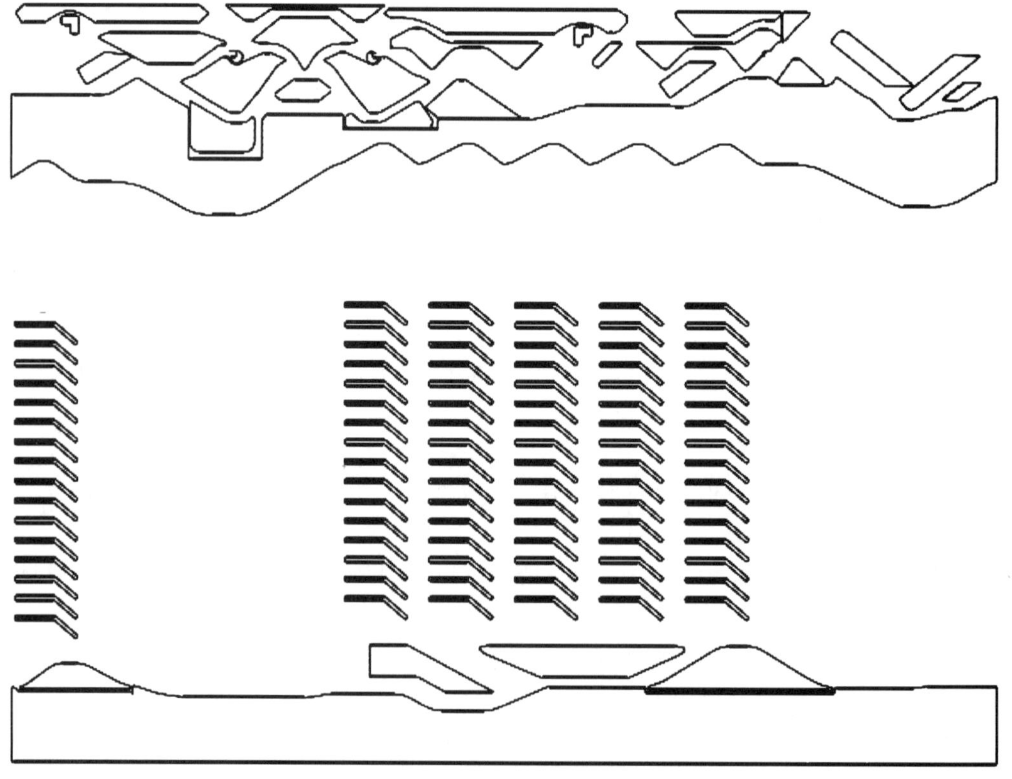

图5－23 电脑袜机选针及三角系统图

4. 选针机构及选针原理　电脑袜机采用4路喂纱系统。每一路备有一电磁选针装置。选针机构及选针原理图如图5－24所示。电磁选针刀片共16把,每把选针刀片受电磁装置控制,可摆至高、低两种位置。当选针刀片摆至低位时,进入工作,可将同挡留齿的提花片打进针槽,使其片踵不沿提花三角上升,其上方袜针被选起织花,双稳态电磁装置由计算机预先设计好的程序控制,可进行单针选针,因此设计花型不受花宽和花高的限制,在总针数范围内可随意设计。

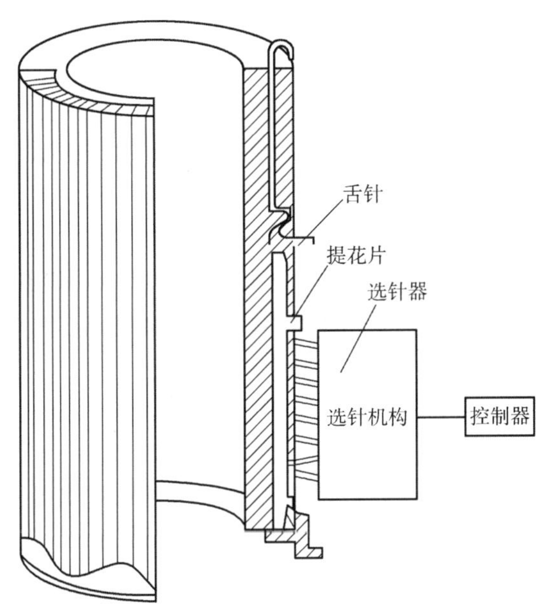

图5－24　选针机构及选针原理图

(二)电脑袜机的技术特征

目前国外电脑织袜机技术正朝着智能化、网络化方向发展,且微电子技术的应用较为普遍,如全功能控制,整体编织和电子提花选针等技术的应用。其主要应用的新技术有以下几种。

1. 袜机线圈长度控制技术　新型电脑袜机弯纱三角采用电脑程序控制,通过步进电动机来无级调节弯纱深度,可在任一位置改变袜子织物密度。使袜子更好地符合脚的外形,满足人体对袜品舒适性要求,穿着更加舒服。

2. 多路挑、揿针技术　电脑袜机袜跟(头)成形编织需要挑揿针配合完成,普通电脑袜机一般采用双挑单揿和双挑双揿技术,而国外先进电脑袜机在挑揿针器设计中采用"4路挑针"设置,可缩短袜跟(头)成形编织的时间,进一步提高袜头、跟成形编织效率。

3. 单针筒罗纹袜口编织技术　单针筒袜机由于机构设计的局限性,袜口成形编织只能采用双层袜口和假罗纹袜口,而单针筒罗纹袜口编织技术解决了这一技术难题。单针筒罗纹袜口编织技术吸收双面圆纬机编织技术,结合袜机构造在针盘(或上盘)配置织针,即可编织真罗纹袜口,这一技术拓展了单针筒袜机的功能,使单针筒袜机可生产出双针筒袜品。

4. 弹性氨纶纱线喂纱技术　采用弹性氨纶纱线喂纱技术,以恒张力积极式送纱,在不同纱线喂纱、不同编织条件下实现精确的纱线喂送，实时控制和调整纱线张力，保持纱线编织张力的始终一致。

5. 变针距技术　变针距技术是电脑袜机的技术突破，针距的更改、选针位置的调整以及针数的变更可通过操作台键盘完成。变针距技术可以满足一机多用，大大提高电脑袜机的功能特性。

6. 全成形编织技术　全成形编织技术是未来袜机发展的趋势，但目前全成形编织技术仍是袜机成形编织技术难题，未能广泛应用。普通电脑袜机采用“二步法”成形编织，即编织形成的袜子需下机缝合袜头，而全成形袜机针盘上安装自动缝头机构，使袜机成为“一步法”全成形袜机，大幅提高生产效率。

7. 织翻缝一体袜机　传统的织袜流程包括原料进厂、织造、缝头、翻袜、定型、包装等。翻袜、缝头需要大量的人工操作，不仅耗时耗力，而且成本高。随着科技的发展，织翻缝一体袜机应运而生。织翻缝一体袜机整合了袜子织造、缝头、翻袜三道工序，使得织造下机后的袜品可以直接定型包装，不仅极大地缩短了整个织袜工时，提高了生产效率，还降低了人工成本。

8. 选针器织袜头、袜跟收放针　浙江伟焕机械WHYS型双针筒织翻缝一体袜机首次采用电子选针器织袜头、袜跟收放针，取消了挑针器和揿针器，避免了挑针头、揿针头打针的情况，同时利用选针器织袜头、袜跟的孔，能保持良好的外观效果。

八、一体成形袜鞋

为解决传统鞋面和针织鞋面生产中的问题，使用袜机开发一体成形袜鞋，袜机生产速度快、效率高，也有翻改品种快、产品种类多等优点，其袜鞋下机后已成形，无须裁剪，仅需在袜头处进行缝合即可成形。袜机成形技术极大简化了运动鞋生产加工工序，降低了人力成本，提高了生产效率，减少了原料损耗和环境污染，同时袜鞋具有轻质柔软、舒适透气等特点，也可采用色纱编织生产而成，无须染色，无环境污染。

单针筒袜机常用于生产单面棉袜，生产速度快，袜子成形度高，下机后仅需缝合袜头即得成品。根据袜机的编织原理和棉袜结构，设计出一体成形袜鞋，由于单层织物厚度薄、保型性、顶破性和耐磨性差，将袜鞋设计成双层袜子结构，分为内袜和外袜，内袜、外袜结构和棉袜结构基本相同，区别仅在于外袜无袋形袜头。内袜和外袜连成一体编织，由内袜袜头编织至内袜袜口，再由外袜袜口编织至外袜袜头，下机后内袜翻入外袜中并与外袜进行连接固定形成袜鞋，其结构如图5-25所示，图中A区域为内袜，B区域为外袜。

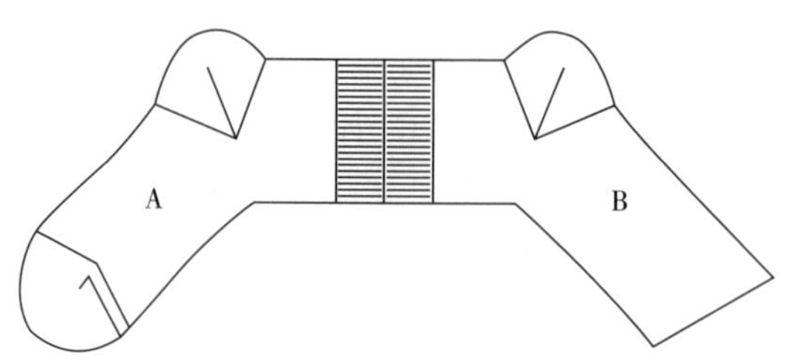

图5-25　袜鞋结构图

为使袜鞋内层柔软舒适并具有较好的吸湿吸汗性、防滑性，外层具有较好的保型性、顶破性、耐磨性和硬挺度，内袜的原料常选用棉纱，外袜的原料常选用涤纶或锦纶等化纤纱。该袜鞋采用一体成形双层结构，双层织物保证了内袜和外袜具有不同的性能。同时还可避免编织提花袜时的浮线呈现在反面，其浮线是被夹在内袜和外袜之间。该一体成形袜鞋仅需缝合内袜和外袜的袜头，缝合部位少，产品也无须裁剪，减少了原料损耗，提高了生产效率。

编织下机后的圆筒形袜鞋半成品、袜鞋经过定型后成为定型袜鞋、定型袜鞋的袜底刷胶和鞋底黏合后即得成品袜鞋分别如图5－26～图5－28所示。

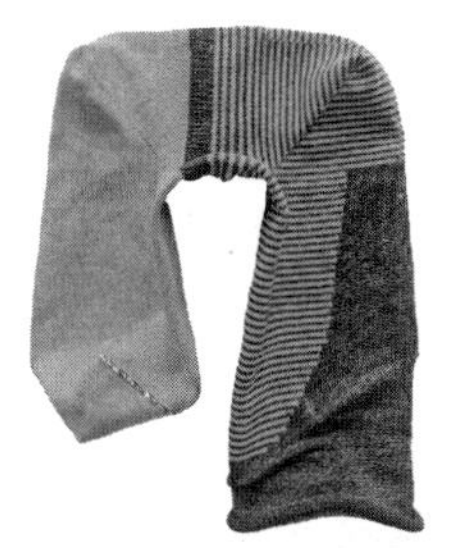

图5－26　下机袜鞋

图5－27　定型袜鞋

图5－28　袜鞋成品

任务二　无缝内衣

传统的针织内衣是通过裁剪、缝合而成，具有缝迹，对内衣的整体性、美观性和舒适性都有一定影响。无缝针织内衣是近年来流行的高档针织产品。它在无缝内衣针织圆机上一次性完成基本成形，下机后稍加裁剪缝制及后整理就可以成为无缝的最终产品，其工艺流程短、生产效率高、产品整体性好，特别适合保健内衣、装饰内衣、健美装、泳装和休闲装等针织产品的生产。

一、无缝内衣针织圆机

无缝内衣针织机是在袜机的基础上发展而来，它具有袜机除编织头、跟之外的所有功能，并增加了一些机件以编织多种结构与花型的无缝内衣。电脑控制无缝内衣针织圆机分单针筒和双针筒两类，可分别生产单面和双面无缝针织品。图5－29为意大利圣东尼公司（SANTONT）的无缝内衣机（SM8TOP2）的整机结构。

图5－29　无缝内衣针织圆机的整机结构图

无缝内衣针织圆机结合了袜机和提花圆机的技术特点，采用单级电子选针器、多级电子选针器或无级电子选针器技术，利用多次选针来实现复合花型的编织；采用步进电动机控制成圈三角和针盘的升降运动，在同一横列中快速变化密度形成不同长度的线圈。采用计件编织和不同织物结构变换编织出具有光边和一定形状的单件衣坯，经过少量裁剪和缝合即可形成所需产品。

无缝内衣针织机针筒直径一般为254～457mm（10～18英寸），以适应各种规格产品的需要。机号为$E16\sim E34$，机速为30～150r/min。

二、无缝内衣的结构及编织

图5－30为针织无缝内衣的图例。下面以一件简单的单面无缝三角裤为例，说明其结构与编织原理。图5－31为一种无缝针织短裤（三角裤）的外形。图5－31（a）为无缝圆筒形裤坯结构的正视图，图5－31（b）和图5－31（c）分别为沿圆筒形两侧剖开后的前片和后片视图。

图5－30　针织无缝内衣的图例

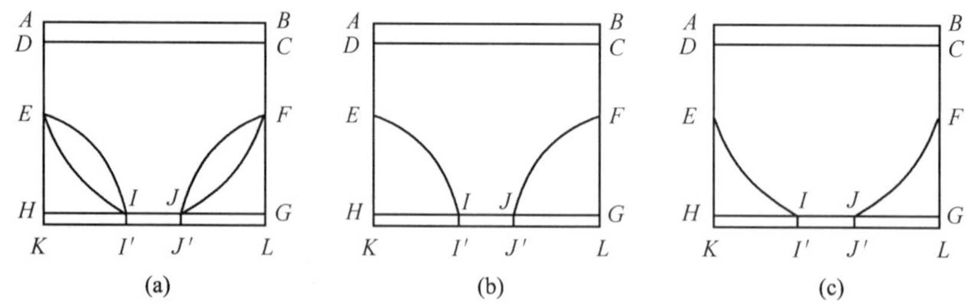

图5－31　无缝针织短裤的外形

编织从AB开始。$ABCD$段为裤腰，采用与平针双层或衬垫双层袜口类似的编织方法，通常加入橡筋线进行编织。$CDEF$段为裤身，为了增加产品的弹性，形成花色效应以及成形的需要，一般采用两根纱线编织，其中地纱多为较细的锦纶弹力丝或锦纶/氨纶包芯纱等；织物结构可以是添纱（部分或全部添纱）、集圈、提花等组织。*EFGH* 段为裤裆，其中 *EFJI* 部分采用双纱编织，原料与结构同 *CDEF* 段，而 *EIH* 和 *FJG* 部分仅用地纱编织平针。*GHKL* 为结束段，采用双纱编织。圆筒形裤坯下机后，将 *EKI′*和 *FLJ′*按图 5－31（b）、（c）所示前后片结构形状部分裁去并缝上弹力花边，再将前后的 *IJ* 段缝合（其中 *IJJ′I′*为缝合部分），便形成了一件无缝短裤。业内有人称这种产品为全成形内衣。但这与前面所述的通过收放针方法生产的全成形产品有着完全不同的概念，要注意区分。

针织无缝内衣产品的成形常常是通过多种组织的有序组合，或由不同大小的线圈形成结构提花的褶裥效果。图 5－32 所示为抹胸成品的整体效果，其立体成形结构即是利用不同组织来形成胸部结构，可以在机上直接完成抹胸的编织。图 5－33 所示为抹胸局部效果。

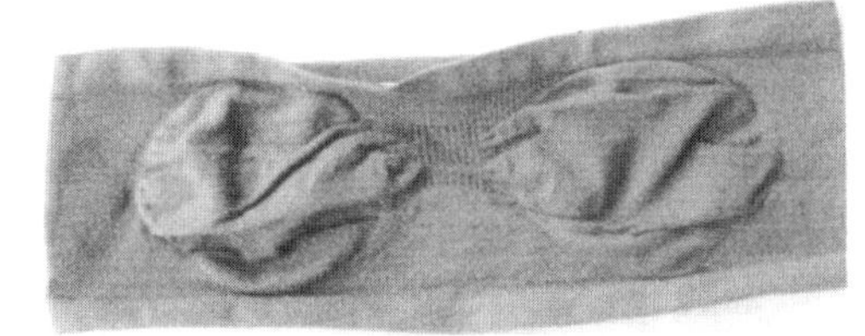

图 5－32　抹胸成品的整体效果

尽管针织无缝内衣不是真正意义上的全成形产品，但它具有工艺流程短、生产效率高以及几乎无缝和整体性好等优点，尤为适合生产贴身或紧身内衣类产品。

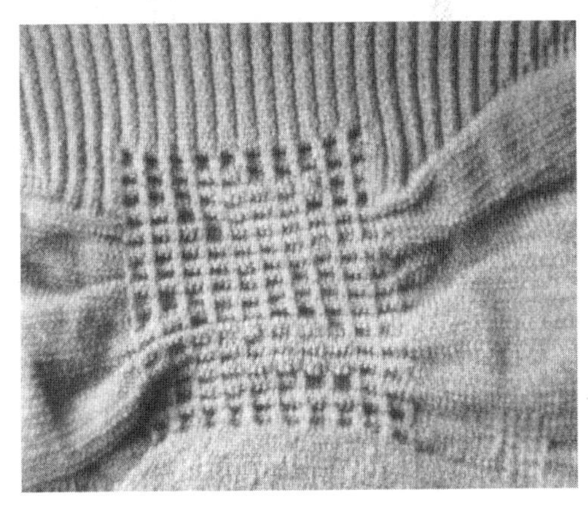

图 5－33　抹胸局部效果

三、无缝内衣的织物组织

单面无缝内衣针织机的产品结构以添纱组织为主，包括浮线添纱组织、浮线组织（假罗纹）、提花添纱组织等。

1. 浮线添纱组织　编织该组织时，地纱始终成圈，而面纱根据结构和花纹需要，只是有选择地在某些地方成圈，在不编织的地方以浮线的形式存在。当地纱较细时可以形成网眼效果，而当地纱和面纱都较粗时采用绣花添纱组织，可以形成绣纹效果，如图 5－34 和图 5－35 所示。

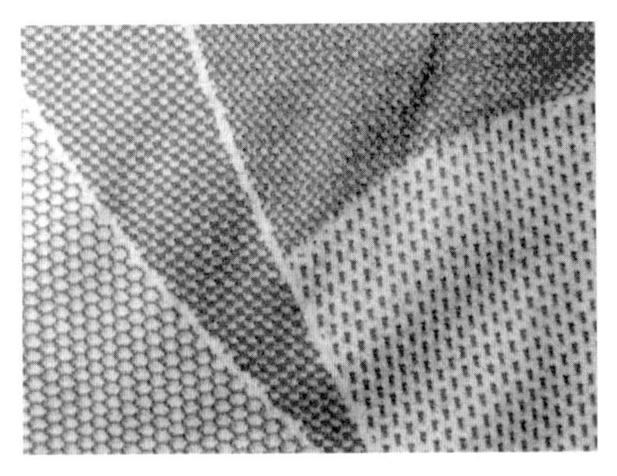

图 5－34　网眼效果添纱组织

图 5－35　绣纹效果添纱组织

2. 浮线组织（假罗纹） 浮线组织是通过选针使某些针参加编织形成线圈，而另一些针不参加编织形成浮线。如果参加编织的织针钩取两根纱线织成添纱线圈，就形成了添纱浮线结构；如果只有一个导纱器进入工作，采用一根纱线编织，就形成了平针浮线结构。

常采用1+1、1+2、1+3形式表示浮线组织，前面数字表示在一个循环中参加编织成圈的针数，后面数字表示浮线针数。这种组织下机后由于纱线的弹性收缩，线圈突显在表面，浮线内陷在下面，形成罗纹的外观，故称为假罗纹，图5-36所示为由1+1浮线组织形成的假罗纹效果。当浮线较长时，下机收缩后可形成假毛圈效果，图5-37所示为由1+3浮线组织形成的假毛圈效果。假罗纹组织是针织无缝内衣产品中使用较多的一种组织。编织时，在两个选针区都选中的织针编织平针或添纱线圈，而在两个选针区都不被选中的织针既不钩取地纱也不钩取面纱，形成浮线。

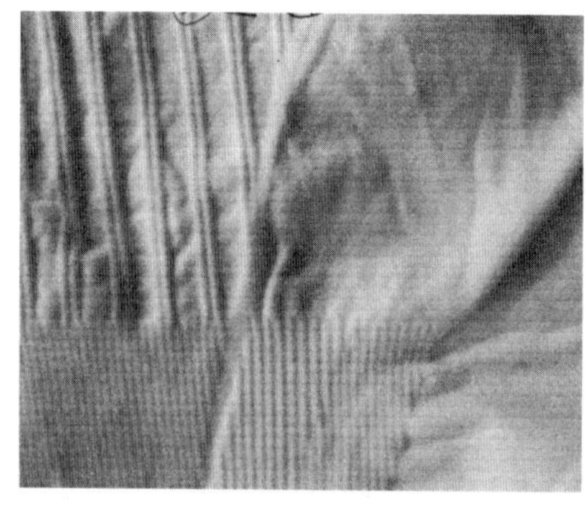

图5-36 由浮线组织形成的假罗纹效果

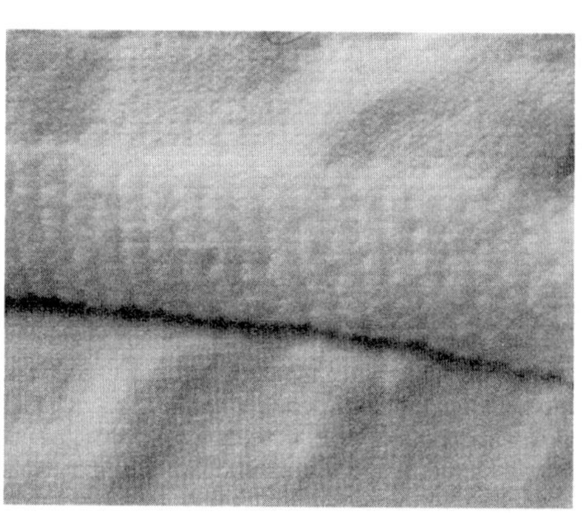

图5-37 由浮线组织形成的假毛圈效果

3. 提花添纱组织 编织提花添纱组织时，地纱为一种纱线，面纱一般为两种色纱，根据花型的需要，选择不同的色纱作面纱编织，形成色彩图案效果。图5-38所示为双色提花编织时，在第一选针区被选中的织针钩取白色纱，在第二选针区被选中的织针钩取黑色纱，然后两种针都钩取地纱。面纱和地纱一起成圈，从而形成了织物正面看上去像双色提花的添纱组织。图5-39所示为多色添纱提花组织（一般不超过四色）。

图5-38 双色添纱提花组织

图5-39 多色添纱提花组织

四、无缝针织小圆机及无缝针织一体裤

1. 无缝针织小圆机　无缝针织小圆机亦称针织小圆机、一体裤机、裤袜机，其筒径为102～305mm（4～12英寸）的双面圆机，常见的为2+2双面机。目前市场上主要有两种机型，一种是筒径203.2mm（8英寸），机号16针/25.4mm，针数420枚，路数12F。另一种是筒径228.6mm（9英寸），机号16针/25.4mm，针数480针，路数16F。针织小圆机的针盘针和针筒针均为高低踵针间隔排列，针盘针和针筒针呈棉毛配置，实为棉毛机。这种针织小圆机主要为三角选针方式，部分为电子选针方式（可编织提花组织），采用机械式牵拉和卷布。针织小圆机可编织一个整筒花型，也可编织变换组织，运动平稳、转速高。编织整筒坯布作为一条裤腿使用，添加氨纶后主要用于制作保暖裤，减少染色、裁剪环节，省工省料，是生产加厚保暖裤的发展趋势。图5　40为无缝针织小圆机的整机结构图。

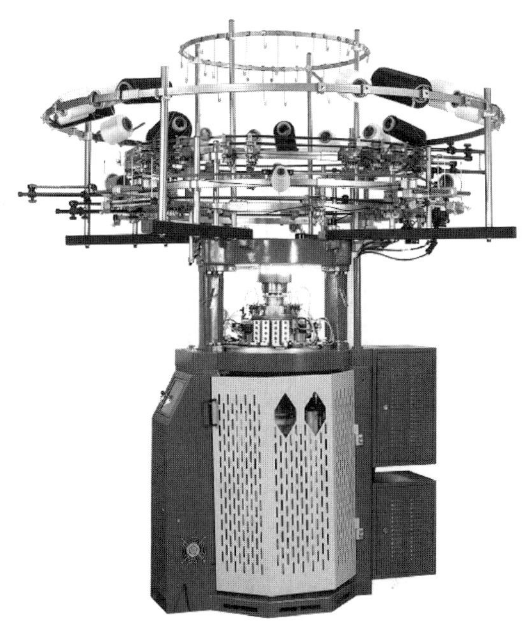

图5－40　无缝针织小圆机的整机结构图

2. 无缝针织一体裤　无缝针织一体裤是近些年流行的时尚元素，具有少裁剪、少接缝、贴身舒适、保暖轻压、舒缓压力等品质，亦有高腰弹力、塑身紧身修身、瘦腿收腹提臀等功能，可用作女性的修型裤、打底裤和保暖裤，逐渐受到女性的喜爱。

现在市场上的无缝针织一体裤有两种，一种是无缝针织小圆机生产的无缝针织一体裤；另一种是无缝内衣针织圆机生产的无缝针织一体裤。两种无缝针织一体裤在面料编织、结构、性能和应用上与传统的打底裤有着很大的差别。

无缝针织小圆机生产的无缝针织一体裤的裤腿采用圆筒无缝针织技术编织而成，为双面组织，两条裤腿保持了下机后的圆筒状而不需经过剖幅、裁剪和缝合，只是在裤腿的上部裁剪少许以拼接裆部，然后在裤口和裤腰处接缝罗纹，省去了两裤腿的裁剪、侧缝和拼缝，一体成形，无缝无痕，并且可以在裤腿的编织中添加氨纶，赋予其优越的延伸性和弹性，可以很好地起到修身瘦腿提臀功能。无缝针织小圆机在生产打底裤和护膝等产品上更具优势。

无缝内衣针织圆机生产的一体裤为单面组织，在生产时需要留下腿部裁剪标记，坯布下机后沿标记裁剪和缝合。无缝内衣针织圆机在编织时也可添加氨纶，在组织上常选用假罗纹，并且腰部为圆筒状未经裁剪和缝合，提高了腰部的延伸性和弹性，但是裤腿经过侧缝后制约了腿部的延伸性和弹性，并且在穿着中侧缝会给腿部带来压痕，降低了穿着舒适性。因此，无缝内衣针织圆机生产不需要经过裁剪和侧缝的产品更具优势，比如内裤、上衣、文胸、背心、短裤、吊带背心、文胸、护腰、护膝、高腰束腰裤、泳装、健美装和休闲装等。

无缝针织小圆机和无缝内衣针织圆机生产的无缝针织一体裤的结构图和传统打底裤的结构图如图5－41所示。

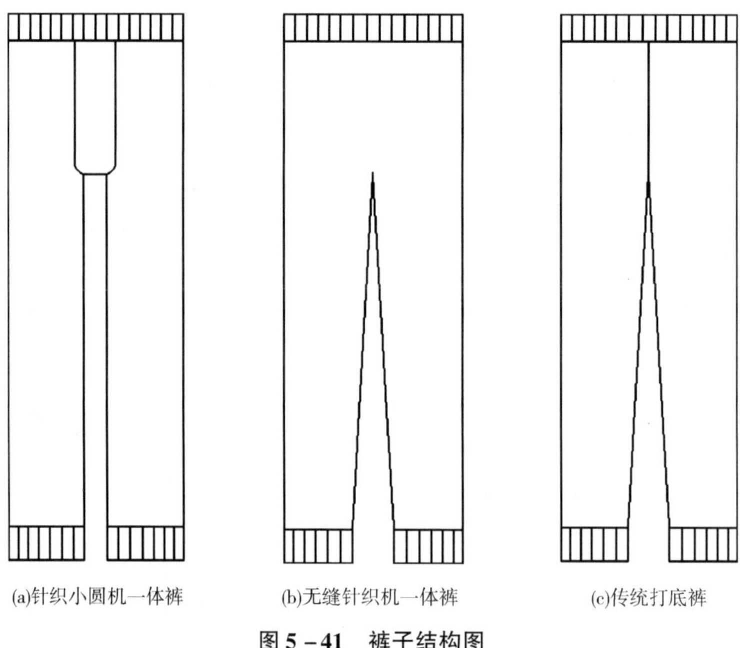

图5－41　裤子结构图

使用无缝针织小圆机可以开发空气层和拉绒相结合的秋冬季无缝针织保暖一体裤面料，这种面料中间具有较大的空气层，储存尽可能多的静止空气，其保暖性极佳，很适合缝制成针织打底衫裤和针织保暖衣裤，面料反面经过拉绒后，产品具有极好的柔软性、耐磨性、延伸性和弹性，舒适耐穿，适合于制作秋冬季贴身穿着的保暖裤，避免了为保暖而穿得厚重臃肿，完美呈现女性腿部的曲线美，也可以很好地起到修身瘦腿提臀功能，而未经过拉绒的一体裤可用作女性春季的修身瘦腿裤。无缝针织保暖一体裤如图5－42所示。

图5－42　无缝针织保暖一体裤

思考与练习题

1. 袜品有哪些种类？主要由哪些部段组成？

2. 简述袜品设计步骤与要点。
3. 袜口有哪些种类?
4. 袜子的款式结构有哪些种类? 各有什么特点?
5. 船袜类、短袜类、中长筒袜类和及膝袜类的款式设计有哪些种类?
6. 简述袜跟、袜头的结构特点和基本编织原理。
7. 简述电脑袜机的基本结构和技术特点。
8. 针织无缝内衣与传统针织内衣在结构和基本编织原理方面有何不同?
9. 无缝内衣针织机上假罗纹、假毛圈、网眼效果是如何形成的?
10. 无缝针织一体裤分为哪些种类? 各有什么特点?

思政园地

从“织造”到“智造”:浙理工“一键打印”成衣技术,织就创新强国新篇章

项目六　横机产品与编织

[课件]项目六

知识点

1. 羊毛衫的分类与结构。
2. 羊毛衫生产工艺流程。
3. 羊毛衫常用织物组织及其在横机上的编织。
4. 横机的分类与特点。
5. 普通机械式横机编织部分的基本构造。
6. 横机的成圈过程及特点。
7. 羊毛衫衣坯的起口方式、减针与放针的几种形式及成形编织原理。
8. 羊毛衫平面成形衣片的编织工艺。
9. 电脑横机的特点及其主要机构。
10. 电脑横机的最新技术进展:电子选针技术、立体成形编织技术、整件服装全成形编织技术、多针床编织技术、多针距技术、高机号、低机号、衬纬技术、针织成形鞋面技术。

横机是一种平型纬编针织机,它可以编织所有的纬编基本组织和大部分花色组织,还可以编织一些圆纬机上不能或不易编织的织物结构。横机一般用于编织羊毛衫、手套、帽子等产品。本章主要介绍羊毛衫产品及其编织。

任务一　羊毛衫基础知识

羊毛衫是高档的衣着用品,具有良好的保暖性能,并且美观、适体。羊毛衫品种繁多,花色款式绚丽多彩,目前用羊毛、羊绒、驼绒、腈纶、真丝、化纤丝、棉纱等原料编织的各种款式新颖的套头衫、开衫、裙裤、童装、宝宝装等深受人们的喜爱。羊毛衫在很大程度上已经外衣化、时装化。羊毛衫厂具有投资少、用地省、收效快等特点,而且羊毛衫原料适应范围广,翻改品种快,产品花色多,生产流程短,适合小批量、多品种生产,因此在全国各地发展极快。随着人民生活水平的提高和羊毛衫生产技术的发展,特别是随着各种新型电脑横机的问世,羊毛衫的新品种和新的编织技术不断涌现。目前,不但能织出各种新颖、流行的花纹图案,在同一衣片上使用不同粗细的纱线编织多种密度的各个部段,还能使衣片、口袋、暗门襟、扣眼、环圈扣、环圈、领子等同时完美地一起织出,甚至缝合成整件衣服,达到下机即可穿的要求。羊毛衫产品和羊毛衫生产已经展现出一片崭新的局面。

一、羊毛衫的分类与结构

(一)羊毛衫的分类

羊毛衫的花色品种多、类别广,通常根据原料、纺纱工艺、产品款式、编织机械、坯布组织、修饰花型和整理方法等进行分类。

(1)羊毛衫根据使用的原料可分为纯毛(如羊毛、羊绒、兔毛、驼毛)、毛与棉、真丝与化纤混纺(如毛/棉、毛/真丝、毛/腈、毛/锦、毛/黏等) 及纯化纤产品等。

(2)根据纺纱工艺可分为精梳、粗梳和花式纱(如双色纱、竹节纱、大珠绒、小珠绒产品等)产品。

(3)根据产品款式可分为男式、女式、童式的开衫、套衫、背心、裤子,女式、童式的裙类、童套装(帽、衫、裤)及各种针织外衣、围巾、手套、风雪帽等。

(4)根据羊毛衫的生产设备可分为圆机产品和横机产品两种。横机上可织出符合人体形状的成形衣片,下机后不经裁剪或只经少许裁剪即可缝制,从而可以减少裁剪损耗和工时,并可提高产品质量。故目前羊毛衫以横机产品为最多。近年来随着电子技术的发展,由电子装置控制半成形羊毛衫衣坯编织程序的大圆机也得到了迅速发展,虽然半成形衣坯的裁剪损耗大于成形衣片,但大圆机的生产效率却比横机高得多。

(5)根据织物组织可将羊毛衫分为单面平针、满针罗纹、畦编(鱼鳞)、集圈(胖花)、波纹(板花)、网眼、绞花和提花等各种花色产品。

(6)根据修饰花型,羊毛衫的修饰花型有以工艺美术为主的各种绣花、轧花、贴花、印花等。

(7)根据织物的整理工艺有拉毛、缩绒、树脂整理、防缩整理等,其目的是提高羊毛衫的服用性能。

(二)不同原料羊毛衫的特性

羊毛衫使用的原料很多,由于原料性能的各异,使得羊毛衫产品的特色、风格也各不相同。

采用精纺羊毛纱织制的毛衫产品,由于其纱线细,粗细均匀,捻度较高,纱线的毛羽少,因而织物外观平整、光洁、挺括,针路清晰细密,手感滑爽,产品弹性好,抗拉伸强度高,织物尺寸稳定性较好。特别是经过防缩、耐机洗、脱鳞等高档后整理的精梳羊毛衫,不但有优良的服用性能,还能较长期经机洗而保持优良的外观。

粗纺类羊绒衫、驼毛衫、牦牛绒衫、羊仔绒毛衫等,相对于精纺产品而言,它们的纱线较粗,抗拉强度较低,但保暖性能特别好,毛绒感强,手感也更柔软。特别是羊绒衫和牦牛绒衫,表面绒毛短密适度,手感软而糯滑。新开发的羊驼绒更是珍稀,外观亮泽,手感似裘皮。绵羊绒衫也是新开发的粗纺产品,与山羊绒衫相比,手感、回弹性不如山羊绒产品好,外观光泽、风格不如山羊绒产品高贵,但不缩水,不起球,价格便宜。

兔毛衫的特点是纤维特别细,光泽柔和,产品表面毛端簇起,且有抢毛,质轻、蓬松、手感滑爽,保暖性比羊毛衫好,外观独具风格,但较易脱毛。

马海毛衫的毛纤维长,光泽鲜亮,毛感柔中有骨,且不易起球,是羊毛衫中的较高档产品。

化纤类毛衫的共同特点是质轻,强力好,易洗快干,不被虫蛀,但吸湿透气性较差,弹性回复性较羊毛衫低,保形性不及纯毛织物,易起毛起球。

羊毛与化纤（如腈纶、涤纶、锦纶、黏胶纤维等）的混纺毛衫，具有羊毛和化学纤维的互补特性，是物美价廉的中档产品。

（三）羊毛衫的结构

横机羊毛衫半成形产品是先在横机上编织出成形的羊毛衫衣片，再将各块衣片缝合成衣的。羊毛衫的品种很多，这里仅以 V 形领男套衫为例说明其结构和各块衣片的形状。

V 形领男套衫的结构如图 6－1（a）所示，它主要由大身（前身、后身）、衣袖、领三大部分组成。前身、后身、袖、领等衣片的形状如图 6－1（b）所示。

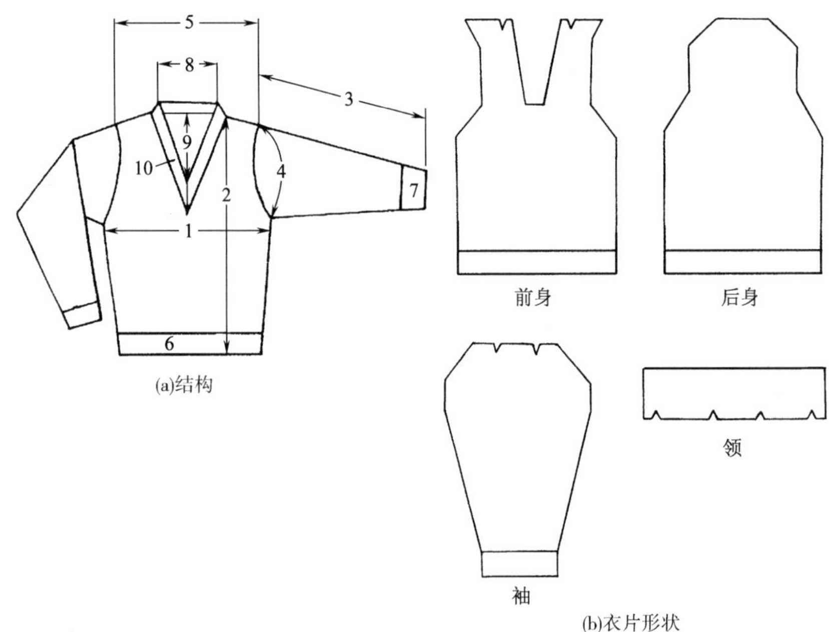

图 6－1　V 形领男套衫的结构及其衣片形状

1—胸宽　2—身长　3—袖长　4—挂肩　5—肩宽　6—下摆　7—袖口　8—后领阔　9—领深　10—领子

二、羊毛衫的生产工艺流程

羊毛衫的生产工艺流程为：

原料进厂→原料检验→准备工序（络纱）→编织工序→{半成品检验；半成品检验与定形→裁（领窝）剪}→

成衣工序（→装饰、整理）→检验→熨烫定形→复检验→整理→分等→包装→入库→成品出厂→反馈信息

三、羊毛衫常用织物组织及其在横机上的编织

（一）纬编基本组织在横机上的编织

1. 纬平针组织　它是横机毛衫产品使用最多的一种组织，可以在一个针床上编织，形成一种平面结构，俗称单面，主要用作衣片的大身部段；也可以在两个针床上轮流编织单面纬平针，形成如同圆机编织的筒状结构（行业内称为空转）。

2. 罗纹组织　罗纹组织也是在横机中采用较多的一种组织。它除了可以作为大身外，还大量的用作衣片的下摆、袖口、领口和门襟等。

1 +1 罗纹组织是用得较多的一种组织，在横机上有两种编织方式：一种是满针编织的满针罗纹（又称为四平针）；另一种是一隔一抽针编织的单罗纹，习惯称其为 1 +1 罗纹，有时称为 1 ×1罗纹。羊毛衫生产中，习惯将单罗纹（通常称 1 +1 罗纹）与满针罗纹分开。尽管其线圈配置与结构相同，但织物弹性、密度、厚薄、宽度等有所差别。图 6 –2 和图 6 –3 分别为 1 +1 单罗纹组织的线圈结构图和编织图。由图 6 –3 可知，前、后针床针槽相对，每个针床上都一隔一抽针并使前、后针床上织针呈罗纹式一隔一排针。

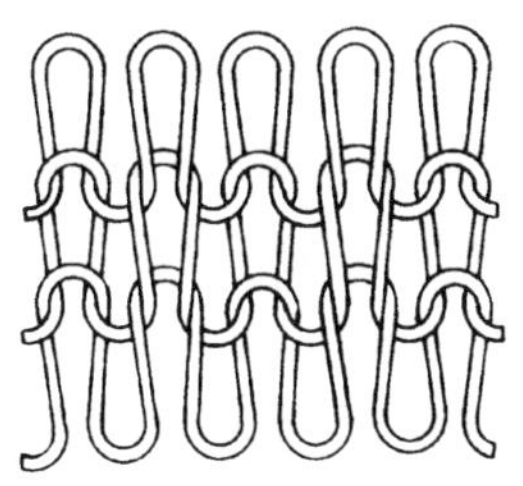

图 6 –2　1 +1 罗纹组织的线圈结构图

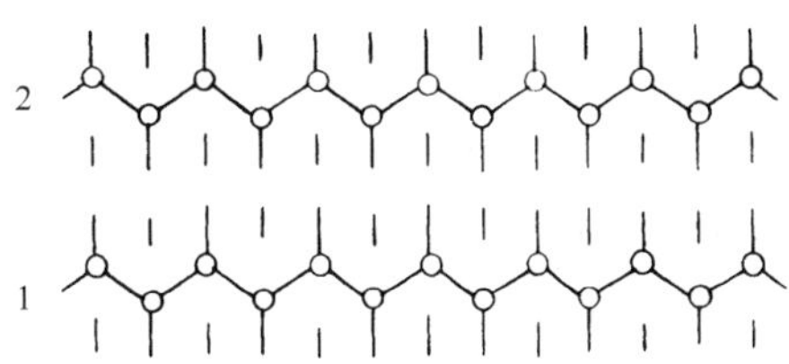

图 6 –3　1 +1 罗纹组织的编织图

图 6 –4 和图 6 –5 为满针罗纹组织的线圈结构图和编织图，由图 6 –5 可知前后针床针槽相错，所有针呈罗纹式配置均参加编织。

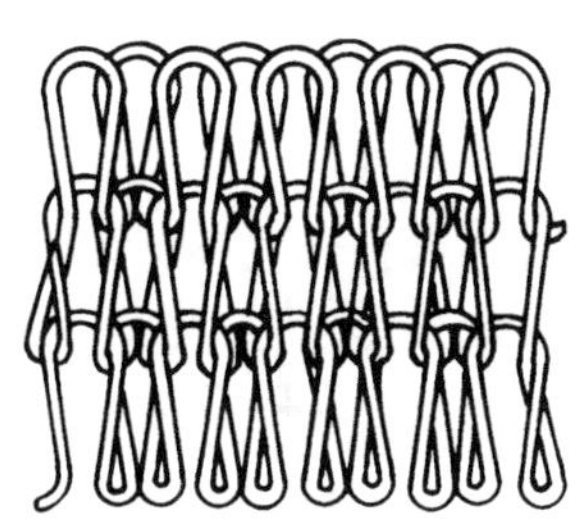

图 6 –4　满针罗纹组织的线圈结构图

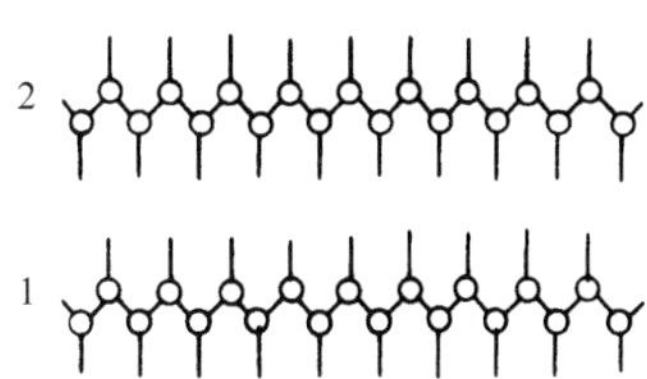

图 6 –5　满针罗纹组织的编织图

单罗纹织物比满针罗纹松软，延伸性好，主要用作衣片的下摆和袖口，可以很方便地由单罗纹变换为单面纬平针等组织的编织；满针罗纹结构比较紧密，横向延伸性小，织物较厚，幅度较宽，常用作大身、领口、袋边和门襟等。

2 +2 罗纹在横机衣片的生产中也用得很多，主要用来编织下摆和袖口。

此外，在横机上还可以很容易地编织 5 +2、6 +3 等宽罗纹，作为衣片的大身。

3. 双反面组织　一般很少采用普通横机来编织双反面组织，因为通过手工方式编织比较困难。但在电脑横机上通过前后针床织针上线圈相互转移，可以很容易地编织双反面组织。普通1 +1双反面组织在横机产品中很少单独使用，但它的一些变化组织和利用其形成原理所编织的一些花式组织在毛衫中应用较多。如图 6 –6 所示的席纹组织和图 6 –7 所示的桂花针组织等。

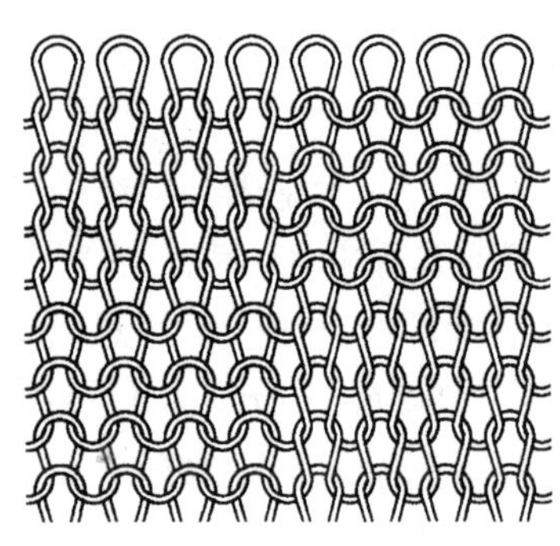
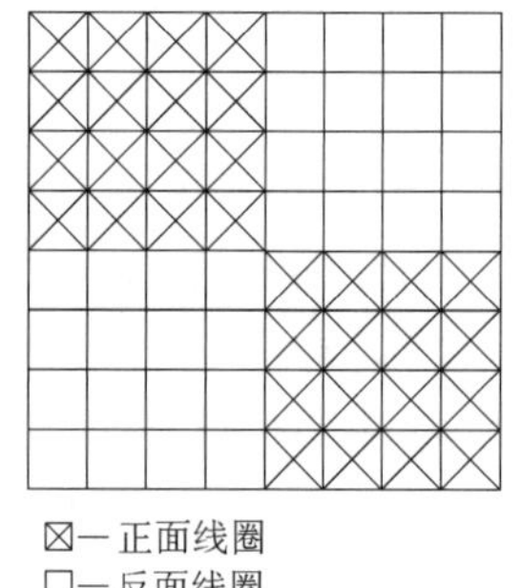

图6-6　席纹组织

图6-7　桂花针组织

4. 双罗纹组织　在横上机上很少编织双罗纹组织，特别是在普通手摇横机上难以编织。电脑横机虽然可以编织，但用得不多。在毛衫生产中也将2+2罗纹称为双罗纹。

（二）纬编花色织物在横机上的编织

在横机上，特别是在电脑横机上，可以编织的花色组织很多，下面主要介绍横机所编织的较有特色的常用花色织物。

1. 空气层类织物　空气层织物是一种复合组织。用于羊毛衫生产中的两种最常见结构是四平空转和三平结构。

（1）四平空转织物即罗纹空气层组织，它是由一个横列的满针罗纹（四平）和正反两个横列的平针（空转）组成，三路一循环，如图6-8（a）、（b）所示。该织物厚实、挺括、横向延伸性小，尺寸稳定性好，表面有横向隐条。

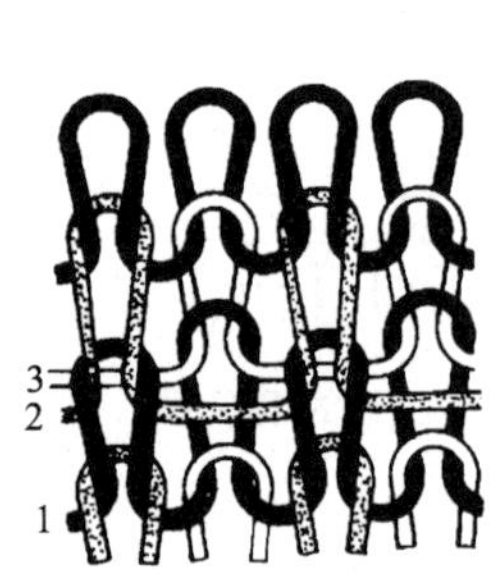

(a) 四平空转织物线圈图

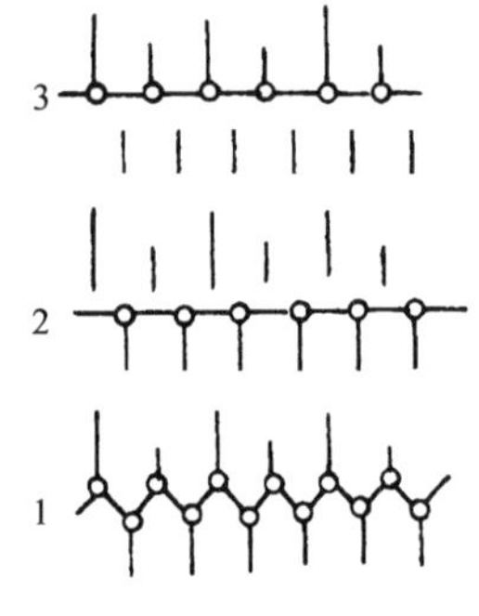

(b) 四平空转织物编织图

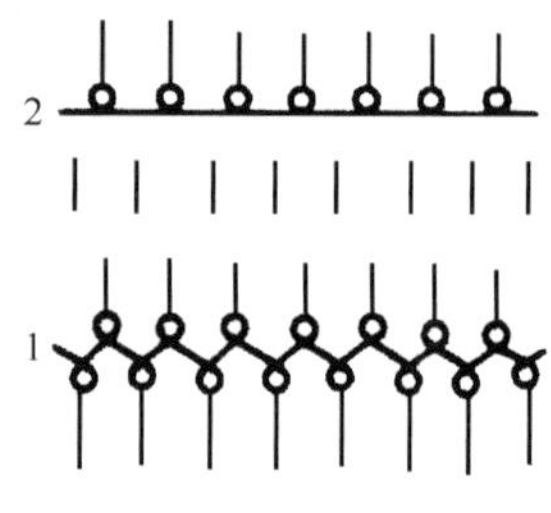

(c) 三平织物编织图

图6-8　罗纹空气层类织物

（2）三平织物学名又称罗纹半空气层组织，是由一个横列的四平和一个横列的平针组成，其编织图如图6-8（c）所示。该织物两面具有不同的纵向密度和外观。

2. 集圈类织物　在横机上可以编织单面和双面集圈织物。单面集圈织物以形成各种凹凸网眼结构为主，因其结构具有凸起的悬弧效果，在羊毛衫中又称为胖花。

横机所编织的两种最常用双面集圈组织是畦编（又称双元宝或双鱼鳞组织）和半畦编（又称单元宝或单鱼鳞组织），其线圈结构图和编织图分别见第三章的图3-58和图3-57。

在电脑横机上，利用沉降片的握持作用，可进行连续多次集圈和局部编织，形成褶裥效应和凹凸花纹。

3. 移圈类织物　移圈组织是横机编织中一种较有特色的结构。在横机上可以编织单面移圈和双面移圈织物。对于单面移圈，通过相邻纵行线圈之间的转移，可以形成网眼织物，又称空花或挑花。如将两组相邻纵行线圈相互交换位置，可以形成如图 6－9 所示绞花效应，被称为阿兰花。

在手摇横机中，是使用移圈板采用手工方式来进行前后针床织针之间和同一针床的相邻纵行之间的线圈转移。在电脑横机中，是利用移圈针自动进行前后针床织针之间的线圈转移，而同一针床的相邻针之间的线圈转移则是通过前后针床移圈与针床横移相结合来完成的。

4. 波纹组织　波纹组织又称为扳花组织，是横机所编织的一种特有结构，在普通圆纬机上无法编织。它是通过前后针床织针之间位置的横向相对移动，使线圈倾斜，在双面地组织上形成波纹状的外观效应。波纹组织可以在 1＋1 罗纹（多用满针罗纹即四平）、罗纹半空气层（三平）、畦编或半畦编等常用组织基础上形成罗纹波纹组织（四平扳花）、罗纹半空气层波纹组织（三平扳花）、畦编波纹组织（双元宝扳花）或半畦编波纹组织（单元宝扳花）等，也可以通过抽针形成抽条扳花或方格扳花等。如图 6－10 所示的波纹组织是在双针床横机上编织四平组织时，每编织一横列，前后针床相对移动两个针距的方法形成，线圈倾斜度较大，波纹效果较明显。

图 6－9　阿兰花

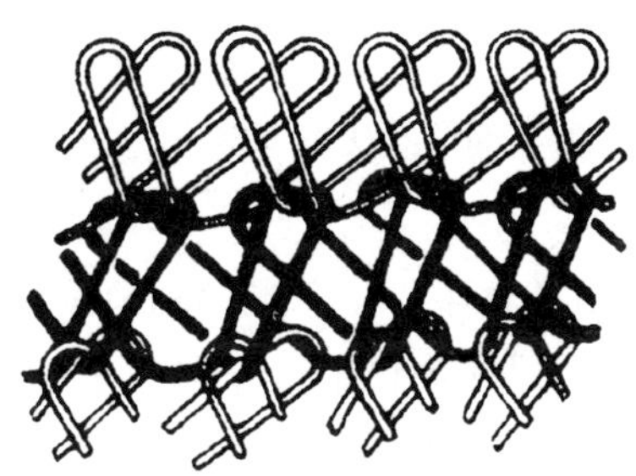

图 6－10　波纹组织结构

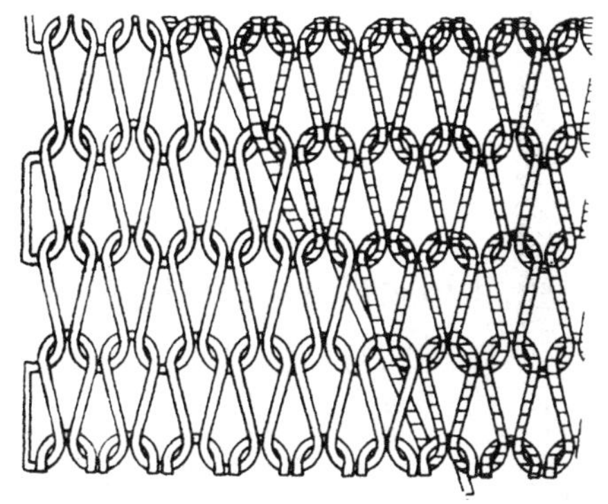

图 6－11　嵌花织物的结构

5. 嵌花织物　嵌花织物是一种纵向连接组织，又称为无虚线提花织物。它是把不同颜色编织的织物色块，沿纵行方向相互连接起来形成的一种花色织物，每一色块由一根纱线编织而成。如图 6－11 所示为嵌花织物的结构。

嵌花织物是在横机上编织的一种色彩花型织物，一般的圆纬机无法编织。它是由几种不同色纱依次编织同一横列上的线圈形成的，这些纱线按照花型要求分别垫放到相应的针上。为了把一个横列中各色纱所编织的线圈(即各个色块之间)连接起来,在色块边缘可采用纱线缠绕、集圈、添纱和双线圈等方式加以连接。在手动横机上通常采用纱线缠绕的方式进行连接,而在电脑横机上单面嵌花织物一般都采用集圈的方式进行连接。嵌花织物所采用的基础组织可为单面或双面纬编组织,其中以单面嵌花织物较多。由于在编织过程中线圈结构不起任何变化,故嵌花织物的性质与所选用的基础组织相同,仅在各色块相互连接处略有不同。

单面嵌花织物因反面没有浮线,花纹清晰,用纱量少,常用于生产高档羊毛衫、羊绒衫等产品。该产品可在手摇嵌花横机、自动嵌花横机和电脑横机上编织。

6. 抽条织物 抽条织物是在某些织物组织编织时,按需要抽去1枚、几枚或更多的织针,而使原织物表面呈现纵向凹条的织物。常采用抽条的组织有满针罗纹(四平)、畦编、胖花、空气层集圈、波纹等。

现以满针罗纹抽条为例说明抽条织物的编织原理及组织特性。图6-12为满针罗纹抽条织物的效果图。该织物是以满针罗纹(四平)针为基础,在双针床上编织,其排针情况如图6-13所示。编织时各三角的位置和织针走针轨迹与编织满针罗纹(四平)针时相同。这种织物,由于抽针后产生了纵向的凹条效应(图6-12),因此,其与四平针织物相比,织物宽度减小,横向延伸性更大。满针罗纹抽条(常称为四平抽条)织物主要用于设计童裙和女式褶裥裙等。

图6-12　满针罗纹抽条织物的效果图

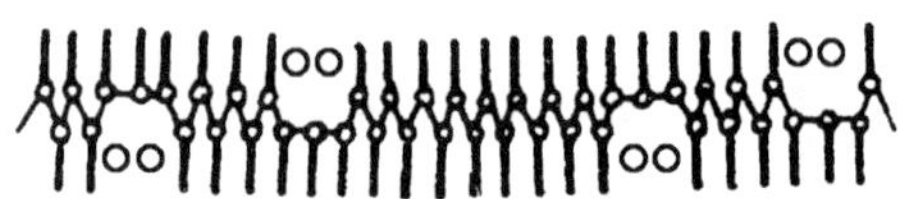

图6-13　满针罗纹抽条编织图

7. 提花类织物 由于电脑横机前后针床都有选针机构,所以在该机上可以编织单面提花织物、双面提花织物以及两面都提花的双面提花织物。其编织原理与提花圆纬机相似,这里不再赘述。

任务二　横机的分类与特点

在羊毛衫编织过程中,采用圆机和横机生产各有特点。圆机生产效率高,但需经裁剪,故原料损耗较多,适宜中档或低档原料的大批生产;横机的生产效率低,用劳动力多,但原料节省,适合高档或中档原料的小批量生产。

由于横机具有小批量、多品种生产的优点,适应羊毛衫内衣外衣化的发展及人们对羊毛衫花色品种的高要求。因此,当前国内外的羊毛衫生产中,横机应用越来越广泛,成为羊毛衫生产的主要设备。

一、横机的分类

横机的种类很多，由于机器的结构形式、成圈机构、针床机号及编织织物结构等的不同，可作如下分类。

1. 按横机的形式分　按横机的形式可分为手摇横机（平机型横机又称普通横机、单面二级横机、双面三级横机、提花横机、休止横机、嵌花横机）、半自动机械横机、全自动机械横机、半自动电脑横机、全自动电脑横机。

2. 按横机针床的机号分　按横机针床的机号可分为粗机号横机（低机号）与细机号横机（高机号）。机号越高，针床上针越密，针也越细。粗机号有2、3、4、5、6、7（针/25.4mm）等级；细机号有8、9、10、…、16（针/25.4mm）等级；特殊用途的横机，其级数高至24～26（针/25.4mm）级；（可用其织丝袜）。

3. 按成圈系统分　按成圈系统可分为单系统、双系统、多系统横机。全自动电脑提花横机的成圈系统数一般为2～6。

4. 按针床有效长度分　按针床有效长度可分为小横机和大横机。小横机针床的有效长度为305～610mm（12～24英寸）；大横机针床的有效长度在610mm（24英寸）以上，以针床有效长度813～914mm（32～36英寸）的横机为主。目前国际上多使用2286mm（90英寸）左右有效长度的阔幅横机。

5. 按针床数目分　按针床数目可分为单针床横机、双针床横机、三针床横机、四针床横机等。嵌花横机为单针床横机，一般横机多为双针床横机。三针床、四针床主要用在全自动电脑横机上，在原有的双针床基础上增加了1～2个辅助移圈针床而成，用于全成形（织可穿）产品编织。随着辅助移圈针床的增多，羊毛衫的织物组织结构、款式可变得复杂多样。

此外，还可按织物组织结构、传动形式、导纱器的多少等分类。

二、横机的特点

近20多年来横机机械和横机工艺技术在国际上发展很快，无论是设备的先进性，还是机种的多样性等方面水平都相当高。横机与圆机相比具有以下主要特点。

（1）可以编织较复杂的成形产品。如各种款式的羊毛衫、手套、各种管状织物和立体织物等。

（2）可以较方便地利用增减针数来改变织物的宽度。新型横机上普遍应用了电子技术，可以用电脑进行成形衣片的设计、计算及进行开领、收针、放针、组织变换等程序控制和进行电子花型设计、自动选针等。

（3）原料损耗少。织造过程中若产生疵点，可以随机消除，拆掉重织，这对价值较高的全毛制品意义较大。

（4）花型范围广。横机可以编织各种花纹组织，不但能织提花、集圈等花色组织，由于横机针床可以横移，还能编织移圈、波纹等组织。目前横机上还采用了无虚线提花机头和压脚装置，使产品质量得到了提高。

（5）机构简单，翻改品种方便。不少横机上还装有动态感测装置，当针或沉降片损坏时，能自动停机。

（6）进线路数少，与其他针织机相比，产量较低。

由于横机具有以上特点，加之机械式横机价格便宜，目前不但工业用横机发展很快，甚至各种类型的家用横机也如同缝纫机一样迅速进入普通家庭。这些家用横机外形轻巧，操作简便，花型变换快捷，受到企业和家庭的欢迎。

任务三　普通机械式横机的主要机构与成圈过程

一、机械式横机的主要机构

机械式横机可以是手摇或电动，手摇横机又有家用与工业用之分。工业用横机针床有效长度为500～2500mm，机号为$E3$～$E14$。

1. 编织部分的一般结构　横机由机座、编织机构、针床横移机构、给纱机构、牵拉机构和传动机构等组成。机械式横机没有专门的选针机构，由三角的进出配合舌针针踵的长短来进行选针，针床横移靠手工扳动后针床来进行，给纱、牵拉、传动等机构均很简单。

图6－14为普通横机编织部分的断面结构。图6－14中1、2分别为前、后针床，它们固装在机座3上。在针床的针槽中，平行排列着前后针床织针4和5，6、7、8分别为导纱器9和前、后三角座10、11的导轨，机头12由连在一起的前、后三角座所组成，它们像马鞍一样跨在前、后针床上，并可沿着针床往复移动，同时也可通过导纱变换器13带动导纱器9一起移动。在机头上面装有开启针舌和防针舌反拨用的扁毛刷14，15、16为前后针床上的三角，17为栅状齿。当机头横移时，前后针床上的舌针针踵在对应三角15、16的斜面作用下，沿着针槽上、下移动，完成编织动作。

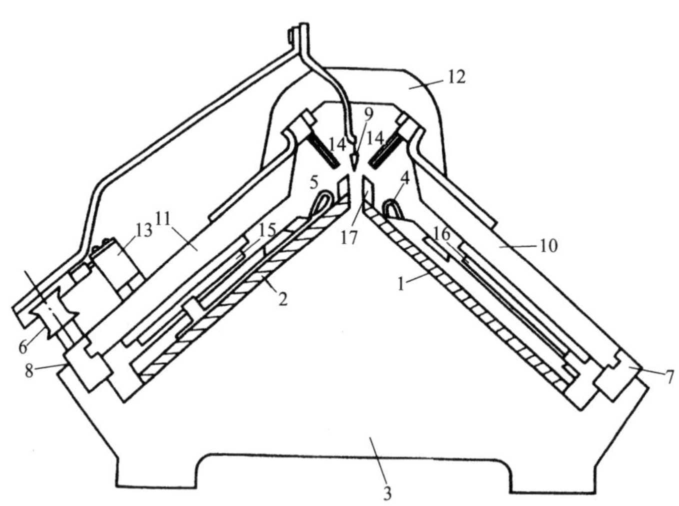

图6－14　横机编织部分的断面结构

针床的结构如图6－15所示。针槽1用来存放舌针2，栅状齿3主要用于支持线圈沉降弧，起沉降片的部分作用，针床压铁槽孔4用来放置针床压块，上塞铁槽5中插入塞铁6，起稳定舌针在针槽中上下运动的作用，不使舌针上翘，也不会让舌针因自重下滑，下塞铁槽7中插入下塞铁8、固定针脚9，固定针脚9的作用是限制舌针下滑。

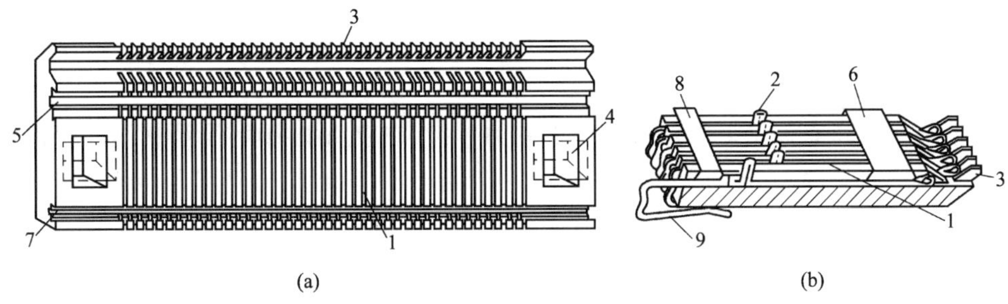

图 6 – 15 针床的结构

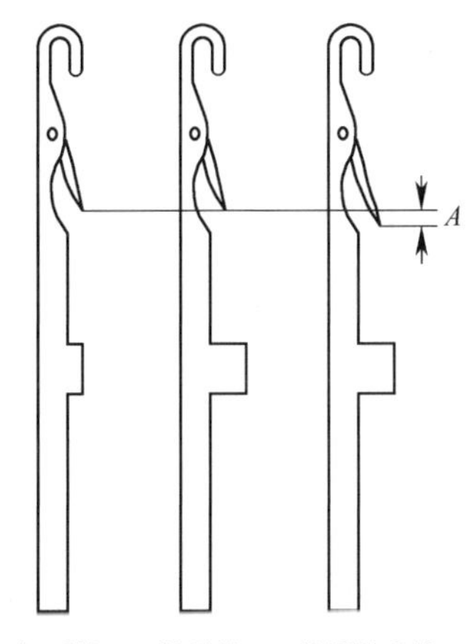

图 6 – 16 普通横机的舌针

2. 舌针 舌针的结构与圆纬机用舌针结构相似。在花色手摇横机上，为了分针进行成圈、集圈和浮线的编织，采用了花式三角。根据各机三角结构的不同，舌针可分为短踵针、长踵针和长踵长舌针，如图 6 – 16 所示。长舌针与一般舌针之间的舌长差如图 6 – 16 中 A 所示。

3. 三角和三角座 三角因实现功能的不同可分为平式三角和花式三角。

平式三角是最基本也是最简单的三角结构，如图 6 – 17 所示。它由起针三角 1 和 2、挺针三角 3、弯纱（压针）三角 4 和 5 以及导向三角（又称眉毛三角）6 组成。横机的三角结构通常都是左右完全对称的，从而可以使机头往复运动进行编织。弯纱（压针）三角可以按图6 – 17中箭头方向上下移动进行调节，以改变织物的密度和进行不完全脱圈的集圈编织。

工业用机械横机的三角主要为花式三角。花式三角可根据所要实现的选针编织功能进行设计，采用不同的结构。最常用的是二级花式横机和三级花式横机的三角结构。二级花式三角把挺针三角分成两块，三级花式三角则把挺针三角分成三块。图 6 – 18 所示的是使用较多的 Z652 型二级花式横机的三角结构。它的起针三角 1、弯纱（压针）三角 2、导向三角 3 与平式三角完全一样。挺针三角则由一块改为两块，分别为挺针三角 4 和横档三角 5。弯纱（压针）三角 2 可按图中箭头方向上、下移动，以调节弯纱深度，即织物的密度。起针三角 1 和挺针三角 4 为活动三角，可以沿垂直于三角底平面方向进入和退出工作。其中起针三角 1 与挺针三角 4 为三

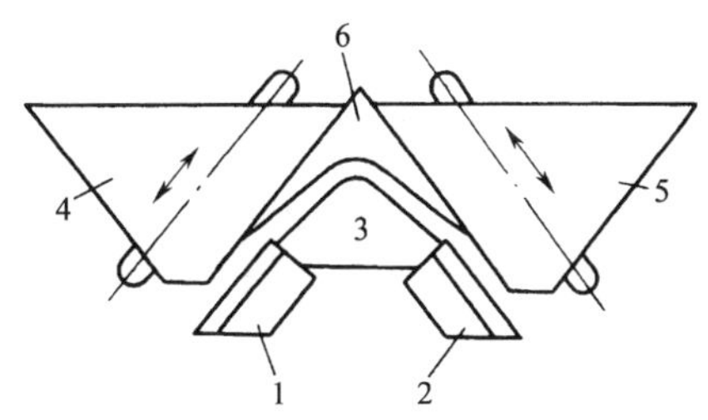

图 6 – 17 平式三角结构

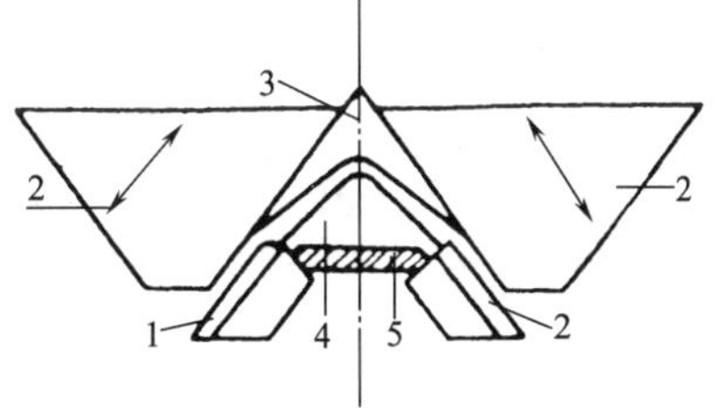

图 6 – 18 Z652 型二级花式横机的三角结构

级进出，即完全工作状态、半工作状态或不工作状态。横档三角 5 为固定三角，其作用是当挺针三角退出工作时，托住织针防止其下落。它们共同构成左、右完全对称的三角针道，以满足横机左、右往复编织成圈的要求。

花式三角的工作原理是采用针踵长度不同的舌针，在机头的每个行程中，按花色要求使三角沿垂直于三角底平面的方向进入、半退出或完全退出工作位置，以达到不同针踵的针按照要求进行编织的目的。图 6－19 显示了进出式选针三角系统中的活动三角（一般为起针三角、挺针三角）的底平面相对于针床平面的三种不同位置。在第一种位置 A，三角完全进入工作，长短踵针均参加编织。在第二种位置 B，三角退出一半工作位置，它的底平面高于短踵上平面，但低于长踵上平面，因此只能作用到长踵针使其参加编织，短踵针从三角底平面下通过，不参加编织。在第三种位置 C，三角完全退出工作位置，长、短踵针都不参加编织。图 6－19 中所示的是普通横机上采用的嵌入式三角开关装置，手柄转动到Ⅰ、Ⅱ、Ⅲ位置时，分别对应使三角完全进入、半退出和完全退出工作位置。

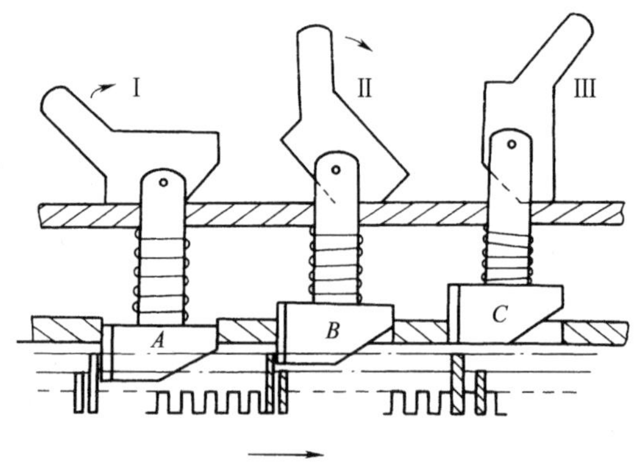

图 6－19　进出式选针三角的三种位置

把以上各块三角安装在一起的装置称为三角座。前、后两个三角座的结构完全相同，且互相连成一体形成机头，以便于编织时一起运动，控制前、后针床织针的编织。机头是横机的核心装置，图 6－20（a）为机头反面，在它的底板上装有组成前、后三角座的三角块。织针的针踵就在这些三角组成的对称针道中沿三角工作面上下运动，进行编织。针织横机对三角装置在机头上的对称度要求较高，它决定了织物的成圈质量。图 6－20（b）为普通横机机头正面，其上装有前后三角座的弯纱（压针）三角调节装置 1、2、3 和 4（用来调节弯纱深度，改变织物密度，又称

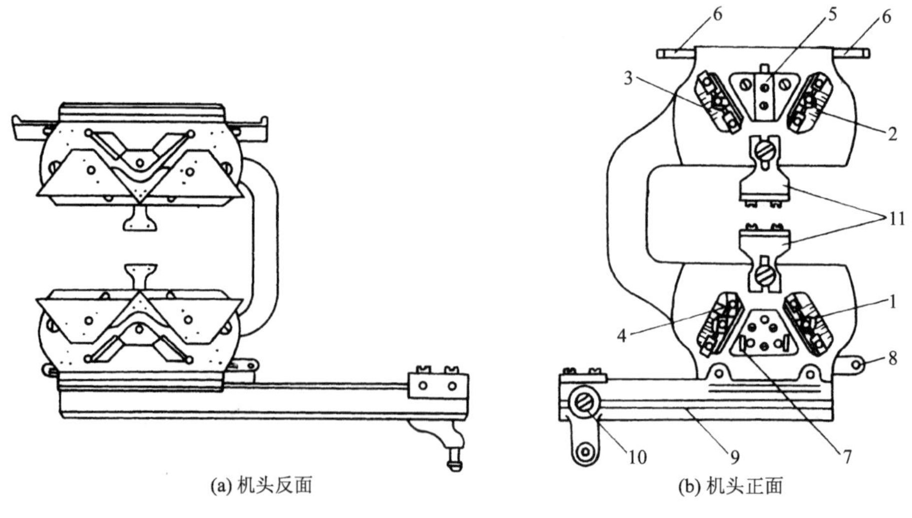

(a) 机头反面　(b) 机头正面

图 6－20　普通横机机头三角座正面和反面结构

密度三角);导纱器变换器5,起针三角(全工作、不工作)开关6和7,起针三角半动程开关8,拉手9,手柄10和毛刷架11。

二、横机的成圈过程

横机的机头在针床上做往复运动时,三角推动织针在针槽中上、下运动,完成退圈、垫纱、闭口、套圈、脱圈、弯纱、成圈与牵拉等动作。

如图6-21所示,当机头从右向左移动时,舌针 c 沿起针三角 a 和挺针三角 b 的作用面上升到退圈最高点(针6),此时旧线圈 f 从针钩移到针杆上;随后舌针在导向三角的作用下开始下降,并通过导纱器 d 垫上新纱线 e,针在下降过程中,处于针杆上的旧线圈移至针舌,开始将针口封闭(针9);舌针闭口后继续沿弯纱(压针)三角下降,旧线圈移至针舌进行套圈(针10、11),然后进行脱圈,使旧线圈从针头脱下(针12),在脱圈的同时,新纱线被针钩弯曲,直至形成一只新的线圈 g(针14);以后,在牵拉机构的作用下,将新形成的线圈拉向针背,以避免下一成圈过程中针上升时旧线圈重新套于针钩之上。

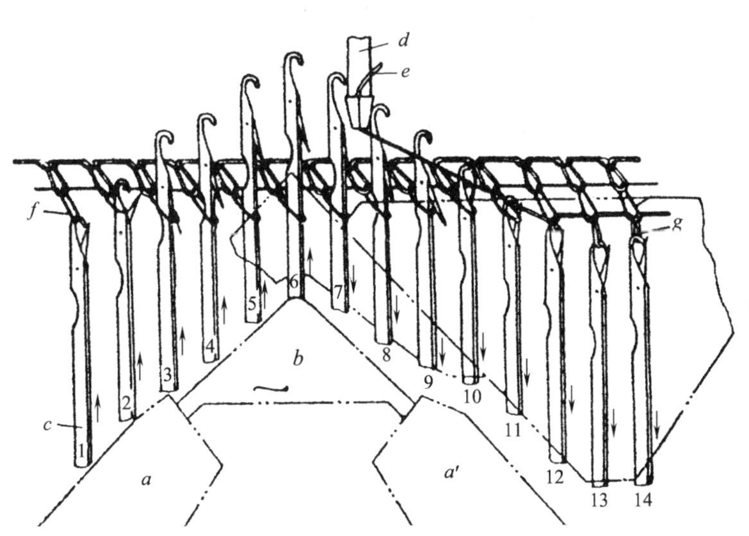

图6-21 横机的成圈过程

图6-22为Z652型横机(二级花式横机)通过改变活络三角的进出位置,对长短踵织针进行选针编织,形成三种走针轨迹。图6-22中"|"表示长踵针,"·"表示短踵针。图6-22中所示为长、短踵织针1隔1配置。在图6-22(a)中起针三角1退出一半,挺针三角4进入工作。此时短踵针不能沿起针三角上升,不进行编织,长踵针则可以沿起针三角和挺针三角上升进行编织成圈。在图6-22(b)中,起针三角1退出一半,挺针三角4全部退出工作。这时短踵针不能沿起针三角上升,不参加编织,长踵针虽然可以沿起针三角上升,但却不能沿挺针三角上升,因此只能上升到集圈高度形成集圈。在图6-22(c)中,起针三角完全进入工作,挺针三角4退出一半,从而使长踵针沿起针三角和挺针三角上升到挺针最高点退圈,进行编织成圈;而短踵针沿起针三角上升到集圈高度之后就不能继续沿挺针三角上升,只能形成集圈。除了上述三种走针轨迹外,该机还有长短踵针同时成圈的走针轨迹,进行空转编织单面时,则可以使其中一个针

床长、短踵针同时不成圈。这样,二级选针的三角结构就可以通过起针三角和挺针三角工作状态的选择和织针的排列形成相应的花式效应。

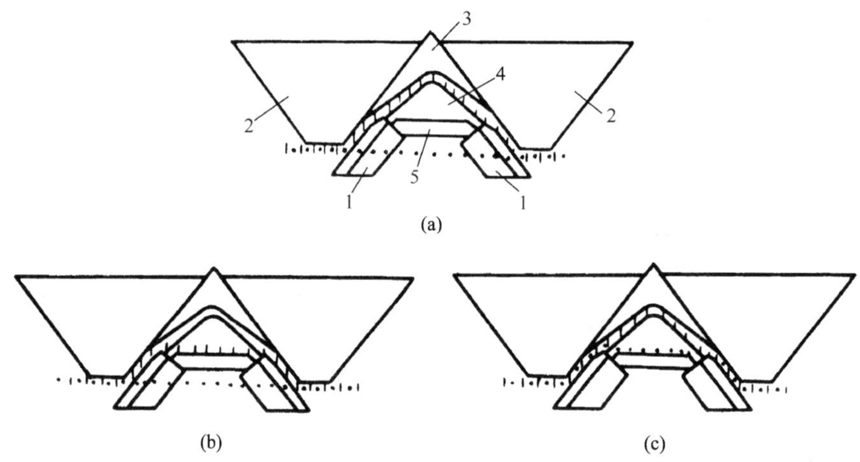

图6-22 Z652型横机三角的三种走针运动

如果将挺针三角4再分成上挺针三角和下挺针三角两块活动可调三角,与横档三角5共同构成三级选针三角(形成三级花式横机),再配上长踵长舌针,使用三种舌针,就可以编织更多的花式组织。

任务四 羊毛衫衣片的编织

一、羊毛衫衣片成形的基本动作

编织羊毛衫衣片需要四个基本成形动作:起口、翻针、放针及收针。有时为了增加花色效应,需要调换梭子上的纱线,一块衣片编织完成还要将其从针上脱下,即落片等。因此,横机上除了完成一些最基本的成圈运动外,还必须随着编织的进行,按程序控制一些机构完成上述一些必要的动作。

现将编织工艺中主要的四个动作——起口、翻针、放针、拷针和收针介绍如下。

1. 起口 横机在每织完一块衣片后,织针必须全部回到不工作位置上,重新从空针开始编织下一衣片。从空针上开始编织的起始横列称为起口。不论所编织的组织如何,在双针床横机上,起口总是采用1+1罗纹组织,因为1+1罗纹组织顺编织方向不脱散,可以形成优良的不脱散光边,而且此种组织具有弹性和延伸性好,幅宽较狭等特点,适合于作为下摆和袖口、领口等。毛纱直接起口过程如图6-23所示。编织开始时,前、后针床的织针按1隔1方式进入工作位置,导纱器喂入毛纱1,纱线呈悬弧状处于舌针上,然后将带有眼子针的穿线板2升起,使眼子针从两线弧间穿过,再将钢丝3穿过各眼子针的孔眼,这样穿线板就借助于钢丝3而压住起口横列。此后即以此悬弧作为旧线圈而开始编织罗纹。

2. 翻针　在双针床横机上编织1+1罗纹下摆和袖口时，前、后针床都是1隔1出针参加编织的，如果大身或袖片的组织是单面组织，只需要一个针床的织针参加编织。因此，要将前针床的线圈转移到后针床1隔1的空针上，这样可使各部段的工作针数不变。将前针床织针上的线圈转移到与之相对应的后针床的空针上去，这个动作称为翻针。家用横机上翻针一般是借助工具手动完成的，工业横机上则是由带扩圈片的舌针来完成。

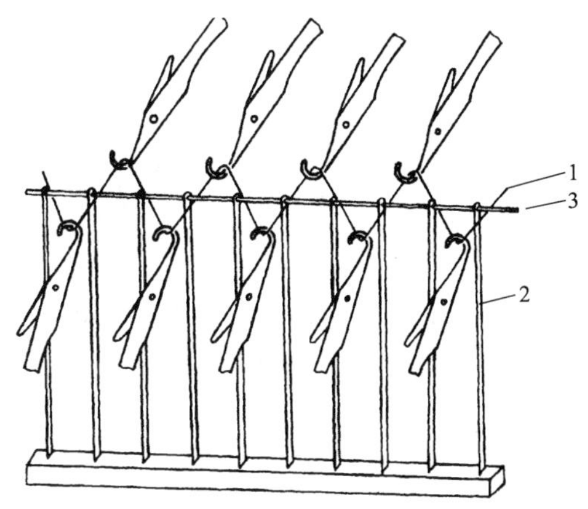

图6-23　毛纱直接起口过程

3. 放针　放针是通过各种方式增加参加工作的针数以增宽衣片幅宽。其中明放针和暗放针都是使没有线圈的空针进入工作，而持圈式放针是使先前暂时退出工作但针钩里仍握持有线圈的织针重新工作。图6-24为放针的两种主要方式，它们是将衣片两边的空针推入工作位置。图6-24(a)明放针是将上一横列的边缘线圈2先套到新加入工作的针1上作为旧线圈，再参加编织；图6-24(b)暗放针是使针1进入工作后，将织物边缘的若干线圈依次外移，织物内的针3成为空针，使边缘空针1在编织之前就含有线圈2，形成光滑的织边。在下一横列成圈时空针3重新参加编织。

[动画]放针

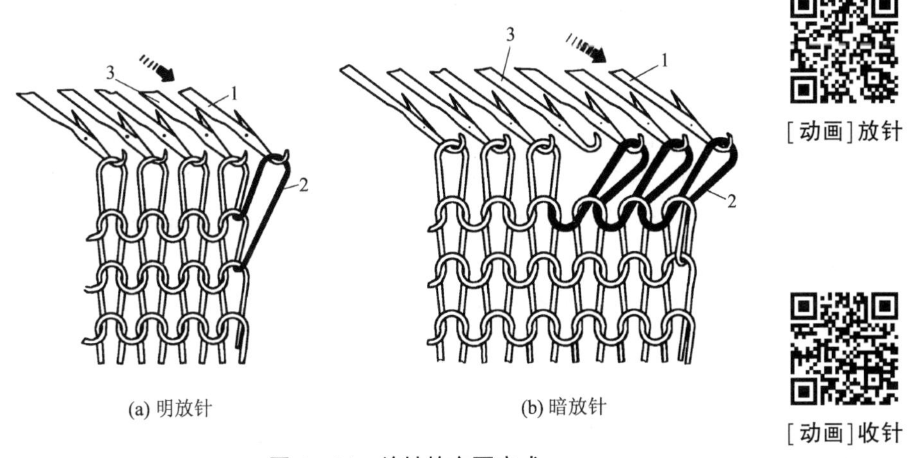

(a) 明放针　　(b) 暗放针

图6-24　放针的主要方式

[动画]收针

4. 拷针和收针　拷针和收针的目的都是减少衣片的编织针数，使衣片的幅宽逐渐减小，以适应衣片成形的需要，如开领、收衣片的挂肩、收袖子的山头部分等。图6-25所示为收针的组织结构。收针必须将脱下的线圈如图6-25中的虚线线圈1、2所示，移至相邻的针上，如图6-25中斜线圈1′、2′所示。

拷针是直接将线圈从需要退出工作的织针上脱下，然后将这些织针移至不工作位置，拷针使衣片需要缩小的部位成台阶状，通过少许裁剪即可获得需要的形状。图6-26所示为拷针的袖片山头形状。拷针动作简单，但拷针时脱下的线圈容易脱散。

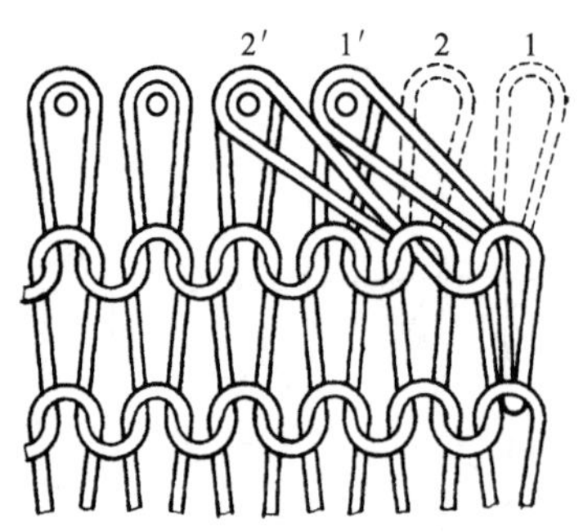

图6-25 收针的组织结构图

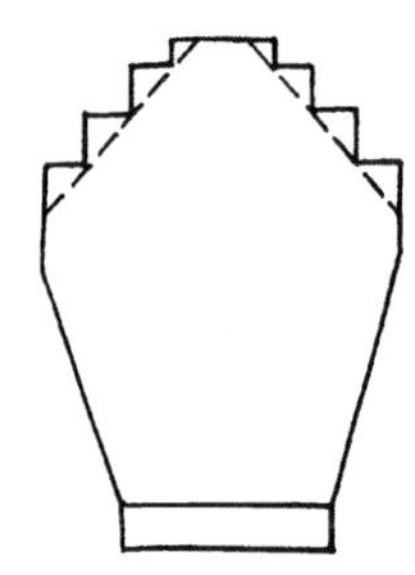

图6-26 拷针的袖片山头形状

二、羊毛衫衣片的编织与缝合

(一)羊毛衫衣片的编织

羊毛衫的编织类型可以分为全成形计件、拷针裁剪和裁剪三个大类。全成形计件编织是采用收、放针工艺来达到各部位所需要衣片、附件的形状和尺寸，多用来编织以动物纤维为原料的高档产品；拷针裁剪编织是除放针外，在挂肩和袖山处采用台阶式拷针工艺，然后局部裁剪来获得各部位所需要的形状和尺寸，裁剪损耗甚少，而产量可以提高，这种方法多用来编织以全毛为原料的细针距织物、提花组织织物等中、高档产品和纯化纤产品；裁剪编织类是指编织成坯布后，完全通过裁剪形式来获得所需要衣片、附件的形状和尺寸，这种方法裁剪损耗很大，只有在横机编织工艺中的直纹横做(无法在横机上直接编织成形)品种、拼花品种和低档原料品种中应用。

下面简单介绍羊毛衫衣片的全成形编织方法。

在横机上编织图6-1(a)所示的V形领男套衫时，按图6-1(b)所示分解后的衣片形状进行编织。羊毛衫衣片的大身和袖子多采用平针组织；下摆和袖口为了增加其横向弹性、延伸性，常采用1+1罗纹(单罗纹)组织；领片常采用满针罗纹，因为排针更紧密，织物较厚实挺括，横向延伸性较小。

首先按衣服的大小标出各部位的规格尺寸，并提出工艺要求。表6-1和表6-2为在9针/25.4mm的横机上编织90cm V形领男套衫产品时的规格尺寸和工艺要求。

表6-1 90cm V形领男套衫产品各部位的规格尺寸

编号	1	2	3	4	5	6	7	8	9	10
部位	胸宽	身长	袖长	挂肩	肩阔	下摆罗纹	袖口罗纹	后领阔	领深	领罗纹
尺寸(cm)	45	62	54	21.5	39	5	4	9	22	2.5

表6-2 90cm V形领男套衫产品的工艺要求

<table>
<tr><th rowspan="3">规格(cm)</th><th rowspan="3">机号(针/25.4mm)</th><th colspan="3">坯布组织</th><th colspan="4">成品密度(线圈数/10cm)</th></tr>
<tr><th rowspan="2">前后身、袖子</th><th rowspan="2">下摆、袖口</th><th rowspan="2">领</th><th colspan="2">横密</th><th colspan="2">纵密</th></tr>
<tr><th>身</th><th>袖</th><th>身</th><th>袖</th></tr>
<tr><td>90</td><td>9</td><td>纬平针</td><td>1+1罗纹</td><td>满针罗纹</td><td>45</td><td>46</td><td>72</td><td>68</td></tr>
</table>

然后根据标注的规格尺寸，对衣片各部位进行编织工艺计算，即按选定的组织结构先各织一小块样布，测出其横密、纵密，再算出衣片各部段所需针数及编织横列数。编织纬平针、罗纹组织时，横机往复编织一次称为 1 转，织 2 横列。罗纹排针时通常使用"条"，如 1+1 罗纹组织，1 条指 1 正 1 反（针或线圈纵行）。排针工艺中，指 2 针槽为 1 组，排 1 针、抽 1 针。

最后按计算出的衣片各部段针数、横列数画出编织工艺操作图，图 6-27 所示即为上述 V 形领男套衫编织工艺操作图。

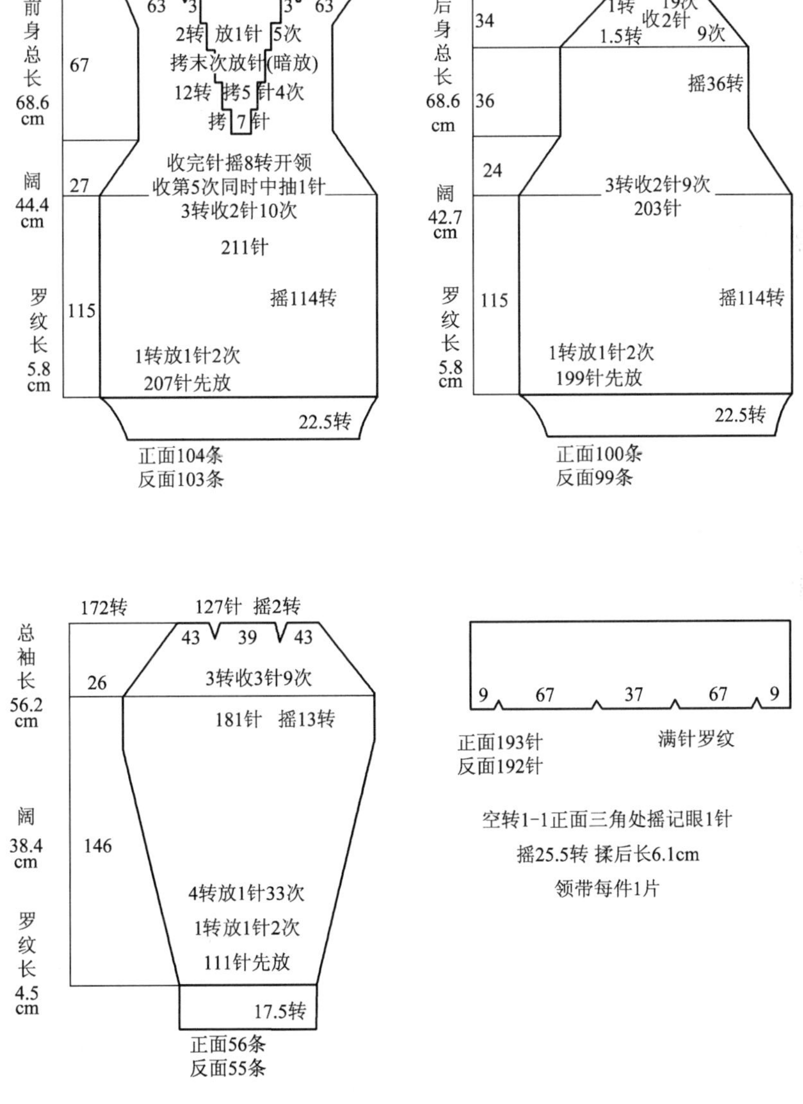

图 6-27　90cm V 形领男套衫编织工艺操作图

画出编织工艺操作图后即可上机编织。例如前衣片的编织，以不脱散的光边开始起头，按计算的针数（207 针，其中前针床 104 针，后针床 103 针）编织下摆罗纹，织到一定横列数

(45横列,即22.5转)后,翻针织大身。大身的纬平针组织比同样针数的下摆罗纹宽,但为了使衣片形态更好,通常还要适当增加大身的编织针数,故织平针时两边应先逐排放若干针(2针)。平针编织到一定横列数(230横列,114+1转)后开始收挂肩(每织6横列两边各收2针,共收10次),同时在一定尺寸高度上开始收领,用拷针法形成图示的V形领口。挂肩织到一定长度后开始放针(每4横列即2转放1针,两边各放5次),最后在肩头上两边各剩67针。在第63针处挑并1针,形成V形记号眼,作为上领圈的记号,然后再织6个横列(握持废纱)落片。

后片及袖片的编织方法与前片相似。

(二)羊毛衫衣片的缝合

羊毛衫衣片需经缝合来连接前、后身及领和袖;有的产品要上丝带、门襟、拉链和纽扣等附件。产品款式不同,缝合工艺也有所不同,但大致都包括以下内容。

(1)合肩、绱袖。

(2)前、后身合缝,合袖缝。

(3)绱领。

(4)缝门襟(包括丝襟)。

(5)缝袋带和袋底。

此外,根据产品的不同,还应进行划眼、打眼、锁眼、钉纽扣或上拉链、钉商标、除杂等工序。然后再进行整烫定形、成品检验、折叠、包装、入库。

缝合成衣是羊毛衫生产的最后一道工序,与产品的款式和风格、特色、质量高低等有着密切的关系,必须给予高度重视,以保证款式的特点和品质要求。

任务五　电脑横机及其最新技术进展

新型电脑横机是电子技术成功应用于针织机并使其实现机电一体化的典范。电子技术在横机上的应用开始于20世纪70年代,进入80年代后,这项技术日趋成熟,应用更为广泛,目前电子提花横机已占有主导地位。电脑横机所有与编织有关的动作(如机头的往复运转与变速、变动程、选针、三角变换、密度调节、导纱器变换、针床横移、牵拉速度调整等)都由预先编制的程序,通过电脑控制器向各执行元件(伺服电动机、步进电动机、电子选针器、电磁铁等)发出动作信号,驱动有关机构与机件来实现。它们外形精美,性能优良,产品款式和花型设计范围宽广,花型变换方便,自动化程度极高,产品质量易于控制,可编织产品具有多样性,因此受到国内外厂家的青睐。近年来我国引进了不少电脑横机,如德国斯托尔(Stoll)公司的CNCA系列和CMS系列,德国环球(Universal)公司的MC系列,日本岛精(Shima Seiki)公司的SEC系列,瑞士杜比德(Dubied)公司的JET系列以及意大利雷马其(Rimach)公司的J系列电脑横机等,大大提高了我国羊毛衫生产行业的水平和羊毛衫产品的档次。图6-28为电脑横机,图6-29为电脑横机生产的羊毛衫图例。下面就电脑横机的特点和主要机构做一些简单介绍。

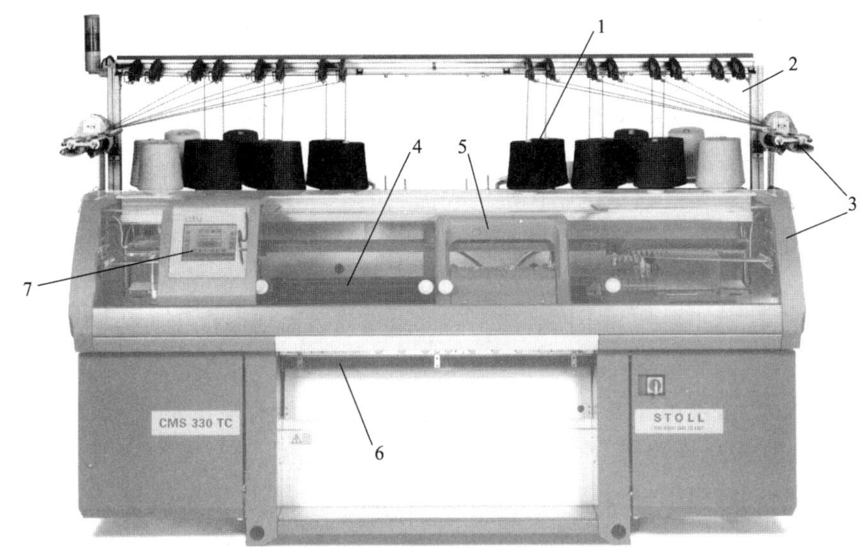

图 6－28　电脑横机

1—纱筒　2—纱筒架　3—给纱装置　4—针床　5—机头　6—牵拉机构　7—电脑操作面板

图 6－29　电脑横机生产的羊毛衫图例

一、电脑横机的特点及主要机构

(一)电脑横机的特点

与普通机械式横机相比,电脑横机具有以下特点。

1. 电子单针选针和三针道技术相结合 电脑横机采用了具有单针选针功能的电磁选针装置。单针选针与三角变换、三针道技术、针床横移、导纱器变换等功能相结合，能编织出多种时新而又独特的织物和范围不受限制的花纹与图案。

2. 能方便地进行成形编织 关于成形编织技术将结合后面内容进行介绍。

3. 改变品种简便、迅速 这是电脑横机最大优点之一。由于电脑横机配备有相应的花型准备系统，其花型准备工作比传统的用意匠纸手工进行花型设计方便、直观得多，而且上机操作简便，只需把预先准备好的新花型输入电脑横机的程序控制装置，就能达到变换品种的目的，缩短了上机操作的时间，提高了机器的生产效率。因此电脑横机能适应现代服装款式和花型流行期短、品种需求不断变化的要求。

4. 电脑程序控制，自动化程度高 电脑横机上所有与编织有关的动作，如起口、选针、三角变换、机头往复运动、针床横移、变速、改变编织宽度、变换花型、改变编织密度、变换导纱器、调整送纱张力、分离横列的编织、检测自停、衣片下机（落片）等都由电脑通过预先编制的程序向执行元件（伺服电动机、步进电动机、电子选针器、电磁铁等）发出动作信号，驱动有关机构与机件而实现。因此电脑横机翻改品种的速度快，操作的自动化程度高。

5. 采用多成圈系统，机器的产量高 电脑横机一般都有多个成圈系统，最多的可达 8 个系统，有的还采用双机头。两个机头可分开或合起来使用，在编织尺寸较小的衣片时，两个机头可单独各编织一个衣片；编织尺寸较大的衣片时，两个机头可连在一起，多个成圈系统同时编织一个衣片。多系统的采用大大提高了电脑横机的产量。

6. 采用宽幅针床 一般电脑横机的针床有效长度为 2000mm 以上，最长的可达 2540mm，同一针床上可同时编织四片衣片。这也提高了电脑横机的产量。

7. 步进电动机控制 电脑横机普遍采用步进电动机来准确控制成圈时的弯纱深度、针床移位及导纱器定位块的位置。这使电脑横机编织动作准确，产品质量有保证。

（二）电脑横机的主要机构

在图 6－28 所示电脑横机上，纱筒 1 放在纱筒架 2 上，纱线经过给纱装置 3 输送到编织机构。编织机构包括插有舌针的固定针床 4 和往复运动的机头 5，织出的衣片被牵拉机构 6 向下牵引。7 是电脑操作面板。整台电脑横机还包括选针机构、针床横移机构、传动机构、密度调节装置、检测自停装置、机架、电器控制箱和辅助装置等。

电脑横机的成圈机构与普通机械式横机一样，由舌针、三角、沉降片等相互配合成圈。不同的是在电脑横机上，为了能编织出各种不同的织物组织，其三角轨道除由固定三角组成外，还装有部分活络三角，这些活络三角能相对三角底板或垂直进出，或平行移动，以实现不同的三角变换要求。三角的进出和移动均由专门的三角变换装置根据电脑发出的信号进行控制。

在电脑横机上，选针机构采用的是电磁式选针装置，它具有单针选针的功能。这种单针选针功能与三角变换、针床横移和导纱器变换等功能相结合，使之比普通横机具有更多的花型变化的可能性。

电脑横机的给纱机构中一般配有 8～16 只导纱器。以适应多编织系统和满足变换纱线的需要。图 6－30 是一个由 8 只导纱器组合的示意图。一般电脑横机配置 4 根与针床长度相适应的导轨（图 6－30 中 A、B、C、D），每根导轨有两条走梭轨道，共有 8 条走梭轨道。根据编织需要，每条走梭轨道可安装一把或几把导纱器（俗称“梭子”），每只导纱器均能被任一编织系统使用，横机电脑发出指令，控制导纱器调梭装置正确选择所需的导纱器。导纱器调梭装置安装在三角座上,随三角座左、右往复运动,并通过其上的导纱器传动杆上、下带动导纱器,以实现不同的换梭要求。

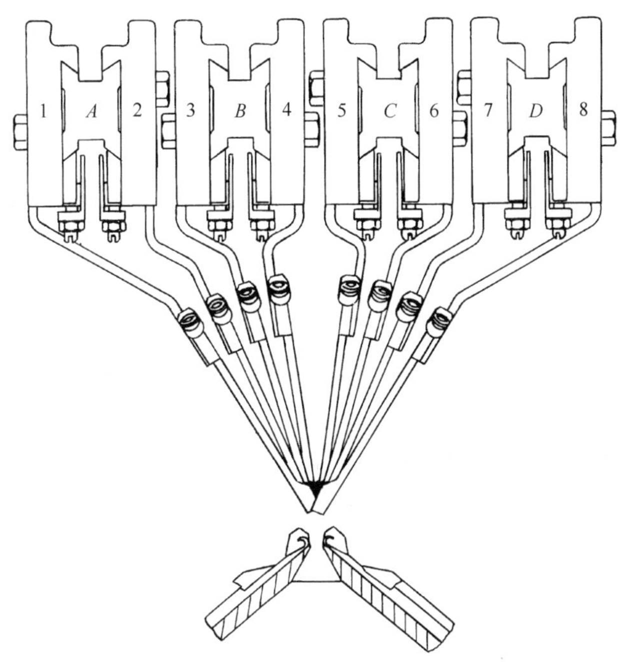

图 6-30　导纱器组合的示意图

与普通机械横机用手工操作移圈和针床横移不同,电脑横机采用自动针床横移机构,一般采用步进电动机直接控制针床的横移机构,使机器能根据电脑发出的指令自动控制针床的横向移位。有的机器其前、后针床都可以移动;有的则固定一个针床,另一个针床可以进行整针距横移、半针距横移和移圈横移。通过整针距横移可以改变前后针床针与针之间的对应关系;半针距横移用以改变两个针床针槽之间的对位关系,可以由针槽相对变为针槽相错,反之亦然;移圈横移使前后针床的针槽位置相错约四分之一针距,这时既可以进行前后针床织针之间的线圈转移,也可以使前后针床的织针同时进行编织。一般横移的针床多为后针床,且是在机头换向静止时进行针床横移操作,有的横机在机头运行时也可以进行横移。针床横移的最大距离一般为 50.8mm(2 英寸),最大的可达 101.6mm(4 英寸)。

二、电脑横机的最新技术进展

(一)电子选针技术

选针技术是横机实现花色品种变换的重要条件。近年来,电脑横机的选针技术有了很大的发展,主要表现在能进行单针选针,使花型范围不受限制,而且选针频率高,特别适合于机速较高的机器。例如德国斯托尔(STOLL)公司的 CMS 系列电脑横机,其单针选针与三角变换、三针道技术、针床横移、导纱器变换等功能相结合,使得电脑横机功能强大,能够编织出各种时新而又独特的花纹。

"三功位针织技术"(也称为"三针道针织技术")制约了针织工业的发展。通过 20 多年的潜心研究，西安工程大学孟家光教授带领项目组成功开发出了国际首创的“五功位针织技术”（也称为“五针道针织技术”）和“五功位电脑全自动横机产品”。其对应的每枚织针在每一编织系统处能任意实现“长线圈成圈”“短线圈成圈”“长线圈集圈”“短线圈集圈”“不编织（浮线）”等五种编织方式。该技术与目前在国际上应用了400多年的“三功位针织技术”相比，极大地提高了针织物组织结构的织造数量，当针织物所用织针数为20针时，前者是后者所织造针织物组织结构数的27351倍。

（二）成形编织技术

成形编织技术是电脑横机最富吸引力的一大技术特点。由于电脑横机上一般都采用了特殊的牵拉技术（如压脚技术和脱圈沉降片技术），使得电脑横机上不仅能够进行一般单块衣片的成形编织，如开领、收袖山、收肩、挖袋、双层口袋、开扣眼、织暗门襟、织各种镶饰等，而且还能进行全成形编织，即在同一台机器上编织出各种不同衣片（前身、后身、袖子、衣领等）连成一体的整件衣服，下机后完全不用裁剪、拼合、缝制，已经是一件完整的服装，大大节省了原料和裁剪缝纫工时。同一件产品上还可使用不同粗细的纱线，织出多种密度的部段，以增加服装花色的对比反差效果。电脑横机不仅能生产普通横机的产品，如羊毛衫、裤、裙、围巾、帽子、手套等，还可以编织立体花纹、立体成形产品、产业用特殊织物产品等。图6－31所示为电脑横机上编织的几种工程结构三维立体织物。

图6－31（a）是一种牵拉帐篷（如张力式帐篷、体育馆顶盖等）工程结构织物的示意图。

图6－31（b）所示为工程结构织物加固弯管，使之既有柔性又有强度，并防止弯管疲劳和开裂。

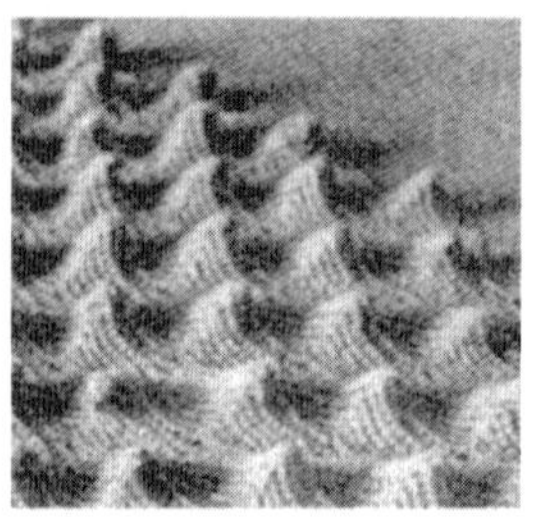

(a)牵拉帐篷工程结构织物

(b)工程结构织物加固弯管

(c)圆锥体织物

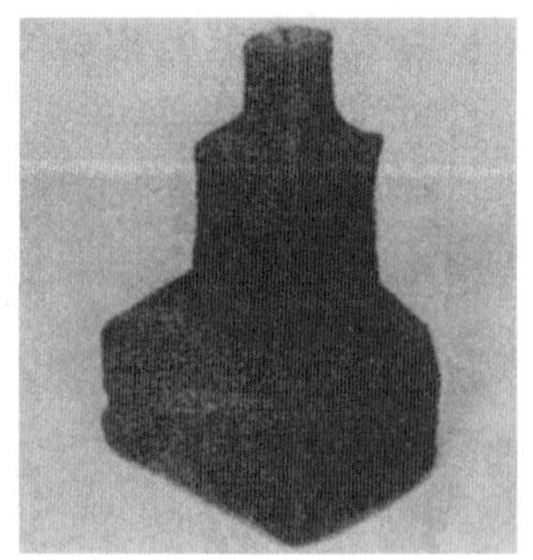

(d)三维工程用织物

图6－31　电脑横机编织的立体织物

图 6 - 31(c)的圆锥体织物和图 6 - 31(d)的三维工程用织物的结构也显示了电脑横机的成形能力。

下面以图 6 - 32 所示电脑横机编织的全成形罗纹口插肩长袖套衫为例,说明在电脑横机上整件衣服的编织过程。该产品领口、袖口、下摆均采用 1 + 1 罗纹组织,其余部分采用平针组织。

图 6 - 32 全成形罗纹口插肩长袖套衫

该服装的编织顺序如图 6 - 33 所示:首先在针床上采用三把导纱器,同时开始分别编织大身的下摆罗纹和两只袖子的袖口罗纹,如图 6 - 33(a)所示;然后分别编织大身和两只袖子至挂肩处;再将大身和袖子合并到一起,采用一把导纱器,同时编织身、袖、挂肩至领口,如图 6 - 33(b)所示;最后编织领口,如图 6 - 33(c)所示。

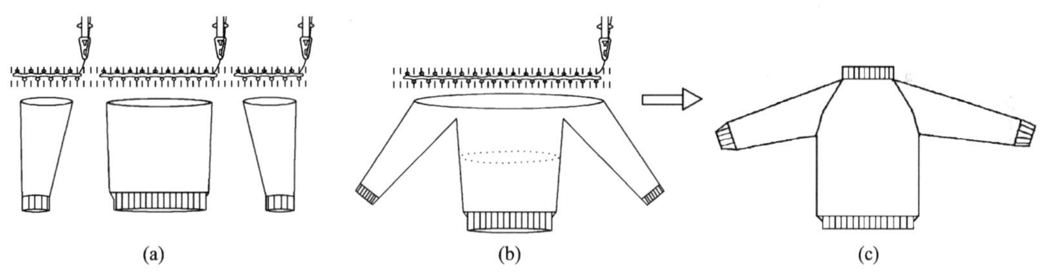

图 6 - 33 整体服装编织顺序图

编织大身下摆罗纹和两只袖口罗纹时,针床相对配置,两个针床织针分别交错 1 隔 1 抽针,如图 6 - 34(a)所示。编织 1 + 1 罗纹时,将两针床上的织针分成两组,利用一组相邻织针编织一横列的 1 + 1 罗纹横列,如图 6 - 34(b)所示,然后将其前针床织针上的线圈转移到后针床相对的不成圈的织针上,形成筒状罗纹的一面;同样再利用另一组相邻织针编织一横列 1 + 1 罗纹横列,如图 6 - 34(c)所示,将其后针床织针上的线圈转移到前针床相对的不成圈的织针上,以形成筒

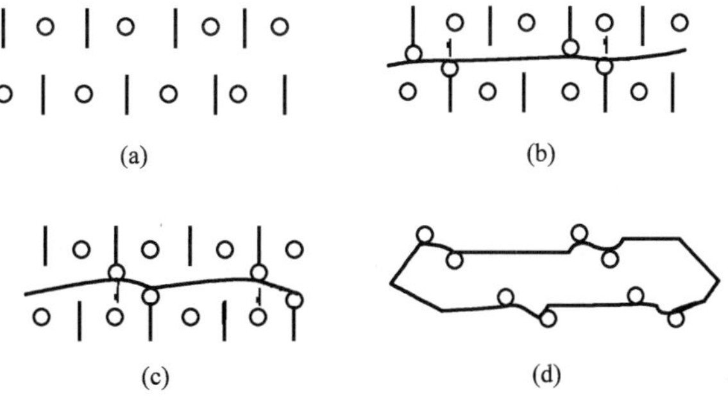

图 6 - 34 圆筒形罗纹组织的编织

状罗纹的另一面，这样就形成图 6 －34(d) 所示圆筒形 1 +1 罗纹的一个横列。如此循环，直至编织到所需的罗纹长度。

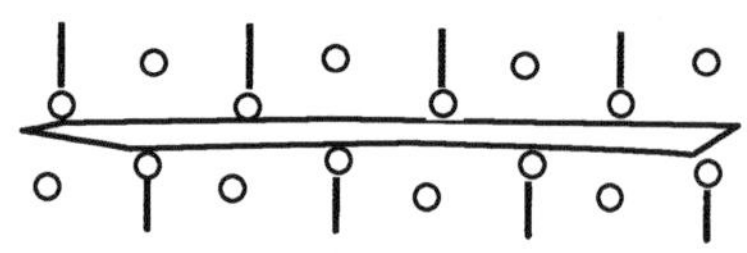

图 6 －35　圆筒形平针组织的编织

完成大身下摆罗纹和袖口罗纹编织后，即进行大身和袖子平针组织的编织，如图 6 －35 所示。袖子编织时，需随袖长的增加逐渐放针以达到工艺要求。当大身和袖子都往复编织到挂肩处时，将后针床线圈转移到前针床上，通过横移后针床，消除左右袖子与大身衣片之间的空针位置，然后再将被转移的线圈移回，在大身、袖子交汇处绞一针，改用一把导纱器，准备挂肩部分的编织。

服装的挂肩处，袖子和大身都需要进行收针编织，每次收针根据工艺要求可以收一针、两针或多针，袖子和大身不能在同一横列收针。往复至领口，最后是领口罗纹的编织，其编织方法与大身、袖口罗纹的编织方法类似。

(三)多针床技术

普通横机有两个针床呈倒 V 字形排列。而一些新型的电脑横机除了具有传统的横机针床以外，还多出了 1 ~2 个针床，如意大利普罗狄(Protti)公司生产的 PV93FX 型横机上有一个辅助针床，而德国斯托尔公司、日本岛精公司等的横机上可具有两个辅助针床。辅助针床一般位于普通横机针床的上方，呈水平状，两个辅助针床可以左右移动，如图 6 －36(a) 所示，它是在两个编织针床的上方，又增加了两个辅助针床，但这两个针床只是移圈针床，其上安装的是移圈片 3、4，而不是织针。辅助针床可以和主针床的织针 1、2 进行移圈操作，即在需要时从织针上接受线圈或将所握持的线圈返回织针，但不能进行编织，主要用于翻针、移圈。也有一种四个针床都安装织针的真正四针床横机，如图 6 －36(b) 所示，它可以进行特殊产品的编织。

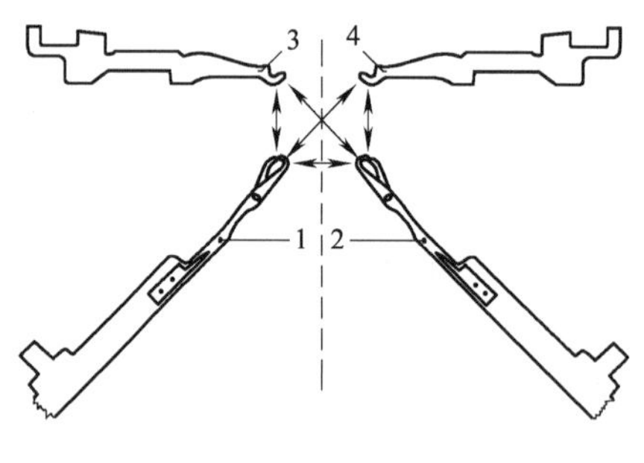

(a) 带有两个移圈针床的四针床横机

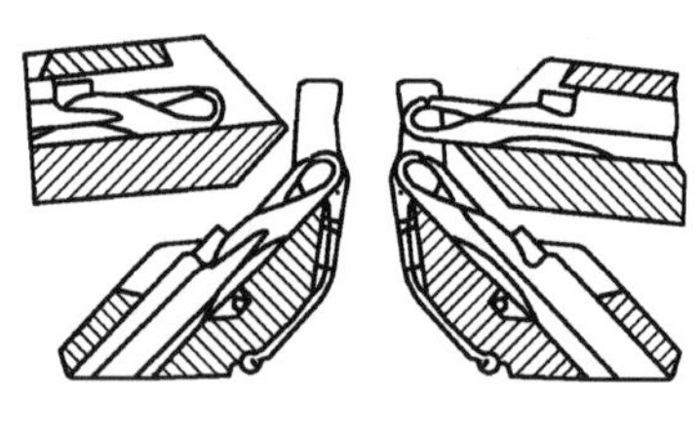

(b) 带有四个编织针床的横机

图 6 －36　多针床横机针床示意图

多针床技术有以下特点。

1. 扩大了编织花型的能力　大大丰富了织物的品种。该类横机除了能编织复杂的花色组织，如绞花、挑花、双面不同颜色、双层织物等外，辅助针床可以横移并和主针床上的织针配合进行移圈，即在需要时从织针上接受线圈或将所握持的线圈返回织针，从而完成双面织物衣片的收放针，可进行全成形衣片、整体服装的编织。

2. 提高了效率　采用辅助针床的横机减少了翻针、移圈等的跑空车，从而提高了效率。此外，斯托尔公司研制出了辅助针床从中部起剖分成左右两块的四针床电脑横机，位于辅助针床剖分点的中央翻针装置可以使双面织物衣片的收放针在两个相反方向同时进行（如 V 形领、挂肩等部位），避免了机头在收、放针时的运动空程，与未剖分四针床电脑横机相比，它可以节省 25% 左右的收、放针时间。

（四）多针距技术

多针距技术是指在不换针和针床的前提下，同一衣片织物上的同一纵行或相邻区域产生不同的针距效果，例如将细密的提花组织/花型结构或花型技术与同一横机中粗机号提花组织/织物结构实现组合。

图 6－37 为用多针距技术采用不同粗细的纱线编织的衣片实物图。

图 6－37　用多针距技术采用不同粗细的纱线编织的衣片实物图

在具有这种技术的电脑横机上，除了采用密度调节配合外，还需采用特殊的织针，例如采用弹簧舌针，并配以不同规格的针钩、针舌等，以允许采用不同粗细的纱线进行编织。这样在低密度编织区域，编织是在一隔一的织针上进行的，可用粗的或多股的纱线；在细密针织区域，每枚织针都参加编织，采用较细纱线。利用不同的线圈长度，使在细纱区编织的线圈数是粗纱区编织的线圈数的两倍。多针距技术还可进一步扩展，可用更粗的纱线在每隔 2 枚或每隔 4 枚织针进行编织，使同一衣片上纱线粗细的变化更明显。

多针距技术的优点如下。

（1）可大大增加产品的花色，使各种新的花型和织物外观的设计成为可能。例如使产品呈现出立体浮雕般的感觉，解决了在同一衣片上粗细纱线共同混合使用的问题。

（2）使生产更加灵活，降低生产成本。可以在同一台机器上不需转换而实现更大范围的各种编织。例如，可以在同一台横机上用较粗纱线编织的织物上直接用较细的纱线编织细密的纽扣孔，同样的应用也可以实现在口袋、衣领、V 形领边等附件的编织上。

（五）高机号

高弹的轻、薄、柔针织面料是针织产品未来的一个发展方向，需要高机号针织机生产。日本岛精公司的 SWGFIRST154 型电脑横机首次把电脑横机的机号提高到了 21 针/25.4mm，实现了细针距机器的一大突破。该机是一台 3 针床的机器，有两个编织针床加一个翻针针床，4 系统（两个编织、两个翻针系统、持纱三角），电磁铁直接选针，采用滑针式全成形针，两段密度，带有纱环压脚，i－DSCS 智能型数控纱环系统和 DSCS 数控纱环系统，具有全成衣编织功能。细针距电脑横机为实现编织超细的针织物提供了强有力的支持，开拓打造新针织产品的新领域。

（六）低机号

不均匀、不细腻、不平整的织物被视为粗犷类织物。粗犷类织物以其独特的风格迎合了人们返璞归真的需要，深受人们的喜爱。德国斯托尔公司的 CMS 520 C＋极粗针距横机机号从 1.5针/25.4mm 至 5 针/25.4mm，可以实现纯手工的外观效果。如用机号为 1.5 针/25.4mm 可编织过去用手工才能完成的极粗纱线，具有手工效果的服装。该机可以用 1429tex 以上（0.7 公支以下)的纱线进行上机编织,使用特殊的织针可编织粗大线圈和编织多根纱线,以编织出粗犷类针织物。也可用结子纱、亮片纱等花式纱;该机可以编织多种花型,可以进行提花、嵌花和成形编织,其产品可应用在服装上,还可延伸到配饰及室内装饰领域。

(七)衬纬技术

纬编针织物具有良好的弹性和延伸性,但是易脱散、尺寸稳定性差,织物不够挺括。为提高纬编针织物尺寸稳定性,可在编织中喂入不参加成圈的衬纬纱。日本岛精公司的SRY123-LP型电脑横机,该机为单机头3系统,除了其他机型所具有的特点以外,该机主要是配备了特殊的纱环压脚装置。该装置与传统压脚不同,它是配置在一个专门的V型床上,类似于沉降片,可单针压纱,该公司用这种技术在14针/25.4mm的机器上编织出长浮线和粗厚的衬纬织物,以减少织物的延伸性,提高织物的尺寸稳定性,制作仿梭织外衣产品和装饰织物。德国斯托尔公司的CMS330HPW型和ADF530-BW型两款机器上装有类似压脚的仿梭织装置,可实现无牵拉编织,用来编织衬纬纱线。

(八)针织成形鞋面编织技术

耐克公司于2012年2月推出的Nike Flyknit跑鞋系列,该系列跑鞋的鞋面采用德国斯托尔电脑横机编织而成,从此针织成形鞋面成为热点。针织成形鞋面采用针织技术一次编织成形,无接缝。更重要的是,针织成形鞋面在编织设计中可以极其精确地控制局部松紧度、款式、花型,以更加符合人体工学原理。针织成形鞋面编织技术发展快速,通过换纱、移圈等方式,可以直接编织出具有不同组织和颜色效应区的鞋面,实现一次成形。

图6-38 针织成形鞋面

经过国内外电脑横机生产厂家的深入研究,众多电脑横机制造公司研发出专用的电脑鞋面机,用于编织针织成形鞋面。根据鞋面材料的编织特点,电脑鞋面机主要在织物的紧密编织、三维成形织物的牵拉、产品尺寸的控制以及编织效率的提高等方面进行了创新,图6-38为一针织成形鞋面产品。电脑鞋面机一般是14针/25.4mm的机器,采用12针的大针钩,以满足更粗纱线和鞋面材料对紧密度的要求,机器宽度为66~203cm,既可编织单幅鞋面,又可同时编织2~3幅鞋面,所编织的鞋面材料包括平面裁剪产品、平面成形产品和立体成形产品。

(九)自跑式导纱器

自跑式导纱器(纱嘴)使导纱器独立于机头运动,导纱器由计算机控制系统独立控制进入编织区域,完成准确定位和同步喂纱。导纱器无须机头带动,摆脱了机头束缚,导纱器上下左右运动都由步进电动机程序控制,让导纱器更精确地停留在指定位置,并恰到好处地配合机头的出针和收针。自跑式导纱器减少机头移动次数和移动行程,缩短编织时间,提高了编织效率,还可实现特定的花型编织。

思考与练习题

1. 简述羊毛衫的分类方法。

2. 简述羊毛衫常用织物组织。
3. 满针罗纹和单针罗纹组织各有什么特点？在横机上如何编织？
4. 波纹组织和嵌花织物的结构各有何特点？各如何编织？
5. 简述横机的分类方法。
6. 与圆机相比横机具有哪些主要特点？
7. 普通横机编织部分有哪些主要机构？各自起什么作用？
8. 如何在横机的空针上进行起口？
9. 放针和收针各有哪些方法？对应的织物结构有何特点？
10. 平面成形衣片的工艺设计有哪些内容？
11. 与普通机械式横机相比电脑横机具有哪些特点？
12. 电脑横机有哪些最新技术进展？
13. 如何编织整件全成形羊毛衫？

思政园地

慈星"智能裁缝"：一线"织"就无缝未来，
智造赋能美好生活

项目七　针织物染整

[课件]项目七

知识点

1. 针织物染整的目的。
2. 棉、麻、真丝、黏胶纤维、涤纶、锦纶等针织物的染整工艺流程和各工序加工的目的。
3. 以生态和环保为目的的印染新技术。
4. 天然纤维的新型后整理。
5. 合成纤维的改性后整理。

从针织机上落下的坯布，一般不是最终产品，常常还需要进行染色、印花、后整理。针织物染整是针织物织造、染整、缝纫三大生产工序之一，它对改变针织物外观，改善其使用性能，提高产品质量，增加花色品种等起着十分重要的作用。

任务一　针织物染整的目的

针织物染整是指对针织坯布或针织品进行染色、印花和后整理的加工过程。随着人民生活水平的提高，人们对纺织品提出了更高的要求，不仅希望花色品种丰富多彩，穿着舒适卫生，而且希望织物具有更多功能和不同的风格。如人们普遍希望织物外观悦目，图案新颖，水洗、日晒不褪色，并且内在质量好，耐穿、耐用，舒适卫生安全；棉、麻、丝、毛等天然纤维织物的尺寸稳定，不皱不缩，不霉不蛀，易洗快干，免烫；涤纶、腈纶、锦纶等化学纤维织物的手感、光泽更好，具有良好的吸湿透气性和防静电性；夏季织物更加透气凉爽，冬季织物轻薄保暖。针织物染整的目的，就是使织物能更好地满足以上要求。

一块平淡缟素的白针织坯布经过染色印花，会变得五彩缤纷；一块形如麻袋的针织呢坯经过整理后能变得平整、柔软、蓬松，富有光泽和弹性；普通针织织物经过后处理能被赋予各种特殊功能。

通过印染加工后整理，针织物会具有外观上的新感觉，使用上的新功能。针织服装和面料的新品种很大程度上是通过染整加工而获得的，印染加工后整理赋予针织物的是花色、质量、功能和附加价值。

针织物染整加工主要围绕三个方面的效果和目的进行。

一、改变针织物的外观

1. 稳定尺寸、降低缩率　如烘干、拉幅、热定形、棉针织物的预缩整理、毛针织物的煮呢、蒸呢等。

2. 光泽效应　如丝光、烧毛、轧光、光电整理、光泽印花、闪光印花、钻石印花、夜光印花、局部擦光整理、局部植绒和消光整理等。

3. 色彩效应　各种染色、印花、增白、变色整理。

4. 外观整理　如轧花、拷花、烂花、起绉印花、发泡印花，磨毛和起绒印花、永久性压烫整理等。

二、改善针织物的使用性能

1. 舒适性功能整理　如柔软整理改善手感；减重整理使涤纶织物更具丝绸感；增重整理使丝织物风格改变，悬垂性更好；石磨水洗和砂洗使牛仔布手感柔软，尺寸稳定；起绒、拉毛、涂层等整理手段增加织物保暖防寒能力；某些化学整理增加织物吸湿透气性和弹性。

2. 卫生功能整理　如防菌、抗菌、防臭、防霉、香味、药物整理等。

3. 防护性功能整理　如防水、拒水、防污、防霉、防风、防蛀、阻燃、耐高温、防熔、防静电、防化学辐射、防电磁波等。

4. 特殊功能整理　如医疗、军事、国防、航天、运输等产业用织物的特殊功能整理。

三、使针织物具备某些风格特性

经过防皱整理、防缩整理、柔软整理、硬挺整理、起绒整理、耐久定形整理、绉效应整理及仿棉、仿麻、仿毛、仿真丝、仿皮等各种仿生整理，可使织物具备某些风格特征。

总之，印染整理加工技术不仅可以使织物面貌改观，呈现出五彩缤纷、千姿百态的外观，更重要的是赋予织物各种优良的服用性能和特殊功能。当前，人们就是利用各种各样的印染加工技术生产出许许多多奇妙的织物和服装，如全天候旅游服、保健卫生衫、舒适空调衣、太阳能防寒服、安全防毒服、大运动量运动服、抗燃耐磨赛车服、冬暖夏凉窗帘布、长效避蚊织物、防火毛织物、防癣袜、变色衣、夜光服等。许多新颖功能的服装一经上市，便名噪一时。可见，在现代新产品的开发中，先进的印染整理加工技术是至关重要的。

任务二　针织物染整工艺流程

根据纤维原料的不同，针织物可分为天然纤维针织物、化学纤维针织物和混纺针织物等几大类。以坯布而论，常见的棉坯布有汗布、棉毛布、罗纹布、绒布等，常见的化纤坯布有黏胶纤维布、涤纶布、腈纶布、锦纶布及涤纶、腈纶、锦纶、氨纶等与棉、黏胶纤维混纺或交织的织物；除坯布外，还有成形产品如袜子、手套、羊毛衫等的印染后整理。由于纤维性质不同，产品要求的品质特征不同，染整要求与工艺流程也各有差异。因此，染整一般分为棉麻织物染整、真丝织物染整、毛织物染整和化纤及其混纺、交织物染整几大类。现以常见的棉汗布、棉毛布、麻针织物、真丝针织物、黏胶纤维针织物及涤纶针织物、锦纶针织物为例，介绍其染整加工工艺流程和各工序的加工目的。

一、棉针织物染整

（一）棉针织物的染整工艺流程

棉汗布和棉毛布都有漂白、染色和印花等不同品种，印花又有衣片印花和布匹印花之分。

一般说来棉针织物的染整工艺流程如下。

1. 棉汗布的染整工艺流程

准备→碱缩→煮练→水洗→氯漂→水洗→
- （氧漂）→染色
- 氧漂→水洗→增白
- 脱水→烘干→（裁片）→印花

→上蜡→脱水→烘干→预缩→轧光

2. 棉毛布的染整工艺流程 棉毛布的漂白品种较少，而染色和印花品种较多。棉毛布的染整工艺流程，除不必碱缩以外，其余与棉汗布相近似。

（二）有关染整工序的加工目的

1. 准备 针织坯布在染色加工之前，应先对织物进行检验和接头，纬编织物多为筒状，还应翻筒，翻筒的目的是将织物正面翻向筒内，以免染整加工时损伤布面。

2. 碱缩 碱缩是使汗布在松弛状态下在浓碱液中浸渍，目的是使棉坯布收缩，增加其密度、强力、弹性和吸湿性。碱缩后的织物上染率和色泽鲜艳度均有所提高，织物外观更漂亮。碱液浓度是影响坯布碱缩效果的主要因素，其浓度应根据坯布最后的密度和平方米克重来定。碱缩后的坯布应用热水和冷水洗去碱液。

3. 煮练 也称精练，是使坯布在稀碱液和少量助剂中加热至100℃以上。煮练的目的是去除棉纤维中的一些杂质，如果胶、棉蜡、棉籽壳等，使棉纤维的吸水性能增加，有利于后面的漂白或染色加工，并且布面更洁净，大大提高产品质量。煮练的温度越高，去杂的效果就越好。织物经煮练后要彻底水洗，然后用稀硫酸溶液（3g/L）中和，再水洗至中性为止。

4. 氯漂 即用次氯酸钠对已经煮练过的织物进行漂白处理。次氯酸钠是含氯漂白剂，可进一步去除织物上的杂质和色素，使织物变白，从而提高织物的白度和渗透性，使之在染色、印花后获得更鲜艳的色泽。

5. 氧漂 即用双氧水对织物进行漂白。与氯漂相比，氧漂的价格较高，对漂白设备的要求也较高，但它对棉纤维的损伤小，白度好，织物不易泛黄，持久性较好。

6. 增白、过蜡 对于要求特白的织物，往往还需利用光的补色原理增加织物的白度。增白方法有上蓝和荧光增白两种。上蓝是在漂白的织物上施以很淡的蓝色染料，借以抵消织物上残存的黄色，但织物会略显灰暗；荧光增白是用荧光增白剂对织物进行处理，这样增白后的织物受紫外线的照射会产生蓝色、紫色荧光，与织物上反射的黄光相补增加织物的白度和亮度，效果优于上蓝。

过蜡是针织物染整中特有的工艺，将石蜡乳化液均匀地浸轧到织物上，可改善织物手感，更重要的是可减小纱线或纤维间的摩擦，从而避免缝纫时出现针洞。

7. 染色、印花 染色和印花是赋予针织品外观特征的重要方法。它是利用染料与纤维间的亲和力，使用一定的助剂在加热或加压的情况下使染料匀透地吸附到纤维中去。不同的纤维原料使用不同的染料和染色工艺。各种纤维常用的一些染料见表7－1。

针织品的染色有几种方法：对坯布进行染色；织造前对针织纱线染色，用染好色的纱线进行色织；纺纱前对纤维原料进行染色，然后将不同色彩的纤维按一定比例混纺，称为色纺。如大量浅色纤维中混入少量深色纤维，则在纱线或织物中呈现不规则的深色雨丝纹。染色方法不同，织物的色彩效果也就不同。

表 7-1　各种纤维常用的一些染料

纤维种类	染料名称
棉、黏胶纤维	直接、活性、硫化、还原、不溶性偶氮染料等
蚕丝、羊毛	酸性、中性、活性染料等
锦纶	酸性、中性、分散、活性染料等
腈纶	阳离子、分散染料等
涤纶	分散染料
维纶	直接、中性、硫化染料等

印花是对针织品的局部染色。常用的有筛网印花和滚筒印花。其染料同染色工艺,但花纹中的每一种颜色都是在印花机上单独分段印染的,需预先按花纹制出分色的印花筛网或印花滚筒,几种不同颜色的花纹最后套叠成完整的花纹图案。

染色、印花后一般要用固色剂对织物作固色处理,使之达到相应的耐水洗、耐日晒牢度和耐摩擦、耐汗渍牢度。

8. 脱水、烘干、轧光　脱水是烘干的辅助工序。针织物脱水多在离心脱水机上进行,一般可脱水 45% ~50% 。烘干在圆网烘干机上进行,它是将织物以平幅状贴附于圆网滚筒表面,热风自滚筒外侧穿过织物吸入滚筒内,如此反复循环,将织物烘干。织物烘干后需轧光,轧光是利用纤维在湿热条件下的可塑性将织物表面轧平,或轧出平行的细密斜纹,以增加织物光泽的整理过程。针织物轧光一般在三辊轧光机上进行,轧光时通入蒸汽加热。筒状织物在轧光的同时,还通过超喂和布撑,使织物预缩,达到规定的幅宽和缩水率,并通过刺辊导正织物的纹路。

二、麻针织物染整

麻类针织物主要包括苎麻和亚麻针织物。麻织物由于凉爽宜人、吸湿透气、天然抑菌、抗辐射、吸汗后不贴身,很适宜作夏季衣料、袜品等,纯麻针织物及麻棉、麻黏等混纺、交织物在国际上深受欢迎。但麻织物具有刺痒感和易皱、易缩、易脆断的缺点,提高麻织物染整加工水平,改善其刺痒感和易皱性,使麻纤维的优良品质能很好体现,是染整工作者急需解决的问题。

(一)麻针织物染整工艺流程

1. 苎麻针织物染整工艺流程　苎麻是麻类中品质最佳的纤维,纯苎麻纺织品及其混纺、交织物是国际上最受欢迎的一种纺织物。我国苎麻产量较大,麻织物出口产品也以含苎麻的麻织物为主。苎麻针织物染整工艺流程如下:

烧毛→煮练→水洗→丝光→{漂白 / 染色 / 印花}→水洗→染色→脱水→后整理

2. 亚麻针织物染整　亚麻纺织工业在我国是一门新兴工业,只有不到 50 年历史,亚麻针织品的开发更晚。改革开放以来,我国亚麻行业得到了迅猛发展,亚麻纺锭规模已跃居世界第二,仅次于俄罗斯。但原料发展滞后,产品单一,染整不过关,企业经济效益较低,手感粗硬,易皱易缩,染色性差等问题亟待解决。在染整加工中,大部分亚麻以纱线的形式进行前处理加工,提高其可纺性能后再进行织造、染整。

（1）亚麻纱：松式络筒→酸洗→煮漂→水洗→染色→柔软处理→烘干。

（2）亚麻坯布：前处理洗涤→氧漂→水洗→染色→脱水→后整理。

（二）有关染整工序的加工目的

1. 烧毛 苎麻纤维粗，刚性大，抱合力差，质地比棉纤维硬。苎麻针织物绒毛多，较粗硬，穿着有刺痒感，烧毛可显著减轻苎麻针织物的刺痒感，提高表面光洁度。

坯布经过一次烧毛后表面较为光洁，但由于麻纤维本身的抱合力差，在练漂过程中受到机械摩擦和拉伸挤压，绒毛又会从织物交织点和松散部位滑出，练漂后织物表面绒毛增加很多，特别是一些粗硬毛羽会显露出来，影响布面光洁度，所以练漂后最好再经过一次烧毛，烧去重新暴露出来的绒毛。但每次烧毛对织物强力和手感都会产生较大的影响，特别是第二次烧毛，织物的强力下降很多。麻棉混纺针织物一正一反一次烧毛效果为好，麻化纤混纺产品只需一次烧毛，以防止化学纤维在高温下脆化发硬。为了提高烧毛质量，可在烧毛之前均匀烘干，使织物含水率在5%以下，要加强刷毛，使倒伏的毛羽竖立起来，并尽量缩短穿布路线，使织物表面的毛羽及杂质尽可能去除。

2. 煮练 苎麻纤维的杂质含量比较高，脱胶后仍有果胶物质和其他共生物存在，在纺纱、编织过程中还会沾染油污，所以苎麻针织物必须进行煮练，以去除纤维的伴生物，使织物增强吸水性，提高上染率。

3. 丝光 苎麻纤维的结晶度和取向度高，染色性能差，染料上染率低，纤维本身虽有天然光泽，但缺少天然卷曲。丝光的目的是提高织物的尺寸稳定性，降低纤维素结晶度，改善染色性能。由于苎麻纤维遇浓碱后手感粗硬，增加刺痒感，故漂白和浅色产品可以不丝光，但中、深色产品必须丝光，以提高上染率。

4. 漂白 苎麻纤维本身白度较好，相对而言，漂白不如棉纤维重要。薄型苎麻针织物采用过氧化氢漂白，较厚的苎麻针织物，采用双氧水漂白或次氯酸钠漂白效果较好。

5. 苎麻针织物的后整理 苎麻针织物后整理的主要目的是改善刺痒感和易皱易缩的缺点。苎麻针织物后整理的方法有树脂整理、液氨整理、轧纹整理、预缩整理、酶整理、柔软处理和水洗整理等。苎麻针织物树脂整理效果一般比棉针织物差，织物的强力和延伸性能明显下降，因此苎麻针织物树脂整理工艺在选择时应充分注意。液氨整理工艺流程：

进布→烘干（烘至均匀，含湿3%左右）→冷却→氨化→透风→喷射蒸汽→微拉幅→三辊橡胶毯防缩→柔软轧光整理

液氨整理后苎麻针织物能改善光泽和染色性能，提高尺寸稳定性。

轧纹整理包括轧花整理、拷花整理和局部光泽整理，目的是改善皱缩现象，并使织物具有凹凸花纹效应和更好的光泽感。

苎麻针织物经毛毯预缩机预缩，可以降低缩水率并有效改善手感。

纤维素酶是一种生物催化剂，通过纤维素酶的处理，可使苎麻针织物表面光洁、毛羽脱落，是改善手感和刺痒感的较好方法。

柔软整理有化学柔软整理和机械柔软整理之分。机械柔软整理是利用高速气流对织物进行反复揉搓，从而达到柔软的手感。

6. 亚麻纱及亚麻针织物前处理 亚麻纱和亚麻针织物前处理有三个工序：酸洗、煮练、亚氧漂。亚麻纤维由于结晶度高，刚性大，抱合性差，条干不均匀且麻粒子多，可纺性差，给编织带来了一定困难。纱线在编织过程中，既要受到一定动载荷，又要产生拉伸和弯曲扭转等变化，普通

亚麻纱(机织纱)用于编织针织产品时,弯纱、成圈、退圈比较困难,特别是生产高机号汗布,容易漏针、花针、产生破洞,生产效率低,产品质量差。因此,开发亚麻针织用纱是提高亚麻针织产品质量的关键。为了适应针织生产的要求,必须对亚麻纱进行酸洗、煮练、柔软处理等特殊加工,以减少麻粒子,也可以对亚麻纱进行烧毛、丝光等处理,使纱线毛羽减少,提高光泽,增加柔软性。提高纱线柔软度,并解决亚麻针织纱条干不均匀的缺陷,以利于编织时弯曲成圈,这是亚麻纱用于针织的关键。酸洗可以在煮练和氧漂前进行,也可在煮练和氧漂后进行。

7. 亚麻纤维针织物染色　主要有纱线染色和织物染色两种,应用最多的是纱线染色。织物染色可以用浸染和轧染两种方法。不管哪种方法,关键是选择适当的染料、设备和工艺,使织物染得色泽均匀、坚牢,同时不损伤织物。

8. 亚麻针织物的后整理　亚麻织物的后整理包括热定形、柔软整理、防缩整理、防皱整理等。

热定形的目的是利用亚麻织物在湿热状态下的可塑性,将织物幅宽缓缓地拉到成品幅宽,消除内应力,纠正纬斜,使织物尺寸稳定、幅宽整齐,达到定形的效果。

柔软整理的目的是改善织物手感,前处理及染色中去除了亚麻纤维的油蜡,又使一些化学药品残留在织物上,使织物手感变得粗硬。柔软整理一般都结合热定形同时进行,即在定形机前面的浸轧槽中加入柔软整理液,经过湿润并挤干的亚麻织物浸轧柔软液后,经过热风定形机,同时进行柔软整理和热定形。但整理程度要适当,否则会使织物失去本身应有的身骨。

亚麻织物的防缩处理与棉织物一样,基本原理就是在织物成为成品之前,采用机械预缩的方法使之预先收缩,解决织造中产生的织缩变化,显著降低成品缩水率。

亚麻织物的防皱整理同苎麻织物一样,也是通过浸轧防皱整理剂(如树脂、液氨、有机硅等)提高织物的防皱能力。开发和应用无甲醛的绿色防皱整理剂是提高亚麻织物附加值和市场竞争力的必由之路。

对亚麻针织物也可进行丝光,采用圆筒丝光机。丝光能提高亚麻针织品的形态稳定性。

三、真丝针织物染整

(一)真丝针织物的染整工艺流程

准备→初练→复练→水洗→(漂白→增白→水洗)→染色→水洗→(固色)→柔软处理→脱水→后整理

(二)有关染整工序的加工目的

采用天然丝(主要是桑蚕丝)作为原料的针织物,是目前国内外市场上一种深受欢迎的高档针织产品。

1. 精练　丝针织物的前处理主要是精练,目的是脱除丝胶。精练(即脱胶)是丝针织物染整加工的头道工序。常采用的方法是皂碱脱胶和蛋白酶脱胶法,主要包括:预处理、初练、复练和后处理等工序。真丝织物精练时,脱胶量控制在20% ~30%较为理想。

2. 漂白　丝针织物的漂白一般是用双氧水,原理与棉针织物类似。为了防止丝针织物强力的损伤,漂白工艺条件要温和,一般温度70℃,pH 8 ~8.5,时间60 ~120min。

3. 染色　用于天然丝针织物染色的染料主要有酸性染料(弱酸性和中性浴染色的酸性染料)、活性染料及直接染料等。实际生产中应用较多的是活性染料,工艺与棉针织物染色基本相同,但固色pH不能太高,以免织物损伤。

蚕丝针织物一般比较轻薄，对光泽要求较高，若织物经长时间的沸染，容易引起擦伤，光泽变暗，因此不宜沸染，一般温度采用95℃左右。染色时，采用逐渐升温的方法，以提高匀染效果。为了提高染料的湿处理牢度，染色后可用固色剂处理。

4. 整理 丝针织物的定形、外观和手感等整理可以采用毛针织物的蒸呢机进行蒸绸、针板拉幅机拉幅定形以及在树脂联合整理机上进行树脂整理。

四、黏胶纤维针织物染整

（一）黏胶纤维针织物染整工艺流程

洗涤→｛（特白产品）漂白 / 染色｝→水洗→柔软→脱水→｛（纬编）烘干→轧光 / （经编）拉幅→烘干｝→检验

（二）有关染整工序的加工目的

黏胶纤维属再生纤维素纤维，与棉纤维相比，聚合度、结晶度低，化学敏感性大，强度（特别是湿强度）低，易摩擦生洞、拉伸损坏，因此，黏胶纤维针织物在湿加工时不宜采用过分剧烈的条件，要避免施加太大的张力，以免损伤纤维，影响织物强力和发生变形。黏胶纤维在制造过程中已经过洗涤、除杂和漂白处理，大部分杂质和色素已去除，本身白度较高，仅需轻度精练，去除纺丝过程中施加的油剂和织造过程中沾上的油污，使织物具有良好的吸水性，以利于后续染整加工，一般不需要漂白。特白产品可进行漂白、增白处理。

黏胶纤维光泽较好，耐碱性较差，因此黏胶纤维针织物一般不丝光。

黏胶纤维的性能与棉相似，吸湿性比棉好，具有真丝光泽，手感柔软，但织物强度低，尺寸稳定性差。如与棉、麻、涤纶等纤维混纺、交织，可以达到性能互补。这类针织面料的前处理需要兼顾各种组分。

五、涤纶针织物染整

（一）涤纶针织物染整工艺流程

涤纶针织物也有漂白、染色和印花等不同品种，工艺流程如下：

准备→水洗→松弛精练→脱水→烘干→｛增白→热定形 / （热定形）→高温高压染色→脱水→烘干→热定形 / 增白→热定形→印花→蒸化→水洗→脱水→烘干→热定形｝

（二）有关染整工序的加工目的

1. 松弛精练 涤纶原料常以低弹丝或长丝形式参加编织。低弹丝本身具有弯曲外形，但在编织中受到拉伸、弯曲等机械作用，纤维难以恢复原有的弯曲状态。将其在松弛、平幅状态下浸入热水中，同时加以振荡，促使内应力消除，使纤维恢复弯曲，织物会更丰厚而有弹性。在松弛过程中，加入洗涤剂，可同时去除纤维上的油剂及污物，便于后工序的漂白和染色、印花。织物以平幅舒展状态进行松弛精练的过程中，还起到一定的定形作用，可减轻或避免在绳状高温染色时由于织物有卷边而造成的边花。

2. 染色 涤纶织物常采用分散染料高温高压染色法。涤纶因为结构紧密，亲水性差，缺少与染料结合的基团，因而染色性能差。但分散染料能直接溶入纤维中。将分散染料借助于表面活性剂扩散悬浮于水中，涤纶分子链在高温下产生激烈的热运动，使分子间空隙增大，溶解在水中的染料便被涤纶吸附。用分散染料对涤纶针织物染色时要注意选好适当的扩散剂，以促进染料分散，防止染料凝聚。

3. 热定形　涤纶针织物的热定形是利用合成纤维的热塑性将针织物在一定的张力下，以平幅状态在高温条件下处理一定时间，达到使织物线圈形态稳定、布面平整、纹路周正、幅宽固定的目的。涤纶针织物热定形后，使用中只要温度不超过定形温度一般不会变形。涤纶针织物常常在染前先进行热定形，特别是用经轴染色机染色时，织物需先用经轴打卷。染前定形可使织物尺寸稳定，不易卷边，不易起皱，布面平整、挺括，并能达到预期的幅宽，有利于后面染色工艺。

染色、印花后还需进行拉幅定形，其目的是克服染色、印花中所形成的折痕与纬斜，使织物获得平整的布面，周正的纹路，提高尺寸稳定性和抗皱性。

为防止涤纶织物起毛起球和带静电等，有时还在热定形后对织物进行树脂整理，但树脂整理对织物手感有一定影响。

4. 蒸化　涤纶印花针织物在印花后需用高温高压圆筒蒸箱对其进行汽蒸，目的是通过汽蒸使分散染料渗入纤维内部而固着坚牢。

六、锦纶针织物染整

（一）锦纶针织物染整工艺流程

原坯布→前处理→（漂白、增白 / 染色）→柔软处理→脱水→烘干→定形

（二）有关染整工序的加工目的

1. 前处理　去除纤维在纺丝及编织过程中的油剂，消除内应力，使织物松弛收缩。

2. 漂白、增白　锦纶丝本身已较白，一般不需要漂白。大多数增白剂对锦纶有降解作用。对白度要求较高的特白品种，可用保险粉进行还原漂白，可与增白同浴处理。

3. 染色　锦纶能用酸性染料、分散染料、中性染料及活性染料等多种染料染色。

分散染料染锦纶针织物方法简单，匀染性和遮盖性好，耐日晒牢度也好，湿处理牢度和升华牢度较差，且染制品在堆置中会发生染料的泳移而沾染，因此，分散染料仅染浅色品种。

酸性染料品种多，色谱全、色泽鲜艳，能染浅、中、深色，故广泛用于锦纶针织物。

中性染料的耐日晒牢度、湿处理牢度和升华牢度好，无竞染现象。但匀染性和遮盖性差，容易产生张力条花，色光较为萎暗，一般用于染制深诸色泽。

活性染料染锦纶色泽鲜艳，色牢度高，但染深色难，匀染性差，一般用于中浅鲜艳色彩的染色。锦纶针织物用活性染料时需要加醋酸促染。实际生产中，为提高染色深度，可与直接、酸性、中性等染料拼用。

任务三　针织物染整工艺技术的最新进展

为了满足人们对服装舒适化、时尚化、个性化、多功能化、高品质的要求，近年来不断加强了对新染料、新助剂和染整新技术、新手段的研究，使得各种印染后整理的方法越来越多，技术越

来越先进，这对完善针织物性能，提高针织物质量，开发针织物新品种起到了重要作用。染整新技术除了瞄准新品种开发、服用性能上的更舒适，使用上的多功能外，还瞄准了绿色产品和环保。进入21世纪，节能减排、可持续发展成为我国的基本国策，为此，21世纪的针织染整工艺路线还要承担节能减排、节约资源、保护环境的社会责任。

一、以生态和环保为目的的印染新技术

（一）短流程连续式前处理

1. 快速氧漂 使用一剂型前处理剂，集碱剂、稳定剂、表面活性剂、螯合分散剂为一体，实现快速氧漂。工艺时间缩短40%左右，水、电、汽消耗也显著下降。工艺流程为：

毛坯布→快速氧漂→进水降温排液→酸洗→酶脱氧→染色

氧漂温度、时间：110℃，20min。

纯棉、涤/棉、黏/棉、麻/棉、棉/莫代尔、竹纤维、大豆纤维/棉都适用。染色后皂洗可用酸性皂洗剂，中和皂洗一浴完成，减少水洗次数。

2. 冷轧堆前处理 棉针织物的前处理，国内外常用的方法为煮漂二步法，该工艺不仅流程长，设备占地面积大，消耗大量的水、电、汽，而且工序复杂、产品质量不稳定。近年来，国外已使用高效短流程的冷轧堆一步法工艺取代以往的方法，实现环保高效的针织物染整，工序简单，产品质量稳定。

圆筒针织物的冷轧堆前处理工艺路线为：

浸轧→平幅落布→冷轧→水洗

棉针织物的冷轧堆前处理技术是将处理剂与双氧水同浴浸轧，然后在常温条件下堆置18～24h，让处理液对杂质、色素进行溶胀、乳化、降解、氧化，再经过水洗将降解、水解、乳化的杂质和氧化残留物清除，达到煮漂的目的。冷堆工艺适合各类全棉针织物，按各类布的要求适当调整助剂添加量、轧余率。与传统的碱氧工艺相比，可节约蒸汽95%以上，节水、节电60%以上，失重比低2%。

（二）新型针织物染色技术

1. 短流程小浴比染机和染色工艺 普通染机和染色工艺中织物的染色工艺流程长、耗水量多、染料利用率不高，残液对环境污染大，同时针织物在染色过程中时间和流程越长，变形和损伤也越厉害。一些新的染色机如溢流染色机、雾化染色机、气流染色机、经轴染色机等，流程短、浴比小，不但大大缩短了染色时间，还使针织坯布在染液中循环运行时处于最低张力，这就减少了坯布表面的折皱，提高了染色时的匀染性和上色率。

（1）溢流染色机。溢流染色机能缩短棉织物染色加工时间。由于微电子和电脑技术的应用，许多工艺参数能准确控制，如时间、车速、温度等，可通过对水量、布坯循环时间、通过喷嘴的次数等工艺参数由电脑控制系统自动控制并配有定量加料系统，实现染色的重现性，保证染色质量。应用恒温染色法可缩短染色时间，实现快速染色。可根据工艺的要求设定布坯循环次数来控制染色过程，或在恒定的时间内设定循环次数，机器会自动调节布速大小。机上配置有智能水位控制系统，可确保染色水量的准确性，从源头防止产生缸差。目前溢流机的浴比也可达到1∶4.5的低浴比。

（2）气流染色机。气流染色机日趋完善的设备与染色工艺相结合以及全自动控制，充分发

挥出高效率、节能、减排的特性。染色机中液、布完全分离,实现超低浴比 1:2 ~ 1:3.5。染色工艺时间缩短 50% ~60%,棉织物的活性染色包括前处理仅需 3.5h。助剂节省 40% ~60%,水、汽节省 60%,具有喷嘴可调、风量和风压可动态控制、循环染液比例分配等特点。

2. 针织物连续生产线和冷轧堆染色　该生产线将原来的间隙式生产工艺改为连续式生产,随着一些关键技术的突破,针织物连续式生产线因低水耗、低能耗、低成本受到广泛关注,当今的连续式生产线和 20 世纪 80 年代的机型已不可同日而语。

(1)圆筒针织布平幅连续化氧漂工艺。工艺流程为:

针织坯布→验布→缝破洞→接头→浸轧渗透精练剂、除油剂、螯合剂→汽蒸(99℃,5min)→水洗→轧双氧水氧漂剂→汽蒸(99℃,40min)→水洗→酸中和→水洗

布速为 30 ~ 40m/min。运行过程中用喷淋充气扩幅水洗,因此,坯布发现破洞必须用缝纫机将破洞缝实,不能漏气,以保证坯布运行过程中始终处于平幅状态。除此以外,圆筒布连续处理的两个关键技术在于,一是保持每道轧液率的稳定,二是保持液槽中处理液浓度的稳定和均匀,当布重改变时,应能自动地给予调整。由于是连续式处理,可保持前后更均匀一致的处理质量,没有间歇式处理易产生缸差等缺陷。

在某些发达国家这项工艺已成熟,其每吨布水耗仅为 10t,蒸汽仅需 0.7t。国内生产的该种设备也有了一定基础。

(2)针织物平幅连续式湿处理生产线。针织物连续式平幅湿处理技术的发展,包括前处理、丝光和冷轧堆染色,是针织物染整技术在 21 世纪达到新的高度,开创新的加工路线的最鲜明的标志。针织物平幅连续式湿处理技术能很好地满足节水、省汽、少耗电能和染化料的要求。特别值得一提的是冷轧堆染色和后处理生产线。

冷轧堆染色是近年来关注度比较高的一种染色方式,工艺流程短、省盐、省能、省汽。针织物冷轧堆染色工艺是一个整体概念,即从浸轧到堆置、水洗的全过程。影响冷轧堆染色工艺的因素很多,包括前处理的质量、染料的选择、堆置条件、固色碱剂的选用,轧染设备的特点等。在设备厂家和染料公司的共同努力下,冷轧堆染色工艺已发展到受控冷轧堆工艺,在欧美各国针织染整企业已广泛应用新型纯棉冷轧堆染色工艺,不仅是常规单、双面针织布的染色,而且单面棉氨弹性面料也已采用此法。

整条平幅连续式前处理和染色生产线与传统工艺比较,染料和助剂成本减少 20%,耗水量减少 60%,耗蒸汽量减少 65%,耗能减少 45%。

3. 生态染色技术　生态染色是指纺织产品在染色生产加工过程中是安全、生态的,对人体和环境不产生有害影响,不会破坏资源和污染环境,从原料、产品设计、加工和应用整个过程都建立在生态和清洁生产的体系上。目前,生态染色主要是指使用生态染料进行染色,比如天然染料、新型环保型合成染料和纳米生态染料。

(1)天然染料。天然染料是指从植物、动物或矿产资源中获得的、很少或没有经过化学加工的染料,其主要来源是植物(根、茎、叶、花、果)、动物或天然彩色矿石。天然染料根据来源可分为植物染料、动物染料和矿物染料。

(2)新型环保型合成染料。国内外对环保型合成染料的研究开发主要集中在活性染料和分散染料,同时还有一些直接染料,还原染料、酸性、阳离子染料等。这些开发的新型染料呈现出一次性高上染率、高吸尽率、高固色率以及优异的色牢度等特点,同时符合生态和环境的

要求。

(3)纳米生态染料。纳米生态染料是指利用纳米技术改造染料，其产品粒子三维尺寸均小于100nm，而普通染料粒径小于175μm。纳米生态染料具有特殊的纳米结构，因而具有优良的色牢度、对纤维的无选择性，同时染料本身、印染过程以及印染产品都符合生态要求。

4. 物理染色技术 物理技术用于针织物染色可以改善针织物(纤维)或染色体系的染色性能，提高针织物的加工质量，减少染整污水的排放，实现针织物的无水或非水染色。现阶段用于针织物染色的物理技术主要有超声波、电化学、微胶囊、微波、超临界二氧化碳流体、辐射改性、低温等离子体、泡沫技术等。

(1)超声波技术。超声波指的是频率在 $2\times10^4\sim2\times10^9$Hz 的声波，是高于正常人类听觉范围的弹性机械振动。超声波在染色体系中对染浴和纤维作用的物理和化学实质在于声波能传送大量的能量。

(2)电化学技术。电化学染色是将染液置于电场环境下，利用电解液的离子定向移动和电极反应，以电能代替或部分代替热能，在低于常规染色温度下进行的染色过程。这种技术可以降低能耗和提高上染百分率，加快上染速率，节省时间的目的，同时有利于减小环境污染，改善工人的劳动保护条件。

(3)染料或涂料微胶囊化技术。微胶囊染料或涂料的应用是指芯材为染料或涂料的微胶囊，壁材可以是各种天然和合成高分子物。胶囊大小不等，一般在10～200μm。微胶囊的形状有的是球形，有的是多面体。制备方法主要为相分离法和界面聚合法。

(4)微波技术。微波指波长为1～100mm，频率为300～300000MHz的电磁波。由于微波对物体的穿透性比较好，并且微波振动与极性材料分子的偶极振动以及水分子的转动频率类似，很容易被极性材料分子尤其是水分子吸收。染整加工中所用的各种整理剂及染料等也都是极性的分子，在交变的微波电场存在的条件下产生热效应。频率为915MHz和2450MHz的微波被广泛用于纺织染整工业。

(5)超临界二氧化碳(CO_2)技术。二氧化碳是一种无色、无臭和不燃的气体，其相对密度是空气的1.5倍。它的分子呈直线型，不显极性，对低极性和非极性物质都有较高的溶解能力，因而对非极性或疏水性纤维具有较强的溶胀能力。如果把 CO_2 置于密封体系中升温和加压，当超过 CO_2 的临界温度(31.1℃)和临界压强(7.38MPa)时，CO_2 转变到超临界流体状态，气液两相的相界面消失，成为均相体系。

(6)电磁波辐射技术。纺织染整工业所用的高能射线主要是指γ射线、β射线(电子束)和中子束。辐射加工的最大优点是常温下就能引发那些通常条件下难于或根本就不能发生的化学反应。电磁波最终是以能量形式参加反应的，它本身不具有任何化学的东西，是目前最清洁的反应物。从环保角度上看，辐射能的利用为染整清洁生产开辟了新途径。

(7)低温等离子体技术。等离子体是指一种全部或部分被电离的气体，气态物质在热、电等能量的作用下产生不同程度的分子及电子的分离，形成带负电荷的电子和带正电荷的离子等。这种包含原子、分子、电子、离子、光子、各种亚稳态和激发态粒子的混合气体即为等离子体。纺织染整加工主要应用电晕放电和辉光放电产生的低温等离子体。

(8)泡沫技术。泡沫染色是以空气代替水作为载体，将染料或涂料、化学药剂的工作液制成一定发泡比的泡沫，在施泡装置系统压力、织物毛细效应及泡沫润湿能力作用下，迅速破裂排液并均匀地施加到织物上。泡沫染色加工具有通用性、加工柔性、节水、节能、节约化学药剂，以及生产率提升等优点,同时对环境的污染小,由于这些优点使国内外都在对泡沫染色加工技术进行研究。近年来,国外泡沫染整加工技术发展很快,而国内近年来由于清洁生产、节能减排的呼声越来越高,染整行业正陷于高耗水、高耗能、高污染的发展瓶颈,而泡沫染整加工无疑能突破这一瓶颈。

(三)新型针织物印花技术

1. 连续式平网、圆网印花机 由于针织印花服装越来越受到市场欢迎,原来传统的针织衣片手工台板平网印花已不能适应大批量、精准、高效的针织坯布印花要求。进入21世纪,坯布连续式平网、圆网印花成为针织企业技术改造、新上项目的热点和重点。

针织物属张力敏感材料,稍有张力就会变形,张力释放后变形又会回复,因此,无论是平网还是圆网针织物印花机首先要考虑的就是低张力或无张力进布,避免织物在印花前变形,造成松弛后花型变形。先进的印花机都有良好的解决方案,通过恰当的调整措施,使面料能以均衡的张力状态贴附于导带上。其在印花的精确、高效、实用上都有良好的效果。

2. 数码喷墨印花技术 数码喷墨印花是通过压力喷嘴使染液形成细流喷射到织物上,这也是20世纪90年代以后染整工艺的一个重大技术创新。数码喷墨印花技术无需制版,由印花CAD一体化控制,花型设计和变换方便,花型重现不受限制,同时印制效果精细、逼真,层次丰富,图案的颜色不受限制,能很好地满足小批量、多品种、快速反应的市场需求。

数码喷墨印花机在印制完花纹图案并经过后半部分的固色装置后,即完成了整个印花工艺,免除了蒸化、水洗等工序,在整个过程中都没有水的介入,更没有污水的排放,节水、环保效果明显。随着产品市场认可度的提高,数码印花的工业化应用已经开始,特别是在高档的个性化产品中更受到欢迎。

3. 冷转移印花 冷转移印花是一种环保、节能、高画质的绿色冷转移高新技术,适用于棉、莫代尔、天丝(Tencel)等纤维素纤维面料。与传统印花相比可节约65%的能量,并可节约2/3的用水量,同时污水排放少,且污水中有害物质更低。用冷转移印花或染色的纯棉布,具有手感柔软、图像细腻、布面丰满的特点,能保持纯棉等纤维素纤维面料的原本风格。冷转移印花是目前最环保、最逼真的印花技术。

(四)新型后整理技术

针织物的服用性能、手感风格和特有的功能主要取决于所用的原料、织物组织和后整理技术。

1. 机械整理技术 机械整理从根本上说,只是改变构成针织品的纤维的几何形态。常用的机械整理有起毛、剪毛、刷毛、烫光、电光、轧花、摇粒和气流柔软整理等。目前最流行的是碳纤维磨毛,在棉毛布表面产生极其纤细的绒毛,肉眼几乎看不见,但手感却大不一样。机械整理后的最后工序都应进行超喂拉幅和定形整理。

2. 化学整理技术 从根本上说,化学整理是在织物上添加了新的物质。化学整理按功能可以分为三类。

(1)卫生保健功能整理。抗菌消臭、吸湿排汗、负离子、防辐射、抗静电、防螨、防蚊、亲肤、香味等。

(2)户外功能整理。调湿保暖、防风透湿、防水透湿、防紫外线等。

(3)服用功能整理。易护理、易去污、防油防水防污、柔软等。

化学整理是目前最为活跃的领域,多种新型整理剂包括集多种功能于一体的复合助剂不断涌现，同时更加注重人体安全和生态环境的安全，禁用物质的名单在逐渐加长。必须强调注意织物在获取某种新的功能时，织物的亲水性（或疏水性）或多或少会发生变化，尤其是内衣，要有良好的舒适性，因此在评价某项功能性整理效果时，要同时考虑针织物舒适性的关键指标的变化。

3. 液氨整理技术 它是一种对棉纤维素纤维非常独特的、其他任何方法都无法比拟的整理。液氨整理在机织物上的应用已非常成熟，但在针织物上的应用尚处于起步阶段，值得针织染整界重点关注。

4. 生物酶整理技术 利用生物酶整理技术，如纤维素酶对棉、麻针织物进行柔软、煮练整理，改造了传统的煮练工艺，既提高了棉、麻织物的手感和表面光洁度，同时减少了污水处理费用。利用生物酶对棉、麻、真丝针织物进行酶洗，可使织物表面达到与石磨、砂洗同样的脱色和洗白作旧效果，并且手感柔软、布面光洁。

（五）针织染整工艺的信息化管理

在信息化改造传统行业中，染整工艺信息化管理是最为成功的范例。

染色机单机的染色工艺、升温曲线自动程序控制或者多机台的群控早在20世纪就已经解决。来样的电脑测色、配色和配方优选及实验室的自动称重系统等也已经非常成熟，并且许多工厂均有应用。

最先进的管理是在染色机上配置自动定量给料系统。即染色过程中各工艺时间段需要加入的染化料都可自动精确地输送到化料缸，再加入染色机内。整个车间中，染色机的染色工艺程序和加工过程都由中央控制室电脑集中控制。这样从打小样、中样到放大样、大生产都实现了计算机过程在线控制，把人为造成的缸差等染疵降到最低程度。这既能有效地提高产品质量，而且对完善和充分发挥ERP和MES系统作用也是非常必要的。

二、天然纤维的新型后整理

天然纤维和黏胶纤维穿着舒适卫生，但它们存在尺寸不稳定、洗后易变形、易皱易缩、易霉易蛀的缺陷，影响了它们的外观和使用；合成纤维强度好、尺寸稳定、质轻、易洗快干、易于收藏保管，但吸湿透气性差、手感光泽差、有静电、易污染，影响了穿着的舒适卫生性。近些年来，用纤维改性等各种方法，对各种纤维织物进行后处理，使之获得某些特殊功能并改善服用性能已获得成功。通过纤维改性，可改善纤维的吸湿性、可染性、耐热性、阻燃性、耐光性、抗静电性、抗皱性、抗起毛起球性、防污性和尺寸稳定性等。

1. 棉针织物新型整理 棉针织物的新型后整理主要是在尽可能保持其原有穿着舒适、卫生、耐洗涤、易去污等特性的基础上，获得更好的织物光泽和防皱、防缩性能。目前针对棉针织物的高档后整理主要是丝光、烧毛、电光、轧光、轧纹、石磨、水洗、砂洗、酶洗、液氨整理和防皱整理等新的后整理工艺。

烧毛是让织物快速通过狭缝式火口，利用火口的高温，烧去织物表面的绒毛，使织物布面更光洁。

丝光是利用在浓烧碱（NaOH）溶液中对棉纤维和棉布施加张力，使棉纤维的中腔变小，截面变圆，转曲消失，从而使纤维的光泽和强度增加，吸湿性和上染率增加，织物的柔软度增加，染色印花更鲜亮，缩水率减小，提高棉针织物的档次。目前纯棉丝光T恤衫、汗衫、衬衫等已成为纯棉针织物精品潮流。采用细特（高支）棉织物丝光处理后再用优质柔软剂整理，制成的服装穿着清爽、光洁而舒适。

液氨整理是用液态氨对棉纱、棉织物进行处理，以减少缩水率，增加织物光泽、弹性、断裂强度和吸湿性。经液氨处理后的棉纱编织的针织物有良好的尺寸稳定性。液氨整理后再进行防皱整理制得的纯棉 T 恤衫、衬衣等，有良好的免烫防皱效果和力学性能。

全棉防皱免烫服装已成为时尚，目前对全棉织物防皱免烫整理有用特殊的甲醛树脂进行的后整理，它可使服装形态尺寸定形，经水洗晾干后表面仍平整，并保持衣裤的褶裥线条，即具有“形状记忆” 功能，常用于 T 恤衫、休闲衣裤、衬衫等。有的工厂自己开发的整理剂，可对纤维素纤维进行三维架桥交联，使纤维素织物具有防缩性和持久耐洗性，用于 T 恤衫、衬衫、运动服等生产。

利用棉纤维改性生产的乙酰化棉、羧甲基化棉、乙二醇化棉等新品种在染色性能、耐热性能、耐腐蚀性能、耐磨性能等方面均有改善。将棉和真丝经过特殊的化学和物理整理，可制成具有高弹性能的纯棉和真丝产品。利用棉纤维的改性还生产出了超柔软棉内衣、凉爽麻纱等新产品。利用中草药、植物香料(薄荷、啤酒花、茶叶树茎、肉桂香料等)制成的天然染料和处理剂对棉、毛纤维进行防菌、抗菌、防臭、防霉整理及香味整理的袜子、内衣裤、床上用品等投放市场受到消费者欢迎。

黏胶纤维具有与棉纤维相似的吸湿透气性和手感，但易皱易缩、尺寸不稳定，湿强度太低影响了它的使用。目前也对黏胶纤维进行了各种化学防皱整理，可明显地改善这些不足，提高了黏胶纤维针织物的应用范围和质量档次。

2. 麻针织物新型整理　麻织物风格粗犷，麻纤维强力大、吸湿性好、散湿快、抗紫外线能力和绝缘性能好，有一定抗菌性，夏季穿着特别凉爽、卫生，但手感粗硬、有刺痒感、易皱、不耐磨、织物表面茸绒易露出，影响了穿着。目前，除提高麻纤维的纺纱特数以改善其服用性能外，还常对苎麻、亚麻纤维和织物进行生物酶处理，或经过磺化、液氨烷基化变形处理，经此处理后的麻织物上述缺点显著改善，若再经烧毛、丝光整理后，麻纤维变柔软，抗皱性增强，织物茸绒减少，光泽更好，无刺痒感。还可以对麻织物进行特殊的物理整理，使其具有棉织物的手感。经过这些新型整理的麻织物是夏季服装、休闲装、运动服和高档西服的优良面料。

3. 羊毛针织物新型整理　羊毛纤维在湿热和机械力作用下，具有缩绒性，人们利用这一特性制作毡、呢等羊毛制品；但羊毛的这一特性使羊毛衫等羊毛制品越穿越小，越穿越厚，严重影响了织物外观和使用性能；并且羊毛易被虫蛀，给收藏保管带来了麻烦。为了让羊毛制品具有更完善的服用性能，近年来研究开发了不少羊毛新型整理工艺，生产了防缩羊毛、可机洗羊毛、凉爽羊毛、柔软有光羊毛、防蛀羊毛等许多新品种。

(1)耐机洗防缩羊毛。对羊毛纱或羊毛制品进行氯处理或低温等离子体处理，破坏羊毛外层鳞片尖端的突出部分，可减少羊毛纤维的摩擦系数，减少纠缠黏结。经此处理的羊毛制品防缩绒性能改善，洗涤不变形，可机洗，而且纤维光滑不刺激皮肤；也可用树脂法，用纤维黏合防缩工艺和覆盖鳞片的方法，有效防止洗涤时纤维的移动，消除鳞片对羊毛缩绒性的影响，但织物手感有影响。

(2)凉爽羊毛。这是羊毛仿麻、仿真丝绸的新品种。一种方法是用精梳丝光羊毛纱，经强捻后再湿热定形，此种羊毛针织物具有麻纱感，宜作春夏、秋夏季节轻薄型服装和羊毛内衣；另一种办法是在毛条阶段对纤维进行氯化脱鳞，纺、织、染加工后，在高温高压下用在水溶液中扩散的陶瓷微粉末处理几分钟，使陶瓷微粉末充填在膨润的残存鳞片之间，这种陶瓷微粒子的气孔率在90%以上，能迅速吸收水分，使水转移到鳞片深处，从而使羊毛含水率提高。这种经陶瓷化的羊毛仿真丝产品穿着时光滑、凉爽而舒适。

(3)柔软有光羊毛。采用羊毛脱鳞技术，使羊毛达到镜面反光效果，可赋予羊毛非常漂亮的光泽，再进一步配合柔软整理，可获得柔软有光羊毛。

(4)轻薄型羊毛。为了适应市场上对轻薄羊毛面料的需求，已研究出采用可溶性纤维与羊毛纤维混纺，在织成织物后，溶解掉织物中的可溶性纤维，剩下的便是很薄的纯羊毛面料。

(5)弹性羊毛。羊毛在捻纱状态时用还原剂定形处理，然后反向加捻，可得到弹性羊毛纱，用以生产弹性羊毛织物；羊毛在完成皱缩或加捻后，用真丝、羊毛胶原蛋白液对其进行前处理，能改变羊毛分子结构，产生形状记忆羊毛，提高羊毛的弹性和蓬松性。

(6)防蛀羊毛。蛀蛾产卵孕育出的幼虫以羊毛等蛋白质为食料，从而使羊毛织物受到破坏。羊毛的防蛀最早是在储藏时放入樟脑，但不持久。现常用的方法是在染整过程中加入对人体无害的防蛀整理以毒死蛀虫，或对毛织物进行化学变性整理，生产一些新品种，如乙酰化羊毛、甲醛化羊毛等，这些新品种不再是幼虫的食料，即成为防蛀羊毛。以上办法均可达到防虫蛀和提高羊毛织物耐碱性的目的。

通过羊毛改性技术，还能生产超细卷曲羊毛（其针织品轻薄、柔软、滑糯、细腻）、芳香羊毛、超皱缩羊毛等新品种。

4. 真丝针织物的新型整理　真丝织物的新型整理主要是不褪色整理、加重整理和防皱免烫整理。加重整理是用化学方法使丝织物增加重量，如锡加重法、单宁加重法等。加重整理可使丝织物密度增加，更加厚实，手感丰满、滑爽、光泽丰润，缩水率减少。处理一次可增重20%，反复处理，增重可达100%。但真丝织物经增重后，强度、伸长、耐磨性等有所下降。经不褪色整理和防缩、抗皱、免烫整理的真丝织物均已面市，受到欢迎。

将蚕茧在缫丝时用膨化剂进行处理，可使真丝具有良好的蓬松性，与普通丝相比，直径增加20%～30%。其织物柔软、丰满、挺括、不易折皱，富有弹性，适于制作时装、和服和中厚型西服。用蓬松丝织制的针织物外观丰满、手感柔软细腻并富有毛型感。

此外，还利用生物遗传工程技术改变蚕的遗传基因，这种蚕吐的丝称为“蛛丝”。“蛛丝”性能优异，抗断裂强度比普通蚕丝提高10倍，伸缩率达35%。这使它成为极好的服用材料，目前已有国家用它来制造防弹背心等。

三、合成纤维的改性后整理

合成纤维的改性整理主要是围绕改善吸湿、透湿、易去污、防静电和仿真丝、仿棉、仿麻、仿毛、仿皮等新面料的开发以及某些特种功能整理。

合成纤维吸湿性差，表面电阻高，容易积聚静电；静电易吸附污垢，加之合成纤维亲水性差，洗涤中水不易渗透到纤维间隙，污垢难以除去；而其纤维表面的亲油性使得悬浮在洗涤液中的污垢容易重新沾污到纤维表面，造成再污染。目前采用将化学药剂施于纤维表面，以增加其表面亲水性，防止纤维表面静电积聚的整理工艺。常用的有用吸湿性强的高分子电解质处理织物，并固着于纤维表面；含有亲水性基团的聚合物处理织物，使织物具有一定的防静电性和易去污性；用接枝使纤维变性的方法提高合成纤维的吸湿性，达到耐久的防静电效果等方法。

易去污整理也是在织物表面浸轧一层亲水性的高分子材料，以改善其易去污性。易去污整理也同时可增加织物的抗静电性，使织物手感更柔软，穿着更舒适。但织物的撕裂强度有所下降。合成纤维的仿真技术一方面是通过研制具有仿真效果的微细、超细纤维,异形纤维,如四沟槽异形截面微细涤纶,由于沟槽的存在使之有良好的吸湿导湿效果。这些新型合成纤维克服了普通合成纤维织物的金属光、蜡状感、吸湿差、不易染色、易起球、易产生静电的缺点,具有良好的手感、吸湿透气性能和优良的悬垂性能,达到仿丝、仿麻、仿精梳棉、精梳毛的目的。另一方面通过对纤维的改性整理来达到仿真效果。如涤纶的减重整理、碱减量整理,用化学方法在涤纶表面引起溶蚀,涤纶在较高温度和一定浓度烧碱(NaOH)溶液中会产生水解作用,使纤维表面形成若干凹陷的溶蚀,织物因纤维表面产生光线漫反射而显得光泽柔和,因纤维间空隙增大而更轻盈柔软,悬垂性也增加,达到了更好的仿真丝效果;将海岛型复合纤维制成物用聚氨酯浸渍,再经过溶触和起毛等工艺可制成人造麂皮;利用金刚砂对用超细纤维织制的超高密织物进行磨毛整理可制得良好的防水透湿织物。

利用涂层整理和微胶囊技术开发的发光织物、香味织物、温度变色织物、阻燃织物,利用光敏材料涂层整理生产的荧光织物、夜光织物、阳光变色织物,经受紫外线而改变颜色的陶瓷印花织物等都是采用新型后整理技术获得的合成纤维新品种。

☞ 思考与练习题

1. 简述针织物染整的目的。
2. 简述棉针织物染整各工序的加工目的。
3. 简述麻针织物染整各工序的加工目的。
4. 简述真丝针织物染整各工序的加工目的。
5. 简述黏胶纤维针织物染整各工序的加工目的。
6. 简述涤纶针织物染整各工序的加工目的。
7. 简述锦纶针织物染整各工序的加工目的。
8. 简述短流程、连续式前处理和染色新技术的新进展。
9. 针织物印花技术有哪些新进展?
10. 简述棉、麻、毛、真丝等天然纤维针织物新型后整理的目的。
11. 简述合成纤维改性整理的目的。

——— 思政园地 ———

领先一“布”:绿色科技“织”就低碳未来,践行生态文明新理念

项目八　针织成衣

[课件]项目八

知识点

1. 现代针织成衣车间的生产特点、针织服装主要品种及针织成衣生产工艺流程。
2. 针织成衣生产准备包括哪些内容。
3. 裁剪工序主要工艺及其注意事项。
4. 常用线迹和缝型及其选择依据。
5. 针织服装的主要品种。
6. 针织服装款式设计基础知识。
7. 针织服装领的结构分类及主要应用范围、针织服装袖子的类型及选用原则、针织服装常用口袋类型。
8. 服装规格设计的依据、服装规格设计常识。
9. 针织服装规格设计方法、针织内衣的测量部位和测量方法。
10. 针织服装整烫工艺、折叠要求与包装形式。
11. 针织品使用、保养常识。

任务一　针织成衣生产的特点及其主要品种

针织厂生产的各种服用织物最后都需要经过剪裁、缝纫而最终形成成衣。成衣车间是针织厂的三大工艺车间之一,其职工人数往往接近全厂生产工人的半数之多,而且不少针织厂实际上是针织服装加工厂。

成衣是针织厂最后一道工艺过程,直接影响着产品的式样、规格、质量、成本、价格。而且编织、染整工序所造成的疵点也可以通过裁剪工序加以部分的弥补和解决。只有通过成衣手段才能把美好的原料、织物组织、色彩图案等诸因素化作最终的完整美好的衣着成品;针织厂的各项技术经济指标和经济效益最后也都要通过衣着成品反映出来。因此,成衣工艺在整个针织生产中占有十分重要的、越来越显著的地位。

很长时期以来,成衣是一个劳动强度较大、劳动力高度密集,而各种成衣设备又比较简陋、自动化程度不高、手工操作占有很大比重的行业,受设备、工艺的影响,生产规模、产品的品种和质量都受到一定限制。但是近 30 多年来,随着社会生产的进步,各种制造精良、品种繁多的服装设计、裁剪、缝纫、熨烫设备投入服装设计和生产加工中,特别是电脑技术、气动技术、激光技术、电子群控技术等在服装工业中的广泛应用，使成衣工业的自动化程度大大提高，产品质量有了更可靠的保证，也为服装品种、款式的多样化提供了设备条件的保证。人们对服装的要求越来越趋向于多样化、个性化、舒适化、功能化，服装生产销售已形成很强的“多品种、小批量、短周期”的特点。这也更加促使服装加工工艺和加工设备向着高效率、高质量、多功能的“快速反应”发展，诸如集团式流水作业、吊挂传输系统等生产形态应运而生。这些都使得对服装加工生产的组织和工人的工艺技术素质提出了更高的要求。服装加工无论是生产设备，还是成衣生产工艺和组织形式都已产生了质的变化。

一、现代针织成衣车间的生产特点

成衣车间是将染整车间送来的光坯布在搁置一定时间以后，按照成品的款式裁剪成衣坯，缝制成服装，经烫折、整理、包装后入箱。按产品的加工顺序，成衣车间一般分裁剪、缝纫和整理三个工段。

现代针织成衣车间的生产特点如下。

(1)成衣车间工序多，各工序间联系密切而紧凑，前后道工序协作化程度高。

(2)成衣车间生产品种（坯布类别、产品式样、成品规格等）种类多，变更频繁，因此工艺流程和生产组织的变动性亦较大。

(3)成衣车间设备品种多，各种常见的通用、专用设备和加工工具已达4000多种。主要的有单缝机、链缝机、绷缝机、包缝机、缲缝机、绣花机、锁眼机、钉扣机、打结机、撬缝机、自动开袋机等缝纫设备；打褶机、拔裆机、黏衬机、各种部件熨烫机和成品熨烫机等熨烫机械；摊布机、电动裁布刀、模板冲压机等裁剪设备；吊挂传输系统等成品、半成品传输设备。计算机在服装工业中的应用也日益广泛，高性能的服装CAD、CAM辅助服装款式、结构、色彩的设计、纸样推档并进行自动排料划样，在自动裁床上自动铺料、裁剪。各种新型设备对维修人员和使用人员都提出了更高的素质要求。

(4)现代的成衣车间服装流水生产线是一个系统工程，需要有良好的组织、合理的规章制度和科学的管理体系，以保证产品在生产过程中的高效率、高质量和低消耗、低成本。

(5)目前缝纫工序、熨烫后整理工序的手工操作仍占很大的比重，设备数量多，生产员工占成衣车间总人数的60%～80%，故缝纫车间、整理车间仍属于劳动密集型车间。

二、针织服装的主要品种

针织服装是现代服装中不可缺少的组成部分。随着人们对舒适、休闲和运动的崇尚，针织服装在服装总量中所占比例越来越高。特别是针织新材料、新工艺、新技术的应用，使针织服装品种不断增多，功能更强、性能更加优良，在现代服装中占有十分重要的地位。

针织服装的品类按纤维原料和纱线的构成可分为棉针织服装、真丝针织服装、毛针织服装、麻针织服装、化学纤维针织服装、混纺类针织服装和交织类针织服装；按服装的功能可分为生活装、职业装、运动装、特殊服装等；按人们的穿着方式可分为内衣和外衣。针织服装的主要品种如图8-1所示。

- 针织服装
  - 内衣
    - 普通(贴身)内衣(狭义针织内衣):汗衫、背心、三角裤、棉毛衫裤、绒衣裤等
    - 补整内衣:文胸(胸罩)、束腰、裙撑、衬垫(肩垫、胸垫、臀垫、侧垫)、紧身衣等
    - 装饰内衣:套裙、衬裙、衬裤、吊带衣、吊带裙等
    - 练功衣:舞蹈演员及体操运动员练功用衣
    - 居家服:睡衣、浴衣、室内便服
  - 外衣
    - 各类毛衣(狭义针织外衣):套头衫、开衫、背心、外套等
    - 礼仪装:婚、丧、宴会礼服,西便服及各种制服
    - 日常生活装:T恤衫、衬衫、套装、裤子、裙装及各种时装
    - 运动装:各类球衣、溜冰服、登山服、滑雪衣及游泳衣等
    - 旅游休假用服:海滨服、郊外服、旅行服、休闲服等
    - 职业装:各种起职业标识作用的工作服和劳动保护用服
    - 特殊服装:军便装、校服、戏服、防护服等
  - 袜品类
  - 手套类
  - 其他:帽子、头巾、围巾、披肩、领带等

图8-1　针织服装的主要品种

1. 内衣类　内衣几乎是针织物一统天下。现代内衣不仅讲究吸湿透气、舒适卫生等内在性能,也很讲究色彩、图案、款式、面料质地等外在的美感。内衣的品种越来越多,并更加时装化、功能化和高品质化。

贴身内衣是直接接触皮肤的内衣,具有保温、吸汗、保护皮肤等卫生保健作用,而且防止外衣污染。贴身内衣应具备良好的吸湿透气性,手感柔软,接触皮肤触感良好,有较好的保暖性和一定的延伸性、弹性。

图8-2是贴身内衣的一些主要款式。

贴身内衣的原料主要是棉和棉混纺纤维、新型再生纤维素纤维和蛋白质纤维,如醋酯纤维、莫代尔纤维、铜氨纤维、竹纤维、牛奶纤维,也有部分真丝织物和细特细薄羊毛织物。织物类型上以圆型纬编针织物为最多。

补整内衣起着矫正体形缺陷,突出体形优美曲线的作用。它包括胸罩、紧身衣、紧身褡、衬垫等。图8-3为常见的几种补整内衣。图8-3(a)~(c)为各式文胸(胸罩),它主要有衬垫型、无背带型、基本型、前纽型等。图8-3(d)为三合一紧身衣,它将胸罩、紧身胸衣、收腹裤连为一体,矫正从胸部到臀部的整个体形。图8-3(e)为收腹裤。束腰和束肚常用一种使用方便的紧身褡,可根据需要调节褡合部位来保持适宜的松紧度。

补整内衣既要求触感柔软,舒适卫生,吸湿透气,又要能起到支撑或收紧的功能,因此选料上常使用锦纶、涤纶变形丝和棉纱编织的弹力网眼经编布,棉氨弹力纬编坯布等。

居家服是在家庭中休息时穿的服装,色彩款式上要体现自然、温馨、舒适和洁净的风格,因此,原料上一般选用色彩温和悦目、图案朴素自然的纯棉、真丝等天然纤维和再生纤维素纤维中的黏胶纤维圆纬针织物,以使其手感柔和,质地松软,穿着舒适随意。

2. 外衣类　由于人们崇尚自然的愿望和追求舒适、简洁、随意、方便又能体现青春活力的穿着方式,针织内衣外衣化的趋向越来越明显,针织原料、针织设备、针织技术的发展,也为针织内衣外衣化提供了物质条件保证。外衣领域从各类毛衣、T恤衫、运动服、旅游服到学生装、工作

图 8－2　贴身内衣的一些主要款式

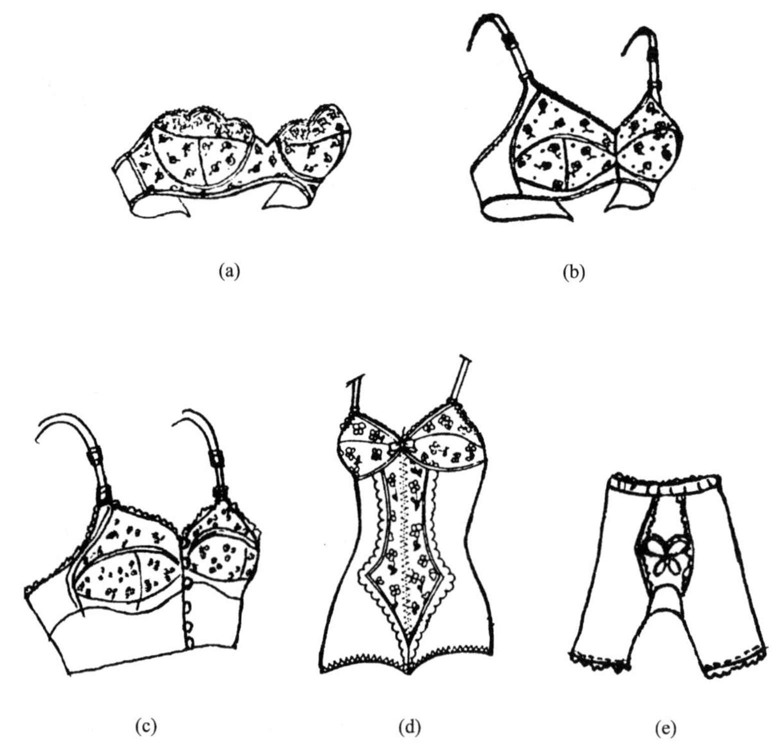

图8-3　常见的几种补整内衣

服休闲、生活装，因此使用的原料也非常广泛，各种天然纤维、再生纤维和合成纤维的纯纺及它们的混纺、交织织物都有。织物类型上既有圆纬机针织物，也有横机织物和经编针织物。外衣常常要突出穿着者的气质、风度、职业，甚至地位，要与着装的环境相协调，因此针织外衣更偏重对外观的苛求，要求布面光洁、纹路清晰、无纬斜现象，织物尺寸稳定，抗皱性能强；特别是色彩、图案、质感等随着不同的穿着目的有不同的要求。

出于社交需要的各种西服、西便服、制服、礼服，根据不同穿着场合，有的要求表现绅士风度，有的要求表现高雅端庄，有的要求表现华美亮丽。面料选择上讲究原料的高档，裁剪要合体，缝制要精良，缝线、缝迹、锁眼、纽扣等都很讲究与服装档次、质地、色彩的相配。

时装具有明显的时间性，更多考虑的是流行因素，如流行面料、流行款式、流行色彩、流行花纹图案等，因此要求设计者、生产者有充分的预见性。

运动服是从事某项运动时穿着的专用服装，应能最大限度地满足运动项目的要求，要求面料有较好的弹性、吸湿透气性。高档运动服往往选择微孔中空纤维，使之具有良好的导湿功能，以免出汗后有湿漉漉、凉飕飕的感觉；滑雪服、登山服等还要求足够的强度、耐摩擦、质轻而防风、保暖、防水。为体现穿着者的青春活力和精神面貌，运动服普遍要求款式、色彩的新颖、活泼、多样。

各种旅游服要求面料轻便、不易起皱，款式上讲究实用性、功能性，穿脱方便，耐脏耐磨，色泽上鲜艳活泼。织物组织上经编、纬编织物均大量应用。

图8-4是生活装、运动装、T恤衫等针织外衣的图例。

图 8－4　针织外衣的图例

任务二　针织成衣生产工艺流程

一、针织成衣生产工艺流程概述

针织成衣加工工艺根据不同品种、款式和服用要求有不同的加工手段和生产工序。随着新材料、新技术的不断涌现，加工方法和加工顺序也不断变化。针织成衣生产工艺流程制订是否合理，将直接关系到生产的效率和产品质量。一般，针织成衣生产工艺流程为：

成衣生产准备（包括光坯布准备、检验、配料复核及对色检验）→排料与裁剪→缝制加工→半成品检验→整烫→成品检验、分等→折叠包装→入库

二、相关生产工序

（一）针织成衣生产准备

针织服装由于品种多样性（如产品款式、坯布类别、色彩图案、成品规格等不同）及针织面料自身特性对裁剪、缝制工序的要求，所以针织坯布在裁剪前必须经过一定的技术准备和技术设计，包括坯布品种、数量、平方米克重、幅宽的确定及各类辅料的准备等。同时对各种材料进行必要的物理、化学检验及测试，包括材料的预缩和整理，样品的试制等项工作，以保证其投产

的可行性。

1. 坯布品种的确定 不同的服装品种有不同的穿着功能，应根据服装穿着要求来选择面料品种。针织内衣、T恤衫、运动衣等大类产品都有其通用的坯布类别，如针织内衣和T恤衫一般选用纯棉汗布、棉毛布、纯纺和混纺罗纹弹力布、双纱布、网眼布、复合组织织物等，运动衣一般选用纯棉、涤棉混纺的棉毛布、绒布及涤盖棉复合织物等。还要对配料进行复核及对色检验。

如果是来样加工生产，面料的选择要严格按照客户的要求，如有变更，必须取得客户同意。

2. 光坯布克重和幅宽的确定 在确定坯布种类的同时，应根据产品销售地区、用途和目标消费者的穿着喜好确定光坯布的平方米克重，即每平方米的干燥重量。一些通用的坯布类别，都有通用的克重数值，可参考相关资料，也可根据生产经验和来样确定。一些新原料、新品种织物的克重数可由企业根据市场和客户要求来确定，同时考虑企业自身的织造、练染和后处理设备的加工条件。

产品的款式及各档规格比例确定后，生产计划部门要从合理用料、减少浪费和符合企业生产条件（如织造车间针织机的种类和筒径大小、各种针织机数量、生产效率、铺料台的长度和宽度、机械或人工铺料的方式、裁剪设备的种类等）因素出发制订和选择裁剪方案。同一品种、不同规格的服装对光坯布幅宽要求不同，同一规格服装的缝制裁剪方法不同对光坯布的幅宽要求也不同。

3. 光坯用料计算 针织面料往往以称重的方法备料，以10件成衣耗用的光坯布的千克数为单位，根据生产任务总件数计算出总的光坯用料量。需要注意的是主辅料要分别计算，如罗纹用料、绲边用料等。

（二）裁剪

裁剪是针织服装投入正式生产的第一道工序。裁剪的任务是将针织面料按服装样板切割成不同形状的裁片，以供缝制工序缝制成衣。裁剪一般应经过：

裁剪方案的制订→排料划样→铺料→裁剪→验片

其中重点工艺是排料划样、铺料和裁剪。

1. 裁剪方案制订 裁剪方案制订的原则如下。

（1）必须符合本企业的生产条件。

（2）在保证产品质量的前提下尽量节约用料。

（3）提高生产效率，减少重复劳动，充分发挥人员和设备能力。

（4）符合均衡生产的要求。裁剪方案的内容包括同一定单或同一生产任务中的同面料产品所需的裁床数、每一床铺面料的层数、每层的号型搭配、每种规格的件数等。

对于实际生产中各因素选择对裁剪方案的影响分述如下。

（1）铺料的最大长度。铺料的最大长度与裁床的长度和操作人员的配备有关。铺料长度不能超过裁床的长度，如果需要在同一裁床上同时裁剪两个以上的产品时，则应根据裁床实际长度确定铺料长度。例如裁床的长度为8m，第一个产品用料为3.2m，第二个产品用料为4.4m，那么铺料长度为7.6m。铺料长度越长，需要的操作人员就越多。

（2）裁料的层数。裁料的层数主要由面料的性能和裁剪设备的加工能力决定。由于裁剪过程中，刀片的高速运行，会与面料产生摩擦热，因此，对于耐热性差的化纤面料应减少铺料的层数。常用的电剪最大的裁剪厚度是裁刀的长度减去4cm。铺料层数越多，裁剪误差越大。因此，对于质量要求较高的品种，应适当减少铺料的层数。一般汗布类120层，双面布料类60层，涤棉交织类 200g/m^{2}以上的 45 ~ 60 层。

(3)裁剪床数。减少裁床数可减少重复劳动,从而提高生产效率。但减少裁剪床数就需要增加铺料层数,因此在制订方案时,应综合考虑这两个因素。在层数满足裁剪质量的情况下,一般尽可能减少裁剪床数。

(4)套裁。生产实践表明,在裁制大批量的产品时,采用号型搭配和套裁的方法可以有效地节省面料,提高面料的利用率。

2. 排料划样　针织服装的排料按照所用针织面料生产时采用的针筒筒径大小不同,一般分为两种类型。

一种是采用针织大圆机生产的圆筒形坯布,卷布时或在染整阶段被剖开成平幅状的针织面料,排料是在已知的单层布幅宽度上进行。这种排料的方式较为简单,类似于机织面料的排料方法,通过排料只需确定布料的裁剪长度即段长。

另一种是直接在双层筒状面料上排料裁剪的方式。这种方式需要通过排料时对服装样板的排列组合来决定筒状双层针织面料的幅宽和段长。采用这种排料形式,针织服装中的连接缝被尽可能减少,最大限度地保持了针织物原有的弹性和延伸性。通常用于针织企业拥有各种不同直径针筒的针织机,具有生产不同幅宽圆筒形坯布的能力,当产品规格要求不同幅宽的圆筒形坯布时,这些设备可以满足要求。同时,这种排料计划和用料计算也是针织企业确定针织机开台计划的重要依据。当然,这种排料方式既要考虑幅宽也要确定段长,相对比较麻烦,针织内衣生产常采用此法。

排料时应注意以下几个方面。

(1)面料的正反面。针织面料既有工艺正反面,也有使用正反面。针织服装排料划样应选择在针织面料的使用反面进行,并且缝制过程中的中间熨烫也在使用反面操作。

(2)对称样板的方向性。服装上许多衣片具有对称性,如上衣的衣袖、裤子的前后片都是左右对称的两片。因此,排料时应注意保持面料正反一致以及样板衣片的对称性。

(3)面料的经纬方向性。针织面料的经纬向在服装制作和服用中可表现出不同的性能,在排料时要注意区分面料的经纬向。为了排料时准确确定方向,样板上一般都会标出经向。针织面料中的衣片、袖片、裤片以及防变形的牵条,一般应沿经向取直料,作为防边缘脱散的绲边料一般沿纬向取横料,若采用机织面料做绲边料则应沿斜向取斜料。

针织服装中的领窝线、袖窿线、裤裆线多为曲线,样板设计时应考虑其变形因素,缝制时应注意采用适当的张力,防止这些部位的不正常变形,影响针织服装的质量。

(4)面料的绒毛方向性。绒毛类织物在织制和后整理过程中会产生绒毛的倒顺,由于反光不同,倒毛和顺毛会有深浅不同的色光。因此要特别注意绒毛类织物绒毛的倒顺方向。

(5)花纹图案的方向性。针织面料具有花纹图案时,除注意织物经纬方向性外,还应该特别注意花纹图案的方向性以及大身与袖、领、两裤腿等成衣各部位花纹图案的协调性。

3. 裁剪　裁剪就是将铺好的多层面料,按排料图上的样板形状及排列位置裁成各种裁片的工艺过程。为保证裁剪精度,需要按照一定的操作技术规程工作。

(1)应先裁小片后裁大片。因为先裁大片会使剩下的小片自身的稳定性降低,增加裁剪难度。

(2)应保持裁刀线路圆顺。

(3)应保持裁刀与面料平面垂直。压扶面料用力要轻柔,用力过大,面料会产生内凹变形,用力不垂直会造成上下面料错位。

(4)按照裁剪图打准剪口及钉眼等位置。剪口大小为2～3mm,以保证缝制时的准确定位。

(5)控制裁剪温度在面料允许的范围内。高速旋转的裁剪刀在多层面料中高速运动和剧烈摩擦会产生大量的热能,对于熔点较低的面料衣片边缘易出现熔融、粘连、变色、焦黑等现象,故应根据面料的性能控制裁剪刀发热温度。一般从减少铺料层数、降低裁刀速度、间歇操作等方面协调配合,使裁剪温度得到有效的控制。

4. 验片、打号、分包

(1)验片。验片的目的是检验裁片的质量。检验内容主要有以下几项。

①裁片的裁剪精度。如裁片与样板、最上层与最底层裁片的偏差;剪口、定位孔位置是否正确、清晰,有无打错、漏打等现象。

②条格花纹裁片的对位是否符合要求。

③裁片边缘是否圆顺,是否有毛边、破损现象。

④裁片中是否有超过规定的疵点。

对不符合质量要求的裁片,能修补的及时修补,不能修补的必须重新换片。

(2)打号。打号的目的是避免裁片产生色差或裁片组合发生混乱。裁片打上号后,便于缝制时按同一号的各裁片组合成一件服装。打号可采用号码机或标签粘贴机。

(3)分包。分包的目的是按照缝制生产工序进行裁片分组和捆扎,防止散乱,便于统计,也为缝制流水线做准备。在分包前,需将要黏合衬料的衣片拣出,进行黏衬,然后将同批产品的裁片根据生产需要合理分包,通常采用10件、12件、20件或30件为一包进行捆扎,每包的外面应系上标有产品名称、裁床号、规格、件数等内容的标签,分送到各缝制车间。

(三)缝制

缝制是将裁好的衣片和辅料按针织服装的结构和质量要求组合缝纫加工成针织成品的工序。针织服装的品种款式繁多,缝制加工方法随之变化,包括缝针和缝线的选择,线迹和缝型的选择等,因此要求进行合理的缝制工艺设计。缝制工艺设计有关内容将结合后面实例进行介绍,下面简单介绍一下线迹和缝型的选择。

线迹是缝制物上两个相邻针眼之间所配置的缝线形式。缝型是一定数量的布片和线迹在缝制过程中的配置状态。按样板裁剪的衣片需要根据不同的要求选择相应的线迹和缝型使其缝合成服装。

1. 常用线迹的结构与用途 国际标准化组织拟定了线迹类型标准ISO 4915—1991纺织品—线迹分类和术语,将服装加工中较常用的线迹分为六大类,共计88种不同类型。这里仅介绍针织服装中常用的几种线迹结构和用途。

(1)锁式线迹(300类)。图8－5所示是锁式线迹的主要类型。

①直线形锁式线迹(301号)。其外形为直线形虚线。根据直针的数量可分为单针和双针。从结构中可以看出,它的用线量较少,线迹的拉伸性较差,只适合缝制针织品中不易受拉伸的部位,如衣服的领子、口袋、钉商标、滚带等。缝制这种线迹的缝纫机称为平车。

②曲折形锁式线迹(304号、308号)。其外形为曲折形虚线。304号线迹为两点人字线迹,308号线迹为三点人字线迹。由于缝线用量相对较多,其拉伸性也明显提高,可防止织物脱散,有简单的包边作用。曲折的虚线美化了服装的外观。该类线迹较多用于有弹性要求的女式内衣、胸罩、袖口、裤口的缝制加工以及打结、锁眼、装接花边等。

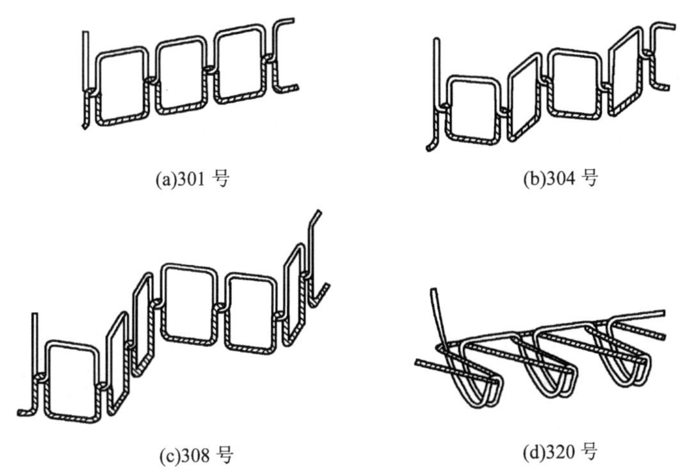
(a)301 号　(b)304 号　(c)308 号　(d)320 号

图 8 - 5　锁式线迹的主要类型

③缲边线迹(320 号)。其外形在缝料正面为直线形虚线和三角形线迹,而在缝料反面看不见线迹。该线迹又称为暗线迹。该线迹专门用于从里面缝制大衣、上衣、裤口折回的底边缲边,是针织外衣生产中常用的线迹结构,缝制这种线迹的缝纫机称为缲边机。

(2)链式线迹(100 类、400 类)。图 8 - 6 所示是链式线迹的主要类型。

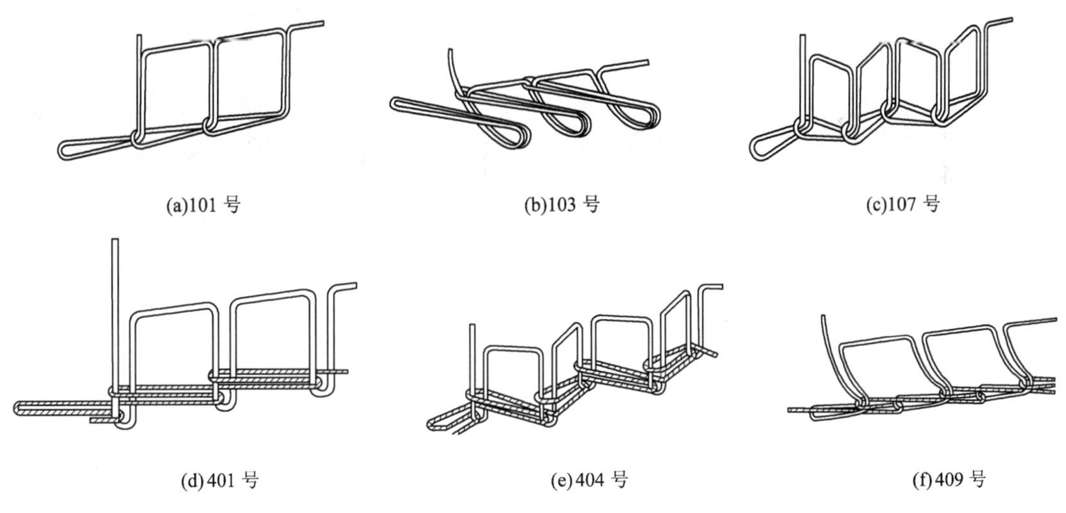
(a)101 号　(b)103 号　(c)107 号　(d)401 号　(e)404 号　(f)409 号

图 8 - 6　链式线迹的主要类型

①直线形单线链式线迹(101 号)。单线链式线迹当缝线断裂时会发生连锁脱散,在缝制针织服装时一般与其他线迹联合使用。

②单线链式暗线迹(103 号)。其外形呈横向锁链状,面料另一面看不见线迹。用于衣片下摆的缲边缝制。

③曲折形单线链式线迹(107 号)。其外形呈曲折形,主要用于简单的锁扣眼、装饰内衣的接缝等。

④直线型双链式线迹(401 号)。与锁式线迹相比较,这种线迹的弹性和强度较好,而且脱

散性较小，因此在针织服装缝制中得到广泛的应用。如延伸性要求较好的绲领、绱松紧带、袖的下缝、裤裆等部位的缝合。缝制401号线迹的缝纫机一般以其直针数量和用途来命名。如单针绲领机、双针绲领机、四针扒条机、四针松紧带机等。

⑤曲折形双线链式线迹(404号)。通常用于服装的饰边。

⑥双线链式暗线迹(409号)。其线迹外观与单线链式暗线迹相似，只是横向锁链的线数多了一条，线迹更为可靠，多用于外衣、裤子的底边的缲边缝制。

(3)绷缝线迹(400类、600类)。绷缝线迹包括绷缝线迹和覆盖线迹。图8－7所示为绷缝线迹和覆盖线迹的外观及实物应用图。图8－7(a)406号为双针三线绷缝线迹，图8－7(b)407号为三针四线绷缝线迹。绷缝线迹的特点是强力大，拉伸性好，同时还能使缝迹平整，在拼接处还可防止针织物的边缘线圈脱散。绷缝线迹主要用于衣片的拼接及装饰，如针织服装的装袖、绲领、绲边、拼边等。缝制绷缝线迹的缝纫机为绷缝机。

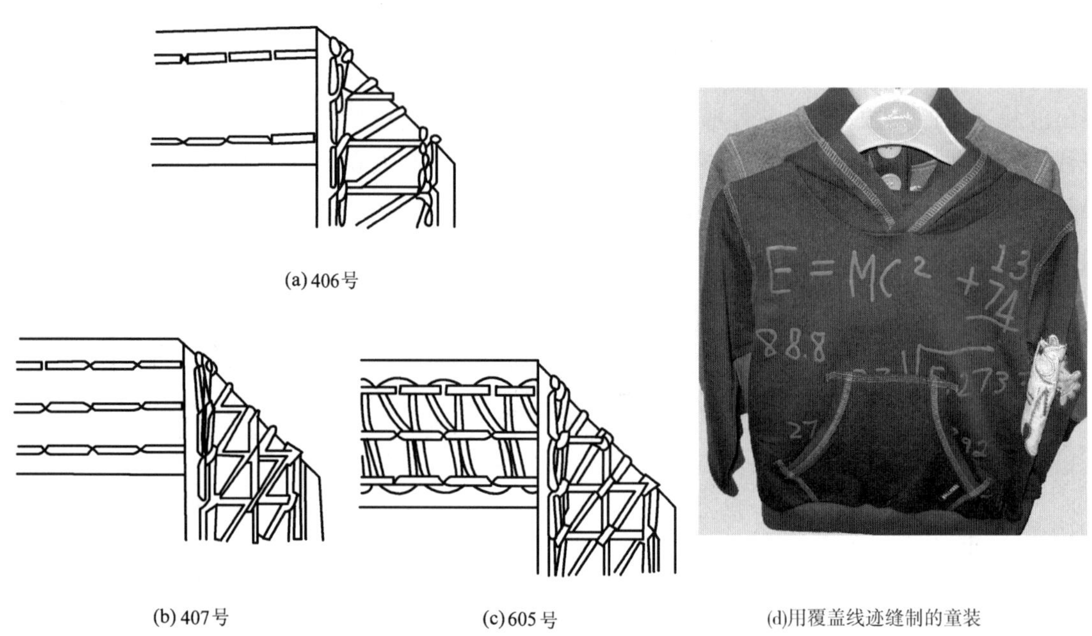

(a) 406号

(b) 407号　(c) 605号　(d)用覆盖线迹缝制的童装

图8－7　绷缝线迹和覆盖线迹的外观及实物应用图

覆盖线迹是在绷缝线迹的表面上线环以穿套的形式加入能覆盖线迹的装饰线，如图8－7(c)605号为三针五线覆盖线迹。覆盖线一般采用光泽好的黏胶丝。覆盖线迹既有绷缝线迹的优点，又有很强的装饰性，多用于服装的绲领、绲边、肩缝、侧缝等的拼接。图8－7(d)为用覆盖线迹缝制的童装。

(4)包缝线迹(500类)。包缝线迹配置在缝料的边缘，故又称为锁边缝线迹，其缝线可采用一根或数根，缝线呈空间配置，线迹外观为立体网状。包缝线迹有单线包缝、双线包缝、三线包缝、四线包缝、五线包缝和六线包缝。单线包缝线迹不牢靠，一般用于毯子边缘的包缝或裘皮服装的缝接等；双线包缝线迹适合于缝制弹性大的部位，如弹力罗纹衫的底边常用这种线迹缝制；三线包缝线迹的特点是使缝制物的边缘被包裹，防止针织物边缘脱散，当受到拉伸时，三根线之间可以有一定程度的互相转移，因此缝迹的弹性较好，被广泛地使用于针织服装的缝制中；

四线包缝线迹常用于针织外衣的缝合加工，如内衣、T 恤衫的肩缝、袖缝等处的缝合，起加强作用；五线包缝和六线包缝属复合线迹，由包缝和双线链式线迹这两种独立线迹组合而成，该复合线迹弹性好、强度高、缝型稳定、缝制生产效率高，多用于针织外衣以及补整内衣的缝制。图 8－8 所示为五线包缝的结构和正反面外观。

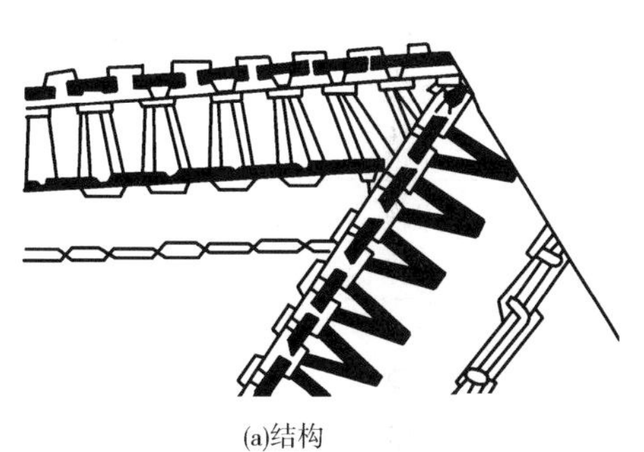
(a)结构

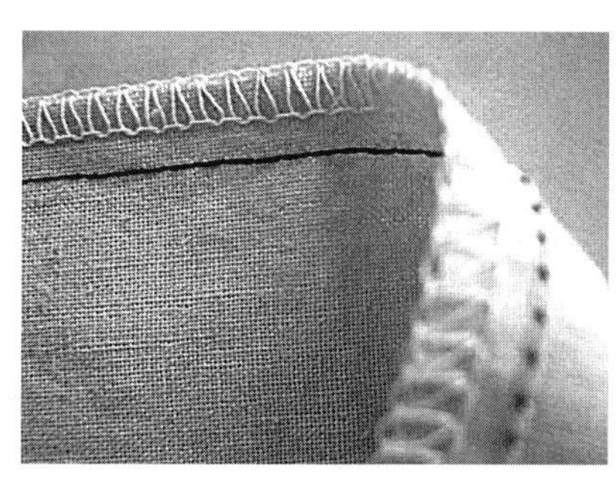
(b)正反面外观

图 8－8 五线包缝线迹的结构与正反面外观

2. 缝型的分类及应用 缝型的结构形态对于缝制品的品质(外观和强度)具有决定的意义。由于在缝制时，衣片的数量和配置方式及缝针穿刺形式的不同，使缝型变化相对于线迹更为复杂，为此国际标准化组织于 1991 年 3 月拟订了缝型标号的国际标准 ISO 4916—1991，作为简便的工程语言指导生产和贸易。

(1)缝型的分类。缝型分类按照缝料的边缘形态、缝料的数量、缝料间的配置关系分为八大类，如表 8－1 所示。其中缝料的边缘形态又分为一边为有限边缘(用直线表示)，一边为无限边缘(用波浪线表示)，两边为无限边缘以及两边为有限边缘四类；缝料的数量可以是 1、2 或者更多；缝料间的配置关系有重叠、搭接、拼接、包卷、叠加、夹芯等形式。

表 8－1 缝型分类示意图

缝 片	分 类							
	1	2	3	4	5	6	7	8
最小缝片数	≥2	≥2	≥2	≥2	≥1	1	≥2	≥1
基本缝片的配置								

1 类缝型：由两片或两片以上缝料组成，其有限布边(用直线表示)全部位于同一侧，缝料呈重叠关系，如平缝。

2 类缝型：由两片或两片以上缝料组成，其有限布边相互对接搭叠，无限布边(用波浪线表示)分置两侧，如里料拼接。

3 类缝型：由两片或两片以上缝料组成，其中一片缝料有两个有限布边，并将另一片缝料的有限布边夹裹住，如绲边。

4 类缝型：由两片或两片以上缝料组成，其有限布边在同一平面内有间隙或无间隙地对接，无限布边分置两侧，如拼缝。

5类缝型：由一片或一片以上缝料组成，如加入橡筋。

6类缝型：只有一片缝料，其中一侧为有限布边，如边缘自卷。

7类缝型：由两片或两片以上缝料组成，其中一片缝料的一侧为有限布边，另一片为两侧有限布边，如定商标。

8类缝型：由一片或一片以上缝料组成，所有布片两侧都为有限布边，如嵌条。

（2）针织品缝型设计举例。缝型设计是依据服装款式、面料质地、缝口部位等设计相适应的缝型。图8－9为针织文胸（内衣）缝型设计举例。

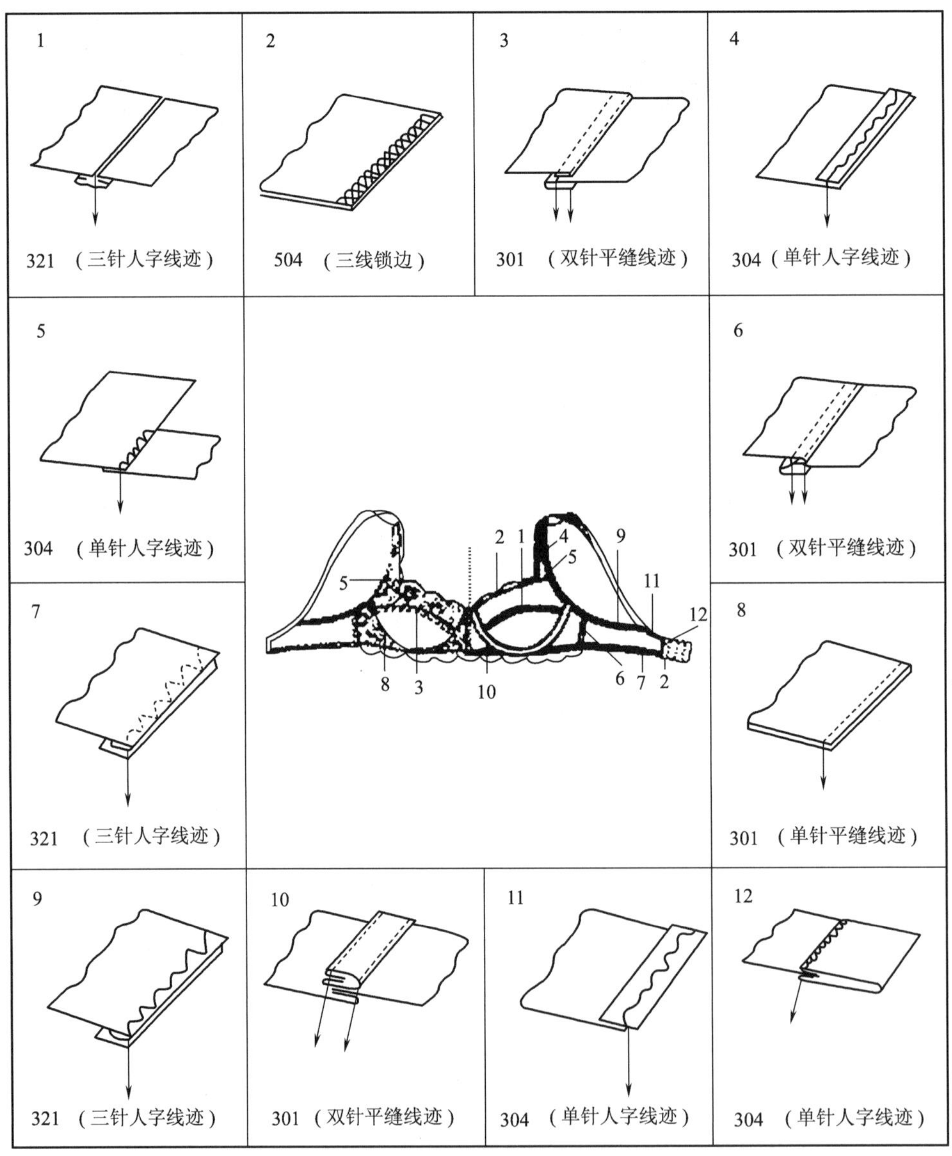

图8－9 针织文胸缝型设计

3. 缝口质量要求 服装外观质量很大程度上是由缝口质量决定的，缝纫加工时，对缝口质量应严格要求和控制。一般缝口应符合以下几方面的要求。

(1)牢度。缝口应具有一定的牢度,能承受一定的拉力,以保证服装缝口在穿用过程中不出现破裂、脱纱等现象。缝口牢度的考核指标有以下几项。

①缝口强度。指垂直于线迹方向拉伸,缝口破裂时所承受的最大负荷。影响因素主要有缝线强度、缝口的种类、面料的性能、线迹种类、线迹收紧程度及线迹密度等。

②缝口延伸度。指沿缝口长度方向拉伸时,缝口破裂时的最大伸长量。影响因素主要有缝线的延伸度和线迹的延伸度。

③缝口耐受牢度。服装在穿着时,会受到反复拉伸的力作用,因此需测定缝口被反复拉伸时的耐受牢度,包括在限定拉伸幅度3%左右的情况下,缝口在拉伸过程中出现无剩余变形时的最大负荷,或最多拉伸次数;在限定拉伸幅度为5%~7%的情况下,平行或垂直于线迹方向反复拉伸,缝口破裂时的拉伸次数。一般可通过耐受牢度实验来确定合适的线迹密度,以确保服装穿着时缝口的可靠性。

④缝线的耐磨性。缝口开裂往往是因为缝线被磨断而发生线迹脱散,所以需要选用耐磨性较高的缝线。

(2)舒适性。要求缝口在人体穿着时,应比较柔软、自然、舒适。特别是内衣和夏季服装的缝口一定要保证舒适,不能太厚、太硬。对于不同场合与用途的服装,要选择合适的缝口,如来去缝只能用于软薄面料;较厚面料应在保证缝口牢度的前提下,尽量减少对布边的折叠。

(3)对位。对于一些有图案或条格的衣片,缝合时应注意缝口处的对格对条对花。

(4)美观。缝口应该具有良好的外观,不能出现皱缩、歪扭、不齐、露止口等现象。

(5)线迹收紧程度。用手拉法检测。垂直于缝口方向施加适当的拉力,应看不到线迹的内线;沿缝口纵向拉紧,线迹不能断裂。

任务三 针织服装款式设计基础知识

一、针织服装设计的原则

针织服装设计的原则是实用、舒适、卫生、美观、经济。这几者的合理组合才能够满足消费者需求,并具有良好的市场前景。

服装是人类生活不可缺少的生活资料之一,除必须起到御寒、护体的作用和舒适、卫生、安全的要求外,还必须符合穿着者的身材、年龄、职业及季节、地区的要求,同时还要与使用场合、民族习惯相吻合。如婴儿服装要求柔软、简便;儿童服装要求具有适应其活泼好动、成长发育的特点;青年人服装要求表现朝气、健美;老年人服装要求轻暖、柔软,适当的宽松和穿脱方便,同时又要表现良好的气质风度;北方地区要求尺寸规格稍大,南方地区要求尺寸偏小;夏季服装要求透气性好,吸湿性强;冬季服装要求保暖、轻柔等。

对于现代服装,仅仅满足实用、舒适、卫生的要求是远远不够的,服装还是穿着者的装饰品,因而必须起到美化人的形象、美化生活的作用,同时还要适应人们追求美的心理要求,反映人们对美好生活的向往及反映所处时代的风貌。因此,产品设计时必须将美观作为一个重要的因素来考虑, 使面料、色彩、服装造型、服装配件有机地结合在一起,而且与服用对象相和谐,使所设计的产品达到实用的功能和装饰的效果。

所谓经济，是指服装设计人员必须具有一定的经济头脑和市场意识。设计前做好市场需求调研，考虑人们的购买水平、产品的供求关系，定准目标人群和价位；考虑大批生产的能力以及从经济角度、卖点的角度注意新材料、新工艺的选择和应用，注意面料的档次与服装品种相适应，注意主料与辅料的性能特点与搭配，进行合理的工艺设计等，以达到降低产品成本，增加服装卖点的目的。经济效益也是检验设计好坏的重要因素，服装投入生产前应有经济核算这一环节。求新、求美、求卫生、求舒适的同时也要求有较好的经济效益。

二、针织服装款式造型设计特点

针织服装的款式造型往往是通过面料的色彩、质地和表面风格来体现的，款式设计时必须考虑针织面料的特点。线圈相互串套形成的针织面料具有柔软、蓬松、透气，延伸性和弹性好、抗皱性能好，但尺寸稳定性差、易变形、易脱散，有些组织的针织面料还具有卷边性等特点。针织面料最适合于要求松软、轻薄质地的合身或紧身产品，如服装中的内衣、T恤衫、泳装、健美裤、芭蕾服、运动衣、羊毛衫、袜子、手套、围巾等。由于针织面料的适体、舒服、抗折皱、柔软性、悬垂性、花色与款式轻松活泼、易于翻新、容易适应服饰流行的瞬息变化等特点，也特别适合制作各种宽松型的旅游、休闲服和时装。设计针织服装结构时一定要注意其面料特点，扬其优点，避免缺点，充分利用和表现面料的材质。从这些因素出发针织服装更适宜于简洁完整的结构设计。

1. 针织服装轮廓造型的特点 针织服装由于面料良好的延伸性、弹性和柔软性，其造型更多地以直式身、紧身式和宽松式三种类型来表现。

（1）直身式。直身式即H型，是针织服装传统的造型，这种外轮廓造型在针织服装中占有很大比例。传统的T恤衫、圆领汗衫、背心、棉毛衫、羊毛衫等均是直身式。其肩线呈水平或稍有倾斜的自然形，腰线是直线或稍呈曲线，线条简洁明快，穿着方便舒适。这类造型的服装一般选用编织密度较大、延伸性较小的布料制作。

（2）紧身式。紧身式是针织服装特有的造型，它可以是H型、X型和A型。由于纬编针织物具有优良的延伸性和弹性，特别是横向延伸性和弹性更好，一般横向拉伸可达20%以上，如再利用弹性纤维氨纶来制作氨棉包芯纱、包覆纱等，并配以适当的织物组织结构，可生产出弹性极强的针织面料。由这种面料制作的紧身服装适体性特别好，既能充分体现人体曲线美，又能伸缩自如。

紧身针织服要求触感柔软、舒适卫生、吸湿透气，又能起到支撑和收紧的功能，因此常选用轻薄的弹性针织面料制作。

（3）宽松式。宽松式针织服装也能较好地体现针织面料轻柔、舒展、悬垂性好的特点。其轮廓造型一般由简单的直线、弧线组合而成，服装围度较大，造型大方，穿着宽松、舒适，它主要用于时装、休闲装、日常生活装、运动装、大衣等制作中。

这类针织服装有的需选用轻薄柔软的针织面料，有的则需选用纬编双面提花织物、羊毛织物等较厚实的面料。

2. 线条简洁，不宜采用过多的分割 针织服装中结构线的形式，大多是直线、斜线或简单的曲线。因为针织面料优良的延伸性和弹性，使得在机织面料中必须利用曲线的部位，针织面料只需直线或斜线就能达到相似效果。针织服装设计中不需要、也不允许结构功能上过多的省道和分割线。针织服装中有时采用的分割线也多为装饰性分割线,同时通过分割线将省道隐去。

为使针织内衣、T恤衫或者针织衣裙类更好地体现合体、柔软、弹性好、悬垂性好、轻松、休闲等优势,服装款式也宜简洁,以简洁柔和的线条与针织面料的柔软适体风格相协调。款式设计的重点多放在领、袖、袋、下摆的长短和形态等局部的设计及面料的质感和花色风格的表现上,其结构应以充分利用和表现面料的性能来展开设计,因而服装的轮廓多为H型及通过收腰、放腰及收摆、扩肩等方法形成的X型、A型和V型。图8-10所示为领口变化为中心的款式设计手法。

图8-10　领口变化为中心的设计手法

3. 造型应统一　当整体轮廓确定后,在进行结构设计时,首先要注意内外造型风格相呼应,其次各局部之间的造型要相互关联,不能各自为政,造成视觉效果紊乱。例如,下摆尖角与圆口袋、飘逸的裙摆与僵硬的袖子等,会令人产生不协调的感觉。图8-11所示为款式设计中造型统一的部分例子。

4. 围度的放松度较机织物小　针织面料在胸、腰、臀等围度方面的放松度一般比机织物小,具体放松数值应根据服装的功能、穿着要求与面料性能来决定。设计弹力内衣、泳衣、弹力体操服等贴身服装时,还应适当缩小围度尺寸,以保证紧贴身体和更好地塑身,但不能妨碍人体活动。另外,服装领口、袖口、裤口等部位的横向尺寸也应适当缩小。

5. 针织服装边口造型设计特点　针织面料具有脱散性和卷边性,在其领口、袖口、裤口、下摆等易于脱散、卷边和磨损的部位应特别注意从设计上加以弥补。罗纹组织的延伸性和弹性特别好,又不卷边,所以常常用它来作为要求延伸性和弹性特别好的部位的面料,因此各种边口造型已成为针织服装中一种既实用又具有装饰性的造型风格。

图8－11　款式设计中造型统一的部分例子

(1)罗纹饰边。在机织面料中为穿脱方便而必须有的领口、袖口、裤口开衩的设计，在针织服装(T恤衫、内衣、羊毛衫等)中大量采用罗纹边口来解决，如图8－12(a)所示的套头棉毛衫，其领口、袖口、下摆均为罗纹饰边，造型简洁、完整，穿着柔软、舒适，羊毛衫裤圆筒状的罗纹袖口、裤口设计还减少了缝梗，使穿着更觉舒适。

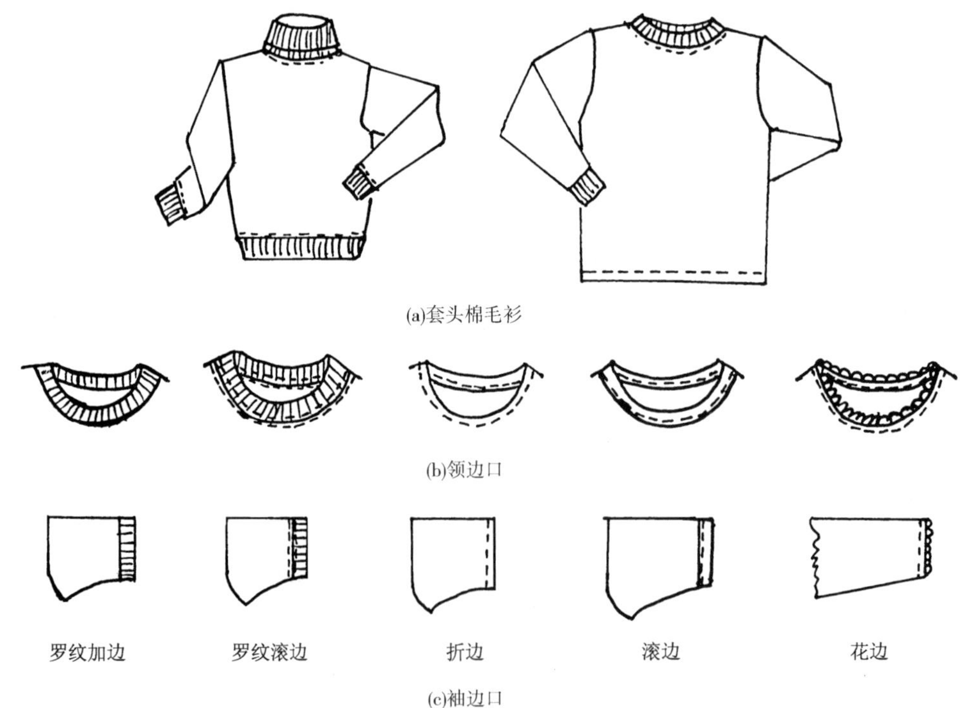

图8－12　针织服装边口类型

(2)绲边、折边和装饰性花边。领口、袖口、裤口和下摆处也可通过绲边、折边和加缝弹性花边饰边的形式来处理。绲边的布料可以与大身同,也可采用罗纹组织或其他弹性相适应的布料或斜纹贴条。图 8 - 12(b)为领边口造型设计示意图,图 8 - 12(c)为袖边口造型设计示意图。一般说来,领边口和袖边口的造型要协调统一。

三、针织服装缝迹设计特点

由于针织面料本身具有的脱散性、弹性和延伸性,为了能使针织服装充分保持这些特性并补偿某些特性的缺陷,对于针织缝纫用的缝迹有一些特殊要求,在进行针织服装的款式设计和缝纫工艺设计时需要加以注意。

(1)缝迹强力与缝制物的强力相适应。如缝迹强力差,将在缝合处出现断裂现象,影响产品的使用寿命。

(2)缝迹的弹性、延伸性与缝制物的弹性、延伸性应一致。如缝制品的弹性较好而缝迹的弹性不能满足要求,在穿着过程中,也会发生缝迹断裂现象。

(3)某些针织面料具有很大的脱散性,在缝制针织服装时,最好能使缝迹在美观的同时也达到防止针织面料边缘脱散的目的。样板设计时,缝份也应适当多留一点,缝纫设备不同,缝份有所不同,一般以 1 ~1.5cm 为宜,以防止拷缝不足而导致布边脱散。

(4)在满足上述条件下,一些明显的部位应选用较为美观的缝迹,而且缝迹的形式应与服装的整体造型相协调,以提高服装本身的美观和品位。

(5)由于针织面料横向的延伸性和弹性较大,在一些不需要伸缩的部位,如合肩产品的肩缝处,一般采用机织条带或大身布的直丝条来进行加固。

(6)针织外衣产品缝制时不能生搬硬套机织物的某些处理方法,如推、归、拔、烫等技巧,而应根据面料的弹性、悬垂性等性能选用褶裥等方法处理,袖窿处归拢量不宜过多,袖山处可使用加固衬或加固带来增加立体感和牢度。

四、针织服装款式设计图

服装款式设计图是用来表达服装设计构思和工艺构思的效果和要求的一种绘画形式,在服装设计、生产、销售活动中起着表达设计意图,争取选样和指导制作的作用。它包括服装效果图、服装款式图和相关文字说明三方面的内容。针织服装设计通常采用服装款式图和相关文字说明相结合的形式来表达。

服装款式图是通过对效果图的审视,运用线条的粗细、虚实来表现服装的款式、比例、结构、工艺和材质等内容,它是将服装效果以平面形态画出来。服装款式图表现的准确与否,将直接影响到样衣的制作,也是能否正确理解设计构思意图,并进行结构设计的再创作的关键环节。服装款式图对绘画的艺术性要求不高,但对技术性要求很严格,它需要将设计的各种因素和结构以正面、背面,甚至侧面的形式予以表达。对于复杂的结构或装饰,还需局部放大加以说明,针织服装款式图参见图 8 - 13。

绘制服装款式图时首先要将服装的外形表达清楚,服装外形是服装造型的主要体现,对设计意图的表达至关重要,款式图应做到准确表达外形的比例。如服装长与宽的比例,肩宽、腰围、胸围、底边宽度尺寸之间的比例等。上装外形长与宽的比例一般以肩宽为准,下装外形长与宽的比例则以腰宽来确定,同时,应注意将男女的外形特征表现出来。

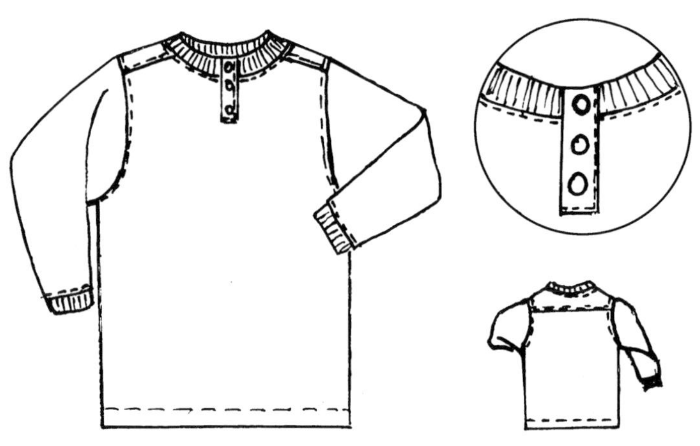

图 8－13　针织服装款式图

服装的外形确定之后，即可根据设计意图进行与外形比例相适应的局部配置，如省道线、分割线、褶裥线、装饰线及纽扣、口袋等的形状和位置，要尽可能地表达准确、详细，以充分表现款式的细节。绘制服装款式图时，一般以粗实线表示服装的外形轮廓线，而省道、褶裥、分割线等结构线则用细实线表示，缉明线用虚线来表示。

服装款式图除正面外，往往还要将背面款式图、面料质地和色彩等全面表达出来。一般可剪一小块面料贴在款式图旁，或配上表现面料色彩和质地的小图样。有时还需要通过局部放大特写图作补充表达，以清楚地表达该部位的设计意图。

在效果图、款式图完成之后，对于一些不能用图示形式表述的设计意图，需要附上必要的文字说明，如设计意图、面料、辅料及配件的性能质量、选用要求、缝纫工艺制作要求等，必要时附上面料、辅料及配件小样。运用文字与图示相结合，以全面、准确地表达设计思想及制作要求。

任务四　针织服装的局部结构设计

服装的局部结构是指与主体服装相配置和相关联的各个组成部分，上衣主要包括领、袖、门襟、下摆、口袋等，裤子主要包括裤腰、裆、裤脚口等。从设计的基本原则出发，各个局部结构不仅要有良好的功能，还要与主体造型有机地结合，达到协调和统一。在处理服装的局部结构时，应该在满足其服用功能的前提下，寻求与服装主体造型之间的内在联系，一方面具有一定的装饰性；另一方面与主体结构之间又是一种主从的关系，使之恰当得体。

一、领

领是服装中最引人注目的部位，领子的式样千变万化，造型极其丰富，既有外观形式上的差别，又有内部结构的不同，每一种类型的领子都有自身的特点和对于主体造型的适应关系。

针织服装的领型从结构上可分为挖领和添领两大类。挖领从工艺上又分为折边领、绲边领、罗纹领、饰边领、贴边领等。添领从服装结构上分为立领、翻领、坦领和连帽领。由于面料的弹性及翻驳领造型的要求，针织服装中很少使用翻驳领。针织服装领的结构见图 8－14。

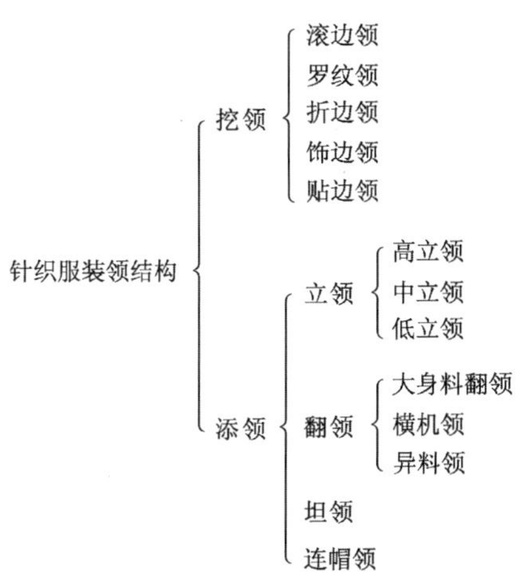

图 8-14　针织服装领的结构

1. 挖领　挖领是最基础的、最简单的领型,也是针织服装的一大特色。它是在服装领口部位挖剪出各种形状的领窝,如圆领、V 形领、一字领、方形领、梯形领等,通过折边、绲边、饰边、加罗纹边等工艺手法对边口进行工艺处理。这种处理工艺不仅解决了针织面料边口的脱散性、卷边性问题,而且运用面料的伸缩性解决了穿脱的功能性问题,简化或省略了开襟、开衩的功能性设计,具有造型简洁、大方、整体性强,穿着舒适、柔软、行动方便的特点。图 8-15为棉毛衫、运动衫、男式 T 恤衫等针织服装常见的挖领型,图 8-16 为女式内衣、T 恤衫常见的挖领型。

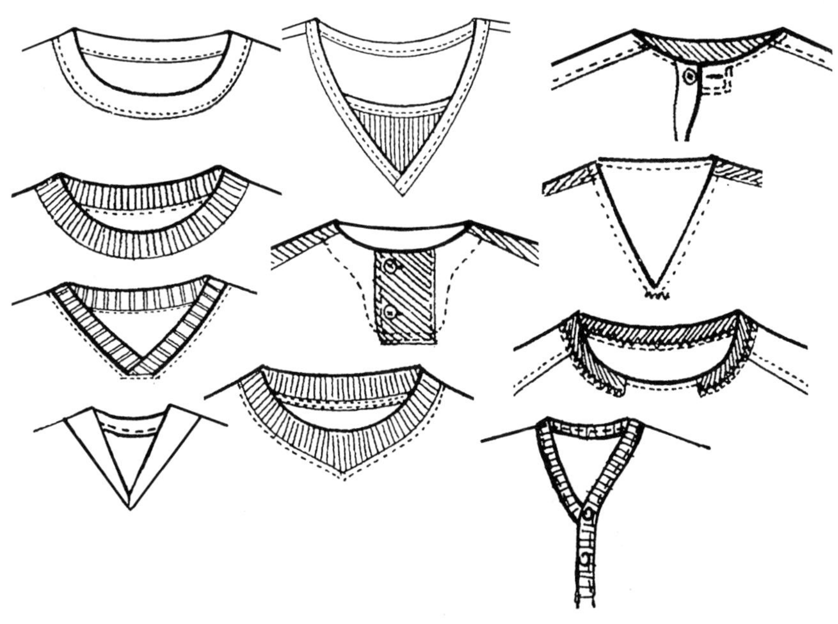

图 8-15　针织服装常见的挖领型

图8－16　女式内衣、T恤衫常见的挖领型

(1)绲边领。它是在领口的周边包滚一条与大身料相同的横纹布。多用于针织内衣产品。面料一般为汗布和罗纹、棉毛类，较薄，当使用较厚面料绲边时，会对成品领口规格产生一定的影响。计算领口尺寸时，需要考虑坯布的厚度，在领深、领宽的尺寸中扣除坯布的厚度，实绲时约为0.25cm。

(2)罗纹领。它是在领窝处绱双层罗纹。罗纹领与大身料组织不同，形成明显的组织变化效果，常用于内衣、T恤衫、绒衣类产品，领口形状以圆形、V形居多。圆领造型要求成形后领口必须平服、圆顺，由于罗纹的弹性大于一般大身料组织，能满足成形后领口平服、圆顺的要求。但是圆领罗纹的宽度不宜过宽，当罗纹的宽度大于一定的值后，领口内外圆的周长相差较大，超越了罗纹组织弹性特点的发挥范围，就达不到造型的要求。圆领口罗纹的宽度，一般以2～3cm为宜，内外圆的周长差需通过缝合时稍做拉伸来调整。同时从服用要求分析，领口罗纹本身的弹性就大于大身面料，也需要拉伸领口罗纹以取得与大身相应的弹性。缝制时应避免领口过松或过紧，一般需要通过试制样衣的方法来确定罗纹领口的布料尺寸，考虑领口尺寸时需扣除罗纹宽度规格。

(3)折边领。即在领口处折边处理，折边一般采用平缝、链缝线迹。折边的宽度不宜过宽，一般为0.75～1cm。因这类领口弹性较小，考虑到穿脱的功能性，适用于领口较大的产品，如V形领、大圆领。

(4)饰边领、卷边领。饰边领是在领口部位加花边、丝带等以强调装饰。卷边领是利用针织面料某些组织(如纬平针组织)的卷边性而设计的自然翻卷领边的一种无领形式,领口形式随意、自然。

(5)贴边领。贴边领是在领口部位加上一层贴边布料,其主要目的是对领口边做工艺处理,因而可参照机织面料领口加贴边的工艺处理方法。这类领型在与丝带、花边、贴边缝合时强调平整。因弹性较小,设计时需综合考虑装饰效果、工艺要求和服用功能的要求。

2. 添领　添领是由领口和领子两部分构成领子的造型,多用于针织外衣中。常见领型从结构上分为立领、翻领、坦领和连帽领。不同领型具有不同的特点,设计时更多地依据不同的服装品种,以及与主体结构之间的内在联系和材料的选择去考虑。针织服装常见的添领型见图 8 - 17。

(1)立领。立领款式参见图 8 - 17(b)、(c)、(d)、(i),针织服装的立领造型上不强调直立、合体、严谨、庄重的效果,多为封闭宽松型,强调防风保暖的功能,表现轻松、随意的感觉。有的还配以绳、扣,以取得装饰的效果,同时更强化了功能性。

图 8 - 17　针织服装常见的添领型

(2)翻领。针织服装的翻领从材料上可分为大身料翻领、横机领和异料领三种,不同材料的翻领其造型效果截然不同。

采用与大身料相同布料的翻领，其款式的变化表现为领面宽窄的变化、领子开门深浅的变化、领口大小的变化、立起程度的变化和领子外口线的变化等，依据翻领的结构原理进行结构选择，如图8－17(e)、(f)、(h)所示。

横机领是T恤衫的专用领型，如图8－17(a)所示，它是在专用横机上编织的成形产品，根据所需要的领宽和领长在编织时设置分离横列，下机后拆散而成。横机领结构上仍属直角结构，其领子外口线所具有的延伸性能满足翻领的造型要求。多利用色织和边口组织的变化来丰富款式的变化。为了款式上的统一，一般袖口形式应与领子相一致。

异性材料领指翻领料与大身料在外观、性能或原料上有明显不同。异性材料领型的使用，多从领子造型及尺寸稳定性要求上考虑，在服装主体设计和局部设计中更多地综合造型的需要、材料的特性去加以选择，很有个性。设计者需要充分理解面料、服装结构和功能的需要去进行设计，它是近年来服装类别中的新品种。

(3)坦领。图8－17(i)所示为坦领的一种形式。坦领从结构上分，是翻领的极限形式，造型特征是领片自然翻贴于肩部领口部位，看上去舒展、柔和。一般用于儿童和女性服装中，坦领设计中可以产生多种形式的变化，领子的形态根据服装主体造型的需要可宽可窄，可大可小，领尖的形状可方可圆，可长可短。

此外，坦领的领面部分可运用衣片自身的体量扩展的方法，形成有明确体量的局部，能够加强服装整体造型的形式美感。日本学生服中的水兵领就是由此产生的，大而方的领子从前胸向肩部和后背伸展，显示出一种特有的青春气息。

(4)连帽领。连帽领如图8－17(g)所示，它是在坦领的基础上演变而来的，前领类似水兵领，后领与帽子连在一起，具有一定的功能性和审美性。目前在针织外衣和时装中运用得越来越多。

二、袖

袖在服装中不但起遮盖和保暖的作用，也对服装造型产生重要影响。袖子的结构要保证不影响臂膀的抬举和弯曲动作，不同的服装造型和服用功能需要不同结构和形态的袖子，不同结构和形态的袖子与主体结构相配合，又会使服装的整体造型产生不同的效果。

根据袖子与衣片的结构关系，一般分为连身袖、装袖、插肩袖和肩袖四类。针织外衣的常见袖型如图8－18所示。

针织内衣的常见袖型结构如图8－19所示，袖山结构形式均为平袖，它适于比较宽松的款式，目前许多合体内衣和T恤衫已采用衬衣袖的袖山结构，在穿着时不臃肿，更合体。

针织服装的袖型从结构上涵盖了上述四种类型。与机织服装的袖型区别在于，对合体袖结构处理上采用一片袖结构，通过面料的弹性即可获得机织物袖型中必须由两片袖才能获得的功能；缝制工艺中，装袖不存在两片袖结构和袖压肩的造型特征，更多地强调舒适、随意，外观平整流畅和便于活动的运动特征。

1. 连身袖 连身袖的特点是袖子与衣身连在一起（无袖窿线）。我国古代和传统服装中多采用这种袖型，所以连身袖又称为中式袖。连身袖的服装穿着舒适，手臂活动不受束缚，属于宽松型结构，常用于中式服装和睡衣中，如图8－18(a)所示。

2. 装袖 装袖如图8－18(b)～(d)所示，其袖片与衣身在人体肩峰处分开。针织服装中装袖更多的是以平袖形式出现，其袖山长度与袖窿围度尺寸相等，缝合后平服、自然。造型上有宽

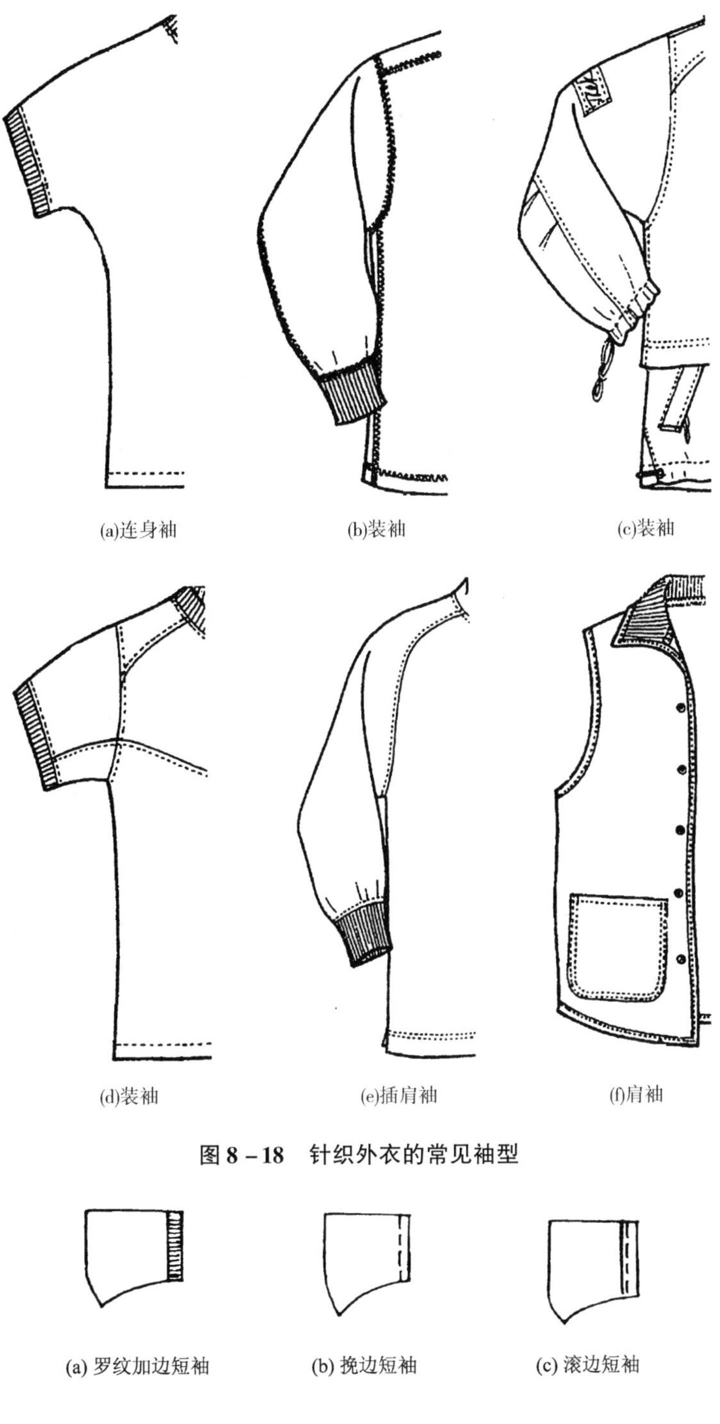

(a)连身袖　(b)装袖　(c)装袖

(d)装袖　(e)插肩袖　(f)肩袖

图 8－18　针织外衣的常见袖型

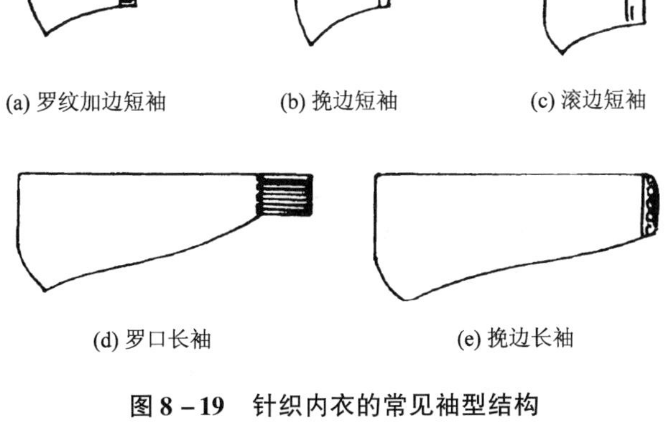

(a) 罗纹加边短袖　(b) 挽边短袖　(c) 滚边短袖

(d) 罗口长袖　(e) 挽边长袖

图 8－19　针织内衣的常见袖型结构

松与合体之分，均属一片袖结构，不需要像机织物袖型设计中为了合体功能而设计为两片袖结构。针织合体袖功能一般通过面料的弹性或收肘省的方式来获得。有长袖、短袖、中袖之分，袖身的变化分收袖口和放袖口两种。款式变化主要是在袖口的工艺处理上，一般与领型处理相一致。

3. 插肩袖 插肩袖是将衣片的一部分转化成了袖片，视觉上增加了手臂的修长感。由于插肩袖穿着活动方便，属较宽松的结构。运动装多采用插肩袖。它也常用于大衣、外套、风衣、休闲服装中。插肩袖在"插肩"量的构成形式上有全插肩、半插肩之分；结构上有一片袖和两片袖、前插后圆或前圆后插等形式。针织服装的插肩袖一般是全插肩一片袖形式，款式的变化体现在衣片与袖片互补形式的量与形状上，有曲线状，直线状插肩袖之分。曲线状插肩袖如图8－18(e)所示。

4. 肩袖 肩袖也称无袖，即由袖窿形状直接构成袖型，常见于夏季服装中，如图8－18(f)所示。针织服装可以利用折边、绲边的形式对袖窿进行工艺处理，结构上多体现为合体型。这时需要根据面料的特征对袖窿结构尺寸及形状做很好的把握。

需要注意的是袖型的选择、袖子的长短、松紧都是以主体结构的造型为基础的，应与主体造型相协调，形成比例上的合理关系。袖和领还有一定的配合关系，一般来说，如罗纹领一般配置罗纹袖或罗纹加边袖；绲领配绲边袖；折边领配挽边袖等，而且一般领口和袖口所有辅料、坯布种类和颜色要基本协调一致。为了增加服装的花色品种和满足个性化需求，针织服装袖除了在造型形式上的不同设计外，还可以充分利用面料的肌理求得变化，如衣身和袖子采用不同组织结构的面料，大身选用机织面料，而袖子则用针织面料；袖口面料组织与袖身面料组织的变化等，这样就可以大大地丰富针织服装的造型了。

三、口袋

口袋既具有实用功能，又是服装造型的重要手段之一，对于服装起着装饰和点缀作用。针织服装的口袋在结构形式上有明袋和暗袋两种；按袋的位置有胸袋、侧袋、臀袋、臂袋、腰袋、腹袋等，由于针织面料易变形，不少口袋装饰的作用大于实用性。针织服装各类型口袋的构成参见图8－20。

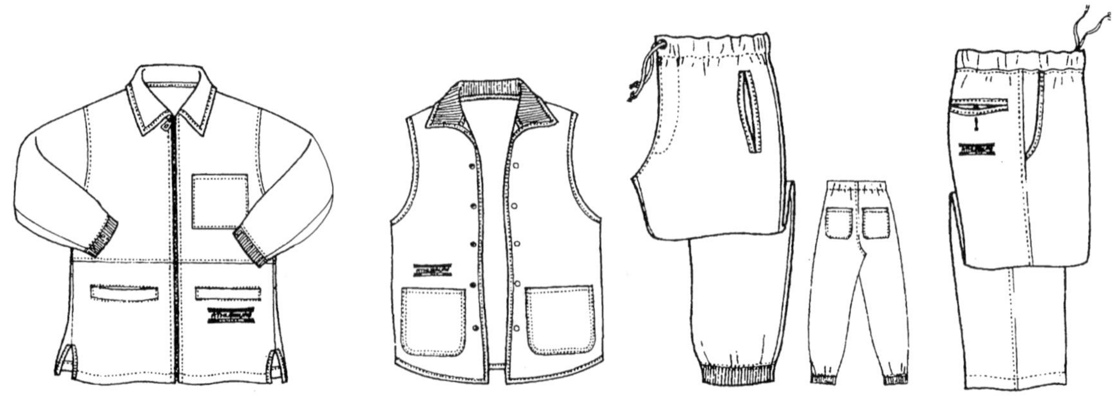

图8－20 针织服装口袋的构成

1. 明袋　明袋也称贴袋,是针织服装常见的口袋形式,明袋与其他的局部结构一样,其造型要与主体服装造型相协调,以达到与整体造型的一致。例如,衣服的前摆是直角的,那么贴袋的造型也应是直角的;相反,衣服的前摆是圆角的,那么贴袋的造型也应是圆角的。在不改变服装造型的情况下,贴袋位置上、下的移动,面积的大小都要考虑与主体结构间的比例关系和主从关系。明袋由于其在服装上的明显位置,其形状、缝制、线迹均具有较强的装饰效果,从服装的流行与创新的意义上讲,其装饰的作用已大于其最初的功用。

明袋位置的确定以便于手伸入为宜,袋口大小则与手掌围度的大小、手伸入袋口的状态及总体造型要求有关。

2. 暗袋　暗袋也称插袋,它常常是利用衣缝制作的口袋,常用于裤侧缝中,上衣和裙中也有利用公主线及横向分割线来制作的。一般以实用功能为主要目的。

四、门襟

门襟在外衣构成中原本主要是为穿脱的方便而设计,在针织服装中,门襟的结构有全开襟、半开襟和不开襟三种形式;根据所在部位有领门襟、胸门襟、背门襟、裤门襟等。领门襟一般用于套头衫,为半开襟;胸门襟指全开襟。针织服装由于面料的伸缩性,穿脱方便的功用在多数情况下已不成问题,门襟更多的是为了服装的语言符号和装饰作用。开襟的闭合方式可以是拉链闭合也可以是纽扣闭合。门襟开口的形式与造型要与领的构成结合起来考虑。

五、下摆

衣服的底边称为下摆,通常有挽边和罗纹两种。挽边下摆是利用衣片本料折边缝制的,罗纹下摆是在衣服下边缝上宽度为 7 ~ 14cm 的单层或双层罗纹布边而成的。罗纹下摆的弹性好,有收紧作用,多用于运动服和青年人穿用的针织内、外衣中。

六、腰

衣服的腋下部分称为腰。腰分为直腰和收腰两大类,女式服装多用收腰(X 型曲腰),呈曲线形状,男式服装多用直腰(H 型轮廓)。

七、肩和挂肩

前、后衣片连接的部位称为肩。衣服的肩可分为平肩、斜肩和插肩三种。平肩也叫连肩,无肩缝,由于针织物横向拉伸性较大,平肩穿着后易拉长,影响美观;斜肩与人体肩部倾斜形状相合,穿着时美观舒适,而且在肩缝处可加直丝布条,既起加固作用,穿着中又不易变形;插肩是在前、后衣片之间插入袖片,用袖片来连接前、后衣片的一种款式,插肩多用于运动服等外衣中,牢度好、美观,而且臂膀活动也较方便。

衣服大身与袖子的合缝部位称为挂肩。它可分为挖肩、直挂肩和插肩三种。直挂肩的大身处没有袖窿弯度,只在内衣(如汗衫、棉毛衫等)中采用,在穿着时挂肩处臃肿不适,特别是较厚的衣料更不宜采用;挖肩在衣片袖窿处呈弧形,它与袖山结构相对应,挖肩的弧线设计得好不仅穿着舒适,而且可与腰形配合,美化穿着者的体形。

八、裤腰

裤子上端贴腰的部位叫裤腰。裤腰有宽紧带腰、串带腰和贴边腰(扣腰)三种。宽紧带腰具有松紧适度、穿脱方便的特点,适用于运动裤和童裤;串带腰缝制省工,牢度好,适用于成年人的内裤;贴边腰即在腰里贴缝一条延伸性较小的腰里或腰衬,舒适、美观,多用于外裤和裙子。

九、裆

裆是裤类产品特有的部位名称。裆的款式、规格设计是适应臀部形态和调节裤子横裆处松紧的关键所在。为了提高坯布利用率,中低档针织内裤、棉毛裤等多用拼接裆,裁剪时利用裤身边角料和零星断料,而且容易满足产品各有关部位的规格。为了美观,外穿的针织裤类产品不允许拼裆。

十、裤脚口

不同类型的裤子有不同的裤脚口结构。针织外裤按裤口形状有小腿裤、灯笼裤、喇叭裤、直筒裤、平口裤、卷脚裤等。针织内裤、运动裤常见的裤口形式如图8－21所示。

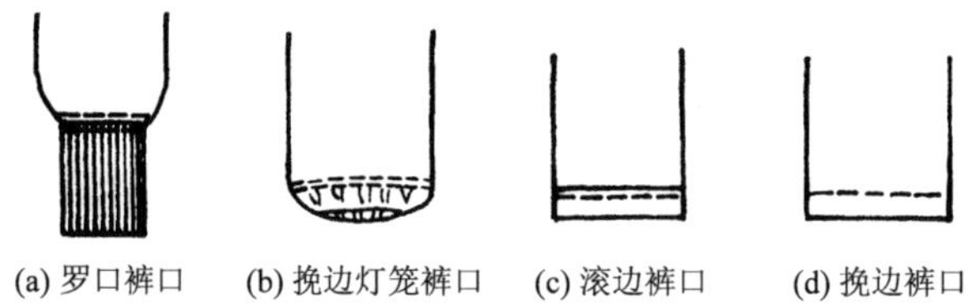

(a) 罗口裤口　(b) 挽边灯笼裤口　(c) 滚边裤口　(d) 挽边裤口

图8－21　针织内裤、运动裤常见的裤口形式

任务五　成衣规格设计常识

成衣规格是指衣服各部位的尺寸大小。一件衣服往往由许多衣片零件组合缝制而成,设计时要用图形和标注尺寸的方法来描述衣服的款式及适穿对象的体型。

一、服装规格设计的依据

服装规格设计的依据是客户的要求、针织面料的特点、服装的款式结构、市场流行趋势和相关标准。服装规格的相关标准是服装规格设计的重要依据。目前针织服装规格设计的标准主要有客供规格、国家标准和地区标准或企业标准。

对于来样加工、订单生产的产品,其依据是客户提供的详细规格尺寸或主要部位的规格尺寸。组织生产、交货验收均以客户的要求为依据。目前出口产品大多为这种客供规格,但执行中应注意成品规格测量方法的差异。

内销产品和创新设计产品的成品规格设计依据则是国家标准、地区标准或企业标准。目前,我国现行的国家标准有GB/T 1335.1～1335.3服装号型系列设计标准和GB/T 6411—2008针织内衣规格尺寸系列。它来源于国家在对人民体形进行广泛调查测量的基础上,采用统计归纳方法而确定。

二、服装规格设计的常识

服装规格有示明规格与细部规格之分。一件服装往往有许多规格尺寸，如上衣有衣长、肩宽、袖长、胸围、腰围、臀围；裤子有裤长、腰围、臀围、脚口、立裆等。一件款式复杂的服装为满足生产制作的需要还有另外标出的许多细部尺寸。

为了生产管理和销售方便，在规格尺寸中选用一个或两个比较典型的部位尺寸来表明适穿对象的体型，称作服装的"示明规格"。示明规格一般要在商标或包装上醒目地表示出来。为生产制作需要提供的规格尺寸则称为"细部规格"。

(一)示明规格的表示方法

不同的服装的示明规格表示方法也不尽相同，在我国常用的有号型制、领围制、胸围制和代号制等数种。

1. 号型制

(1)号型定义。目前使用的是1997年国家技术监督局以国标GB/T 1335.1～1335.3的形式颁布的服装号型标准，适用于男女和儿童各种外衣(包括部分针织外衣)。

号型制中的"号"是指穿用者的身高，以厘米(cm)为单位表示，它是设计和选购服装长短的依据；号型制中的"型"是指人体的上体胸围或下体腰围，以厘米(cm)为单位表示，它是设计和选购服装肥瘦的依据。

服装号型分成三个独立的部分，即男子部分、女子部分和儿童部分。GB/T 1335.1—2008为男子服装号型，GB/T 1335.2—2008为女子服装号型，GB/T 1335.3—2009为儿童服装号型。

(2)体型分类。为了适应不同地区的各种体格和穿着习惯，男子、女子部分在同一号型下还有体型分类的区别，它是依据胸围与腰围的差数将男、女人体划分为四种体型，分别用字母Y、A、B、C表示，依次表示瘦型、标准型、偏胖型和胖型。体型分类代号与范围，男子见表8－2，女子见表8－3。

表8－2　男子体型分类代号与尺寸范围　　单位：cm

体型分类代号	Y	A	B	C
胸围与腰围之差数	22～17	16～12	11～7	6～2

表8－3　女子体型分类代号与范围　　单位：cm

体型分类代号	Y	A	B	C
胸围与腰围之差数	24～19	18～14	13～9	8～4

GB/T 1335.1中给出全国各体型男子在总量中所占比例分别为Y型20.9%、A型39.21%、B型28.65%、C型7.92%。GB/T 1335.2中给出各体型女子在总量中所占比例分别为Y型14.82%、A型44.13%、B型33.72%、C型6.45%。同时还分别给出东北、华北地区，云南、贵

州、四川地区各体型男女的比例，为各地区制订服装规格和确定各种规格服装的比例提供了相应的参考依据。

(3)号型系列。号型系列以各体型中间体为中心，向两边依次递增或递减组成。身高以5cm分档，胸围以4cm分档，腰围以4cm、2cm分档。身高与胸围搭配组成5.4号型系列，身高与腰围搭配组成5.4号型系列和5.2号型系列。

男子各体型上装的中间体见表8－4，女子各体型上装的中间体见表8－5。

表8－4 男子各体型上装的中间体

单位：cm

Y	A	B	C
170/88	170/88	170/92	170/96

表8－5 女子各体型上装的中间体

单位：cm

Y	A	B	C
160/84	160/84	160/88	160/88

(4)号型标志。服装进行号型标志时，上装与下装应分别标明号型。号与型之间用斜线分开，后接体型分类代号。例如，上装160/84A，其中，160代表号，84代表型，A代表体型分类；下装160/68A，其中，160代表号，68代表型，A代表体型分类。

服装上标明的号的数值，表示该服装适用于身高与此号相近似的人。例如，160号，适用于身高158～162cm的人。服装上标明的型的数值及体型分类代号，表示该服装适用于胸围或腰围与此型相近似及胸围与腰围之差数在此范围之内的人。例如，女上装84A型，适用于胸围82～85cm及胸围与腰围之差数在14～18cm的人；女下装68A型，适用于腰围67～69cm以及胸围与腰围之差数在14～18cm的人，以此类推。童装无体型之分，但将其分为身高52～80cm的婴幼儿、80～130cm的儿童和135～155cm女童、135～160cm男童等系列。身高52～80cm的婴幼儿，身高以7cm分档，胸围以4cm分档，腰围以3cm分档，分别组成7.4和7.3系列。身高80～130cm的儿童，身高以10cm分档，胸围以4cm分档，腰围以3cm分档，分别组成10.4和10.3系列。身高135～155cm女童和135～160cm男童，身高以5cm分档，胸围以4cm分档，腰围以3cm分档，分别组成5.4和5.3系列。

值得注意的是，在从服装号型转换成服装规格后，服装号型各系列分档数值在服装上理解为。

①男子。

a. 当身高增长5cm时，衣长增长2cm，袖长增长1.5cm，裤长增长3cm。

b. 当胸围增大4cm时，领围增长1cm，肩宽增加1.2cm。

c. 当腰围增大4cm时，Y、A体型臀围增大3.2cm，B、C体型臀围增大2.8cm。

②女子。

a. 当身高增长5cm时，衣长增长2cm，袖长增长1.5cm，裤长增长3cm。

b. 当胸围增大4cm时，领围增长0.8cm，肩宽增加1cm。

c. 当腰围增大4cm时，Y、A体型臀围增大3.6cm，B、C体型臀围增大3.2cm。

2. 领围制　目前国际上男衬衫的示明规格几乎统一用领围制，以成衣的领围尺寸(cm 或英寸)表示，这是由男衬衫的穿用场合所决定的。衬衫的领围对于穿着西装或打领带是极其重要的，领围的大小、形状和外观是评价男衬衫质量优劣的关键部位，而其他部位尺寸比较宽松，适应服用的机能较强。

领围制的示明规格以 1cm 或$\frac{1}{2}$英寸为一档，以厘米计量的范围为 34 ~45cm，以英寸计量的范围为 13 $\frac{1}{2}$ ~17 $\frac{1}{2}$英寸。

表 8 -6 是我国一般男式衬衫产品规格。

表 8 -6　我国一般男式衬衫产品规格　　单位：cm

号型	160/80A	165/84A	170/88A	175/92A	180/96A	180/100A	180/104B	180/108B	185/112B
领围	37	38	39	40	41	42	43	44	45
衣长	70	72	74	76	76	78	78	78	80
胸围	102	106	110	114	118	122	126	130	134

3. 胸围制及代号制　贴身内衣、运动衣、羊毛衫及部分紧身式针织外衣均以上衣的胸围或下装的臀围(以厘米或英寸为单位)作为示明规格。内销产品一律以公制(cm)计量，每相差 5cm 为一档。例如，50cm、55cm、60cm 为儿童规格；65cm、70cm、75cm 为少年规格；80cm 以上为成人规格。其中，棉针织内衣规格尺寸系列按 GB/T 6411—2008 执行，棉混纺、交织的针织内衣也参照执行。出口产品多用英寸表示，如 20 英寸、22 英寸、24 英寸为儿童规格；26 英寸、28 英寸、30 英寸为少年规格；32 英寸以上为成人规格。胸围制是针织服装较为常用的示明规格表示方法。

有的国家和地区也有用代号(代码)制的习惯，例如，2 号、4 号、6 号为儿童规格；8 号、10 号、12 号为少年规格；14 号以上的为成人规格。有时 14 号以上不用数字而用英文字母表示，即 S(小号)、M(中号)、L(大号)、XL(加大号)、XXL 或 OS(加加大号或特大号)等。童装代号制中的数字一般是表示适穿儿童的年龄，如 2 号表示适于 2 周岁左右的儿童穿用；而英文字母代号本身没有确切的尺寸意义，只表示相对大小。例如，S 是小号，它可以是 75cm、80cm、85cm、90cm 胸围不等，而以后的每个号均比前一个号大一档(5cm 或 2 英寸)。因此代号所表示的细部规格尺寸不完全统一。

(二)细部规格

服装的示明规格只表明大致的适穿范围，而没有给生产制作提供具体的数据。款式或销售对象及地区不同，示明规格相同的服装细部规格却有很大差别。一般所说的成衣规格设计主要就是以服装号型为依据，根据服装款式和体型来确定细部规格。

GB/T 1335. 1 ~1335. 3 中详细列出了各系列控制部位数值表，技术人员可在控制部位数值上加放松度成为服装细部规格。

控制部位是指在设计服装规格时必须依据的人体主要部位。控制部位数值在长度方面有身高、颈椎点高、坐姿颈椎点高、全臂长、腰围高；围度方面有胸围、腰围、颈围、总肩宽和臀围。

在进行服装规格设计时，通过查取控制部位尺寸，根据款式的需要，在宽度和围度控制部位尺寸加上一定的松度来确定服装宽度和围度的规格;长度部位的尺寸按照长度控制部位的比例得出。

在进行成品细部规格设计时要注意以下几点。

(1)销售地区和销售对象,例如外销还是内销,农村还是城市,北方还是南方,要适合销售地区的衣着习惯。

(2)销售对象的年龄、性别、生活习惯和喜好。

(3)产品的款式和风格造型,面料的特点以及市场流行的变化。

(4)舒适实用、美观大方,不妨碍人体活动。

三、针织服装的规格设计

与机织服装相比,针织服装的规格设计有一定的特殊性,而且针织服装外衣、内衣的规格确定有着截然不同的方法。工业化生产的针织外衣,规格设计主要是运用国家号型标准来进行设计,这种方法较科学、准确;其次是客供标准,就是由客户提供规格尺寸和款式图,一般用于出口产品中。针织内衣的规格通常是参照国家标准、地区标准、工厂暂行标准执行,最关键的是要能被消费者接受,受到着装者的喜爱。外销产品因销售对象要求差别很大,一般由客商提供详细规格或主要部位的规格尺寸。针织服装设计中通过量体、加放尺寸来确定规格的方法只针对特殊体形和适体程度要求较高的运动服、外衣、礼服等。

(一)运用服装号型设计针织外衣的规格

1. 运用服装号型设计服装规格系列时必须遵循的原则

(1)中间体不能变。标准中已确定男女各类体型的中间体数值,不能自行更改。

(2)号型系列和分档数不能变。标准中已规定男女服装的号型系列是5.4系列、5.2系列,号型系列一经确定,服装各部位的分档数值也就相应确定,不能任意更改。

(3)控制部位数值不能变。控制部位数值是人体主要部位的净体尺寸,它是通过大量实测的人体数据计算得出,反映的是人体数据的平均水平,是规格确定的主要依据。

(4)放松量可以变。放松量可以根据款式、品种、面料性能、穿着习惯和流行趋势而变化。

2. 服装规格系列设计的具体步骤

(1)确定系列和体型分类。上衣类选择5.4系列,下装类选择5.4系列或5.2系列。体型分类的目的主要是解决上下装配套。针织外衣多为宽松型,对于收腰类服装,青年体型以Y型居多,成人服装多以A型为准。

(2)确定号型设置。根据产品销往地区的人的体型比例确定号型范围,画出规格系列表。

(3)确定中间体规格。因为生产样板一般按中间体规格尺寸制作,故应根据款式、所设计服装的长度尺寸和围度加放松量,根据中间体的控制部位数据加上不同的放松量最后确定中间体各部位规格尺寸。

(4)组成规格系列。以中间体为中心,按各部位分档数值,依次递增或递减组成规格系列。实际生产和销售中,可根据不同的品种、款式及穿着对象选择热销的号型安排生产。

针织外衣规格设计遵循上述服装规格设计的方法,与机织服装的区别是:在松度的把握上要充分考虑针织面料的特点。由于针织面料良好的延伸性、弹性和悬垂性,设计针织成衣规格时,在胸围、腰围、臀围的放松量设计与分配上,以及由于围度的加减对成品长度尺寸的影响方面应作适当考虑。

(二)参照国家标准设计针织内衣的规格

针织内衣的规格设计与外衣有着截然不同的方法,通常内衣产品的规格遵照国标 GB/T 6411—2008 棉针织内衣规格尺寸系列标准。在此标准中,对衣长、胸围、袖长、裤长、直裆、横裆六个规格作了规定,常用各大类产品的细部规格尺寸在行业标准中都做了规定。这些标准在我国许多地区沿用了多年,适用性较强,因此设计人员在设计新产品时,通常以这些标准为依据,根据款式特点、流行趋势、面料性能、制作工艺及穿着方式的不同做一些修正,从而较快、较准确地制订出新产品的规格。

1. GB/T 6411—2008 棉针织内衣规格尺寸系列　棉针织内衣号型系列设置是以中间标准体(男子以总体高 170cm、围度 95cm;女子以总体高 160cm、围度 90cm)为中心向两边依次递增或递减组成。总体高和胸围、臀围均以 5cm 分档组成系列。童装总体高以 60cm 为起点,胸围、臀围均以 45cm 为起点依次递增组成儿童、中童系列。

2. 针织内衣的测量部位和测量方法

(1)国家标准(GB/T 8878—2014)中的测量部位示意图如图 8－22 所示。

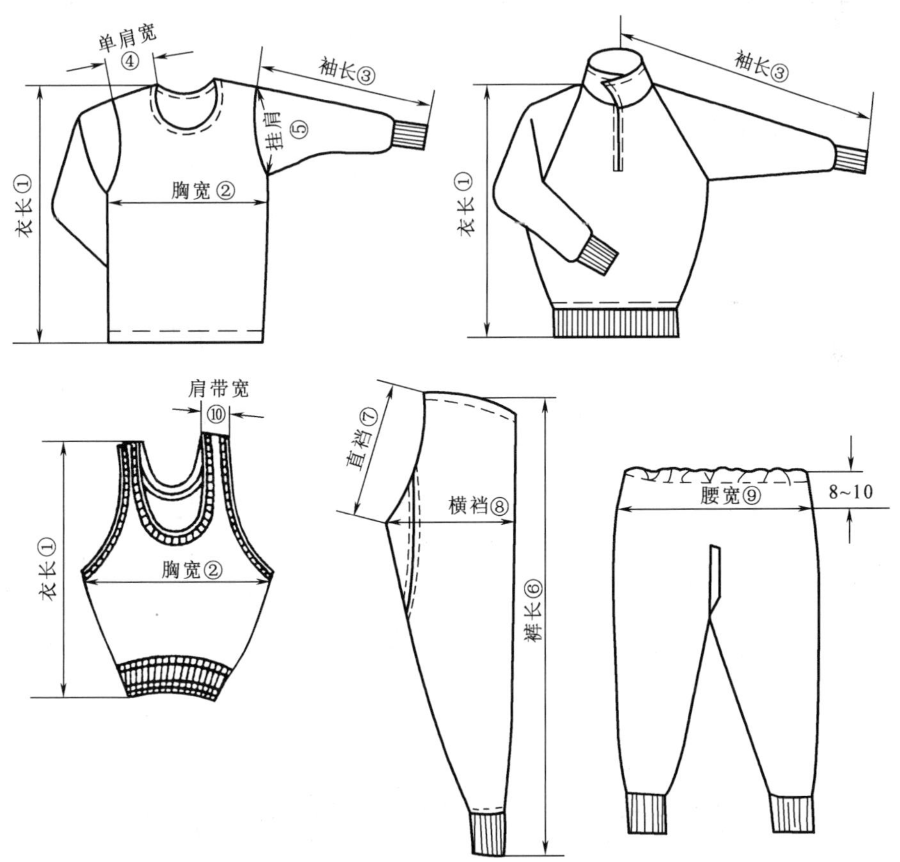

图 8－22　国家标准中测量部位示意图

(2)国家标准中针织成衣测量部位测量方法规定参见表 8－7。

表 8 – 7　国家标准中针织成衣测量部位测量方法规定

类别	序号	部位	测 量 方 法
上衣	①	衣长	由肩缝最高处量到底边，连肩的由肩宽中点量到底边
	②	胸宽	由袖窿缝与侧缝缝合处向下 2cm 水平横量
	③	袖长	由肩缝与袖窿缝的交点量到袖口边，插肩式由后领中点量到袖口处
	④	单肩宽	由肩缝最高处量到肩缝与袖窿缝交点
	⑤	挂肩	衣身和衣袖接缝处自肩到腋下的直线距离
裤子	⑥	裤长	后腰宽的 1/4 处向下直量到裤口边
	⑦	直裆	裤身相对折，从腰边口向下斜量到裆角处
	⑧	横裆	裤身相对折，从裆角处横量
	⑨	腰宽	侧腰边向下 8 ~ 10cm 处横量
背心	⑩	肩带宽	肩带合缝处横量

注　各部位测量值精确至 0.1cm。

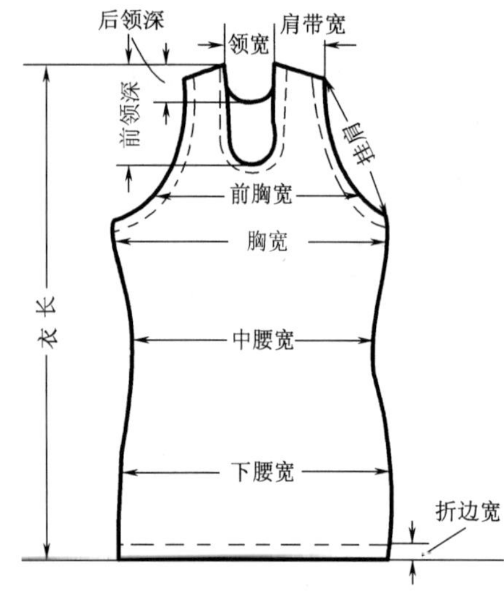

图 8 – 23　收腰背心尺寸测量方法

（3）测量时应注意的问题。

①如果是收腰类上衣，除胸宽外，还要测量中腰宽、下腰宽，图 8 – 23 所示为收腰背心尺寸测量方法。

②款式不同测量部位的差异。

a. 衣长。不同款式的衣长测量方法不同，平肩产品的测量方法是由肩宽中间量到底边，而斜肩产品则是由肩缝最高处量至底边。

b. 袖长。平肩、斜肩产品是由挂肩缝外端量至袖口边；插肩袖则是由后领窝中间量至袖口边。

③缝制方法不同测量部位的差异。

a. 领宽。罗纹包缝产品在包缝处平量；折边或绲边产品从左右侧颈点的边口处横量。

b. 前领深。一般产品从肩平线向下量至前领窝最深处；绲领或折边领量至边口处；罗纹包缝的量至包缝处，如图 8 – 24 所示。

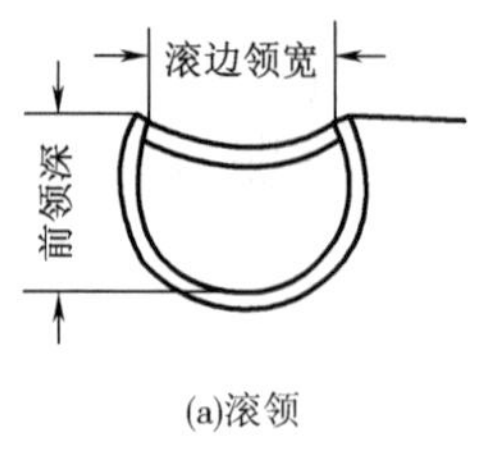

(a)滚领

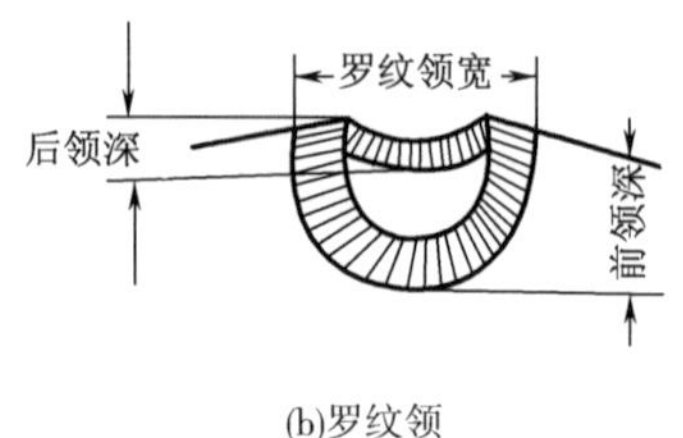

(b)罗纹领

图 8 – 24　领口尺寸的测量方法

④材料不同测量部位的差异。

a. 袖口。挽边袖在袖口边处量；绲边袖在绲边缝处量；罗纹袖口从距罗纹包缝3cm处横量，分别如图8－25(a)、(b)所示。

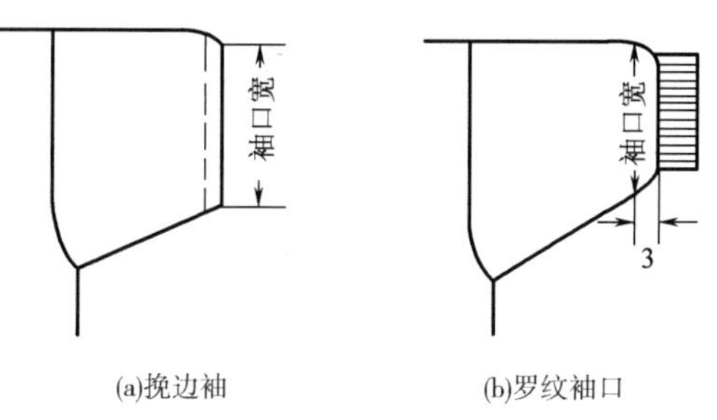

图8－25　袖口尺寸的测量方法

b. 裤口。三角裤从绲边处斜量；平脚裤从裤脚边口处平量；罗纹口从距罗纹包缝5cm处横量，分别如图8－26(a)～(c)所示。

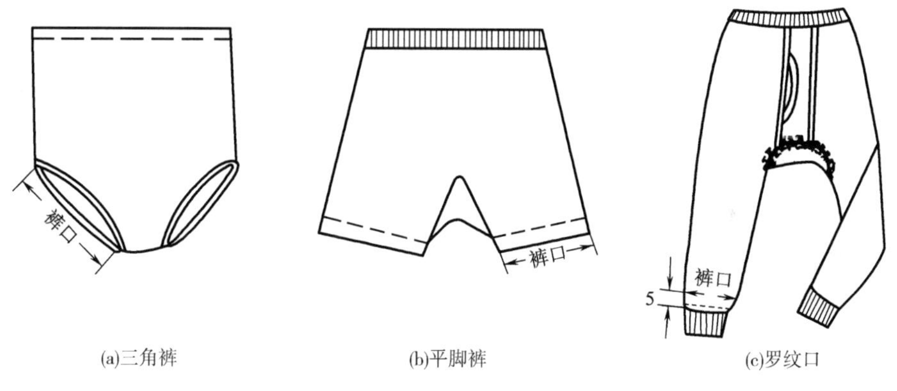

图8－26　裤口尺寸的测量方法

任务六　样板设计和裁剪排料

一、样板设计

样板是针织坯布裁剪前划样的依据，样板设计质量直接影响产品的规格尺寸、成形美观及生产成本的高低。

设计样板时，应弄清产品各部位的规格尺寸及丈量方法；要了解缝纫过程中各部位的工艺消耗（俗称“缝耗”），根据坯布性能（组织结构、密度、纱线线密度、坯布干燥程度、轧光方法、坯布存放形式——平摊或成卷状、存放时间的长短、裁片印花花型覆盖面积大小、车间温湿度、缝制工艺流程长短等）坯布的回缩情况，在样板尺寸上将缝耗及确定的回缩长度考虑进

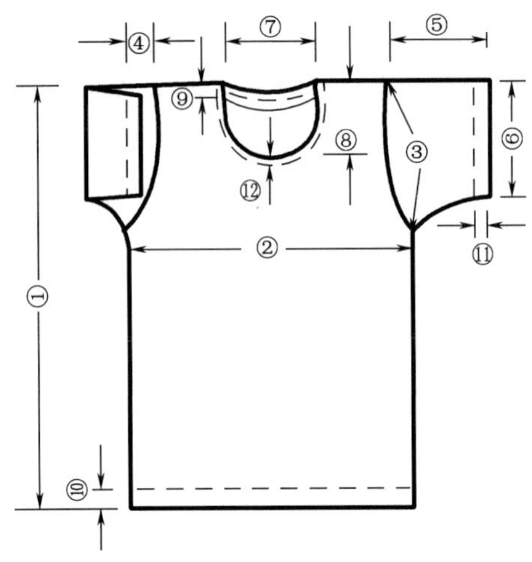

图8－27　男式圆领汗衫的成品结构图

去；要熟悉套料方法，合理地套料可以省料、省工；同时还要注意使样板便于操作，能适应大批生产的要求。

针织服装的品种多、款式变化大。下面以165/90cm男式圆领汗衫为例，对款式、规格、样板设计方法加以说明。

1. 画出成品款式图，确定各部位的规格尺寸，弄清丈量方法　图8－27所示为男式圆领汗衫的成品结构图，图中数字为序号，表8－8所示为165/90cm男式圆领汗衫各部位的规格尺寸及测量说明。

表8－8　165/90cm男式圆领汗衫各部位的规格尺寸及测量说明

序号	部位名称	测量说明	规格(cm)
①	衣长	肩宽中间量到底	67
②	胸宽	挂肩下2cm处横量	45
③	挂肩	上挂肩缝斜量到底角处	23
④	挖肩	挂肩凹进最深处量	2.5
⑤	袖长	上挂肩缝量至袖口边	16
⑥	袖口宽	袖口边处直量	17
⑦	领宽	肩平线折边口处量	11
⑧	前领深	肩平线向下量至折边口	12.5
⑨	后领深	肩平线向下量至折边口	2.5
⑩	底边宽	下边口量至卷边线迹	2.5
⑪	袖边宽	袖口边量至卷边线迹	2.5
⑫	领圈折边	领口边量至折边	0.8～0.9

2. 计算样板各部位的尺寸并画出样板草图　计算样板各部位的尺寸时要考虑缝纫工艺损耗、折边及坯布回缩率。现将165/90cm男式圆领汗衫的样板尺寸计算结果列于表8－9中，常用针织坯布的自然回缩率参考值列于表8－10中。圆领汗衫样板草图如图8－28所示。

表8－9　165/90cm男式圆领汗衫的样板尺寸计算结果

序号	部位名称	计算方法	样板尺寸(cm)
①	衣长	(衣长规格＋底边规格＋缝耗)÷(1－自然回缩率) (67＋2.5＋0.5)÷(1－2.2%)	71.6
②	胸宽	(胸宽规格＋缝耗×2)÷(1－自然回缩率) (45＋0.75×2)÷(1－2.2%)	47.5 (半幅样板23.8)

续表

序号	部位名称	计算方法	样板尺寸(cm)
③	挂肩	挂肩规格+缝耗 23+0.5	23.5
④	挖肩	挖肩规格 (上袖、合胁两次合缝,样板尺寸不变)(2.5)	2.5
⑤	袖挂肩	(挂肩规格+缝耗)÷(1-自然回缩率) (23+0.75)÷(1-2.2%)	24.3
⑥	袖长	(袖长规格+袖边+缝耗)÷(1-自然回缩率) (16+2.5+0.75+0.5)÷(1-2.2%)	20.2
⑦	袖口宽	(袖口大规格+缝耗)÷(1-自然回缩率) (17+0.75)÷(1-2.2%)	18
⑧	领宽	领宽规格-折边×2-缝耗×2 11-0.8×2-0.75×2	7.9(半幅样板4)
⑨	前领深	前领深规格-折边-缝耗 12.5-0.8-0.75	10.95
⑩	后领深	后领深规格-折边-缝耗 2.5-0.8-0.75	0.95

表8-10 常用针织坯布的自然回缩率参考值

坯布类别	回缩率(%)	坯布类别	回缩率(%)
精漂汗布	2.2~2.5	罗纹弹力布	3左右
双纱布、汗布(包括多三角机织物)	2.5~3	纬编提花布	2.5左右
腈纶汗布	3	绒布	2.3~2.6
深、浅色棉毛布	2.5左右	经纬编布(一般织物)	2.5左右
本色棉毛布	6左右	经纬编布(网眼织物)	2.5左右
腈纶、腈棉交织棉毛布	2.5~3	印花布	2~4

注 双纱布、汗布通常指台车生产的单面纬平针织物;单面舌针圆纬机(即多三角机)生产的单面纬平针织物一般不叫汗布,而称单面。

3. 样板设计

(1)衣身样板作图步骤。参见图8-29。

①以衣长71.6cm、$\frac{1}{2}$胸宽23.8cm作矩形$OACB$,使$OA=BC=\frac{1}{2}$胸宽,$OB=AC=$衣长。

②在线段OA上取D点,使$AD=$挖肩$=2.5$cm,或$OD=\frac{1}{2}$肩宽。

③以D点为圆心、大身挂肩尺寸23.5cm为半径画弧,交线段AC于E点,$DE=$大身挂肩尺寸。

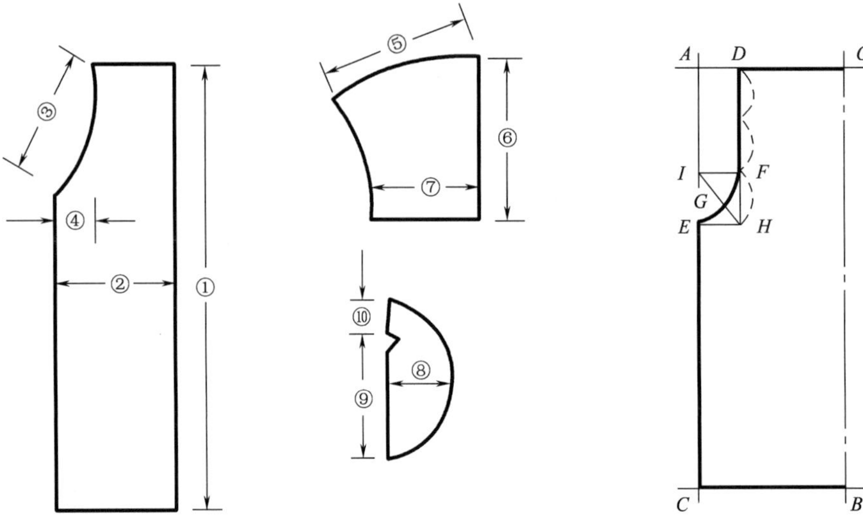

图8－28　圆领汗衫样板草图　　图8－29　圆领汗衫大身样板制图方法

④以 AD、AE 为边长作矩形 $AEHD$，在 HD 上取点 F，且使 $FH=\frac{1}{3}DH$。

⑤以矩形 $EHFI$ 对角线上 G 点（$GH=\frac{1}{3}IH$）为参考点，以 F 点为切点，顺滑连接 D、F、G、E 点，作出弧线 DE。

⑥顺次连接 O、D、F、G、E、C、B 各点，该款产品的大身样板完成。

（2）袖样板制图步骤。圆领汗衫为折边平袖，平袖是针织服装中最常见的袖型，折边短袖、罗纹口短袖和绲边短袖只是在袖口边形式上有所不同，作图步骤相同，参见图8－30。

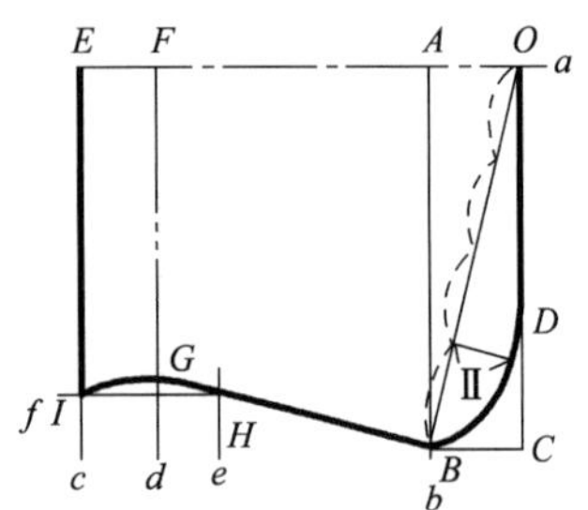

图8－30　圆领汗衫袖样板制图方法

①作水平线 a，在水平线 a 上取 OA＝袖挖肩。此处袖挖肩＝大身挖肩＋缝耗＝2.5cm＋0.75cm。

②由 A 点作线 b，并使其垂直于线 a，以 O 点为圆心、袖挂肩长为半径画弧，与线 b 相交于 B 点。

③以 AO、AB 为边长作矩形 $ABCO$，在 OC 上取点 D，使 $CD=\frac{1}{3}OC$，按图8－29所示画出 BD 弧，D 点与 OC 线相切。当袖挖肩＝大身挖肩＋缝耗时，CD 约位于 $\frac{1}{3}OC$ 处，随着袖挖肩尺寸的增加，D 点将会逐渐上移。图中Ⅱ值一般在2.1～2.5cm范围内选取，当袖挖肩 OA＝2.5cm＋0.75cm时，Ⅱ值约为2.1～2.2cm，随着 OA 值的增加，Ⅱ值随之增大。

④在线 a 上取点 E，使 OE＝样板袖长。

⑤过 E 点作线 c 垂直于线 a。

⑥在线 a 上取 EF＝袖边宽＋缝耗。过 F 点作线 a 的垂线 d，在垂线 d 上取 FG＝袖口宽，连接 BG。

⑦作线 e 平行于线 c，线 e 与线 d 之间的距离 $=EF$，线 e 与 BG 交于 H 点。

⑧过 H 点作线 f 平行于线 a，与线 c 交于 I 点，用弧线连接 I、G、H 点并使其成为以 G 点为中心的对称弧线。

⑨顺次连接 O、A、E、I、G、H、B、D 等点，折边短袖的袖子样板完成。

（3）圆领领窝样板作图步骤：此款为折边连肩圆领，制图步骤参见图 8－31。

①作水平线 aa（相当于肩平线的位置）、垂直线 bb（领窝的对称线），两线交于 O 点。

②在水平线 aa 上取 $OC=\frac{1}{2}$领宽 $=4\text{cm}$，在线 bb 的上端取 $OA=$ 后领深 $=0.95\text{cm}$，在线 bb 的下端取 $OB=$ 前领深 $=10.95\text{cm}$。

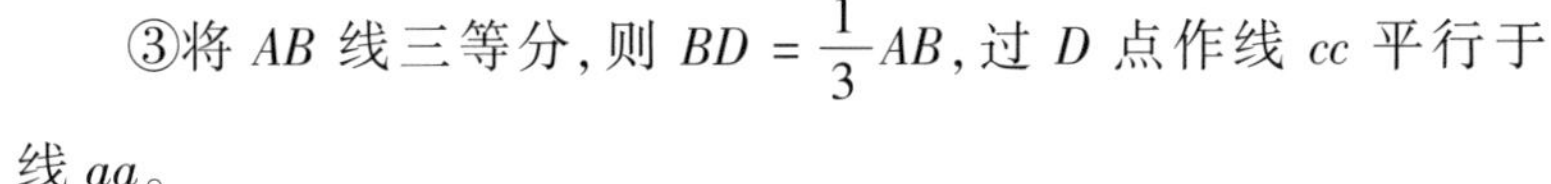

③将 AB 线三等分，则 $BD=\frac{1}{3}AB$，过 D 点作线 cc 平行于线 aa。

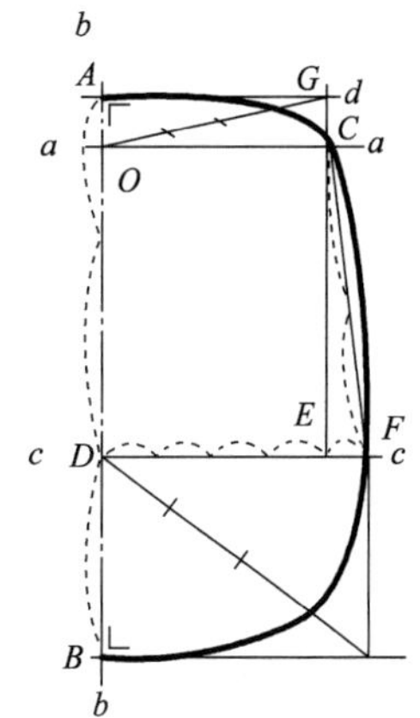

图 8－31　圆领汗衫领样板制图方法

④过 C 点作垂线 dd 平行于线 bb，并与线 cc 交于 E 点，将 DE 线延长，取 $EF=\frac{1}{4}ED$。

⑤按图 8－30 所示方法，顺滑连接 $ACFB$ 弧线。应注意的是在 A 点与 B 点附近处应有 1cm 左右的水平线段与线 bb 相垂直，以保证整个领窝的圆顺。

⑥$ACFB$ 即为连肩圆领产品的领样板。

4. 确定缝制工艺流程及使用设备　选择各缝合部位的线迹、缝型、缝制工艺流程，确定工艺要求及使用设备等。

5. 小批试制　核对成品尺寸规格是否符合设计要求。

6. 修改纸样　按照核对差异或试穿情况修改纸样，作为生产用样板。

二、裁剪排料

针织服装生产中，需要对面料实行成批裁剪。应事先根据产品的数量和规格制订好裁剪方案。裁剪方案包括铺料长度、铺料层数、套裁方法等。其中重要一环是设计排料图，选择合理的排料方法。如图 8－32 所示为男式圆领汗衫的排料图（圆筒坯布双层平铺）。在排料中应进一步修改样板的套弯部位，使产品在保证规格质量的前提下，尽可能减小裁耗，降低成本，并提高裁剪效率。

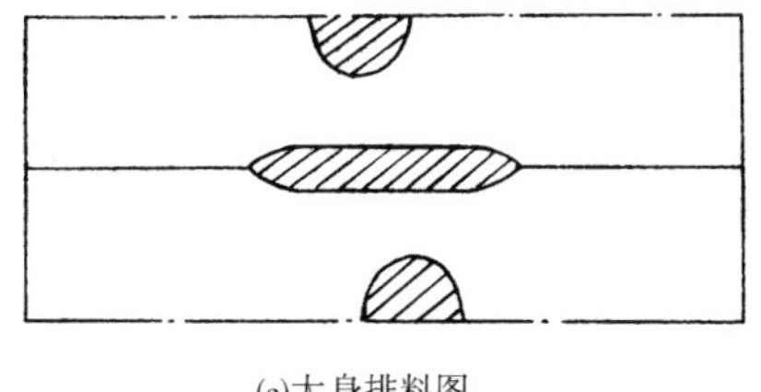

(a)大身排料图

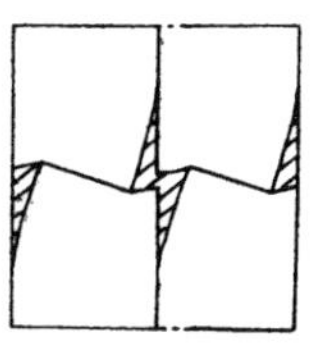

(b)衣袖排料图

图 8－32　男式圆领汗衫的排料图

任务七　用料计算

用料计算是产品设计的一项重要内容，也是产品成本核算的主要依据。

一、用料计算的方法

1. 主料、辅料分类计算　产品用料中，主料包括衣身、袖子、裤身、裆；辅料包括领口、袖口、裤口、下摆罗纹、绲边布等，都应一一计算，不能遗漏。

2. 不同规格、幅宽要分别计算　不同规格的产品，选用不同幅宽的面料，应分别计算其用料，然后再相加。

3. 不同组织分别计算　产品用料中，采用不同组织时要分别计算，如袖片与衣身采用不同组织的面料，要分别计算各种组织的面料用量。

4. 不同原料分别计算　在主、辅料构成中，当采用不同原料或不同混纺比时，应分别计算。

二、用料计算中的有关概念

1. 段耗与段耗率　段耗是指排料过程中断料所产生的损耗，段耗的多少用段耗率来表示。计算公式为：

$$段耗率 = \frac{断料重量}{投料重量} \times 100\%$$

段耗产生的原因如下。

（1）机头布。

（2）无法躲避的残疵断料。

（3）不够铺料长度，又不能裁制单件产品的余料。

（4）落料不齐而使用料增加的部分。

可以看出，段耗率的大小与针织坯布的质量和工人的操作技术水平有关。

2. 裁耗与裁耗率　裁耗是指排料、裁剪过程中所产生的损耗，是反映排料是否合理紧凑的一项指标。裁耗的多少用裁耗率来表示。计算公式为：

$$\begin{aligned}裁耗率 &= \frac{裁耗重量}{断料重量} \times 100\% = \frac{裁耗重量}{衣片重量 + 裁耗重量} \times 100\% \\ &= \frac{裁耗重量}{投料重量 - 段耗重量} \times 100\%\end{aligned}$$

3. 成衣制成率　成衣制成率是指被制成衣服的坯布重量与投料总重量之比。计算公式为：

$$\begin{aligned}成衣制成率 &= \frac{成衣坯布重量}{投料总重量} \times 100\% \\ &= \frac{投料重量 - 段耗重量}{投料重量} \times \frac{断料重量 - 裁耗重量}{断料重量} \times 100\% \\ &= (1 - 段耗率) \times (1 - 裁耗率)\end{aligned}$$

成衣制成率是反映坯布利用程度的重要指标，利用率越高说明坯布损耗率越小，产品成本也越低。从公式中可以看出，提高成衣制成率的有效办法是降低段耗率和裁耗率。

4. 坯布的回潮率　坯布的回潮率是指坯布的含水量与干重之比，计算公式为：

$$坯布的回潮率=\frac{坯布湿重-坯布干重}{坯布干重}\times 100\%$$

在计算坯布用料时，坯布的回潮率用于坯布干重与湿重之间的换算。

三、用料计算

1. 主料计算

(1)10件产品用料面积：

$$10件产品用料面积(m^2)=\sum\frac{段长\times幅宽\times 2\times段数}{1-段耗率}$$

需要注意的是，对于筒状坯布幅宽应考虑双层，故乘以2；段数是指10件产品所需的段长数。

(2)10件产品用料重量：

$$10件产品光坯用料重量(kg)=\frac{10件产品用料面积(m^2)\times干重(g/m^2)\times(1-回潮率)}{1000}$$

$$10件产品毛坯重量(kg)=\frac{10件产品光坯重量(kg)}{1-染整损耗率}$$

$$10件产品耗纱重量(kg)=\frac{10件产品毛坯重量(kg)}{(1-织造损耗率)\times(1-络纱损耗率)}$$

2. 辅料计算　针织服装的辅料主要包括衣裤中各种边口罗纹、领子、门襟、口袋、绲边、贴边用料及里料、衬料等辅料用布。与主料使用布料相同的，或者可以通过样板套料的方法计算出用料面积的，计算方法与主料计算方法相同。其中罗纹用料一般以罗纹针筒针数、所用原料、用纱规格为依据，确定其每厘米长度的干燥重量，然后根据每件产品耗用罗纹的长度，计算出其重量。罗纹布每厘米干重可以参考有关资料。绲边用料一般使用横料，也就是说绲边料长度方向是针织坯布的幅宽方向(横向)，绲边料的宽度(或段长)是针织布的长度方向(直向)；绲边部位一般是领口、袖口、裤口、下摆。绲边用料的计算仍然是先求出一件产品的用料面积，然后换算成重量。

任务八　缝制工艺设计

由于针织品的品种款式繁多，缝制方法不尽相同，因此要针对每一个品种进行缝制工艺设计。缝制工艺设计的目的是：充分利用本企业的设备，顺利组织生产(各工序间的均衡协调、工种、机种的相对稳定)，力求获得最优质量、最低成本的产品。缝制工艺设计包括工艺流程的确定、设备的选用、缝制要求的规定等。

一、针织品缝制要求的规定

缝制要求的规定包括选用合适的缝型、线迹、针码密度、缝针号数、缝线规格及提出辅料的品种规格、坯布回潮率和染整加工要求(如乳化等)。缝针号数选择不当，容易造成针轧断坯布线而起洞；线迹选择不当，会造成针织物拉伸时，线迹伸长度不足而断线。

(一)一般规定

(1)主料之间及主辅料之间是同色的色差不得超过三级。

(2)线迹要清晰，线迹成形正确，松紧适度，不得发生针洞和跳针。

(3)卷边起头在缝处(圆筒产品在侧缝处),接头要齐,会针在2~3cm以内。

(4)如断线或返修,需拆清旧线头后再重新缝制。

(5)厚绒合缝应先用单线切边机或三线包缝机缝合后再用双针绷缝,儿童品种的领、袖、裤脚罗纹只用三线包缝,不需要用绷缝加固。

(6)棉毛、细薄绒合缝用三线包缝,只在罗口或裤裆缝处用绷缝机加固,运动衫后领及肩缝处要用双针绷缝机加固。

(7)平缝、包缝明针落车处必须打回针,或用打结机加固。

(8)挽边裤腰及下摆,中厚料要用双针绷缝机,轻薄料用三线或双线包缝缝制。

(9)合肩处应加肩条(纱带或直丝本料布)或用双针、三针机缝制。

(10)背心"三圈"(领圈和两个挂肩圈):汗布男背心用平缝机折边,网眼布用双针机折边,女式背心用三针机折边(两面饰);绲边用双针机绲边,加边用三线包缝,合缝后再用双针绷缝;背心肩带用五线包缝或三线包缝后再用平缝机加固。

(11)松紧带裤腰一般用松紧带机缝制,也可用包缝机包边后,再用平车折边缝制,或用双针绷缝机折边缝制。

(二)有关机种的缝制统一规定

1. 包缝切边合缝 缝边宽(包缝线迹总宽度)三线为0.3~0.4cm,四线为0.4~0.6cm,五线(复合线迹)为0.6~0.8cm;起落处打回针时线迹重合不留线辫;断线或跳针后重缝不得再行切布边,切缝后衣片要保持原来形状;大身侧缝与袖底缝连续缝合时挂肩接头处错缝不超过0.3cm。

2. 包缝挽底边 挽边宽窄均匀一致,不均匀程度不超过0.3cm;绒布正面一般不允许露明针,中薄坯布明针长度不超过0.2cm;绒布不允许漏缝,中薄坯布在骑缝处允许漏缝1~2针。

3. 双边挽底边 挽边宽窄一致,里面不许露毛。

4. 双针绷缝 不得出轨跑偏,不得大拐弯;重线不超过3cm,不少于1.5cm;起缝在接缝处或隐蔽处。

5. 平缝 钉口袋或折边宽窄一致,钉商标针脚不得出边1~2针,凡是未注明折边宽窄规格的均为0.1cm。

6. 三针绷缝 挽边宽窄一致,不得搭空和毛露;挽领圈起头在右肩缝后2~3cm处,终点不得过肩缝;背心挂肩圈起头在侧缝处偏后;绲边要做到松紧均匀一致。

7. 绲边(双线链缝) 绲领松紧一致,要滚实、丰满、端正;领圈正面折边宽窄为0.1cm,接头在右肩缝后1~2cm处。

8. 曲牙边 牙子大小均匀一致,起头在缝处,领圈起头在右肩缝后2~3cm处。

9. 锁眼 眼孔端正,眼孔大小与纽扣规格相配,眼孔两端各打3~4针套结或专用打结机打结。

10. 钉扣 扣子要钉牢,位置对准扣眼;每个扣眼缝4~8针。

针织外衣类产品的缝制要求应根据款式、产品特殊要求、企业设备情况、生产实践经验等制订。外销产品的缝制应满足客户提出的特殊要求,对缝线、附件、加固等都有种种特殊规定。

二、缝制工艺流程的确定

缝纫加工分为基本缝合和辅助缝合两种。基本缝合指主要衣片的连接,如合肩、合缝、绱袖、绱摆等;辅助缝合指领子、衣袋、贴条、商标等的缝合。组成加工顺序时,通常将辅助缝合列在基本缝合之前,以便缝制方便,提高质量,减少缝纫加工中的滞迟现象。对于工艺上有对称性的缝合加工,如合肩、合缝、绱袖、绱袋等,为了保证产品质量,应在同一台机器上完成。

产品的缝制加工顺序主要取决于产品的款式和所选择的缝迹。组合缝纫工艺流程的原则是:选择合理的缝迹,各工序协作要顺手,交接方便,能充分发挥机器的使用效率。

下面以男式圆领汗衫为例,说明缝制工艺流程的制订、缝纫设备的选择和缝制要求。

1. 缝制工艺流程

绲领→接头→合袖→合缝→卷袖边、底边

2. 缝制设备及要求

(1)绲领用绲领机,缝制时要对准标记(眼刀)上机,掌握好领圈的松紧。

(2)接头用平缝机,折边缝制,接头应在右肩缝线后 1~2cm,重针不得超过 3cm。

(3)合袖、合缝用三线包缝机,合袖时要控制袖肥与挂肩的尺寸相互配合,挂肩下角交叉缝要对齐,包缝下机时,袖口两层重叠要平齐(相差在 0.3cm 内)。

(4)卷袖边、底边在有卷边装置的三线包缝机上进行,要掌握好卷边的阔狭和明针、脱针现象,面线要放松。

任务九 针织成衣后处理工艺

针织成衣后处理工艺包括整烫、检验、折叠、包装四个工序。通过后处理使针织品外观平整、美观,达到消费、运输和销售的各种要求;在整理过程中修正前工序所产生的疵点,对成品进行必要的检验和试验,并按成品品质进行分等,添加必要的产品使用说明等。

一、针织品的整烫

定形轧光后的针织坯布在裁缝过程中经过裁剪提缝和缝制、搬运,成品上将会出现各种皱褶和折痕,既影响产品的美观,又影响产品的质量要求和包装要求,因此需要加以整烫。

(一)整烫的工艺要求

1. 严格控制熨斗的温度和重量 针织服装在整烫时要严格控制熨斗的温度,切忌将成品烫黄变色变质或使印花渗色模糊不清。熨斗的温度和重量应根据坯布种类和纤维原料的构成来确定,尤其是使用机械整烫时,要准确控制温度、压力、时间及蒸汽量。熨烫温度视织物纤维原料种类而定,表 8-11 中列出了部分织物熨烫温度参考值。

表 8-11 部分织物熨烫温度参考值 单位:℃

织物种类	熨烫温度	织物种类	熨烫温度
全棉织物	180~200	腈纶织物	130~140
黏胶纤维织物	120~160	维纶织物	120~130
涤纶织物	140~160	丙纶织物	90~100
锦纶织物	120~140	氯纶织物	50~60(不宜熨烫)

2. 熨烫平整 缝份要烫直烫平，衣服的轮廓要烫出烫正，衣领等重要部位不得变形。

3. 熨烫时注意成品规格尺寸 手工熨烫时用力要自然，严防拉拽而影响成品的规格尺寸。有弹力的产品应保持原有的弹性，例如有下摆罗纹的，罗纹部位应在抽出撑板后再烫。

4. 熨烫面数 一般针织服装要烫两面（先烫衣服后面再烫前面），高级产品要烫三面，即烫板抽出后正面再烫一次。

无论是手工整烫或机械整烫，除绒衣和弹力产品外，针织内衣一般先要套在烫衣板上，使产品绷紧，以保持一定的成品外形和规格尺寸。烫衣板的外形是根据品种和成衣规格而设计的。烫衣板的长度一般应比成品规格的长度（衣长或袖长）增加5～8cm，以便抽退烫衣板时握持方便，烫衣板的宽度要比产品的胸围规格大出1～2cm，以使成品在绷紧状态下熨烫。这样不仅易于烫平，而且烫衣板抽出后成品有一定的回缩，成品才能保持一定的规格。如图8－33所示为几种烫衣板撑入针织内衣后的状态。

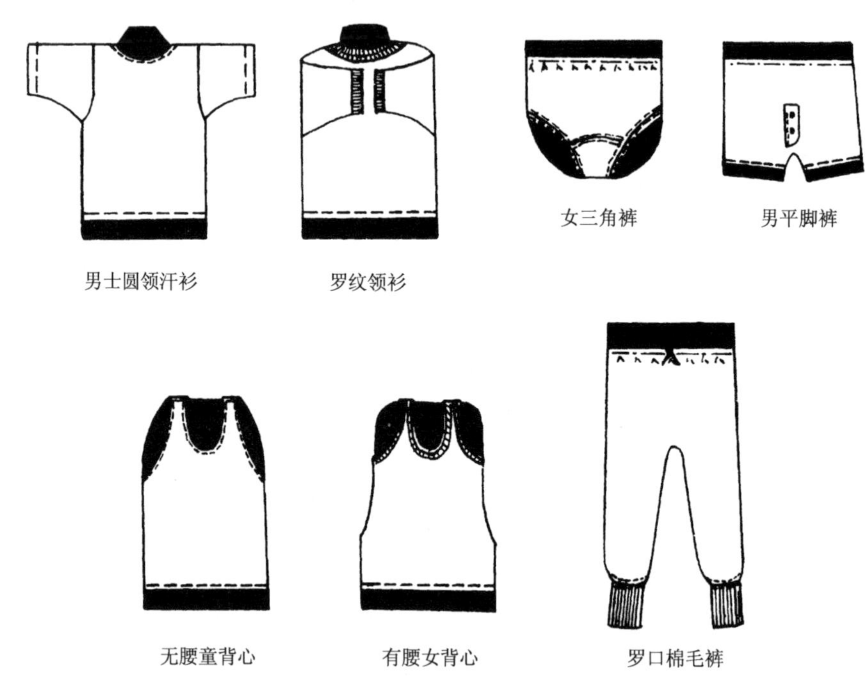

图8－33 几种烫衣板撑入针织内衣后的状态

（二）烫衣工艺流程

准备→撑烫衣板→烫后身→烫前身→烫袖子→烫商标→抽烫衣板

二、针织品的检验和折叠

针织品在包装以前要进行全面的质量检验和分等，同时折叠成一定的规格和形状。折叠往往与成品检验同时进行。

检验包括半成品抽验和成品检验。半成品抽验是在缝纫过程中由专职的抽验人员在缝制工序间巡回抽查，以便及时发现和纠正问题。发现不合规定的操作和缝纫疵点及时加以纠正，这是质量控制的重要措施。如果能认真开展半成品抽验,工厂中就基本上可以杜绝大批返工的现象。

成品检验是产品出厂前的全面质量评定,主要由检验工用肉眼进行分辨。检验按国标 GB/T 8878—2014 等针织品标准规定执行。检验包括以下四个方面的内容。

1. 坯布的物理指标评定　这一内容在成衣以前已在试验室完成。主要是针织坯布的线圈密度(横密和纵密)、净坯布每平方米的干燥重量、坯布的顶破强力(适用于棉毛、罗纹等弹性好的坯布)和断裂强力、缩水率、色牢度等,也可称作"内在质量指标评等"。以坯布的锅号或批号为单位按照规定评为一等、二等、三等,各项指标以最低一项为评等指标。

2. 成品外观疵点的评等　成品外观疵点包括表面疵点、成品规格尺寸公差和本身尺寸差异等。成品的实际规格与标准规格的差异叫作成品尺寸规格公差,凡是主要部位超出允许公差范围的就要降等,但是公差超出二等品允许范围者必须及时退修或降档处理;裤子直裆超出二等品公差,不能出厂,因为直裆不足是根本不能穿用的,而直裆太大会严重影响穿着的美观。

成品本身对称部位尺寸不一叫作本身尺寸差异,如身长不一(前后身及左右衣片长短不一)、袖长不一、裤长不一、袖阔不一、挂肩不一、背心胸背宽不一、肩带宽不一、裤腿宽不一、袖肥不一等,按规定加以评等,同样超过二等品公差,不能出厂。

一件成品上发生不同品等的外观疵点时应以最低一项品等评定。超过两个同等的外观疵点时,应降低一等评定。如果成品上有漏缝或跳针现象时必须退修。

3. 成品根据以上两项内容的综合评等　根据针织品内在质量、外观疵点及尺寸公差所评定的等级进行综合评定成品的最后等级,定等的办法见表 8－12。

表 8－12　针织成品综合定等规定

内在质量评等	外观质量评等			
	优等品	一等品	二等品	三等品
优等品	优等品	一等品	二等品	三等品
一等品	一等品	一等品	二等品	三等品
二等品	二等品	二等品	三等品	等外品
三等品	三等品	三等品	等外品	等外品

4. 核查规格　检查商标示明规格与产品实际规格是否相符,并随手整理产品的外观,去掉容易清除的线头和尘土等,发现小漏针要加以钩织缝补。

成品经过检验以后,对非一等品打上综合等级标记。然后按一定的规格(长×宽)尺寸和折叠方法进行折叠,以便装箱。上衣品种领子要叠在正中,使其外形美观,并使两头厚薄基本一致,以便包装平整。为了统一大小和操作方便迅速,折衣时可以用衬板比折。

三、针织品的标志和包装

(一)针织品的标志

针织品应有产品标志。产品标志的主要内容有商标和制造厂商、执行标准编号、产品规格

（以厘米为单位，注明产品胸围、腰围、衣长、裤长，或以 GB/T 6411—2008 中号型系列的标志执行）、原料成分和比例，必要时应标明特殊辅料的成分。

产品标志分产品本身上的标志和产品包装上的标志。产品本身上的标志应缝合于产品易见之处，吊牌形式的标志应以单件或套装产品为单位，挂在产品的明显部位。产品包装上的标志应以单件或套装包装为单位。

（二）针织品的包装

针织品为了运输和库存的方便，确保服装呈良好的状态运送到指定的地点，也为了满足消费者的心理需要，必须进行合理的包装。高档针织品应有高级的包装，出口产品更应注意这一点。包装是一门综合美学、力学、制造、化学等多项技术的学科。

1. 包装形式 在服装成品包装中，经常使用的有袋、盒、箱等形式，每种包装形式各有利弊，应根据产品的种类、档次、销售地点等因素合理选用。

（1）袋。包装袋通常由纸或塑料薄膜材料制成，具有保护服装成品、防灰尘、防脏污、占用空间小、便于运输流通等优点，而且品种多，可选择范围大，价格较低，在服装企业中使用最为广泛。不同品种的服装，可选择与之相匹配的包装袋形状和尺寸。包装袋的通用性和方便性是其他包装材料难以相比的，但其缺点也十分明显，如自撑性差，易使成品产生褶皱，影响服装外观。

（2）盒。包装盒大多采用薄纸板材料制成，也有用塑料制作，属于硬包装形式，其优点是具有良好的强度，盒内的成衣不易被压变形，在货架上可保持完好的外观。

（3）箱。包装箱多是瓦楞纸箱或木箱，主要用于外包装。将独立包装后的数件服装成品以组别形式放入箱中，便于存放和运输。使用机制纸板、双瓦楞结构纸箱，箱内外要保持干燥洁净，箱外按产品要求涂防潮油。纸板材料和技术要求应符合 GB/T 6544—2008 瓦楞纸板标准中的有关规定，纸箱的技术要求可参考 GB/T 4856—1993 针棉织品包装标准。

（4）挂装。挂装亦称立体包装，服装成品以吊挂的形式运输、销售，适合于某些不宜折叠的服装。经整烫的服装表面平整、美观，当以袋、盒的形式包装后，成品往往产生褶皱，影响服装外观。而挂装能使服装在整个运输过程中不被挤压、折叠，始终保持良好、平整的外观。但对服装企业而言，投入较大，如挂衣架、大塑料袋等包装材料，运输空间增大，增加了运输成本。

2. 包装要求 针织品的包装分内包装（小包装）和外包装（大包装）两部分。

（1）内包装。内包装用80g 牛皮纸、塑料袋或纸盒，漂白或浅色的汗布产品在纸包内要加衬中性 pH 白衬纸或用塑料袋并加衬白板纸，以防产品弄污变形。内包装有的是以件或套为单位装塑料袋，有的是根据大类品种（绒类、棉毛类、汗背类）和大、中、小号产品以 5 件、10 件或 20 件为单位打成纸包或装盒；外销产品则以“打”为单位。在小包内成品的品种和等级必须一致，颜色、花型和尺码规格应根据消费者或订货者的要求进行，有独色独码、独色混码、混色独码、混色混码等多种方式。

（2）外包装。外包装一般用五层双瓦楞结构的纸箱，运输路途较远或运输工具要几经变换的，应使用木箱或打麻包、布包。箱内装货要平整、丰满，大包装外面要印刷唛头标志，内容包括厂名（或国名）、品名、货号（或合同号）、箱号、数量（件或打）、规格尺码、色别、重量、（毛重、净重）、体积（长×宽×高）、品等及出厂日期等，并要打上注意防潮的图形标记。

针织品的包装数量和纸箱尺寸除了出口产品由客户提出包装要求外，内销产品一般均有统一的规格标准,个别产品或新产品,统一规格的箱子不适用时,箱高尺寸可以适当调整制作。

任务十 针织品使用与保养常识及洗涤标志

针织物由于其线圈相互串套的成布方式,织物性能与机织物有很大的不同。因此,在使用、洗涤保养上也有一定差异,选择正确的使用、洗涤方法,对延长针织品的使用寿命,保持其良好的外观十分有益。

一、针织品使用与保养常识

与机织物的紧密、挺括相比,针织品的线圈孔隙较大、织物结构松散,容易变形;一般针织物使用的纱线捻度都较弱,故针织物不耐摩擦,更容易起毛、起球。因此,穿着时应注意避免机械性摩擦和钩挂,洗涤时也应区别不同原料和织物组织给以不同的洗涤方法。除松薄型针织物、真丝织物和未经防缩处理的羊毛制品宜手工揉洗外,一般产品均可用洗衣机洗涤,但洗涤时最好一次性洗涤数量不要太多,浴比稍大一些,洗衣机水流强度减弱一些,洗涤时间适当短一点,以免衣物相互绞缠,加重针织物的变形。洗涤开襟针织服装时尽量扣着纽扣,以减少变形程度。由于染料的种类不同,各种原料织物的耐洗、耐汗、耐日晒、耐干洗的色牢度也不同,洗涤时应区别不同原料的织物加以注意,同时还应注意水中含氯漂白剂和碱液浓度太浓会引起织物褪色和色花,对深色织物尤其如此。棉麻织物可用各种洗涤剂洗涤,也可机洗;白色衣物可用碱性较强的洗涤剂并可煮洗;有色衣物应使用碱性较小的洗涤剂,并适当降低洗涤温度,减少浸泡时间。由于麻纤维较刚硬,纤维间抱合力差,茸绒易露出织物表面影响外观和舒适性,所以洗涤麻针织物应比棉针织物更轻柔,既不能用力揉搓或用硬刷刷洗,也不能用力拧绞。各类天然纤维服装洗涤时应注意不要将深色织物和浅、白色织物一起洗涤,也不要将深色衣物脱水后和浅、白色衣物长时间放在一起,以免产生染料转移。有颜色的织物脱水后应避免在潮湿状态下长时间搁置,产生色斑。

衣物洗后脱水的方法很多,有转笼烘燥、离心脱水机脱水、衣架挂干、绳子上晾晒、滴干、摊平晾干等。其中转笼烘燥简便快捷,但针织物采用转笼烘燥法纵向收缩率最大。单件分量重的针织物和蓬松风格以及花样变化多、组织松弛的针织衣物应尽量避免挂在衣架上吊干而留下衣架的痕迹。针织衣服晾晒时先整理一下衣形,可以改善晾晒过程变形的程度。最能使针织物线圈保持稳定的晾干办法是摊平晾干,但它受到晾晒地方限制。为防止洗涤时针织品变形,可使用洗衣网袋,它可避免针织品因相互缠绕和强烈摩擦而变形、起毛。因此,建议比较娇柔的针织品用洗衣机洗涤和甩干时最好先装入洗衣网袋。

醋酯纤维针织物不宜用脱水机脱水,避免留下褶皱。

羊毛衫、羊毛围巾、手套等宜手洗,洗前应先放在冷水中浸泡 10min 左右,过两三次清水,用手挤去水分,再用中性洗涤剂或羊毛专用洗涤剂洗涤。除领口、袖口、裤脚等处可用手轻轻揉搓外,一般可大把地轻揉、轻挤,然后用清水过清,再用含有 1% 醋酸(或 3% 的家用白醋)的清水浸泡拎洗片刻,以中和残留在衣服上含有碱性的洗涤液,保持服装的色泽和牢度。经过特殊防毡缩处理的羊毛衣物可用机洗。脱水时也可将其装入网袋将水先滴干,再用干净的干毛巾将衣物卷起，挤轧干净水分后晾晒。

真丝针织物很怕摩擦产生损伤，不宜用洗衣机或转笼烘燥机，一般用温水加入适量中性皂片或真丝专用洗涤剂用手洗涤。洗涤时避免使劲揉、搓、刷、拧。皂洗后先放入温水中漂洗，再放入冷水中漂洗，最后一次漂洗时也可加点白醋中和。漂净后，用干净的干毛巾将衣物卷起，轻轻将过多的水分挤出。

真丝衣服和羊毛衫均宜在通风处阴干，不要在阳光下直接暴晒。

桑蚕丝服装熨烫时最好在服装还有点潮湿的时候，并在反面熨烫，温度不宜太高，柞蚕丝服装熨烫时只能在衣服完全干的条件下进行，且只能熨反面。

羊毛衫、真丝等服装收藏前应充分晾晒（切忌强烈阳光下暴晒），然后在通风的地方阴晾一段时间，待热散尽后再放入箱柜内，箱柜四周最好垫上洁净的白纸。收藏衣服时，如叠放，应按下重上轻的顺序，层层铺放平整。箱柜中可放入少量樟脑，但不宜直接与衣物接触，以防面料变色。

二、针织品洗涤标志

正规出厂的服装上都要求挂有说明洗涤方法的洗涤标志，以便使用者能采用合适的洗涤方法。洗涤标志用图案表示。

图8－34为国际通用的服装洗涤标志；图8－35为我国规定的服装洗涤标志。

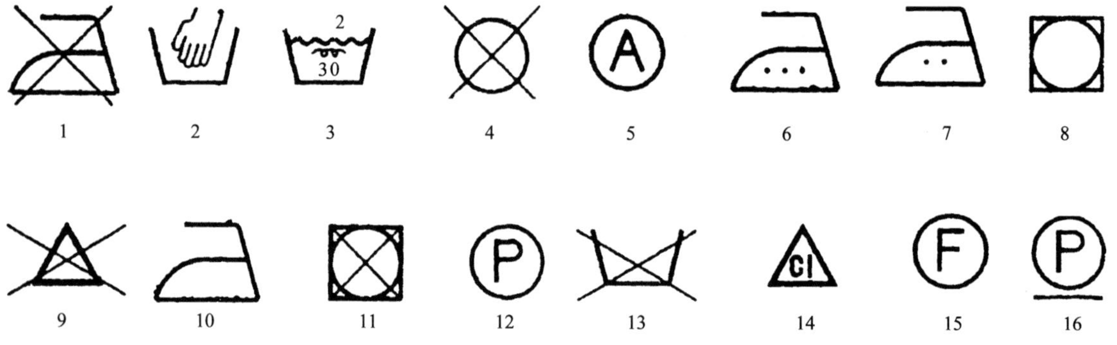

图8－34　国际通用的服装洗涤标志

1—切勿用熨斗熨烫　2—只能用手搓洗，不能机洗　3—波纹曲线上的数字表示洗衣机应该使用的速度（通常洗衣机有9种洗衣速度），曲线下的数字表示使用水的温度（℃）　4—不可干洗　5—可以干洗，圆圈内的字母代表干洗剂的符号，“A”表示所有类型的干洗剂　6—熨斗内的三个点表示熨斗可以十分热（可高达200℃）　7—衣服可以熨烫，熨斗内的两个点表示熨斗温度可达到150℃　8—可以放入滚筒式干衣机内处理　9—不可使用含氯成分的漂白剂　10—应使用低温熨斗熨烫（约100℃）　11—不可干洗　12—可以干洗，“P”表示可以使用多种类型的干洗剂（主要供洗染店参考，避免出差错）　13—不可用水洗涤　14—可使用含氯成分的洗涤剂　15—可以洗涤，“F”表示可用白色酒精和11号洗衣粉洗涤　16—干洗时需加倍小心（如不宜在普通的自动化控制的洗衣店洗涤，圆圈下面的横线表示，对干洗过的衣服在后处理时需十分小心）

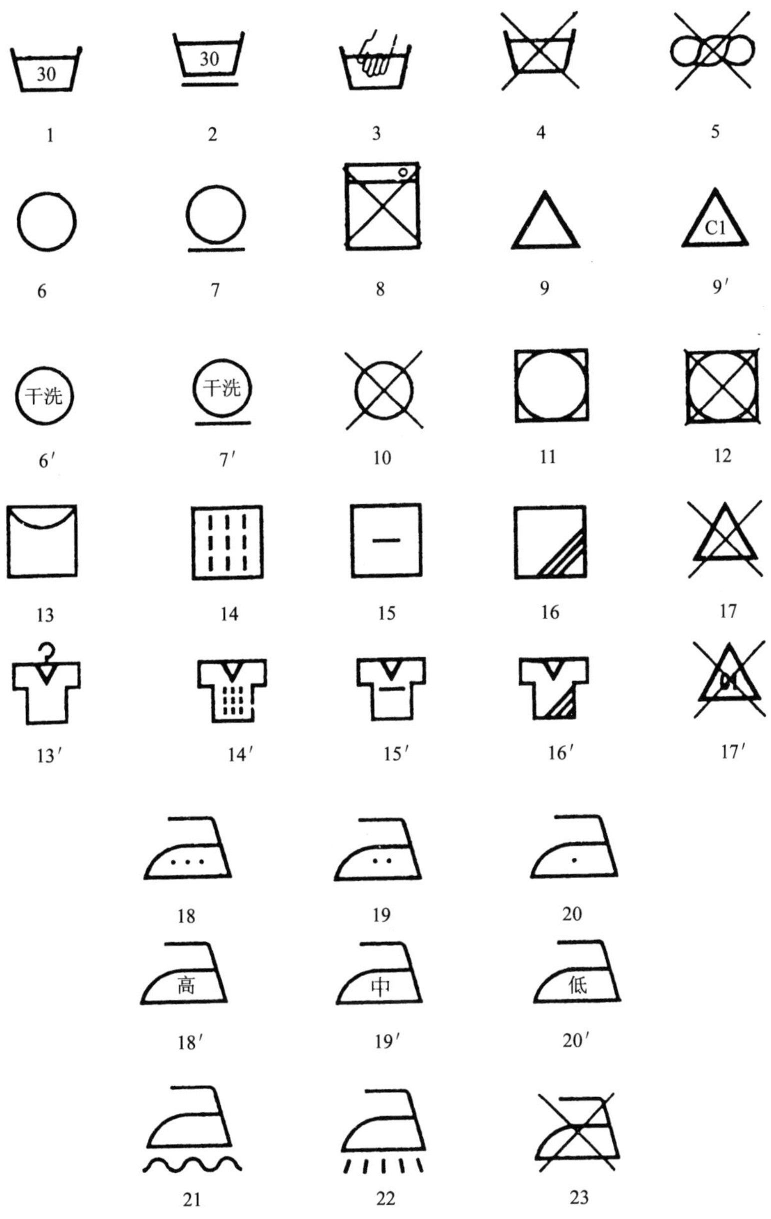

图 8－35　我国规定的服装洗涤标志

1—可以水洗,"30"表示洗涤水温,可分别为 30℃、40℃、50℃、60℃、70℃、95℃等　2—可以 30℃水洗,但要充分注意　3—只能用手洗,切勿用机洗　4—不可用水洗涤　5—洗后不可拧绞　6,6′—可以干洗　7,7′—可以干洗,但需加倍小心　8—切勿用洗衣机洗涤　9,9′—可以使用含氯的漂白剂　10—不可干洗　11—可以使用转笼翻转干燥　12—不可使用转笼翻转干燥　13,13′—可以晾晒干　14,14′—洗涤后滴干　15,15′—洗后将服装铺平晾晒干　16,16′—洗后阴干,不得晾晒　17,17′—不得用含氯的漂白剂　18,18′— 可使用高温熨斗熨烫（可高至 200℃）　19,19′—可用熨斗熨烫(两点表示熨斗温度可加热到 150℃)　20,20′—应使用低温熨斗熨烫（约 100℃）　21—可用熨斗熨烫,但需垫烫布　22—用蒸汽熨斗熨烫　23—切勿用熨斗熨烫

☞ 思考与练习题

1. 简述现代针织成衣车间生产特点。
2. 简述针织服装生产工艺设计的主要内容。
3. 针织成衣生产准备包括哪些主要内容？
4. 裁剪工序包括哪些工艺过程？
5. 排料时应注意哪些问题？
6. 简述常用线迹及选择依据。
7. 缝型设计的依据是什么？
8. 缝口质量有何要求？
9. 针织服装款式设计的基本原则是什么？
10. 针织服装造型设计的特点是什么？并简述原因。
11. 简述针织服装领的结构分类及适用范围。
12. 简述针织服装袖子的常见形式及选用原则。
13. 什么是服装规格？服装规格设计的依据有哪些？
14. 简述号型制中“号”与“型”的含义，号型制中将人体体型分为几类？分类依据是什么？
15. 简述领围制、胸围制和代号制的适用范围及其示明规格的含义。
16. 针织成衣整烫与包装的基本内容是什么？

思政园地

海澜之家：以数字科技“织”就智慧服饰新篇章，践行高质量发展之路

参考文献

[1] 龙海如. 针织学 [M]. 2 版. 北京:中国纺织出版社,2014.

[2] 贺庆玉,刘晓东. 针织工艺学 [M]. 2 版. 北京:中国纺织出版社,2009.

[3] 丁钟复. 羊毛衫生产工艺 [M]. 2 版. 北京:中国纺织出版社,2007.

[4]《针织工程手册 纬编分册》(第 2 版)编委会. 针织工程手册 纬编分册 [M]. 2 版. 北京:中国纺织出版社,2012.

[5]《针织工程手册 染整分册》(第 2 版)编委会. 针织工程手册 染整分册 [M]. 2 版. 北京:中国纺织出版社,2010.

[6]《针织工程手册 经编分册》(第 2 版)编委会. 针织工程手册 经编分册 [M]. 2 版. 北京:中国纺织出版社,2011.

[7] 杨建忠. 新型纺织材料及应用 [M]. 2 版. 上海:东华大学出版社,2011.

[8] 范雪荣,王强. 针织物染整技术 [M]. 北京:中国纺织出版社,2004.

[9] (美)S. 阿达纳. 威灵顿产业用纺织品手册[M]. 徐朴,叶奕梁,童步章,译. 北京:中国纺织出版社,2000.

[10] 蒋高明. 现代经编产品设计与工艺 [M]. 北京:中国纺织出版社,2002.

[11] 朱松文,刘静伟. 服装材料学 [M]. 5 版. 北京:中国纺织出版社,2015.

[12] 濮微. 服装面料与辅料 [M]. 2 版. 北京:中国纺织出版社,2015.

[13] 颜晓茵. 袜品工艺与技术 [M]. 上海:东华大学出版社,2017.

[14] 王红. 电脑袜机结构与性能研究[D]. 杭州:浙江理工大学材料与纺织学院,2009.

[15] 张玉红,贺庆玉. 针织服装设计与生产 [M]. 北京:中国纺织出版社有限公司,2021.